科学出版社"十四五"普通高等教育
本科规划教材

北京市高等教育精品教材立项项目

高等师范院校生命科学系列教材

普 通 遗 传 学

（第四版）

张飞雄　　李雅轩　　主编

科学出版社

北京

内 容 简 介

本书以"基础性、前瞻性、实验性和系统性"为原则,对遗传学的基本概念和原理做了系统、翔实的介绍,并将遗传学的最新研究进展适时穿插其中;同时,从分子水平、细胞水平、个体水平到群体水平,从现象到本质对遗传学规律进行了较为集中和深入的讨论,使学生在掌握遗传学的基本知识和基本技能的基础上,把握遗传学的发展全貌、动态和趋势。全书共 14 章,每章起始有提要,章末附有思考题,以利于提炼与巩固每章的重点知识。全书最后的遗传学大事年表,有助于了解遗传学的发展史。

本书特为高等师范院校生命科学专业本科生编写,也可供综合性大学与农、林、牧、医等相关学科的研究生、本科生、专科生,以及中等学校生物类教师、科技工作者和科普专家等参考。

图书在版编目(CIP)数据

普通遗传学/张飞雄,李雅轩主编. — 4 版. — 北京:科学出版社,2022.5
科学出版社"十四五"普通高等教育本科规划教材
ISBN 978 - 7 - 03 - 071126 - 7

Ⅰ.①普… Ⅱ.①张…②李… Ⅲ.①遗传学-高等学校-教材 Ⅳ.①Q3

中国版本图书馆 CIP 数据核字(2021)第 269714 号

责任编辑:朱 灵/责任校对:谭宏宇
责任印制:黄晓鸣/封面设计:殷 靓

科学出版社 出版
北京东黄城根北街 16 号
邮政编码:100717
http://www.sciencep.com

南京文脉图文设计制作有限公司排版
广东虎彩云印刷有限公司印刷
科学出版社发行 各地新华书店经销

*

2004 年 8 月第 一 版 开本:889×1194 1/16
2022 年 5 月第 四 版 印张:16 3/4
2024 年 3 月第十九次印刷 字数:525 000
定价:65.00 元
(如有印装质量问题,我社负责调换)

《普通遗传学》(第四版)编辑委员会

第四版致谢

值此《普通遗传学》(第四版)出版之际,我首先衷心地感谢参与教材编写的各位同仁! 他们是首都师范大学胡英考(第1章),李雅轩和赵昕(第2章和第7章),李小辉(第6章),蔡民华(第12章),张玮玮(第13章);安徽师范大学汪鸣(第3章);浙江师范大学马伯军和顾志敏(第4章);陕西师范大学顾蔚(第5章),徐学红(第13章);杭州师范大学梁国庆(第6章),武丽敏(第11章);河南师范大学杜启艳(第8章);湖北大学居超明(第9章和第10章);华东师范大学毛春晓(第11章);华南师范大学何凤华(第14章)。

这些老师都是各相关高校遗传学教学的中坚力量,没有他们的勤奋工作和无私奉献,就没有本书的昨天和今天。已故湖南师范大学的王身立教授生前提供了遗传学大事年表,先生千古!

与此同时,要对北京师范大学的梁前进教授、南开大学的陈德富教授、内蒙古大学的邢万金教授、武汉大学的丁毅教授、中山大学的贺竹梅教授、中央民族大学的周宜君教授致以最诚挚的谢意! 他们逐字逐句对整部书稿进行了审议,从教材的逻辑关系等宏观层面到错别字等微观问题、从经典遗传学原理的发现到最新的发展动态等都提出了具体的修改意见和建议,使本书增色良多。他们严谨治学的作风和对文献的精准把握使我受益匪浅,终生难忘! 他们既是我的益友,亦是我的良师!

安徽师范大学、福建师范大学、赣南师范大学、贵州师范学院、菏泽学院、湖北师范学院、华东师范大学、华南师范大学、江西师范大学、宁德师范学院、山东师范大学、上海师范大学、深圳大学、太原师范学院、烟台大学、浙江师范大学(校名按汉语拼音排序)等高校的许多老师在使用本书的同时也提出了很多宝贵的建议,在此一并表示深深的谢意!

限于编者的学识和水平有限,书中难免有不足之处,竭诚希望广大读者一如既往地关心本书,提出诚恳的意见,以便在今后的编写过程中更加完善。

首都师范大学生命科学学院

张飞雄

2021 年 10 月

目　　录

绪　　论

提　要

遗传与变异是生物界的两大基本特征,研究这两个基本特征的遗传学已成为当今自然科学中发展最快、最活跃的学科之一。绪论介绍了遗传学的基本概念、研究范围和任务、发展概况及应用。

0.1　遗传学的基本概念

遗传学(genetics)是研究生物遗传与变异的科学。它的定义是 1905 年由英国科学家 Bateson(1861~1926)提出的。

1. 遗传(heredity)

遗传是指生物繁殖过程中,子代与亲代以及子代各个个体之间性状的相似性,是遗传信息世代传递的过程。俗话中所说的"种瓜得瓜、种豆得豆"即是对遗传现象的简单说明。

遗传保证了生物的基本特征在世代间的传递、延续。

2. 变异(variation)

变异是指子代与亲代以及子代各个个体之间性状的差异性。人们常说的"一母生九子,九子有别"就说明亲子间存在着变异。

3. 遗传与变异的相互关系

无论哪种生物,动物或植物,高等或低等,复杂的如人类本身,简单的如细菌和病毒,都表现出子代与亲代之间的相似或类同;同时,如果对生物进行仔细观察,总能发现子代与亲代之间、子代个体之间存在不同程度的差异,即使是同卵双生也如此。这种遗传和变异现象在生物界普遍存在,是生命活动的基本特征之一。

遗传和变异是相互对立而又相互联系的一对矛盾,它们是辩证统一的关系。遗传是相对的、保守的,变异是绝对的、发展的。没有遗传,就不可能保持物种的性状和相对稳定性,即使产生了变异也不能传递下去,变异也不能积累,那么变异也就失去其意义;没有变异,就不会产生新的性状,也就不可能有物种的进化和新品种选育的基础,遗传只是简单地重复。遗传与变异这对矛盾不断地发展,经过自然选择,才形成了形形色色的物种。

0.2　遗传学研究的范围和任务

随着遗传学学科的不断发展,遗传学研究的范围也越来越广,其主要内容包括遗传物质的本质、遗传物质的传递和遗传信息的实现三个方面。

遗传物质的本质包括基因的化学本质、其所包含的遗传信息,以及 DNA 和 RNA 的结构组成与变化等。

遗传物质的传递包括遗传物质的复制、染色体的行为、遗传规律和基因在群体中的数量变迁等。

遗传信息的实现包括基因的功能、基因的相互作用、基因作用的调控及个体发育中基因的作用机制等。

遗传学的任务是阐明生物遗传与变异现象及其表现的原因和规律;深入探索遗传和变异的原因及其物

质基础,并理清其作用机制,揭示其内在的规律,以进一步指导动植物和微生物的育种实践,提高医学水平,为人民谋福利。另外,有关生命的本质及生物进化规律等生物学中一些重要问题的答案也只能从遗传学中去寻找,因此研究种群变化及物种形成的理论,也是遗传学的重要任务之一。

0.3　遗传学发展概况

　　人们早在古代就认识到了优良的动植物能够产生与之相似的优良动植物后代,同时开始选择有用的动植物品系。古代巴比伦人和古埃及人很早就学会了人工授粉的方法(图 0.1)。遗传学在 20 世纪前发展较为缓慢,直到 20 世纪初孟德尔的遗传学规律被重新发现之后,遗传学才得到迅速的发展。下面介绍历史上对遗传和变异现象所提出的一些假设,以便于认识遗传学的发展过程。

图 0.1　人工授粉的雕刻图

(引自 Klug W S, et al., 2002)

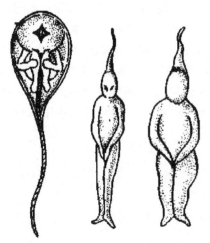

图 0.2　按照 Swammerdam 推测
绘制的精子头部小人图

(引自王亚馥等,1990)

1. 血液传递说

　　早在公元前 3 世纪,希腊哲学家 Aristotle(公元前 384～公元前 332)认为遗传是通过血液进行传递得以实现的,即小孩从父母那里接受了一部分血液,因而与父母相似。现在所用的血缘关系、血统等名词即来源于此。

2. 先成论与渐成论

　　随着精子的发现,荷兰科学家 Swammerdam(1637～1680)提出每个精子中带有一个小人,精子在雌性子宫的保护和培养下可以长成为一个婴儿(图 0.2)。这就是所谓的"先成论"(theory of preformation)。而后,相反的观点也被提出来,即英国学者 Harvey(1578～1657)提出的"渐成论"(theory of epigenesis),他认为婴儿的各种组织器官是在个体发育过程中逐渐形成的。这两种观点曾经过长时间的论战,最后以渐成论胜利而告终。

　　这些论点把精卵作为上下代遗传的传递者,显然比血液传递的思想进了一大步。

3. 进化论

18 世纪下半叶和 19 世纪上半叶,拉马克(Lamarck,1744～1829)和达尔文(Darwin,1809～1882)对生物的遗传和变异进行了系统的研究。

拉马克提出了变异的观点,认为环境条件的改变是生物变异的根本原因,同时提出了器官的"用进废退"(use and disuse of organ)和"获得性性状遗传"(heredity of acquired characters)等学说。虽然他错误地认为动物的意识和欲望在进化中发挥重要作用,适应是生物进化的主要过程,但因为他是生物学伟大的奠基人之一,首先提出系统的生物进化学说,是进化论的倡导者和先驱,他的许多论点在后来的生物进化学说和遗传与变异的研究中起着重要的推动作用。

达尔文是进化论的奠基人。他根据当时的生产成果和生物学资料,在历时 5 年(1831～1836 年)环球考察和对生物遗传、变异与进化关系进行综合研究的基础上,于 1859 年出版了震动当时学术界的巨著——《物种起源》(*The Origin of Species*),提出了以自然选择为基础的进化学说,不仅否定了物种不变的谬论,而且有力地论证了生物界是由简单到复杂、由低级向高级逐渐进化的。这是 19 世纪自然科学中的伟大成就之一。

另外达尔文还支持拉马克的获得性性状遗传的一些观点,并为此在 1868 年提出了"泛生论假说"(hypothesis of pangenesis),他认为动物每个器官里都普遍存在微小的泛生粒(pangene),能分裂繁殖并在体内流动聚集到生殖器官里形成生殖细胞。当受精卵发育成个体时,这些泛生粒就进入各器官发生作用,因而表现出子代与亲代相同的性状。如果亲代的泛生粒发生改变,则子代表现变异。

4. 新达尔文主义

这是在达尔文以后于生物科学界广泛流行的一种理论。它支持达尔文的选择理论,但否定获得性性状遗传。Weismann(1834～1914)是新达尔文主义的首创者。

Weismann 做了一个著名的实验,即把刚生出来的小鼠尾巴切断,然后让它们交配产生后代,这样连续做了 22 代,但每代生出来的小鼠均有尾巴。根据这一实验,他于 1892 年提出了"种质学说"(the germ plasm theory),认为多细胞的生物体是由体质和种质两部分组成的,生殖细胞里的染色体是种质,身体的其他部分是体质。种质是独立的、连续的,它能产生后代的种质和体质,而体质是不能产生种质的;同时,环境造成的体质变异,即后天个体发育中获得的性状是不能遗传的,只有种质的变异才能遗传。

种质理论首先提出了遗传有其物质基础,因而在生物学界产生了广泛的影响,以后的遗传学研究,包括分子遗传学研究都接受和发展了种质学说的一些论点。但 Weismann 把生物体绝对地划分为种质和体质不太符合实际。另外,他也没能发现遗传的基本规律。

5. 孟德尔定律和遗传学的诞生

最早揭示出遗传规律的是孟德尔(Mendel,1822～1884),他是奥地利遗传学家,遗传学的奠基人。他在前人植物杂交实验的基础上,于 1856～1864 年从事豌豆杂交实验,进行细致的后代记载和统计分析后,于 1866 年发表了论文 *Experiment on plant hybridization*,认为生物性状的遗传是由遗传因子控制的,并提出了遗传因子的分离和自由组合定律。

可惜的是,这一重要的理论当时未能受到重视,直到 1900 年,荷兰的 de Vris、德国的 Correns 和奥地利的 Tschermak 的研究结果才分别证明了孟德尔提出原理的正确性,使孟德尔的遗传规律成为近代遗传学的基础,并确认孟德尔是遗传学的先驱者。

因而,1900 年被公认为遗传学诞生并正式成为独立学科的一年。

6. 遗传学的迅猛发展

1902 年,Sutton 和 Boveri 发现染色体的行为与遗传因子的行为一致,提出了遗传的染色体学说(the chromosomal theory of inheritance)。

1905 年,英国科学家 Bateson 将这个发展迅速的学科正式命名为遗传学。

1909 年,丹麦遗传学家 Johannsen 提出"基因"(gene)这个术语来代替孟德尔提出的遗传因子。

1906 年,Bateson 在香豌豆杂交实验中发现了性状连锁现象。1910 年前后,Morgan(1866～1945)及其学生以果蝇为材料,同样发现了性状连锁遗传现象,确立了伴性遗传规律和基因的连锁互换规律,创立了"基因学说"(theory of genes),并综合细胞学和遗传学成就发展成了细胞遗传学(cytogenetics)。由于这些卓越成就,Morgan 于 1933 年获得了诺贝尔生理学或医学奖。

进入 20 世纪 40 年代以来,遗传学的发展非常迅猛。

1941 年,Beadle 和 Tatum 提出了"一个基因一个酶"(one gene-one enzyme)的理论,发展了微生物遗传学(microbial genetics)和生化遗传学(biochemical genetics)。不过随着研究的深入,目前学术界一致认为"一个基因一条多肽链假说"(one gene one polypeptide chain hypothesis)更加科学。

1944 年,Avery 证实了遗传物质为 DNA。

1953 年,Watson 和 Crick 提出了 DNA 分子的双螺旋结构模型,这一模型为 DNA 的分子结构、自我复制、相对稳定性和变异性及遗传信息的传递等提供了合理的解释,明确了基因是 DNA 分子上的一个特定片段,揭开了分子遗传学的序幕,使遗传学研究跨入了一个新纪元。

随后,跳跃基因的发现及证实,断裂基因、重叠基因等的发现,逐步加深了人们对基因结构和功能的认识。限制性内切酶的发现,人工分离和人工合成基因及聚合酶链反应(polymerase chain reaction,PCR)技术、克隆技术、基因编辑技术的建立与完善,"多莉羊"、合成生物学的诞生,有力地推动了基因工程技术和生物技术及其产业的发展。

21 世纪初,人类基因组框架图的完成,拟南芥、果蝇及水稻等重要生物全基因组测序的完成,标志着遗传学研究进入了后基因组(post-genomics)时代,即从结构基因组(structural genomics)时代迈向功能基因组(functional genomics)时代并迈向转录组(transcriptome)、蛋白质组(proteomics)等组学的时代。

早在 1942 年,英国学者 Waddington(1905~1975)就提出了"表观遗传学"(epigenetics)这一术语,认为在 DNA 编码序列不发生改变的情况下,基因的表型效应会发生可逆的、可遗传的改变。由于表观遗传学研究对于认识基因表达调控规律、人类疾病和癌症发生机制及衰老等至关重要,因此成为当今遗传学研究的主要热点之一。

总之,遗传学一直是并将继续是生命科学中发展最快的学科之一。

当然,遗传学的发展,特别是基因工程技术、生物技术、克隆技术、合成生物学技术等的发展,也给我们带来了许多值得思考和探讨的问题,特别是生物技术的安全性问题、克隆人的伦理学问题等,已受到生物界的广泛重视,这也是我们在学习和研究过程中应时时关注的焦点。

0.4 遗传学的应用

对遗传学深入研究,不仅直接关系到遗传学自身的发展,而且在理论上对于探索生命的本质和生物的进化,进而推动整个生命科学和相关学科的发展都有着巨大的作用。遗传学也在生产实践上取得了很大的成就。

例如,在农业方面,杂交玉米、杂交水稻、优质高产小麦、油菜等农作物新品种的获得,对解决人们生活所需功不可没。在医药卫生方面,通过基因工程、遗传诱变等技术获得了大量的胰岛素、生长因子、干扰素等多种高效新药,也使抗生素(如青霉素、链霉素等)的产量提高了上万倍,这些研究成果都可直接应用于疾病防治,有利于延长人类的寿命,促进人类的健康。

遗传学与医学也密切相关。现在的统计数字表明,人类有六千多种遗传病,有15%～20%的新生儿患有遗传缺陷,在医院就诊的患者中,大约有 25%与遗传有关。通过遗传学研究,已经可以对不少遗传疾病进行准确的诊断,同时还可以预估它们发病的可能性而加以控制。目前全世界正在开展的针对遗传病的基因疗法(gene therapy),也需要遗传学理论和技术来完善,等等。

由此看来,遗传学的应用前景非常广泛。

思　考　题

1. 名词解释

　　遗传学　遗传　变异　种质学说　基因学说　表观遗传学　基因治疗

2. 比较先成论和渐成论,并谈谈你的看法。

3. 如何认识达尔文的"泛生论假说"?

4. 如何认识"一个基因一个酶"的理论?

5. 遗传学已经取得了哪些成就? 应用前景如何?

6. 谈谈你对生物技术安全性和遗传伦理学问题的认识。

推 荐 参 考 书

1. 戴灼华,王亚馥,2016.遗传学.3 版.北京:高等教育出版社.

2. 贺竹梅,2017.现代遗传学教程:从基因到表型的剖析.3 版.北京:高等教育出版社.

3. 徐晋麟,徐沁,陈淳,2011.现代遗传学原理.3 版.北京:科学出版社.

4. Hartl D L, 2020. Essential Genetics and Genomics. 7th Edition. Burlington:Jones & Bartlett Learning.

5. Hartwell L H, Goldberg M L, Fischer J A, et al., 2018. Genetics:From Genes to Genomes. 6th Edition. New York:McGraw-Hill Education.

6. Klug W S, Cummings M R, Spencer C A, et al., 2017. Essentials of Genetics. 9th Edition. Essex:Pearson Education Limited.

第1章

遗传物质

提要

本章以遗传物质为主线,介绍了遗传物质的组成、复制与传递规律。本章内容包括核酸是遗传物质的证据及其组成、DNA 合成和序列测定的原理与方法、核酸的复制及其在生物上下代间的传递,以及真核生物是如何通过有丝分裂和减数分裂来传递遗传物质等。

在遗传学诞生之初,人们并不知道在生物的上下代之间起遗传作用的物质是什么。随着遗传学的发展和技术的进步,人们逐渐认识到核酸是遗传物质,它在物种上下代间的传递依靠的是自身复制,并将其中的一份传递给后代,使子代的遗传物质与亲代保持一致,维持物种遗传物质的稳定性,使物种不断繁衍与发展。本章将从核酸是遗传物质的实验证据入手,介绍核酸的组成与复制、核酸的体外合成与测序,以及核酸的传递等内容。

1.1 核酸是遗传物质的证据

DNA 作为遗传物质最早的证据来自肺炎链球菌(*Streptococcus pneumoniae*)的转化实验。

1.1.1 肺炎链球菌的转化实验

肺炎链球菌呈球形,在悬浮培养中常成双生长,所以也称为肺炎双球菌。它会使哺乳动物患肺炎,其致病菌株能合成一种酶,控制荚膜多糖的形成,这种多糖可组成多糖外膜,以保护细菌细胞不被宿主免疫系统的吞噬细胞破坏。致病菌株在固体培养基上生长时,会长成有光泽的光滑型(smooth form)菌落,又称 S 型菌落。它有一种突变型是不能合成多糖荚膜的,这样的菌株由于没有多糖荚膜,所以在固体培养基上形成粗糙型(rough form)菌落,也称 R 型菌落,该类型不致病,因为感染后的动物会产生抗体,导致细胞产生吞噬作用,使细菌死亡。

1928 年,Griffith 首先发现肺炎链球菌的转化作用。他将 R 型活细胞和加热杀死的 S 型细胞分别注入不同的小鼠体内,结果两种处理的小鼠都不致病;如果把加热杀死的 S 型细胞与 R 型活细胞一起注入小鼠体内,结果小鼠患病死亡。对死亡小鼠的尸检表明,死亡是由 S 型活细胞引起的,因为细菌细胞外含有多糖荚膜,这说明经加热杀死的 S 型细胞的某种物质使非致病的 R 型细胞转变为致病菌,这种现象称为转化(transformation)。所谓转化,就是指一种细胞接受了另一种细胞的遗传物质而表现出后者的遗传性状,或发生遗传性状改变的现象,其中提供遗传物质的细胞称为供体(donor),接受外来遗传物质的细胞称为受体(receptor)。那么这种转化是什么物质引起的呢?可以肯定的是它是一种遗传物质,因为它能引起遗传性状的改变,但具体是什么物质并不明确(图 1.1)。

直到 1944 年,Avery 等不仅在体外成功地重复了上述实验,而且用生物化学的方法证明了转化因子(transforming factor)是 DNA,而不是多糖荚膜,也不是蛋白质和 RNA。Avery 等将 S 型细菌杀死,然后分别分离纯化出 DNA、RNA、蛋白质和多糖荚膜,用这 4 种物质分别与 R 型细菌共同感染小鼠,结果发现,只有 DNA 与 R 型细菌共同感染小鼠才能引起肺炎,其他组都不能引起肺炎。如果用 DNA 酶(DNase)处理使 DNA 降解,则不出现转化现象;如果用其他酶如蛋白酶进行处理,则对转化没有影响,这就充分地证明了使 R 型细胞转化为 S 型细胞是由于 S 型细胞中的 DNA 片段转入了 R 型细胞的结果,即引起这种改变的遗传物质是 DNA。以后的实验表明,转化的频率随着 DNA 纯度的提高而增加,转化也可以在体外进行。

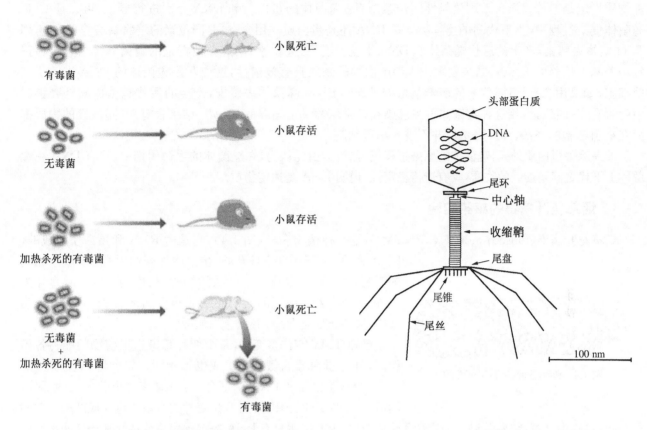

图 1.1　Griffith 肺炎链球菌的遗传转化实验

图 1.2　T$_2$ 噬菌体的结构示意图

1.1.2　T$_2$ 噬菌体的感染实验

　　DNA 是遗传物质的另一个实验证据是 T$_2$ 噬菌体侵染大肠杆菌(*Escherichia coli*)的实验。能够感染细菌的病毒称为噬菌体(bacteriophage,简称 phage)。噬菌体的结构十分简单,由蛋白质外壳和 DNA 组成。例如,*E.coli* 的 T$_2$ 噬菌体,具有一个六角形的头部,外壳是蛋白质,包裹在外壳蛋白质内部的是双链的 DNA 分子,尾部由中心轴、收缩鞘组成,末端由尾盘、尾锥和尾丝组成(图 1.2)。整个 T$_2$ 噬菌体约含 40% 的 DNA 和 60% 的蛋白质。

　　T$_2$ 噬菌体在侵染 *E.coli* 时,先用尾丝附着在细菌表面特定的受体位点上,通过受体孔将其 DNA 注入细菌细胞内,而蛋白质外壳则留在细菌体外。T$_2$ 噬菌体 DNA 在进入细菌细胞后,立即接管细菌的全部生物合成机构,按照 T$_2$ 噬菌体 DNA 的遗传信息,大量合成 T$_2$ 噬菌体自身的 DNA 和外壳蛋白,并组装成新的 T$_2$ 噬菌体,一旦宿主细胞营养消耗完毕,细胞就会被裂解并释放出大量和原来一样的 T$_2$ 噬菌体,然后再侵染其他细菌细胞(图 1.3)。

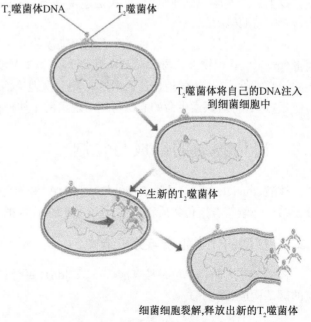

图 1.3　T$_2$ 噬菌体的感染过程

在 DNA 中含有磷(P)元素但不含有硫(S)元素,在蛋白质中含有 S 元素但不含有 P 元素。我们还知道,T₂ 噬菌体侵染 *E.coli* 时有一种物质进入 *E.coli* 细胞,繁殖出更多的 T₂ 噬菌体,那么进入 *E.coli* 的这种物质肯定是遗传物质。采用放射性同位素对 T₂ 噬菌体的蛋白质和 DNA 分别进行标记,可以证实 T₂ 噬菌体侵染过程中,上下代间的连续物质是 DNA 还是蛋白质。用含有 ^{32}P 同位素的培养基培养 *E.coli*,用 T₂ 噬菌体去感染,产生的后代噬菌体其 DNA 中就含有 ^{32}P 同位素,用这种被标记的噬菌体再去感染在正常培养基上培养的 *E.coli*,结果发现进入细胞内部的物质具有放射性,这说明是噬菌体的 DNA 进入了细菌细胞;如果用含有 ^{35}S 同位素的培养基培养 *E.coli*,用 T₂ 噬菌体去感染,产生的后代噬菌体其外壳蛋白中就含有 ^{35}S 同位素,用这种噬菌体再去感染在正常培养基上培养的 *E.coli*,结果含有 ^{35}S 同位素的物质都留在细菌细胞的外部,即外壳蛋白并不进入细菌细胞。

如果除去蛋白质外壳,噬菌体的感染过程仍可进行,由此认为,在噬菌体的生命周期中,只有 DNA 在噬菌体上下代之间是连续的物质,具有遗传稳定性,说明 DNA 是遗传物质。

1.1.3 烟草花叶病毒的感染实验

烟草花叶病毒(tobacco mosaic virus,TMV)是一种植物病毒(图 1.4),它是由 RNA 和蛋白质组成的,RNA 大约含有 6 400 个核苷酸,蛋白质外壳约含有 2 130 个相同的亚基,这些亚基组成一个管状的结构,长度为 300 nm,直径为 15 nm,RNA 约占病毒的 6%,蛋白质约占病毒的 94%,在这类病毒中,遗传物质是 RNA 还是蛋白质呢?

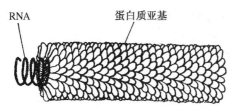

图 1.4 烟草花叶病毒(TMV)的形态结构示意图

已知 TMV 有许多变种,每个变种感染宿主植物的能力各不相同,外壳蛋白质的氨基酸组成也不相同。如果将 A 型变种的 TMV 分成蛋白质和 RNA 两部分,将 B 型变种也分成这两部分,然后用 A 型变种的 RNA 与 B 型变种的蛋白质重建成新的杂合病毒颗粒,再感染烟草,结果得到 A 型变种 TMV 子代,由此证明只有 RNA 决定子代遗传特性和子代病毒蛋白质成分,而重组杂合病毒的蛋白质外壳特性不能传给后代。

如果用 TMV 的某一变种的全病毒、RNA 和蛋白质分别感染烟草,则只有全病毒和 RNA 具有感染能力,单独的蛋白质根本没有感染能力。如果用核糖核酸酶(RNase)进行处理,则会破坏上述感染能力。这就说明,在 TMV 的上下代之间,只有 RNA 是连续的物质,具有遗传稳定性,是遗传物质。

以上三个实验充分证明了 DNA 是遗传物质,在没有 DNA 的生物中,RNA 就是遗传物质,由此我们认为,核酸是遗传物质。

值得一提的是,近年来发现了一类能侵染动物并在宿主细胞内复制的小分子无免疫性疏水蛋白质,即朊病毒(prion),其生物性状与病毒差异很大,但其既有感染性,又有遗传性,并且具有和一切已知传统病原体不同的异常特性,其生物学地位还未确定。就生物理论而言,朊病毒的复制并非以核酸为模板,而是以蛋白质为模板,这必将对探索生命的起源与生命现象的本质产生较大影响。

1.2 遗传物质的组成与复制

核酸(nucleic acids)是脱氧核糖核酸(DNA)和核糖核酸(RNA)的统称。作为遗传物质,其化学组成与分子结构必然符合遗传物质稳定性、连续性和多样性的要求。

1.2.1 核酸的化学组成与分子结构

核酸的基本结构单位是核苷酸(nucleotide),每个核苷酸由一个磷酸基团、一个分子的五碳糖和一个含氮的碱基构成(图 1.5)。

核苷酸的基本构成

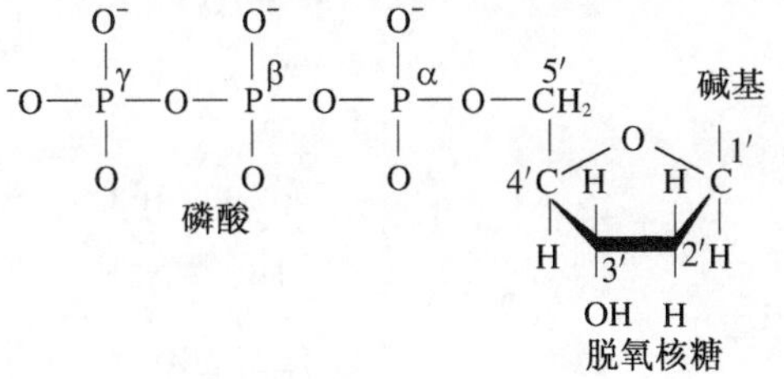

DNA 中的 4 种碱基

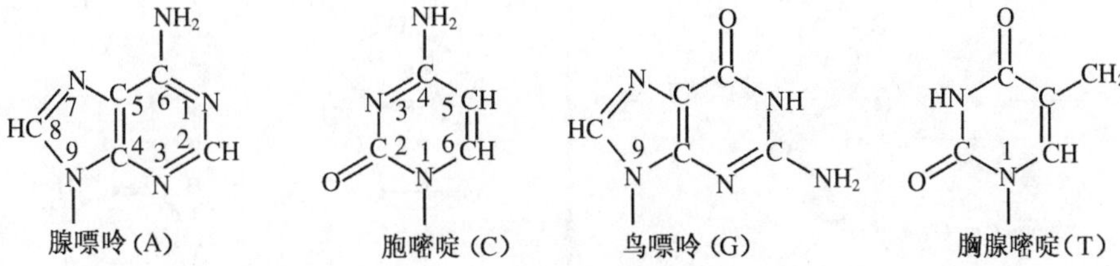

腺嘌呤（A）　　　　胞嘧啶（C）　　　　鸟嘌呤（G）　　　　胸腺嘧啶（T）

图 1.5　脱氧核苷酸与碱基

DNA 的五碳糖是脱氧核糖（deoxyribose），含氮的碱基是腺嘌呤（adenine，A）、鸟嘌呤（guanine，G）、胞嘧啶（cytosine，C）和胸腺嘧啶（thymine，T）；每个碱基与一个分子的脱氧核糖结合形成相应的脱氧核苷（deoxynucleoside），即脱氧腺苷（deoxyadenosine，dA）、脱氧鸟苷（deoxyguanosine，dG）、脱氧胞苷（deoxycytosine，dC）和脱氧胸苷（deoxythymidine，dT）；一个脱氧核苷再与一个磷酸根结合，形成相应的脱氧核苷酸（deoxyribonucleotide），即脱氧腺苷酸、脱氧鸟苷酸、脱氧胞苷酸和脱氧胸苷酸。

RNA 的五碳糖分子是核糖（ribose），含氮的碱基是腺嘌呤（A）、鸟嘌呤（G）、胞嘧啶（C）和尿嘧啶（uracil，U）；每个碱基与一个分子的核糖结合形成相应的核苷（nucleoside），即腺苷（adenosine，A）、鸟苷（guanosine，G）、胞苷（cytosine，C）和尿苷（uridine，U）；一个核苷再与一个磷酸根结合，形成相应的核苷酸（nucleotide），即腺苷酸、鸟苷酸、胞苷酸和尿苷酸。

DNA 是 4 种脱氧核苷酸的多聚体，1953 年 Watson 和 Crick 根据碱基互补配对的规律及对 DNA 分子的 X 射线衍射的研究结果，提出了著名的 DNA 分子的右手双螺旋结构模型（图 1.6），该模型的要点是：① 脱氧核糖和磷酸基通过 $3',5'$-磷酸二酯键交互连接，成为螺旋链的骨架，两条主链以反向平行的方式组成双螺旋，主链处于螺旋的外侧，碱基则处于螺旋的内侧；② 两条长链彼此以互补碱基之间的氢键相连，碱基互补配对关系只能是 A 与 T 以两个氢键配对，G 与 C 以三个氢键配对，所以在 DNA 分子中，A 与 T 相等，G 与 C 相等，即 A/T=G/C=1，这称为夏格夫法则（Chargaff's rules）；③ 该模型的螺距是 34Å，即双螺旋链中任意一条链绕轴一周（360°）所升降的距离。该模型每个螺旋含 10 对核苷酸，即每两个碱基平面的垂直距离为 3.4Å，相对于螺旋轴移动 36°；④ 沿螺旋轴方向观察，双螺旋的表面形成两条凹槽，一条宽而深的称大沟，一条狭而浅的称小沟，大沟对于遗传上具有重要功能的蛋白质识别 DNA 双螺旋结构上的特定信息非常重要。

上述 DNA 的右手双螺旋结构模型相当于 DNA 二级结构的 B 构象，也是细胞采取的主要构象方式，除此之外，还有 A 构象、C 构象、D 构象和 E 构象等右手双螺旋构象，以及左手双螺旋的 Z 构象，在此不一一列举。

RNA 分子是 4 种核糖核苷酸的多聚体，其种类繁多，其中我们熟知的有信使 RNA（mRNA）、转移 RNA（tRNA）和核糖体 RNA（rRNA），除此之外，还有一些在生命活动中起重要作用的 RNA 分子，如小核 RNA（snRNA）、微小 RNA（miRNA）等小分子 RNA。除 tRNA 外，其他 RNA 分子大多不具有稳定的二级结构，具有二级结构的 RNA 分子，其二级结构也没有一个统一的模式，但几乎全部都是分子内部碱基互补配对形成的。

1.2.2　核酸复制的一般规律

DNA 能够作为遗传物质的一个很重要的原因是它具有准确的自我复制能力，遗传物质只有经过复制，才能将遗传信息由亲代分子传给子代分子，由亲代细胞传给子代细胞，由亲代个体传给子代个体。从而保证遗传物质在上下代之间保持连续性和相对稳定性。

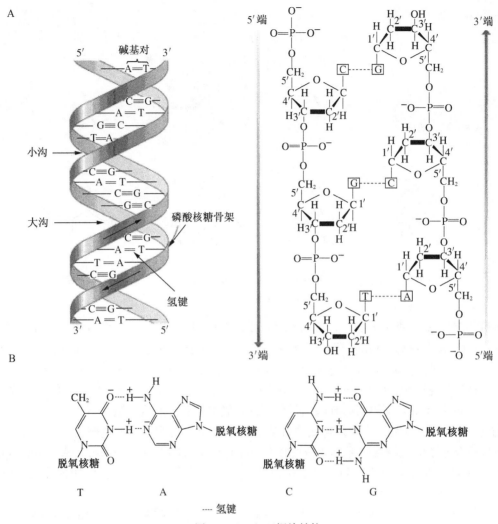

图 1.6　DNA 双螺旋结构

DNA 分子中的两条链一般是同时进行复制的,那么其复制的方式可能有三种,即全保留复制(conservative replication)、半保留复制(semiconservative replication)和弥散复制(dispersive replication)。但大量的实验证明,DNA 的复制是以半保留的方式进行的。

1. DNA 的半保留复制

Watson 和 Crick 在提出 DNA 双螺旋结构时就提出了 DNA 的半保留复制机制,即在复制过程中各以双螺旋 DNA 的其中一条链为模板(template),合成其互补链,新生的互补链与母链构成子代 DNA 分子。

上述设想被 Meselsen-Stahl 实验所证实。其首先将 E.coli 培养在含重同位素(^{15}N)的培养基中,使细菌中的 DNA 完全被 ^{15}N 标记上,然后将细菌转入含轻同位素(^{14}N)的培养基中,经过一次或两次细胞分裂,不同时间取样抽提 DNA,进行氯化铯(CsCl)密度梯度离心,测 DNA 的浮力密度。

氯化铯溶液经过超速离心之后,会在离心管内产生一个连续的密度梯度,管底密度最大,管顶密度最小。如果将待测 DNA 样品加入离心管中离心,则 DNA 会逐渐聚集在与氯化铯密度相同的带上,含 ^{15}N 的 DNA 分子在离心管的较下部位,称为重带,只含 ^{14}N 的 DNA 在离心管较上部位,称为轻带,含有一半 ^{15}N 一半 ^{14}N 的 DNA 分子位于两者之间(图 1.7)。

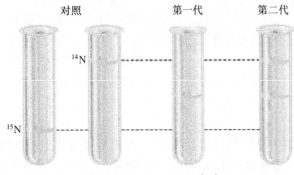

图 1.7　Meselsen-Stahl 实验

对不同时期样品取样离心,得到如下结果:细菌在含 ^{15}N 的培养基中培养若干代后,其 DNA 在离心时,全部集中在重带区;将含 ^{15}N 的细菌转入只含有 ^{14}N 的培养基中,培养一个世代取样,出现位于中间的一条带;培养两个世代取样,DNA 聚集成两条带,一半是中间带,一半是轻带。这一结果正好符合半保留复制的预期结果,即在 DNA 复制过程中,两条链间的氢键断裂,各以自己为模板,按碱基互补配对规律,各自形成一条新的互补链,与亲本链一起形成双螺旋结构。

如果将子一代 DNA 双链变性分开,然后离心,此时看到的两条带一条是重带,一条是轻带,这就进一步证明了 DNA 确实是半保留复制的。

2. DNA 复制的半不连续性

DNA 的两条链是反向平行的,而 DNA 聚合酶(DNA polymerase)只能使新生链按 $5'\rightarrow3'$ 的方向生长,而不能相反。这样,DNA 拆开后的两条链就不能在同一时刻朝同一方向复制,那么就有两种可能的复制方式:一种是从亲本链的两端开始复制,各有一个复制叉,当两个复制叉相遇时就能得到两个分子,每个分子有半截是单链状态;另一种方式是从一个复制叉上以不同的方向复制新生链。实际上,第一种复制方式是不可能的,因为细菌 DNA 在任何时刻大约只有 5% 处于单链状态。第二种方式又有两种可能性:第一种是半不连续的复制方式,新生链是分别复制的,一条是连续的,另一条是不连续的;第二种可能性是模板转辙的复制方式,新生链先以其中一条链为模板,在复制叉处转而以另一条单链为模板,在变性后可形成发夹结构。但实验证明,新生的 DNA 分子是完全可以变性的,所以模板转辙的复制方式是不正确的。

半不连续的复制方式中的不连续片段称为前体片段,由于其是由冈崎(Okazaki)于 1968 年首先发现的,所以又称冈崎片段(Okazaki fragments),其片段大小为 1 000~2 000 个核苷酸,不连续的冈崎片段再通过 DNA 连接酶(DNA ligase)连接起来,形成一条连续的链,完成 DNA 的复制(图 1.8)。

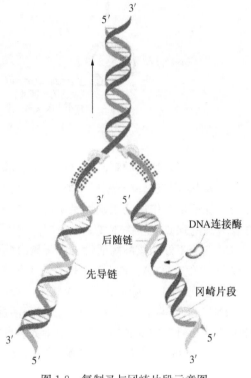

图 1.8　复制叉与冈崎片段示意图

3. DNA 复制的原点、方向与方式

DNA 复制是从特定的位置开始的,这一位置为复制原点,许多生物的复制原点都是双螺旋 DNA 呼吸作用强烈的区段,即富含 AT 的区段。从原点开始,DNA 的复制大多是双向进行的,但也有单向的或以不对称的双向方式进行的,这取决于原点的性质。

DNA 复制的方式一般分为两类:一类为从头起始(*de novo* initiation),即复制叉式复制;另一类为共价延伸(covalent extension),即先导链是共价结合在一条亲本链上,这主要是滚环复制。

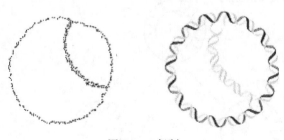

图 1.9　θ复制

复制叉式复制首先在复制原点解开双链 DNA 呈单链状态,两条链分别作为模板,各自合成其互补链,出现复制叉。如果是环状双链 DNA,则其复制叉的形状类似于希腊字母 θ,因而称 θ 复制,由于其是由 Cairns 发现的,因而又称 Cairns 复制。θ 复制也有单向和双向之分(图 1.9)。

滚环复制是某些环状双链 DNA 的复制方式,在复制时,切断其中一条单链,其 $5'$ 端与蛋白质结合,$3'$ 端在 DNA 聚合酶的催化下,以未切断的一条环状链为模板,加上新的核苷酸,$3'$ 端不断延长,$5'$ 端就不断地被甩出,好像环在滚动一样,因而称滚环复制。又因其形状像

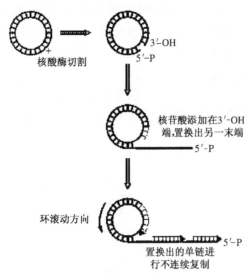

图 1.10　滚环复制

希腊字母 σ,因而又称 σ 复制。被甩出的单链达到一定长度后,就开始复制其互补链(图1.10)。

4. DNA 复制的酶学

(1) DNA 聚合酶　　DNA 的复制是一个非常复杂的酶学过程,需要 30 种以上的酶和蛋白质参与,其中聚合酶是复制过程的核心酶,没有聚合酶也就没有所谓的 DNA 复制。目前,在 *E.coli* 中已发现了 5 种 DNA 聚合酶,其中参与 DNA 复制的主要是 DNA 聚合酶 Ⅰ 和 Ⅲ。下面我们简要介绍一下 DNA 聚合酶 Ⅰ 和 Ⅲ 的主要特性与功能,并对它们进行简单的比较。

1) DNA 聚合酶活性:DNA 聚合酶 Ⅰ 和 Ⅲ 都具有 DNA 聚合酶活性,都需要模板和引物,都需要引物具有 3′-OH。但 DNA 聚合酶 Ⅰ 的主要功能在于 DNA 的修复和 RNA 引物的替换;而 DNA 聚合酶 Ⅲ 的主要功能是 DNA 链的延长。

2) 3′→5′外切核酸酶活性:DNA 聚合酶 Ⅰ 和 Ⅲ 都具有这种酶活性,它们作用于 3′端,若复制时错误地掺入一个碱基,则该碱基与模板不能配对,这两种酶都可以将 3′端所掺入的错误碱基切除(图 1.11)。这种酶活性对于保证聚合作用的正确性是不可缺少的,该功能也称校对功能,对于作为遗传物质 DNA 所需要的稳定性和极高的保真度至关重要。

3) 5′→3′外切核酸酶活性:DNA 聚合酶 Ⅰ 和 Ⅲ 都具有这种酶活性,但作用方式不同。DNA 聚合酶 Ⅲ 只能作用于单链 DNA。而 DNA 聚合酶 Ⅰ 的 5′→3′外切核酸酶活性具有以下特征:核酸必须有 5′-P 末端,必须是已经配对的,去除方式是一个接着一个,可以是 DNA,也可以是 RNA。

DNA 聚合酶 Ⅰ 的 5′→3′外切核酸酶活性与聚合酶活性一起,可以产生切口平移(nick translation),这是分子遗传学研究中探针标记的一个十分重要的方法。所谓切口平移,就是双链 DNA 的一条链发生断裂,产生一个 5′-P 和 3′-OH;在 5′-P 端,DNA 聚合酶 Ⅰ 有 5′→3′外切核酸酶活性,将核苷酸一个个地切除,同

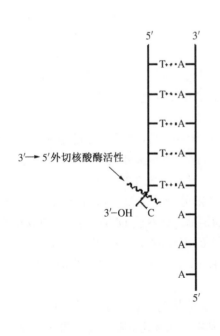

图 1.11　5′→3′外切核酸酶活性

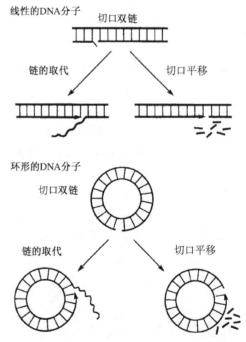

图 1.12　在线性和环形 DNA 分子上所发生的
链的置换和切口平移

时 3′-OH 端又有 DNA 聚合酶活性,可进行聚合反应;随着两种反应的进行,切口由 5′ 端向 3′ 端转移,由于 DNA 聚合酶 I 不具有 DNA 连接酶活性,所以切口一直保留,称切口平移(图 1.12)。

4) 内切核酸酶活性:DNA 聚合酶 I 具有这种能力,当 5′-P 是不配对的单链时,它作用于与单链相连的两个配对碱基之间,切断磷酸二酯键(图 1.13)。

5) 缺口填充能力:DNA 聚合酶 III 只能填充几个碱基的小缺口,而 DNA 聚合酶 I 则能填充很大的缺口,甚至能完成几乎整个互补链的复制。

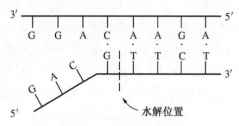

图 1.13　内切核酸酶活性

(2) 引发酶(primase)　　任何一种 DNA 聚合酶都不能从头起始一条新的 DNA 链,而必须有一段引物,这一段引物大多为一段 RNA。作为引物的 RNA 与典型的 RNA(如 mRNA)是不同的,它们在合成后并不与模板分离,而是以氢键与模板结合,合成这种引物的酶称为引发酶。

(3) DNA 连接酶和其他相关酶　　当 DNA 聚合酶 III 将一段 DNA 链延伸到前一个冈崎片段的引物 RNA 时,它既不能继续合成 DNA,也不能水解 RNA 引物,结果留下切口或缺口,这时必须由 DNA 聚合酶 I 的 5′→3′ 外切核酸酶活性来切除 RNA 引物,同时以其 5′→3′ 聚合酶活性将适当的脱氧核苷酸聚合上来,即进行连续的切口平移或缺口填充。

DNA 聚合酶能够填充缺口,但无法使切口接合成完整的 DNA 链,切口的接合,需要 DNA 连接酶来完成,DNA 连接酶只作用于 3′-OH 和 5′-P 相邻并且各自的碱基处于配对状态时。

在 DNA 复制过程中还需要解旋酶(helicase),它能促进 DNA 的两条互补链分离;还需要 DNA 旋转酶,即拓扑异构酶的参与。

1.2.3　原核生物核酸的组成与复制

原核生物(prokaryote)是以原核细胞(prokaryocyte)为基本单位的生物,原核细胞没有核膜,因而也就没有细胞核,只有染色质区,称为拟核(nucleoid);原核细胞没有线粒体(mitochondria)和质体(plastid)等细胞器(organelle);原核细胞的遗传物质是一条裸露的 DNA 分子,虽与少量蛋白质结合,但不形成染色体结构,习惯上,原核生物的核酸分子也常被人们称为染色体。一般来说,原核细胞一经分裂就相互分离,呈单细胞状态。

原核生物 DNA 的复制按前述的从头起始和共价延伸两种方式进行。

1.2.4　真核生物 DNA 的复制

真核生物(eukaryote)是以真核细胞(eukaryocyte)为基本单位的生物,真核细胞具有核膜,其染色体与细胞质是分开的,存在于界线分明的细胞核内;真核细胞都有线粒体,植物细胞中还有质体,这两种细胞器都携带遗传信息;真核生物的染色体是一个较大的双链 DNA 分子,与蛋白质结合成复杂的超螺旋结构。

在原核生物 E.coli 中,DNA 的复制速度大约是 10^5 bp/min,而真核细胞 DNA 的复制速度要慢得多,仅为 500～5 000 bp/min。如果按典型哺乳动物染色体 DNA 的大小来计算,真核生物 DNA 的复制时间约为 1 个月,而实际上真核生物 DNA 复制时间一般为几个小时,这是通过从许多复制原点同时开始并双向复制而实现的。真核生物复制原点的 DNA 序列并无固定的模式,但大多包括一个富含 AT 的序列。

对 SV40 DNA 复制的研究表明,真核生物 DNA 复制过程可能包括以下步骤:首先,由特异的蛋白质识别复制原点并与之结合,然后由解旋酶促进负超螺旋状态下的复制原点的解链,由单链结合蛋白维持单链状态;接着,DNA 聚合酶 α 和引发酶与原点序列上的特异蛋白质相互作用,引发一个复制叉先导链的合成,然后再引发另一个先导链的合成。真核生物 DNA 从许多复制原点开始复制,当相邻的两个复制叉会合时就完成了这一段 DNA 的复制。

1.2.5　病毒核酸的组成与复制

病毒既不是原核生物,也不是真核生物。它们是一种超分子的亚细胞生命形式,它们的繁殖必须在宿主体内进行,因而其遗传机制与宿主密切相关。例如,噬菌体适应了原核生物的遗传模式,而动植物病毒则使用真核生物的遗传法则。

根据宿主的不同,病毒可分为动物病毒、植物病毒和噬菌体(原核生物病毒)。根据病毒中所含核酸类型的不同,可分为 DNA 病毒和 RNA 病毒,其中 DNA 病毒又包括单链 DNA 病毒和双链 DNA 病毒,而 RNA 病毒则包括正链 RNA 病毒(其 RNA 可作为 mRNA 使用)、负链 RNA 病毒(其 RNA 链的互补链可作为 mRNA 使用)和双链 RNA 病毒等。

双链 DNA 病毒的复制与宿主密切相关。例如,T_7 噬菌体的复制主要使用宿主的复制机制,也有复制原点,形成复制叉,与宿主复制方式一致。

单链 DNA 病毒的复制较为特殊。例如,ΦX174 噬菌体的遗传物质是环状单链 DNA,称为正链 DNA。当它进入宿主细胞后,其单链全部与单链结合蛋白相结合,在引发位点上,由 DNA 聚合酶Ⅲ以引物 RNA 为依托,以正链 DNA 为模板,合成 DNA 直至引物 RNA 处;以 DNA 聚合酶Ⅰ的 $5'\rightarrow3'$外切核酸酶活性水解引物 RNA 并以 DNA 取代它;最后由 DNA 连接酶连接成共价封闭环,由 DNA 旋转酶形成负超螺旋。

上述的单链环状 DNA 是 ΦX174 噬菌体的复制形式,它有一个复制原点,在该处正链发生断裂,产生一个 $3'$-OH,在 DNA 聚合酶Ⅲ和单链结合蛋白等的协同作用下,$5'$端不断被甩出,当复制到一个分子长时,就环化起来。滚环复制出的正链 DNA 可以复制成双链分子,也可以用于子代噬菌体的装配。

在细胞中,RNA 是不能够作模板来形成新的 RNA 链的,因此,许多 RNA 病毒的复制就需要另一种酶的参与,这种酶称为 RNA 复制酶(RNA replicase),它能够在亲本 RNA 模板上合成新的 RNA 链,这与 DNA 聚合酶和 RNA 聚合酶一样,它们都能在单链模板(single strand template)上催化合成一条互补链。

许多单链 RNA 病毒含有的是正链 RNA,当病毒感染宿主时,正链 RNA 进入宿主细胞,利用宿主的转录翻译机器,以正链 RNA 为模板,编码 RNA 复制所必需的 RNA 复制酶分子,复制酶结合到正链 RNA 的 $3'$端,以 $5'\rightarrow3'$方向合成其产物负链 RNA,并负责保持正负链分开,不形成双螺旋结构。完整的子代负链和原来的正链都可作为模板来合成更多的正负链。这类病毒包括多瘤病毒、各种 RNA 噬菌体、烟草花叶病毒等。

含单股负链的 RNA 病毒,由于携带的核酸不能作为 mRNA 使用,所以,在病毒中装有复制酶颗粒,在侵染时与 RNA 一同进入宿主细胞,立即开始以负链 RNA 为模板拷贝一条正链 RNA。

1.2.6　DNA 的体外合成

随着技术的发展,人们不仅能够从活体生物中获得核酸,而且还可以通过人工合成的方法在体外合成核酸。这包括两种方法:一种是以化学的方法合成寡核苷酸;另一种是 PCR,在体外模拟 DNA 的复制,选择性地扩增 DNA 的某一片段。

1. DNA 的人工合成

化学法合成寡核苷酸序列现在已经在 DNA 合成仪上自动化,其基本方法是利用固相的磷酸三酯法或亚磷酸三酯法。由于亚磷酸三酯法反应速度快、合成效率高和副作用极少等优点,被广泛应用于机器的自动 DNA 合成。

DNA 人工合成的基本原理:首先,将所要合成寡聚核苷酸链的 $3'$-OH,与一个不溶性载体(如多孔玻璃珠)相连,使之固定;然后,按照 $3'\rightarrow5'$的方向将核苷酸单体逐个加上去。为减少副作用的发生,核苷酸上的所有活泼基团,如氨基和羟基等,都用不同的保护基予以保护,其中 $5'$-OH 用 4,4'-二对甲氧基三苯基(DMT)保护,$3'$端的二异丙基亚磷酰胺上磷酸的-OH 用甲基或 β 氰乙基保护。合成步骤见图 1.14。

(1)$5'$端保护基的脱除　　在核苷酸单体 1 中加入 $ZnBr_2$ 或三氯乙酸,脱去 4,4'-二对甲氧基三苯基,释放出核苷酸单体 1 上的 $5'$-OH,$3'$端仍与固相载体相连。

(2)缩合反应　　将带保护基的核苷酸单体 2 加入,在弱酸的催化下,与核苷酸单体 1 发生缩合反应,形成 $3',5'$-磷酸二酯键,其中的磷为三价,不稳定。

(3)盖帽反应　　在上述反应中,尚有少数核苷酸单体 1 分子未参加缩合反应,所以,加入乙酸酐,使未缩合的核苷酸单体 1 的 $5'$-OH 乙酰化,终止其以后参与缩合的资格,减少合成错误序列的机会。

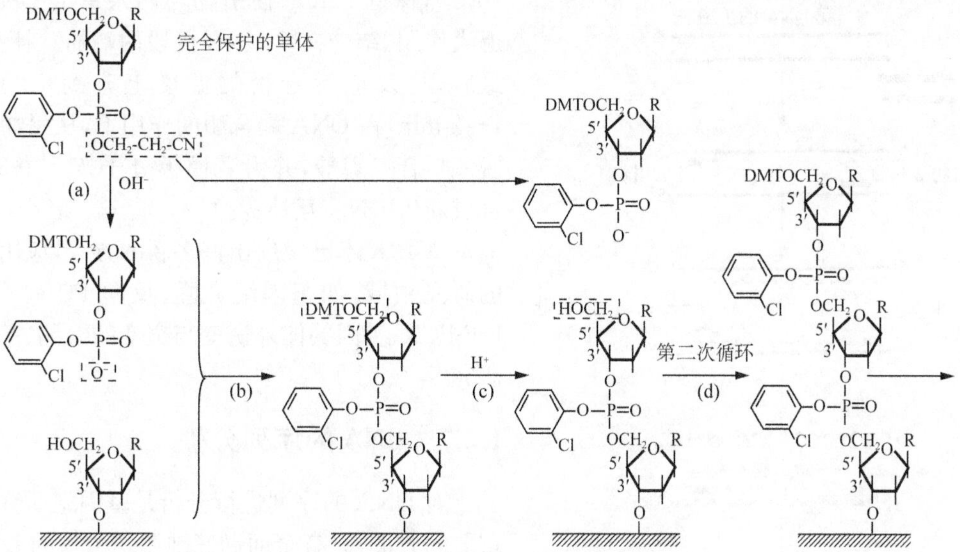

图 1.14 固相磷酸三酯法合成寡聚脱氧核苷酸片段

(a) 完全保护的脱氧单核苷酸衍生物,通过三乙胺(triethylamine)的作用,使其 3'-P 位置处于未保护状态;(b) 于是它便可同 3'-OH 端被固定在固相支持物上的另一个脱氧单核苷酸分子上未保护的 5'-OH 缩合,形成二核苷酸;(c) 加酸处理,使其脱去 5'-OH 上的保护基团 DMT;(d) 这样它又可同具 3'-活性末端的另一个脱氧单核苷酸分子缩合,形成三核苷酸分子。如此重复进行,到反应最后完成时,所有的保护基团都要被清除,并通过高效液相色谱法纯化合成产物

图中 R 分别为苯甲酰腺嘌呤(benzoyl adenine)、苯甲酰胞嘧啶(benzoyl cytosine)、异丁基鸟嘌呤(isobutyryl guanine)或胸腺嘧啶

(4) 氧化反应　　上述缩合反应形成的 3',5'-磷酸二酯键中的磷为三价,不稳定,易被酸或碱解离,加入 I_2 使其氧化成五价磷。

循环以上步骤,直到合成出所需要长度的寡核苷酸片段,从固相载体上脱下来,再去除其余的所有保护基,就可得到所需要的寡聚核苷酸,可通过凝胶电泳法或高效液相色谱法进一步纯化。

人工化学合成的寡聚核苷酸在分子遗传学研究中具有广泛的用途。例如,它可以用来作为核酸分子杂交的探针;可以作为基因合成的元件;可以作为酶促 DNA 合成的引物,用于 PCR 和 DNA 序列分析等。

2. 聚合酶链反应

聚合酶链反应(PCR)是美国科学家 Mullis 发明的一种在体外快速扩增特定基因或 DNA 序列的方法,又称为基因的体外扩增法。它可以在试管中建立反应,经数小时之后,就能将极微量的目的基因或某一特定的 DNA 片段扩增数十万乃至千百万倍,无须通过烦琐费时的基因克隆程序,便可获得足够数量的精确的 DNA 拷贝,所以人们也将它称为无细胞分子克隆法。

PCR 技术的原理与细胞内发生的 DNA 复制过程十分类似(图 1.15)。首先,双链 DNA 分子在临近沸点的温度下加热分离成两条单链 DNA 分子;然后,加入反应混合物中的引物与模板 DNA 的特定末端结合;接着,DNA 聚合酶以单链 DNA 为模板,利用反应混合物中的 4 种脱氧核苷三磷酸,在引物的 3'-OH 端合成新生的 DNA 互补链。

合适的引物是 PCR 扩增的一个很关键的因素。在 PCR 中选用的一般是一对引物,它们是按照与扩增区段两端序列彼此互补的原则设计的,因此每一条新生链的合成都是从引物的退火结合位点开始,并朝相反方向延伸的,这样在每一条新合成的 DNA 链上都具有新的引物结合位点。整个 PCR 的全过程,即 DNA 解链(变性)、引物与模板 DNA 相结合(退火)、DNA 合成(链的延伸)三步,可以被不断重复。经多次循环之后,反应混合物中所含有的双链 DNA 分子数,即两条引物结合位点之间的 DNA 区段的拷贝数,理论值应为 2^n。

由于 PCR 技术应用十分广泛,DNA 样品的来源多种多样,引物的长短与核苷酸组成各不相同等,不可能给出一个统一标准的 PCR 温度循环参数。但在一般情况下,首先,是将含有待扩增 DNA 样品的反应混合物,放置在高温(>91℃)环境下加热 1 min,使双链 DNA 变性,形成单链模板 DNA;然后,降低反应温度(约

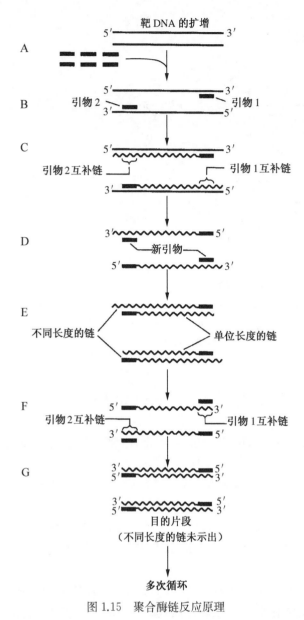

A　靶DNA的扩增

B　引物2　引物1

C　引物2互补链　引物1互补链

D　新引物

E　不同长度的链　单位长度的链

F　引物2互补链　引物1互补链

G

目的片段
(不同长度的链未示出)

多次循环

图 1.15　聚合酶链反应原理

50℃),保持 1 min,使引物与两条单链 DNA 模板发生退火作用,结合在靶 DNA 区段两端的互补序列位置上;最后,将反应混合物的温度上升到 72 ℃左右保温 1～2 min,在 DNA 聚合酶的作用下,从引物的 3′ 端加入脱氧核苷三磷酸,并沿着模板分子按 5′→3′ 方向延伸,合成新生 DNA 互补链。

PCR 技术已发展出许多新的方法,应用于许许多多的研究领域,如基因组克隆、反向 PCR、不对称 PCR、RT-PCR、基因的体外诱变与突变的检测、基因组的比较研究等。

1.2.7　DNA 的序列分析

对 DNA 的序列进行分析是基因组研究的一个十分重要的方面,只有全面彻底地测定生物的 DNA 序列,才能进一步揭示生命的奥秘。测定 DNA 序列的方法主要有两种:一种是化学法,又称 Maxam-Gilbert 法;另一种是双脱氧法,又称酶法、Sanger 法或链终止法。人们在这两种方法的基础之上,又提出了不少改进的方法。

1. 化学法测定 DNA 序列

用特异的化学裂解法测定 DNA 的核苷酸序列是由美国哈佛大学的 Maxam 和 Gilbert 发明的,其基本程序如下。

(1) 制备末端标记的单链 DNA　　一般采用多核苷酸激酶将[γ-^{32}P]-ATP 中的[γ-^{32}P]引入双链 DNA 的 5′ 端,此时双链都被标记,用内切酶切除一端,则剩下的 DNA 就只有一条链被标记,这就是放射性标记的单链 DNA。

(2) 用适当的化学试剂处理上述标记的单链 DNA　　使标记的 DNA 在 4 种核苷酸中的一种核苷酸处断开。例如,要使 DNA 在嘌呤处断裂,可选用硫酸二甲酯 (dimethylsulphate),它能使嘌呤发生甲基化,甲基化的嘌呤在中性 pH 条件下加热断裂,嘌呤碱基脱掉,再在碱性条件下加热就使骨架断裂和糖基消除。由于鸟嘌呤甲基化速度比腺嘌呤快,以上处理主要造成 DNA 在鸟嘌呤处断裂;如果甲基化后用稀酸处理,则主要在腺嘌呤处断裂,因为甲基化鸟苷的糖苷键比甲基化腺苷的糖苷键稳定。要想使 DNA 在嘧啶处断裂,可在肼 (hydrazine)的作用下分解嘧啶,骨架于六氢吡啶 (piperidine)处断裂。为了区别胞嘧啶和胸腺嘧啶的断裂位点,可将肼反应在 2 mol/L NaCl 存在的条件下进行,此时胸腺嘧啶的反应受到抑制,DNA 的断裂主要发生在胞嘧啶处。

通过 4 种不同的处理方法,使 DNA 的断裂分别发生在 A、G、C 和 T 处,每个分子断裂的次数平均少于或等于一次,这样就会得到各种长度的放射性 DNA 片段群体。

(3) 读取 DNA 的核苷酸顺序　　将 4 组片段进行聚丙烯酰胺凝胶电泳分离,用 X 射线胶片对电泳胶进行放射自显影,就可以从胶片上读出 DNA 的核苷酸顺序(图 1.16)。例如,要对这样的一段 DNA 进行测序:5′^{32}P-ATGCATGC-3′,在 4 种核苷酸处分别断裂后就产生下列 4 组放射性群体:

反应 1 在 A 处断裂,产生的片段为 5′^{32}P-ATGC。

反应 2 在 G 处断裂,产生的片段为 5′^{32}P-AT,5′^{32}P-ATGCAT。

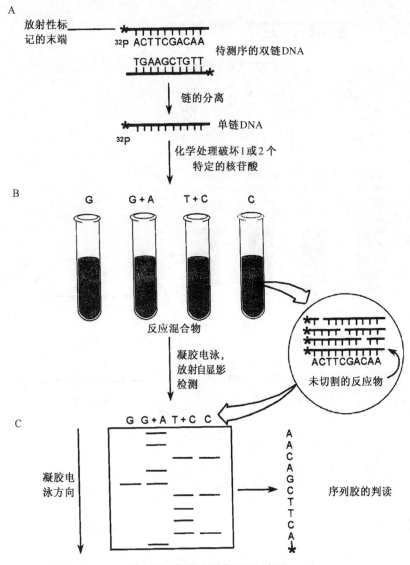

图 1.16　化学法测定 DNA 序列

反应 3 在 C 处断裂,产生的片段为 $5'^{32}$P-ATG,$5'^{32}$P-ATGCATG。

反应 4 在 T 处断裂,产生的片段为 $5'^{32}$P-A,$5'^{32}$P-ATGCA。

化学法分析 DNA 序列主要用于 DNA 序列较短或 DNA 序列由于二级结构的存在难于用双脱氧法测准时,但改进的方法可以用于大片段 DNA 的测序,采用耐热的 DNA 聚合酶也可以用双脱氧法对存在二级结构的单链 DNA 进行测序。大规模 DNA 测序则主要采用双脱氧法。

2. 双脱氧法测定 DNA 序列

双脱氧法是英国剑桥大学的 Sanger 等于 1977 年发明的一种用于 DNA 序列测定的方法,其原理是在体外合成 DNA 的同时,加入使链合成终止的试剂(通常是 $2', 3'$-二脱氧核苷酸),与 4 种脱氧核苷酸按一定比例混合,参与 DNA 的体外合成,产生长短不一、具有特定末端的 DNA 片段,由于二脱氧核苷酸没有 $3'$-OH,不能进一步延伸产生 $3', 5'$-磷酸二酯键,合成反应就在该处停止,该方法由此命名为双脱氧法。双脱氧法测定 DNA 序列的基本程序见图 1.17。

1) 选取待测 DNA 的一条链为模板,用 $5'$ 端标记的短引物与模板的 $3'$ 端互补。

2) 将样品分为四等份,每份中添加 4 种脱氧核苷三磷酸和相应于其中一种的双脱氧核苷酸。例如,第一份中添加 4 种 dNTP 和一定比例的 ddATP,第二份中添加 4 种 dNTP 和一定比例的 ddGTP,第三份添加 4 种 dNTP 和一定比例的 ddCTP,第四份添加 4 种 dNTP 和一定比例的 ddTTP。

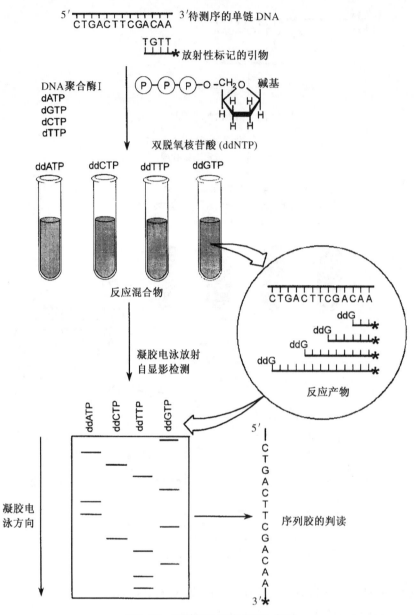

图 1.17　双脱氧法测定 DNA 序列

3) 加入 DNA 聚合酶引发 DNA 合成,由于双脱氧核苷酸与脱氧核苷酸的竞争作用,合成反应在双脱氧核苷酸掺入处终止,结果合成出一套长短不同的片段。

4) 将 4 组片段进行聚丙烯酰胺凝胶电泳分离,根据所得条带,读出待测 DNA 的碱基顺序。

待测的 DNA 片段一般为单链,克隆至 M13 或其衍生载体上,用一个通用引物(universal primer)来起始合成。待测的 DNA 片段也可以是双链的,其原理与此相同。

DNA 测序法已日益走向成熟,随着许多生物基因组计划的展开,测序的工作越来越繁重,现在的测序已经自动化,标记物也由原来的放射性标记改为荧光标记,大大提高了灵敏度,自动测序仪的应用大大提高了测序的速度和准确度,为基因组研究所需要的大规模分析提供了强有力的保障。

自从 20 世纪 70 年代末期 DNA 测序技术问世以来,虽然人们对技术进行了大量的重要改进,但其原理并没有改变。最近提出的杂交测序法(sequencing by hybridization,SBH)则从原理上具有根本的创新,它利用一组已知序列的寡核苷酸短序列作探针,同某一特定的较长的靶 DNA 分子进行杂交,从而测定靶 DNA 分子的核苷酸序列。DNA 杂交测序法避免了传统测序法必不可少的操作烦琐的凝胶电泳,既不需要使用价格昂贵的核酸酶,也不需要进行复杂的化学反应,被公认为是一种有发展潜力的、适合于大规模 DNA 测序工作的新方法。

1.3　遗传物质传递的细胞学基础

我们所说的遗传物质的传递是指遗传物质由亲代传递给子代的现象,这种传递方式的实质是通过繁殖将亲代的遗传物质及其所含有的遗传信息,准确地传给子代,而保证这种准确性的就是上一节所讲的核酸的复制。

1.3.1　病毒遗传物质的传递

病毒所含有的遗传物质为 DNA 或 RNA,其没有细胞结构,只是外壳蛋白质包裹着核酸这样一种超分子结构,在单独存在的情况下并无活性,既不能复制自己的核酸,也不能繁殖后代,只有在感染宿主细胞内时,才能利用宿主细胞的全部或部分复制、转录和翻译机器,繁殖出子代病毒。

病毒遗传物质在上下代传递的一般过程:首先,病毒颗粒附着在宿主细胞的表面,识别宿主细胞的专一性受体并与之结合;其次,在宿主细胞表面造成一个穿孔,将病毒的核酸释放入宿主细胞内;再次,病毒的核酸全面接管宿主细胞的复制、转录和蛋白质合成机器,复制自己的核酸,合成自己的外壳蛋白,并进而装配成子代病毒;最后,当宿主细胞的养分被耗尽,细胞就会裂解,释放出大量的子代病毒,完成遗传物质从亲代到子代的传递(图 1.3)。

病毒的结构简单,只要完成了核酸的复制,然后与外壳蛋白质装配成完整的病毒颗粒,就完成了繁殖的过程,且将亲代的遗传信息完整地传了子代。

1.3.2　原核生物遗传物质的传递

细菌是单细胞的原核生物,其遗传物质的传递是通过生长和繁殖来实现的,而细菌的生长与繁殖就是细胞数目的增加,其生长速度远远超过高等动植物的生长速度。如果将细菌培养在合适的培养基上,在适当的条件下,在很短的时间内,细菌的数目就会成倍增长。

细菌遗传物质的传递是通过细胞分裂的繁殖方法来实现的,细菌的细胞分裂方式是二分裂(binary fission)。二分裂是一种无性生殖过程。首先,细胞中的 DNA 先进行复制加倍,由原来一条双链 DNA 分子变为两条双链 DNA 分子,并彼此分开;其次,在细菌的中间形成一个隔膜;再次,细胞壁向内生长,将原来的一个细胞分成两个细胞,由亲代的一个细菌就变成了子代的两个细菌。由于 DNA 复制的忠实性,子代细菌中的遗传物质与亲代一致,即亲代的遗传信息准确地传了子代(图 1.18)。

二分裂是细菌繁殖的主要方式,除此之外,有些细菌还靠出芽(budding)生殖:在细胞的一端生出一个小芽,芽长大成一个新细胞,最后与母体分离,由一个细菌变成两个细菌。无论采用何种方式,DNA 都必须先进行复制,并将复制的一份传递给子代细胞。

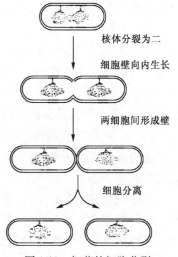

核体分裂为二

细胞壁向内生长

两细胞间形成壁

细胞分离

图 1.18　细菌的细胞分裂

1.3.3　真核生物遗传物质的传递

真核生物特别是高等真核生物都是多细胞的,其遗传物质的传递和生命的连续性完全依赖于细胞的分裂。真核生物细胞分裂的方式可分为无丝分裂(amitosis)、有丝分裂(mitosis)和减数分裂(meiosis),但无论何种分裂方式,在分裂之前都有一个 DNA 复制加倍的过程。其中,无丝分裂是细胞核拉长、缢裂成两部分,接着细胞质也分裂,从而成为两个细胞,由于整个分裂过程看不到纺锤丝,所以称为无丝分裂,但这种分裂方式在高等生物中属于一种次要的分裂方式。

高等生物细胞分裂的两种主要方式是有丝分裂和减数分裂,生物个体在生长发育和无性生殖时主要进行有丝分裂,而在有性生殖时主要进行减数分裂。

1. 有丝分裂

多细胞生物的生长主要通过细胞数目的增加和细胞体积的增大而实现,所以,通常也把有丝分裂称为体细胞分裂。有丝分裂包括两个紧密相连的过程:首先是细胞核分裂为两个;其次是细胞质一分为二,各含一个细胞核。一般人为地根据有丝分裂过程中核的变化将其分为四个时期:前期(prophase)、中期(metaphase)、后期(anaphase)和末期(telophase)。在两次连续的细胞分裂之间,还有一个间期(interphase)。现将这五个时期简述如下(图 1.19)。

图 1.19　真核细胞的有丝分裂

(1) 间期　　　细胞连续两次分裂之间的一段时期。细胞在该时期看上去似乎是静止的,而实质上,间期的细胞核生理、生化代谢活动非常活跃,为细胞分裂准备条件。细胞分裂前的首要工作是在间期进行遗传物质的复制,这个时期核内 DNA 含量加倍,与 DNA 相结合的组蛋白也是加倍合成的。

根据间期 DNA 合成的特点,间期又可分为三个时期:合成前期即 G_1 期,是细胞分裂周期的第一个间隙,它为 DNA 的合成作准备;合成期,即 S 期,是 DNA 合成期;合成后期,即 G_2 期,是 DNA 合成后至核分裂开始之间的第二个间隙。这三个时期的长短因物种、细胞种类和生理状态而不同,一般 S 期的时间较长且较稳定,G_1 和 G_2 期的时间较短,变化也较大。

(2) 前期　　　细胞核内出现细长而卷曲的染色体,以后逐渐缩短变粗,每条染色体含有两条染色单体,但染色体的着丝粒还没有分裂,这时核仁和核膜逐渐模糊不清。在前期的最后阶段将逐渐形成纺锤丝。

(3) 中期　　　核仁和核膜均消失,细胞核与细胞质已无可见的界线,细胞内出现清晰可见的由来自两极的纺锤丝所构成的纺锤体(spindle)。各条染色体的着丝粒均排列在纺锤体中央的赤道面上,而其两臂则自由地分散在赤道面的两侧。由于这时染色体具有典型的形状,最适于染色体制片和染色体计数。

(4) 后期　　　每条染色体的着丝粒分裂为二,这时各条染色单体各成为一条独立的染色体。随着纺锤丝的牵引,每条染色体分别向两极移动,因而两极各具有与原来细胞同样数目的染色体。

(5) 末期　　　在两极,围绕着染色体出现新的核膜,染色体又变得松散细长,核仁重新出现,于是在一个母细胞内形成两个子核,接着细胞质分裂,在纺锤体的赤道板区形成细胞板,分裂为两个子细胞,又恢复为分裂前的间期状态。

在有丝分裂的过程中,首先是核内每条染色体准确地复制为二,为形成的两个子细胞在遗传组成与母细胞完全一样提供了基础;其次是复制的各对染色体有规则而均匀地分到两个子细胞的核中,从而使两个子细胞与母细胞具有同样质量和数量的染色体,这样既维持了个体的正常生长发育,也保证了物种的连续性和稳定性。

真核生物的无性生殖是通过亲本营养体的分割而产生后代个体,它是通过体细胞的有丝分裂而生殖的,因而后代与亲代具有相同的遗传组成。例如,植物利用块茎、鳞茎、球茎、芽眼和枝条等营养体产生后代,这都属无性生殖,上下代都保持着相同的遗传物质,后代与亲代总是保持相似的性状。

2. 减数分裂

真核生物的生殖方式基本上有两种,除无性生殖外,还有有性生殖。有性生殖是通过亲本的雌配子(female gamete)和雄配子(male gamete)受精融合而形成合子(zygote),随后进一步分裂、分化和发育而产生后代,这是最普遍且重要的生殖方式,大多数动植物都是进行有性生殖的。

有性生殖的雌雄配子是通过减数分裂形成的,而减数分裂是在性母细胞成熟时,配子形成过程中所发生的一种特殊的有丝分裂,因为它使体细胞的染色体数目减半,故称减数分裂。减数分裂首先是各对同源染色体在细胞分裂的前期配对(pairing)[或称联会(synapsis)];然后是细胞分裂过程中的两次分裂,第一次是减数的,第二次是等数的。整个减数分裂的过程可以概述如下(图1.20)。

第一次分裂

(1) 前期Ⅰ 这一时期可以分为以下5个时期。

1) 细线期(leptotene):核内出现细长如线的染色体,由于染色体在细胞分裂间期已经复制,所以每条染色体都是由两条染色单体组成。

2) 偶线期(zygotene):同源染色体配对,出现联会现象,各对同源染色体的对应部位相互紧密并列,逐渐沿纵向联结在一起,这样联会的一对同源染色体,称为二价体(bivalent)。

3) 粗线期(pachytene):二价体逐渐缩短变粗,因为二价体包括四条染色单体,故又称为四合体。在二价体中一条染色体的两条染色单体,互称为姐妹染色单体;而不同染色体中的染色单体,则互称为非姐妹染色单体。此时非姐妹染色单体间出现交换(crossing over),将造成遗传物质的重组。

4) 双线期(diplotene):四合体继续缩短变粗,联会的二价体虽因非姐妹染色单体相互排斥而松散,但仍被一至几个交叉联结在一起。

5) 终变期(diakinesis):染色体变得更为浓缩和粗短,这是前期Ⅰ终止的标志。这一时期交叉向染色体两端移动,并逐渐接近于末端,该过程称交叉的端化(terminalization)。这时的每个二价体分散在整个核内,可以一一区分开来,是鉴定染色体数目的较佳时期。

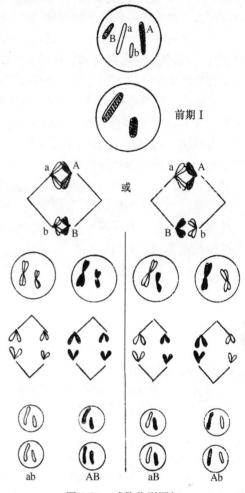

图1.20 减数分裂图解

(2) 中期Ⅰ 核仁和核膜消失,细胞质里出现纺锤体,纺锤丝与各染色体的着丝粒相连,从极面观察,各二价体分散排列在赤道板的近旁。这一时期也是鉴定染色体数目的较佳时期。

(3) 后期Ⅰ 由于纺锤丝的牵引,各个二价体各自分开,把两个同源染色体分别拉向两极,每一极只分到一对同源染色体中的一个,实现了 $2n$ 数目的减半(n),这时的每条染色体仍然包含两条染色单体。

(4) 末期Ⅰ 染色体移到两极后,松散变细,逐渐形成两个子核,同时细胞质分为两部分,形成两个子细胞,称为二分体(dyad)。在末期Ⅰ后大都有一个短暂的停顿期,称为中间期(interkinesis),相当于有丝分裂的间期,但有两点显著的不同:一是时间很短,二是DNA不复制。所以中间期的前后DNA含量没有变化。

第二次分裂

(1) 前期Ⅱ 每条染色体含有两条染色单体,着丝粒仍连在一起,染色单体彼此分得很开。

(2) 中期Ⅱ 每条染色体的着丝粒整齐地排列在赤道板上,着丝粒开始分裂。

(3) 后期Ⅱ 着丝粒分裂为二,各个染色单体变成染色体,由纺锤丝分别拉向两极。

(4) 末期Ⅱ 拉到两极的染色体形成新的子细胞核,同时细胞质又分为两部分。这样经过两次分裂,形成四个子细胞,这称为四分体(tetrad)或四分孢子(tetraspore),各细胞核里只有最初细胞的半数染色体,即从 $2n$ 减数为 n。

减数分裂是有性生殖生物配子形成过程中的必要阶段,通过减数分裂,既可以实现遗传物质在上下代之间传递的稳定性,也可以实现遗传物质重新组合所产生的丰富变异,增强物种的适应性。首先,减数分裂时核内染色体严格按照一定的规律变化,最后分裂成四个子细胞,发育成雌雄配子,各具有体细胞半数的染色体(n),在雌雄配子结合为合子时,又恢复为体细胞全数的染色体($2n$),从而保证了亲代与子代间染色体数目的恒定性,为后代的正常发育和性状遗传提供了物质基础,同时保证了物种的稳定性。其次,各对同源染色体在减数分裂中期Ⅰ排列在赤道板上,在后期Ⅰ各对染色体的两个成员是随机分向两极的,各个非同源染色体间均可能自由组合在一个子细胞中,如果有 n 对同源染色体,就可能有 2^n 种自由组合方式。例如,水稻 $n=12$,其非同源染色体分裂时可能的组合数为 $2^{12}=4\,096$ 种。这说明各个子细胞之间在染色体组成上将可能出现多种多样的组合。另外,在减数分裂过程中,同源染色体的非姐妹染色单体间还有可能发生交换,这样就更增加了这种差异的复杂性。

　　总之,进行有性生殖的真核生物,其遗传物质的传递方式是亲代遗传物质(DNA)先进行复制,然后经减数分裂产生减半遗传物质的配子;雌雄配子两两结合而成合子,遗传物质含量又恢复为亲代状态,完成上下代遗传物质的传递。合子再经有丝分裂,生长成新的个体,个体每个细胞的遗传组成都同合子一样,完成上下代细胞间遗传物质的传递。

思 考 题

1. 如何证明核酸是遗传物质?
2. 试比较 $E.coli$ DNA 聚合酶Ⅰ与 DNA 聚合酶Ⅲ主要功能的异同。
3. 什么为切口平移?它有什么应用价值?
4. 试说明 PCR 的原理与方法。
5. 试说明双脱氧法测定 DNA 序列的原理与方法。
6. 试解释有丝分裂与减数分裂是如何维持遗传物质的稳定性的。
7. 试说明细胞分裂过程中着丝粒分裂与染色体分离的关系。
8. 简述减数分裂前期Ⅰ双线期观察到的交叉与遗传物质交换之间的关系。

推 荐 参 考 书

1. 吴乃虎,2001.基因工程原理.2 版.北京:科学出版社.
2. 丁明孝,王喜忠,张传茂,等,2020.细胞生物学.5 版.北京:高等教育出版社.
3. Hartwell L H, Goldberg M L, Fischer J A, et al., 2018. Genetics: From Genes to Genomes. 6th Edition. New York: McGraw-Hill Education.
4. Klug W S, Cummings M R, Spencer C A, et al., 2017. Essentials of Genetics. 9th Edition. Essex: Pearson Education Limited.
5. Krebs J E, Goldstein E S, Kilpatrick S T, 2018. Lewin's Genes XII. Burlington: Jones & Bartlett Learning.

第2章 孟德尔定律及其扩展

提 要

　　孟德尔通过豌豆的杂交实验提出了遗传的分离和自由组合定律,其实质是在减数分裂过程中,同源染色体彼此分离,非同源染色体自由组合,而位于染色体上的遗传因子(基因)伴随着染色体的分离和组合发生着有规律的活动。遗传学定律的发现得益于孟德尔对数据进行合理的梳理统计分析。随着研究的深入,人们发现基因与环境、等位基因之间、非等位基因之间能够相互作用,共同决定生物性状的表达,从而扩展了孟德尔定律。

　　孟德尔定律是遗传学中的基本定律,是遗传学发展的基石。孟德尔是遗传学的创立者,他通过对生物性状传递规律及控制生物性状的遗传因子的研究,提出了遗传的分离和自由组合定律。他的论文《植物杂交实验》曾在 1865 年 2 月 8 日 Brünn 自然科学学会上宣读,1866 年刊登在 Brünn 博物学会会刊上。在孟德尔之后,许多科学家利用不同的实验材料,对孟德尔定律进行了重复和验证,进一步证明和发展了这一遗传学中的重要定律,使遗传学在 20 世纪迅猛发展起来。即使是在今天分子遗传学快速发展的时期,孟德尔定律仍具有重要的意义。

2.1　遗传的分离和自由组合定律

　　作为遗传学的创立者,孟德尔学习总结了前人的工作方法与经验教训,从独特的视角出发,得出了重要的遗传规律。

2.1.1　孟德尔实验

　　孟德尔进行了大量的实验,由简入繁,得到了许多重要的实验数据,为遗传规律的得出提供了实验依据。

1. 实验材料及研究的性状表现

　　孟德尔在豌豆实验中研究了多对相对性状,并以其中的 7 对相对性状及其表现作为对象开展分析和研究。这 7 对相对性状如下。

　　(1)成熟种子的形态表现不同　　相对性状的一方种子呈球形或圆形,其表面没有凹陷或只有很浅的凹陷;另一方种子有不规则的棱角,表面有很深的皱褶。

　　(2)种子子叶的颜色不同　　一方表现为黄色或橘黄色;另一方为浓绿色。这可以从种子外面透过种皮加以区别。

　　(3)种皮的颜色不同　　一方为白色,其花瓣亦为白色;另一方为灰色、灰褐色或黄褐色等,花瓣为紫色。

　　(4)豆荚的形状不同　　一方饱满;另一方有深深的缢痕或皱缩。

　　(5)未成熟的豆荚具有不同的颜色　　一方为绿色;另一方为黄色,其茎、叶脉、萼片也是黄色。

　　(6)花着生的位置不同　　一方为腋生,沿主轴分散;另一方是顶生,聚集在近于主轴的顶端处,在此情况下,茎的上端变得多少有些平齐。

　　(7)茎的高度不同　　一方茎高约 2 m;另一方是约 30 cm 的矮茎。

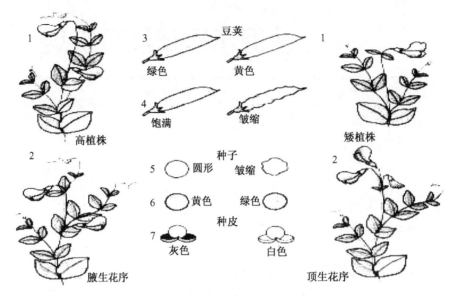

图 2.1　孟德尔杂交实验所用的 7 对相对性状

(引自 Passarge E,1998)

2. 实验内容

(1) 几个基本的概念　　在介绍孟德尔实验之前,有必要对一些专有名词进行解释,以便于在学习中理解。

1) 性状(character)、单位性状(unit character)、相对性状(relative character):性状是指生物体所表现出来的形态、结构和生理生化等特征的总和,如形状、颜色、高度等。而任一生物体的性状又可以分为很多单位,这些单位就称为单位性状,如种子的形状、花的颜色、茎的高度等。不同的个体在每个单位性状上具有各种不同的表现,这就称为相对性状,如种子的形状有圆形和皱缩、花的颜色有红花和白花、茎的高度有高茎和矮茎等。

2) 等位基因(allele):在同源染色体的相同座位上控制同一性状的不同形式的基因。

3) 座位(locus):基因在染色体上的位置。每个基因在染色体上都有一个座位。

4) 纯合体(homozygote)和杂合体(heterozygote):在一定的座位上带有两个相同的等位基因的个体是纯合体;在一定的座位上带有两个不同的等位基因的个体为杂合体。

5) 基因型(genotype)和表现型(phenotype):基因型是指一个个体染色体上基因的集合,即它所包含的每一对基因。表现型简称表型,是指一个个体所含有的各种基因所制造的产物如蛋白质、酶等,以及个体的各种表现特征,甚至包括它的行为等。除了基因的作用外,环境条件也能影响个体的表型。

6) 野生型(wild type)和突变型(mutant):野生型也称正常型,是指自然界中出现最多的类型。突变型是由野生型基因发生突变而形成的类型。

7) 显性基因(dominant gene)和隐性基因(recessive gene):控制显性性状的基因称为显性基因;决定隐性性状的基因称为隐性基因,它只有在显性基因不存在的情况下才能表现出来。为了区别起见,使用不同的符号来区分显性和隐性基因。最常见的方法是用大写的英文字母表示显性基因,用该字母的小写表示相对的隐性基因(如用 A 表示豌豆的红花——显性基因,用 a 表示白花——隐性基因)。由于基因很多,在许多情况下要用两个或两个以上的字母表示,在这种情况下,区别显性、隐性基因只用第一个字母的大、小写表示,第二个及其以后的字母一律用小写(如 Wx 表示玉米籽粒非糯性——显性基因,wx 表示糯性——隐性基因)。

在两对以上基因决定同一性状的情况下,通常用不同的数字下标以示区别(如决定玉米叶舌的第一对基因用 Lg_1 和 lg_1 表示,第二对基因用 Lg_2 和 lg_2 表示)。为简便起见,有时用"+"表示野生型显性基因,而把突变型隐性基因用小写字母或"一"表示。

(2) 单因子杂交实验　　在单因子杂交实验中,孟德尔对多对性状分别进行了研究。以具有相对性状的纯合体作为亲本进行杂交,得到 F₁;F₁ 自交后,在 F₂ 中重新出现两纯合亲本的表现类型,并且显性性状与隐性性状的分离比为 3∶1。在 F$_2$ 同时出现显性、隐性性状的现象被称为性状分离。

例如,以黄色籽粒的豌豆纯合品系与绿色籽粒的豌豆品系进行杂交,得到的 F$_1$ 自交,结果如下。

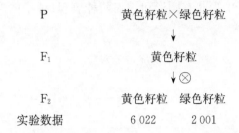

P　　　　　　黄色籽粒×绿色籽粒

F$_1$　　　　　　　黄色籽粒

⊗

F$_2$　　　　黄色籽粒　绿色籽粒

实验数据　　　　6 022　　　2 001

孟德尔在实验中发现,不管是 F$_1$ 中的一种表型,还是 F$_2$ 中的两种表型,都与亲本的表型相同,都没有出现混合现象。根据这一现象,孟德尔认为每一性状都是由一对遗传因子决定的,这对遗传因子在传递过程中互不混杂,独自分开。如果分别以 Y、y 表示控制显性性状(黄色籽粒)和隐性性状(绿色籽粒)的遗传因子,则上述杂交过程可以表示为:

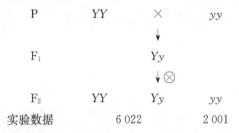

P　　　　YY　　　×　　　yy

F$_1$　　　　　　　Yy

⊗

F$_2$　　　YY　　Yy　　　yy

实验数据　　　　6 022　　　2 001

F$_1$ 中,具有不同遗传因子组成的杂合体表现为显性性状,在 F$_2$ 出现 3∶1 的分离比。孟德尔所研究的另六对相对性状亦有相似的分离比出现(表 2.1)。

表 2.1 孟德尔豌豆杂交实验结果

性　状	亲本类型	F$_1$	F$_2$	F$_2$ 分离比
种子形状	圆形×皱缩	全部圆形	5 474 圆形,1 850 皱缩	2.96∶1
子叶颜色	黄色×绿色	全部黄色	6 022 黄色,2 001 绿色	3.01∶1
种皮颜色	褐色×白色	全部褐色	705 褐色,224 白色	3.15∶1
豆荚形状	饱满×皱缩	全部饱满	882 饱满,299 皱缩	2.95∶1
豆荚颜色(未成熟)	绿色×黄色	全部绿色	428 绿色,152 黄色	2.82∶1
花着生部位	腋生×顶生	全部腋生	651 腋生,207 顶生	3.14∶1
茎的高度	高茎×矮茎	全部高茎	787 高茎,277 矮茎	2.84∶1

(3) 遗传因子分离假说的内容　　孟德尔将上述实验现象进行了归纳、分析与总结,提出了遗传因子的分离假说,认为生物性状的遗传由其细胞内的遗传因子决定,遗传因子有规律地向后代传递,使杂交后代出现一定的分离比。其内容归纳表述如下:

1) 性状是由颗粒性的遗传因子决定的。

2) 一对相对性状由一对遗传因子决定,F$_1$ 植株中至少有一个遗传因子决定显性性状,另一个遗传因子决定隐性性状。

3) 每一对遗传因子的成员均等地分配到生殖细胞中去,每一个生殖细胞含有每对遗传因子中的一个。

4) 个体细胞的每一对遗传因子中,一个来自父本雄性生殖细胞,另一个来自母本雌性生殖细胞。

5) 在形成下一代(或合子)时,配子的结合是随机的。

这一理论现在来看基本是正确的,它为遗传学的建立与发展奠定了理论基础。但通过对孟德尔所称的遗传因子的本质进行分析研究,约翰逊于 1909 年提出 gene(基因)来代替孟德尔所提出的遗传因子,以后的研究结果表明基因是可分的,并非不可分的颗粒。

孟德尔在研究单对遗传性状的表现和传递规律以后,将视角转向研究和分析两对、三对及多对遗传性状的传递规律,并提出了遗传因子的自由组合定律。

(4)双因子杂交实验　　种子的形状有圆形和皱缩两种表现;种子的颜色有黄色和绿色两种表现。孟德尔所进行的杂交过程如下:

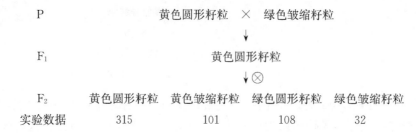

P　　　　　　　　黄色圆形籽粒　　×　　绿色皱缩籽粒
　　　　　　　　　　　　　　　　↓
F₁　　　　　　　　　　　　黄色圆形籽粒
　　　　　　　　　　　　　　　↓⊗
F₂　　　　黄色圆形籽粒　黄色皱缩籽粒　绿色圆形籽粒　绿色皱缩籽粒
实验数据　　315　　　　101　　　　108　　　　32

如果分别以 Y、y 表示控制黄色和绿色的遗传因子,以 R、r 表示控制圆形和皱缩籽粒的遗传因子,则上述杂交过程可以表示为:

P　　　　　　　　　　　　　$YYRR$　　×　　$yyrr$
　　　　　　　　　　　　　　　↓
F₁　　　　　　　　　　　　　$YyRr$
　　　　　　　　　　　　　　↓⊗
F₂

♀配子	♂配子			
	YR	yR	Yr	yr
RY	YYRR 黄圆	YyRR 黄圆	YYRr 黄圆	YyRr 黄圆
Ry	YyRR 黄圆	yyRR 绿圆	YyRr 黄圆	yyRr 绿圆
rY	YYRr 黄圆	YyRr 黄圆	YYrr 黄皱	Yyrr 黄皱
ry	YyRr 黄圆	yyRr 绿圆	Yyrr 黄皱	yyrr 绿皱

由上可以看出,F₂ 有 4 种表型、9 种基因型,总结如下(表 2.2):

表 2.2　孟德尔双因子杂交实验结果总结

表型种类	基因型种类				比　例
黄圆种子	YYRR(1)	YYRr(2)	YyRR(2)	YyRr(4)	9
黄皱种子	YYrr(1)	Yyrr(2)			3
绿圆种子	yyRR(1)	yyRr(2)			3
绿皱种子	yyrr(1)				1

仔细分析可以发现:每一对性状的分离比仍然为 3:1($R\_:rr=3:1$;$Y\_:yy=3:1$),而把两对性状综合分析时,则出现 9:3:3:1 的分离比。在这里 $R\_$ 和 $Y\_$ 分别代表 RR/Rr 和 YY/Yy 基因型,即 $R\_$ 表示有可能为杂合,也有可能为纯合,但至少含有一个显性基因,因此表现出显性性状。$Y\_$ 亦如此,代表纯合或杂合的显性类型。

2.1.2　分离和自由组合定律

孟德尔在对上述实验进行分析、归纳和总结后,提出了遗传的分离和自由组合定律。分离定律是指一对遗传因子在杂合状态时互不污染,保持独立性;F₁ 在形成配子时,又按原样各自分离到不同的配子中去;在一般情况下,配子的分离比是 1:1,F₂ 的基因型比为 1:2:1,F₂ 表型的分离比为 3:1。而自由组合定律则表述了两对或多对遗传因子在杂合状态时保持其独立性,互不污染的情形;在形成配子时,同一对遗传因子彼此分离,独立传递;不同对的遗传因子则自由组合。对于双因子杂交实验而言,F_1 产生四种配子,比例为 $1:1:1:1$,F_2 基因型比为 $(1:2:1)^2$,F_2 表型的分离比为 $(3:1)^2$。

无论是孟德尔所提出的分离定律还是自由组合定律,都是指在形成配子过程中遗传因子(或等位基因)的行为,而不是配子的行为。

2.1.3　多因子的自由组合

1. 利用 Punnett 方格法分析杂交后代的基因型和表型

Punnett 方格(Punnett square)法是英国科学家 Punnett(1875~1967)提出的一种分析方法。它按照遗传的基本原理,将可以随机结合的非等位基因或配子类型在表格的一侧分别纵向或横向排列,而表格的主体部分显示的是配子组合或子代的基因型。利用 Punnett 方格法或称棋盘法分析 $AaYyRr$ 自交后代结果如表 2.3 所示。

表 2.3　Punnett 方格法分析 $AaYyRr$ 自交后代结果

配 子	AYR	AYr	AyR	Ayr	aYR	aYr	ayR	ayr
AYR	AAYYRR	AAYYRr	AAYyRR	AAYyRr	AaYYRR	AaYYRr	AaYyRR	AaYyRr
AYr	AAYYRr	AAYYrr	AAYyRr	AAYyrr	AaYYRr	AaYYrr	AaYyRr	AaYyrr
AyR	AAYyRR	AAYyRr	AAyyRR	AAyyRr	AaYyRR	AaYyRr	AayyRR	AayyRr
Ayr	AAYyRr	AAYyrr	AAyyRr	AAyyrr	AaYyRr	AaYyrr	AayyRr	Aayyrr
aYR	AaYYRR	AaYYRr	AaYyRR	AaYyRr	aaYYRR	aaYYRr	aaYyRR	aaYyRr
aYr	AaYYRr	AaYYrr	AaYyRr	AaYyrr	aaYYRr	aaYYrr	aaYyRr	aaYyrr
ayR	AaYyRR	AaYyRr	AayyRR	AayyRr	aaYyRR	aaYyRr	aayyRR	aayyRr
ayr	AaYyRr	AaYyrr	AayyRr	Aayyrr	aaYyRr	aaYyrr	aayyRr	aayyrr

对于研究少数几对基因决定的性状表现时,后代各基因的组合情况可以应用这一方法较清晰地表示出来。但在研究多对因子决定的性状表现状况时,此方法就显得太繁杂,因此,人们提出了另外一种分析方法——分支法。

2. 分支法分析杂交后代的基因型和表型

利用分支法计算配子的种类和分离比,以及 F_2 各种类型的基因型及表型比时,可以根据单基因的分离比加以简化,合并同类,是简单的统计方法之一。

(1) $F_1(AaBbDd)$ 所产生的配子种类和比例的计算　　根据遗传学基本原理可知,A/a、B/b 及 D/d 三对等位基因将彼此分离,进入不同的配子,而 A 与 B、D 基因座上的非等位基因可以发生随机的自由组合。因此,产生配子的种类和比例可以归纳总结如下:

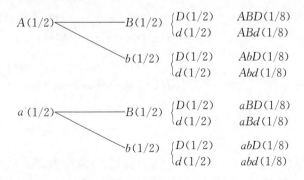

即它可以产生 8 种类型的配子,分离比为 $1:1:1:1:1:1:1:1$。

(2) F_2 基因型种类和比例的计算　　依据基因的分离和自由组合定律可以将 $F_1(AaBbDd)$ 自交产生 F_2 基因型的种类和比例按分支法推导计算出:

$$
AA(1/4)
\begin{cases}
BB(1/4)
\begin{cases}
DD(1/4) \longrightarrow AABBDD(1/64) \\
Dd(2/4) \longrightarrow AABBDd(2/64) \\
dd(1/4) \longrightarrow AABBdd(1/64)
\end{cases} \\[2mm]
Bb(2/4)
\begin{cases}
DD(1/4) \longrightarrow AABbDD(2/64) \\
Dd(2/4) \longrightarrow AABbDd(4/64) \\
dd(1/4) \longrightarrow AABbdd(2/64)
\end{cases} \\[2mm]
bb(1/4)
\begin{cases}
DD(1/4) \longrightarrow AAbbDD(1/64) \\
Dd(2/4) \longrightarrow AAbbDd(2/64) \\
dd(1/4) \longrightarrow AAbbdd(1/64)
\end{cases}
\end{cases}
$$

$$
Aa(2/4)
\begin{cases}
BB(1/4)
\begin{cases}
DD(1/4) \longrightarrow AaBBDD(2/64) \\
Dd(2/4) \longrightarrow AaBBDd(4/64) \\
dd(1/4) \longrightarrow AaBBdd(2/64)
\end{cases} \\[2mm]
Bb(2/4)
\begin{cases}
DD(1/4) \longrightarrow AaBbDD(4/64) \\
Dd(2/4) \longrightarrow AaBbDd(8/64) \\
dd(1/4) \longrightarrow AaBbdd(4/64)
\end{cases} \\[2mm]
bb(1/4)
\begin{cases}
DD(1/4) \longrightarrow AabbDD(2/64) \\
Dd(2/4) \longrightarrow AabbDd(4/64) \\
dd(1/4) \longrightarrow Aabbdd(2/64)
\end{cases}
\end{cases}
$$

$$
aa(1/4)
\begin{cases}
BB(1/4)
\begin{cases}
DD(1/4) \longrightarrow aaBBDD(1/64) \\
Dd(2/4) \longrightarrow aaBBDd(2/64) \\
dd(1/4) \longrightarrow aaBBdd(1/64)
\end{cases} \\[2mm]
Bb(2/4)
\begin{cases}
DD(1/4) \longrightarrow aaBbDD(2/64) \\
Dd(2/4) \longrightarrow aaBbDd(4/64) \\
dd(1/4) \longrightarrow aaBbdd(2/64)
\end{cases} \\[2mm]
bb(1/4)
\begin{cases}
DD(1/4) \longrightarrow aabbDD(1/64) \\
Dd(2/4) \longrightarrow aabbDd(2/64) \\
dd(1/4) \longrightarrow aabbdd(1/64)
\end{cases}
\end{cases}
$$

由此看来,基因型为 $AaBbDd$ 的个体自交能产生 27 种不同基因型的个体,各基因型后边的数字表示其分离比例。

(3) F_2 表型的种类和比例　　　根据同样的原理,可按分支法推知 F_2 表型的分离比:

$$
A\_\_(3/4)
\begin{cases}
B\_\_(3/4)
\begin{cases}
D\_\_(3/4) \longrightarrow A\_\_B\_\_D\_\_(27/64) \\
dd(1/4) \longrightarrow A\_\_B\_\_dd(9/64)
\end{cases} \\[2mm]
bb(1/4)
\begin{cases}
D\_\_(3/4) \longrightarrow A\_\_ddD\_\_(9/64) \\
dd(1/4) \longrightarrow A\_\_bbdd(3/64)
\end{cases}
\end{cases}
$$

$$
aa(1/4)
\begin{cases}
B\_\_(3/4)
\begin{cases}
D\_\_(3/4) \longrightarrow aaB\_\_D\_\_(9/64) \\
dd(1/4) \longrightarrow aaB\_\_dd(3/64)
\end{cases} \\[2mm]
bb(1/4)
\begin{cases}
D\_\_(3/4) \longrightarrow aabbD\_\_(3/64) \\
dd(1/4) \longrightarrow aabbdd(1/64)
\end{cases}
\end{cases}
$$

即三基因杂合体 $AaBbDd$ 自交可以产生 8 种不同的表型,分离比为 $27:9:9:3:9:3:3:1$。

依此类推,可以对更多对基因的分离和组合状况进行总结分析。

3. 多对独立遗传基因分离组合时 F_1 和 F_2 的遗传表现

多对独立遗传基因分离组合时 F_1 和 F_2 的遗传表现结果总结见表 2.4。

表 2.4 多对杂合基因产生配子类型及其杂交后代基因型、表型及分离比

分离基因对数	F_1 形成配子种类	F2					
		自交产生 F_2 时的配子组合数	完全显性时表型		基因型种类数	纯合基因型种类数	杂合基因型种类数
			种类数	分离比			
1	2	4	2	(3:1)	3	2	1
2	4	4^2	4	$(3:1)^2$	9	4	5
3	8	4^3	8	$(3:1)^3$	27	8	19
4	16	4^4	16	$(3:1)^4$	81	16	65
5	32	4^5	32	$(3:1)^5$	243	32	211
⋮	⋮	⋮	⋮	⋮	⋮	⋮	⋮
n	2^n	4^n	2^n	$(3:1)^n$	3^n	2^n	$2^n \sim 3^n$

依据此表可以对多对基因个体间杂交形成后代（F_1、F_2）的各种类型及分离比进行分析，并可预测 F_3 或 F_4 等的遗传表现及分离比。

4. 家（系）谱分析

基因的分离与自由组合定律同样适合于人类中由单因子或多因子决定的遗传性状和遗传病的分析。家（系）谱分析方法是人类遗传学中常用的一种十分有效的分析人类性状或遗传病在亲子代之间传递规律的方法。

（1）家（系）谱分析常用的符号　为了方便地对人类性状遗传进行家（系）谱分析，人们常用一些特殊的符号、连线或图形表示性别、婚配和世代关系、后代及其特性等，如图 2.2 所示。

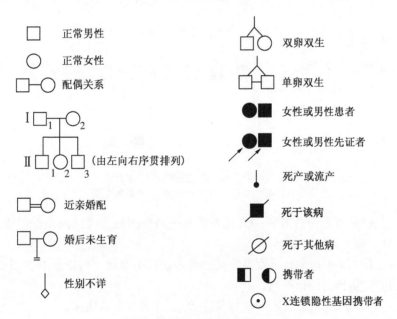

图 2.2　家（系）谱图中常用符号
（引自戴灼华等，2016）
Ⅰ、Ⅱ代表世代数；1、2、3 代表各世代中成员的序号

所谓家（系）谱（pedigree）是指用来表示祖先或血缘关系的格式，是人类遗传学研究的重要手段。在家（系）谱中最先发现遗传疾病的个体被称为先证者（propositus），而家（系）谱中遗传疾病的患者被称为受累者（affected）。应用家（系）谱分析方法，可以由亲本类型推知后代可能的基因型和表型，并且推测出后代患有某种遗传病的概率。

（2）人类遗传病　人类中有许多遗传病是由单基因决定的，有的位于常染色体上，有的位于性染色体上。这里主要介绍常染色体遗传病，可以分为以下两种。

1) 常染色体显性遗传病(autosomal dominance，AD)(图2.3)：致病基因位于1～22号染色体上。其家(系)谱具有以下几个特点。

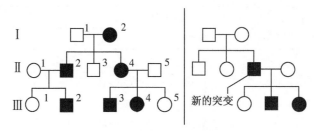

图2.3 常染色体显性遗传病的传递特点
Ⅰ、Ⅱ、Ⅲ代表世代数；1～5代表各世代中成员的序号

A. 患者双亲中一方患病时。该致病基因可由患者的亲代传来；如果双亲都未患病，则可能是新发生的突变所致，这种情况在一些突变率较高的病中可以见到。

B. 患者同胞中1/2将会发病，而且男女患病机会均等。这一点在同胞数多的家庭中才能看到；在同胞数少的家庭中则看不到相应的发病比例，这时必须观察多个相同婚配方式的家庭，汇总起来才能得到相近的发病比例。

C. 患者子代中有1/2将患病，也可以说患者婚后每生育一次，都有1/2的风险生出该病患儿。

D. 该病在一家中连续几代都会有发病患者，即具有连续传递的特点。但该性状一旦在该家系中消失，则正常性状可以稳定遗传。

2) 常染色体隐性遗传病(autosomal recessive，AR)(图2.4)：致病基因也位于第1～22号常染色体上，为隐性，即杂合时并不发病，但携带致病基因向后代传递，称为携带者。其系谱具有以下特征。

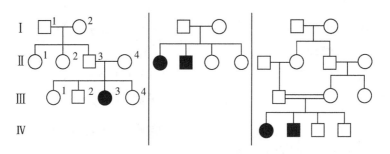

图2.4 常染色体隐性遗传病的传递特点
Ⅰ～Ⅳ代表世代数；1～4代表各世代中成员的序号

A. 患者双亲都无病但是肯定为携带者；AR患者常常是两个携带者之间的婚配所生的后代，所以，患者的双亲又称肯定携带者。

B. 患者同胞中将会有1/4患病而且男女患病机会均等。在小家庭中由于子女数少，所以往往得不到这种发病比例，所得到的发病比例往往偏高。

C. 患者子女中，一般不发病，所以看不到连续传递现象，常为散发的病例。

D. 两个杂合的携带者(Aa)婚后所生子女中，将有1/4个体是该病患者，也可以说，他们每生育一次，都有1/4的机会生出该病患儿。

E. 在近亲婚配的情况下，子女中发病风险增高。在那些致病基因频率低的AR中，患者往往是近亲婚配者所生后代。

(3) 常见遗传病介绍

1) 常染色体显性遗传病

例1：并指Ⅰ型(MIM 185900)

患者3、4指间有蹼，其末节指骨愈合(图2.5右)；足的第2、3趾间有蹼。该病完全符合常染色体显性遗传的特点。

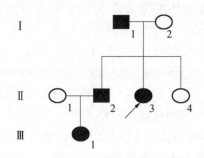
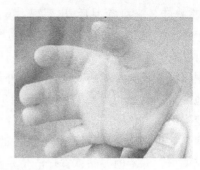

图 2.5　左：并指家系；右：并指表现

Ⅰ、Ⅱ、Ⅲ 代表世代数；1～4 代数各世代中成员的序号

例 2：家族性高胆固醇血症或高脂蛋白血症Ⅱ型（MIM 143890）

该病的杂合子患者在人群中约有 1/500，其血清中的胆固醇为 300～400 mg/dL，手、肘、膝可有黄瘤，并有角膜弓，40～60 岁可发生冠心病；纯合子患者少见，估计约 1/1 000 000，其血清中胆固醇严重升高，约 600 mg/dL 以上，幼年时即可出现黄瘤和角膜弓，20 岁前即可发生冠心病。正常人的血清胆固醇为 150～250 mg/dL。该病的基本缺陷为细胞膜上低密度脂蛋白受体（LDLR）缺陷，这是 LDLR 的基因突变所致。杂合子有功能的 LDLR 仅为正常人的 1/2。在正常情况下，LDL 与 LDLR 结合后，经内吞而进入细胞，被溶酶体水解，蛋白质降解而胆固醇酯则释放游离胆固醇。游离胆固醇抑制微粒体上的 3-羟基-P-甲基戊二酰辅酶 A 还原酶活性，从而引起胆固醇合成的降低，并激活胆固醇酯化酶，合成胆固醇酯而储存起来。如果 LDLR 基因突变，则使 LDL 不能与有缺陷的 LDLR 结合，或虽与之结合却不能内化，则只有少量或无 LDLR 进入细胞，不能产生反馈调节，胆固醇合成不受抑制，胆固醇酯也不能形成，而游离胆固醇过多，导致高胆固醇血症。其致病基因已定位于 19p13，长约 45 kb，含 18 个外显子。

例 3：MN 血型（MN blood group）（MIM 111300）

人类红细胞表面的血型糖蛋白中，有 M 和 N 糖蛋白的差异，称为 MN 血型，这分别取决于 4q28～q31 上的 *M* 基因和 *N* 基因。*MM* 基因型与 *NN* 基因型所形成糖蛋白的差异表现在其氨基端第 1 位和第 5 位氨基酸的不同，*MM* 基因型者分别为丝氨酸和甘氨酸，*NN* 基因型者为亮氨酸和谷氨酸。*MN* 基因型者则具有这两种抗原。

此性状为共显性遗传方式。

例 4：亨廷顿舞蹈症或遗传性舞蹈症（Huntington's chorea）（MIM 143100）

该病常于 30～40 岁发病，但也有 10 余岁发病或 60 岁以后才发病的病例。患者有大脑基底神经节变性，主要损害在尾状核、壳核和额叶。患者有进行性不自主的舞蹈样运动，舞蹈动作快，常累及躯干和四肢肌肉，以下肢的舞蹈动作最常见，并可合并肌强直。随着病情加重，可出现精神症状，如抑郁症，并有智力衰退，最终发展为痴呆。

该病为延迟显性。杂合子（*Aa*）在生命的早期致病基因并不表达，达到一定年龄以后，其作用才表达出来，这就称为延迟显性。

该病的致病基因被定位于 4p16.3，正常情况下，基因编码一种称为 Huntington 的蛋白，其编码区 5′端 CAG 的动态突变可导致疾病的发生，且 CAG 重复的多少与疾病发病的早晚、病症的严重程度成正比。正常人的 CAG 重复次数在 9～34 次，亨廷顿舞蹈症患者 CAG 的重复次数大于 36 次，最多超过 120 次。

常见的常染色体显性遗传病还有急性间歇性卟啉病、迟发性成骨发育不全症、成年多囊肾病、α-珠蛋白生成障碍性贫血、肌强直性营养不良、Noonan 综合征、神经纤维瘤、结节性脑硬化、多发性家族性结肠息肉症（肠息肉 1 型）、Peutz-Jeghers 综合征（肠息肉 D 型）及家族性痛风等。

2）常染色体隐性遗传病

例 1：苯丙酮尿症Ⅰ型（MIM 261600）

这是一种遗传性代谢病，在我国的发生率为 1/16 500。患儿出生时正常，毛发淡黄，皮肤白皙，虹膜为黄色,尿有鼠味或霉臭味。3~4 个月后,出现智力发育障碍,肌张力高,常有痉挛发作,行走时步态不稳。约有 1/2 患胎早期流产,1/2 患儿生长迟缓、小头并有严重的智力低下。致病基因已定位于 12q24.1,长约 85 kb,有 13 个外显子,其 mRNA 长约 2 300 nt,编码 451 个氨基酸。该基因的突变可导致苯丙氨酸羟化酶功能缺陷而发生苯丙酮尿症。我国常见的突变为第 7 外显子 243 密码子由 CGA 变成 CAA,编码的精氨酸变成谷氨酰胺。华北地区常见的突变为第 12 外显子 413 密码子由 CGC 变成 CCC,编码的精氨酸变成脯氨酸;华南地区常见的突变为第 4 内含子的 3' 接头部位 AG 变成 AA,导致剪接错误而使苯丙氨酸羟化酶功能障碍。

苯丙酮尿症是一种遗传性新陈代谢病,患者的身体排不出多余的苯丙氨酸,从而使其大脑受到伤害,严重的话可以变成痴呆。低苯丙氨酸饮食疗法是目前治疗经典型苯丙酮尿症的唯一方法,通过使苯丙氨酸的摄入量限制在保证生长和代谢的最低需要量上,以预防由于代谢障碍而导致的脑损伤。

例 2：白化病 I 型(MIM 203100)

该病也是一种遗传性代谢病。患者皮肤呈白色或淡红色、毛发银白或淡黄色、虹膜及瞳孔呈淡红色并羞明,有时有眼球震颤。患者皮肤不耐日晒,日晒后易发生日光性皮炎,并可发生基底细胞癌。

该病的发生率约为 1/20 000,致病基因已定位于 11q14~q21,长约 50 kb,有 5 个外显子。已发现该病的多种突变,如第 81 密码子由 CCT 变为 CTT,编码的脯氨酸变为亮氨酸,即可导致酪氨酸酶的功能缺陷,不能将酪氨酸转变成多巴,从而不能形成黑色素,导致白化病。

例 3：先天性聋哑 I 型(MIM 220700)

F. C. Ormerod 将先天性聋哑 I 型分为 6 个亚型,其表现如下：1 亚型,内耳完全未发育;2 亚型,耳蜗只形成一个弓形管,前庭管也发育不良;3 亚型,骨迷路发育良好而膜迷路发育不良;4 亚型,最常见,前庭发育良好且有功能,耳蜗和球囊发育异常;5 亚型,中耳由于甲状腺缺陷而发育异常;6 亚型,小耳和外耳道闭锁。N. E. Morton 认为,隐性的先天聋哑占所有先天聋哑的 68%,有 35 个基因座位,其中任何一个纯合均可导致聋哑,估计群体中 16% 的人为携带者。因为存在上述的遗传异质性(heterogeneity),即不同的遗传改变导致相同的疾病,所以有时可看到两个先天聋哑患者婚后所生子女中,并无聋哑的患者出现。

例 4：高度近视(MIM 255500)

该病在我国的发生率约为 1/100。高度近视是指屈光度在 −6.0 D 以上,常常有 −10.0~−8.0 D 以上的近视。幼年时即可出现近视,由于眼轴过长而致眼球突出,可有玻璃体混浊,豹纹样眼底,黄斑区有黄白色条纹、黄斑出血等现象。人群中杂合子携带者的频率约为 18%,在随机婚配情况下,杂合子通婚($Aa \times Aa$)的概率约为 1/25。偶见纯合患者与携带者通婚,这种情况下,子女中患高度近视者的风险为 1/2。

常见的常染色体隐性遗传病还有镰状红细胞贫血、β-珠蛋白生成障碍性贫血、尿黑酸尿症、半乳糖血症、肝豆状核变性(Wilson 病)、遗传性肺气肿、先天性肾上腺皮质增生、婴儿黑矇性痴呆、同型胱氨酸尿症、丙酮酸激酶缺乏症等。

在人类正常性状和致病基因的表达和传递过程中,除由常染色体上单基因决定的性状和疾病以外,还有由位于性染色体上的单基因决定的性状表达,或由多基因决定的性状表达。

2.1.4　分离定律和自由组合定律的验证

孟德尔定律的提出和确定,是经过了许多实验加以分析和证明的。常用的验证方法为测交验证法和自交验证法。

1. 测交验证法

以杂种 F_1 与纯合隐性亲本类型进行杂交,由于隐性亲本类型的个体只能形成一种只含有隐性基因的配子,当这种类型的配子与 F_1 个体形成的配子结合时,测交后代的表现类型仅取决于杂种 F_1 所产生的配子类型。因此,在单因子杂交中,由于 F_1 个体只能产生两种类型配子,比例为 1:1,则测交后代也只有两种类型,比例为 1:1。而双因子杂交实验中,F_1 可以形成四种类型配子,分离比为 1:1:1:1,所以测交后代有四种基因型,分离比为 1:1:1:1。例如,性状表现为绿豆荚(G)圆形种子(R)的纯合个体与黄豆荚(g)皱缩种子(r)的纯隐性个体杂交后,其 F_1 进行测交,则后代出现 1:1:1:1 的分离比,表示为：

$$GgRr \quad\quad \times \quad\quad ggrr$$

$$\downarrow$$

测交后代基因型　　GR/gr　　Gr/gr　　　gR/gr　　　gr/gr

分离比　　1　∶　1　∶　1　∶　1

实际结果与理论推测结果一致,由此可以证明孟德尔定律的正确性。

2. 自交验证法

根据孟德尔定律,对于具有两对基因差异的个体,F_1 可以形成四种配子,其分离比为 1∶1∶1∶1;各种配子随机结合,形成不同的基因组合,根据显隐性关系,自交后代有四种表型,且分离比为 9∶3∶3∶1。例如,表型为绿豆荚圆形种子的双因子杂合体($GgRr$),自交后发生性状分离,出现四种表现类型,且分离比为 9∶3∶3∶1,表示为:

$$GgRr$$

$$\downarrow \otimes$$

自交后代　　　$G\_R\_$　G_rr　$ggR\_$　$ggrr$

分离比　　　　9　∶　3　∶　3　∶　1

除此以外,应用较多的验证方法还有花粉粒测验法、子囊孢子验证法等,因为花粉粒和子囊孢子为单倍性,染色体上基因所控制的性状可以直接表现出来。因此,对花粉粒和子囊孢子进行直接的观察与统计,可以验证同源染色体的分离和非同源染色体的自由组合。

例如,小麦的雄性败育由核基因控制,败育的花粉粒表面褶皱,其中所含淀粉为支链淀粉,而支链淀粉遇 I_2-KI 为碘黄色;可育花粉粒表面光滑,其中所含淀粉 78% 为支链淀粉,22% 为直链淀粉,直链淀粉遇 I_2-KI 为蓝黑色。将杂种 F_1 产生的花粉用 I_2-KI 染色,观察花粉的种类和数目,可见 1∶1 的分离现象,说明该性状由 1 对等位基因控制。又如,通过脉孢霉子囊孢子的表现可测定减数分裂后形成的单倍体类型及其表现(见第 4 章)。

2.1.5　遗传的染色体学说

尽管孟德尔对遗传因子的独立分配和自由组合现象提出了自己的解释,但缺乏理论依据。即使在 1900 年孟德尔遗传定律被重新发现,人们仍不清楚遗传因子的行为与染色体之间的动态关系。

1902 年,Sutton 和 Boveri 分别观察蝗虫和海胆的减数分裂过程,发现了遗传因子与性母细胞减数分裂中染色体的行为有着平行的关系,由此各自提出了染色体有可能是遗传因子载体的学说。

1910 年,Morgan 通过对果蝇性状遗传特点的研究,首次证明了一个特定的基因(遗传因子)的行为对应于某一特定的染色体,即控制果蝇白眼性状的基因位于性染色体上。

1916 年,Morgan 的学生 Bridges 也是以果蝇作为研究对象,将细胞学研究,即染色体行为及组成的分析,与生物性状表达联系起来,进行综合分析,直接证明了基因是位于染色体上的。

所谓遗传的染色体学说是指孟德尔提出的遗传因子在减数分裂过程中,前期 I 同源染色体彼此配对,成对存在的遗传因子在减数分裂后期 I 随着同源染色体的分离进入到不同的子细胞中,而位于非同源染色体上的非成对遗传因子则可以随机组合(图 2.6)。

2.2　遗传学数据的统计和分析

在生物学的发展进程中,由于孟德尔成功地将统计学原理引入研究生物性状的分析过程,由此诞生了伟大

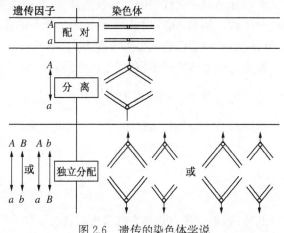

图 2.6　遗传的染色体学说

的遗传学,并作为一门独立的学科迅猛发展起来。因此,对于科学研究而言,采取适当的研究手段对得出正确的结果非常重要。在遗传学的学习和研究中,统计学的学习与应用是相当有效的。

2.2.1　概率及其应用

一个事件的概率(probability,p)就是这一事件将要发生的次数在大量重复的实验中所占的比例。

例如,当抛掷的硬币落下时,我们不知道哪面向上,因为这是一个随机事件。我们只能说有 0.5(50%)的可能性是正面向上,0.5 的可能性是反面向上,在多次实验中,两种结果很可能相等。当我们不能预测某一具体事件发生的结果时,概率论告诉我们如何通过特定的方式去预知。

在遗传学研究中人们往往应用概率来推算遗传比率,从而分析判断该比率发生的真实性和可靠性。常用的原理有概率统计中的加法定理和乘法定理。所谓加法定理是指互斥事件出现的概率是所研究事件各自发生的概率之和。乘法定理则是指两件独立的事件同时或相继发生的概率是各自概率的乘积。

加法定理(相加)用于互斥事件总概率的计算。一个骰子有 6 个标有数字的面,每面向上的概率均为1/6,得到 5 或 6 的概率(得到 5 或 6 是互斥事件)是:1/6+1/6 = 2/6 = 1/3。可表示为 $p(5$ 或 $6) = p(5) + p(6)$。

乘法定理(相乘)用于独立事件发生概率的计算。例如,一孕妇生男孩的概率是 0.5,生女孩的概率也是 0.5[$p(男) = 0.5$,$p(女) = 0.5$]。如果这一家庭计划要两个孩子,则两个孩子都是男孩(或都是女孩)的概率就等于两概率的乘积:0.5×0.5 = 0.25。也就是说这一家庭中两个孩子都是男孩或都是女孩的概率均为1/4。

独立事件不受以前的事件影响。若一家庭前 3 个孩子均为男孩,第 4 个孩子为女孩的概率仍为 1/2。

乘法定理和加法定理常联合使用,如要计算连续两个孩子均为男孩和均为女孩的概率:

$$0.5^2(全男) + 0.5^2(全女) = 0.5$$

对于具体的遗传学事件,如进行双因子杂交($AABB \times aabb$),要想知道 F_2 群体中 $aaBb$ 出现的概率是多少,怎么计算呢? 孟德尔分离比告诉我们,隐性纯合(aa)的概率为 1/4,杂合(Bb)的概率为 1/2,由于二者是独立事件,所以 $aaBb$ 出现的概率为 $1/4 \times 1/2 = 1/8$。

2.2.2　二项式及二项概率

二项式展开式通常应用于分析某一事件的各种组合所出现的概率。

例如,基因型分别为 AA、Aa 的个体婚配后生有 3 个孩子,这 3 个孩子可能的基因型组合方式有四种,分别为:均为 AA;两个为 AA 和一个为 Aa;一个为 AA 和两个为 Aa;均为 Aa。由于 AA 和 Aa 结合后,其后代的基因型可能为 AA 和 Aa,且它们的概率都为 1/2。因此利用二项式展开式可以计算各种后代基因型组合的概率,其概率可以计算如下:

$$(p+q)^3 = 1p^3 + 3p^2q + 3pq^2 + 1q^3 = 1AA^3 + 3AA^2Aa + 3AAAa^2 + 1Aa^3$$

p、q 分别表示后代基因型出现的概率,在此即为后代 AA 和 Aa 出现的概率;各项指数分别为具各基因型的个体数。例如,第一项 AA^3 表示 3 个孩子的基因型均为 AA 的概率。此题中 p、q 分别为 1/2,所以 3 个孩子可能的基因型组合的概率分别为 1/8、3/8、3/8 和 1/8。

如果后代个体数较多,利用二项式展开每一项难度较大,此时,可以利用二项式展开式的通式进行计算:

$(p+q)^n$ 展开式的通式为 $\dfrac{n!}{s!t!} \times p^s q^t$,其中 p、q 分别为后代个体各表型或基因型出现的概率;n 为后代个体总数;s 和 t 分别代表概率为 p、q 的表型和基因型的个体数;! 代表阶乘。

所以如果具有上例基因型的双亲有 5 个孩子,其中 3 个为 AA、两个为 Aa 的概率为

$$\frac{5!}{3! \times 2!} \times \left(\frac{1}{2}\right)^3 \times \left(\frac{1}{2}\right)^2 = \frac{5}{16}$$

此外,也可以通过排列方式分析后代某一组合出现的概率。排列就是通过不同方式(安排、组合)得到相同的结果。一男一女两个孩子有两种排列方式:男孩可以是前一个,也可以是后一个,第 1 个为男孩(0.5)、

第 2 个为女孩(0.5)的概率为 $0.5^2 = 0.25$；同理，第 1 个为女孩(0.5)、第 2 个为男孩(0.5)的概率也是 0.25。因此，如果有 2 个孩子，且为一男一女而不考虑顺序的概率是 $0.25 \times 2 = 0.5$。在后代中所有可能结果概率之和应为 1，2 个男孩的概率为 0.25，一男一女的概率是 0.5，2 个女孩的概率是 0.25。

排列数就是二项式 $(p+q)^n$ 展开的系数，即

$$\frac{n!}{s! \times t!},$$

式中，n 为实验次数(如后代的总数)；s 为其中一种结果的数目(如男孩数)；t 为另一种结果的数目(如女孩数)，且 $s+t=n$。如果得到第一种结果的概率为 p，得到第二种结果的概率为 q(其中 $p+q=1$)，则在 n 次实验中出现第一种结果 s 次，第二种结果 t 次的概率为(其中 $s+t=n$)

$$p_{(s+t)} = \frac{n!}{s! \times t!} p^s q^t$$

式中，系数 $\frac{n!}{s! \times t!}$ 是排列数；$p^s q^t$ 是事件以一定顺序发生的概率。

当有 n 个事件，每个事件有两种可能性时，共有 $n+1$ 情况。例如，如果有 3 个孩子，则可能有 0、1、2、3 个男孩共 4 种情况，每种情况的系数(得到此种情况的方式数)可以直接从 Pascar 三角形的第 $n+1$ 行得到。当每个事件有多于两个取舍的结果时(如一个骰子有 6 面)，就要用多项式展开进行分析。

Pascar 三角形中给出了二项展开式的全部系数(排列数)。其中每行的开始和结束均为 1，每个系数都是上一行相邻两项之和(图 2.7)。

在上述 3 个孩子的例子中($n=3$)，我们可以用杨辉三角形的第 4 行分析。此例中，可能有 0、1、2 或 3 个男孩，杨辉三角形的第 4 行显示：0 个男孩仅一种方式，1 个男孩共有 3 种方式，2 个男孩也有 3 种方式，3 个男孩也仅有一种方式，表现为 1∶3∶3∶1 的分离比。而如果要计算各组合事件出现的概率，则需要了解每一个基因型出现的概率。

行											总数
1						1					1
2					1		1				2
3				1		2		1			4
4			1		3		3		1		8
5		1		4		6		4		1	16
6	1		5		10		10		5	1	32
7	1	6	15	20	15	6	1				64
8	1	7	21	35	35	21	7	1			128
9	1	8	28	56	70	56	28	8	1		256

图 2.7　杨辉三角形

杨辉三角形显示了二项式展开的系数(排列数)，由此可以推知某一事件发生的概率。现在，很容易将此方法推广到多项式展开以解决三种或更多种可能性的情况。例如，如果花色为红、粉红、白的概率分别是 p、q、r，则得到 s 朵红花、t 朵粉红花和 u 朵白花的概率是

$$p = \frac{n!}{s! \times t! \times u!} p^s q^t r^u$$

其中共有 n 朵花，$n=s+t+u$。

例如，红花植物与白花植物杂交，后代表现为粉色花。F_2 中出现红花(1/4)、粉花(2/4)和白花(1/4)。若随机挑选 10 株植物，3 株为红花，5 株为粉花，2 株为白花的概率计算如下：

$$p = \frac{10!}{3!5!2!} \times \left(\frac{1}{4}\right)^3 \times \left(\frac{2}{4}\right)^5 \times \left(\frac{1}{4}\right)^2 = \frac{315}{4\,096}$$

实际上，此方法可推广到任何多类别的情况。

2.2.3 卡方检验法(适合度检验)

在实际工作中,我们往往从某群体中抽取若干个样品进行分析。如果群体较大,而实际条件控制得很严,那么实际值与预期的理论值可能比较接近;如果样品较少又有许多条件限制,二者之间就有可能出现偏差。这种偏差到底是由于实验随机误差造成的还是由于真正存在的差异造成的,在遗传学上通常采用卡方检验法来判断。所谓的卡方检验法就是将实际数值与理论数值进行比较,以确定二者的符合程度,从而确定某一分离比是否能用某种遗传规律去解释。例如,我们调查了100个新生婴儿,其中男婴54个,女婴46个,这就需要用卡方检验法去分析与理论比例(1:1)之间的误差是由于随机误差造成的还是本质的不同。

卡方检验时一般按下列步骤进行。

(1) 明确理论假说   根据总数与理论上预期的比例求理论值。

如上述100个新生婴儿应符合男:女=1:1的比例,根据该理论比例可以求出理论值:男婴为50个,女婴也为50个。

(2) 求差数并计算卡方(χ^2)值   先求出实际值与理论值的差数,然后按下面的计算公式求χ^2值。χ^2的计算公式为

$$\chi^2 = \sum \frac{(观测值-理论值)^2}{理论值}$$

(3) 求自由度(degree of freedom, df)   所谓自由度是指在总数确定后,实际变数中可以变动的项数。通常是总项数减1,即$n-1$。举例说明:有100粒麦子,3只鸡去啄食。如果第1只鸡吃了40粒,第2只鸡吃了35粒,第3只鸡就只能吃25粒。如果第1只鸡吃了30粒,第2只鸡吃了18粒,第3只鸡就能吃52粒。可见麦子的总数已确定,若前两只鸡吃的粒数,即自由变动的数目一经确定,则第3只鸡所吃的麦子数没法变动,这里能变动的项数就只有$3-1=2$了,亦即自由度为2。

(4) 确定符合概率(p值)的标准   以便确定或否定所假设的理论。一般将差异显著性标准定为$p=0.05(5\%)$。p大于0.05表明实际值与理论值差异不大,从而可以确定所作的假说;p小于0.05表明二者差异显著,不符合假说;p小于等于0.01表明差异极显著,极不符合假说,可以重新设立新的假说去解释实验结果。

(5) 找p值   依据χ^2值和自由度查χ^2值表,就能找到对应的p值,从而按照(4)的标准去检验符合情况。

例:如下杂交实验结果是否符合孟德尔的分离比?

```
P         黄圆            ×            绿皱
                         ↓
F₁                      黄圆
                         ↓⊗
F₂        黄圆     绿圆      黄皱      绿皱
          315     108       101       32
```

解:1) 理论假说:孟德尔的分离比(2对因子,9:3:3:1)。

2) 计算χ^2值:

	黄圆	绿圆	黄皱	绿皱	总数
观测值	315	108	101	32	556
理论值	312.75	104.25	104.25	34.75	556
差 值	2.25	3.75	−3.25	−2.75	0
χ^2值	0.016 2	0.134 9	0.101 3	0.217 6	0.47

3) 求自由度：有四种类型，因此 $df = n - 1 = 3$。

4) 查表找 p 值：在 $df = 3$，$\chi^2 = 0.47$ 时，p 值介于 $0.50 \sim 0.95$，远远大于 0.05，说明实际值与理论值相符，实验结果符合孟德尔的分离比。

表 2.5　χ^2 表（常用数值摘录）

df	p						
	0.99	0.95	0.50	0.10	0.05	0.02	0.01
1	0.000 16	0.003 9	0.46	2.71	3.84	5.41	6.64
2	0.020 1	0.103	1.39	4.61	5.99	7.82	9.21
3	0.115	0.352	2.37	6.25	7.82	9.84	11.35
4	0.297	0.711	3.36	7.78	9.49	11.67	13.28
5	0.554	1.145	4.35	9.24	11.07	13.39	15.09
⋮	⋮	⋮	⋮	⋮	⋮	⋮	⋮
10	2.558	3.940	9.34	15.99	18.31	21.16	23.21

从 χ^2 表中我们可以看到，当自由度相同时，随着概率值的降低，其相应的 χ^2 值越大，所以我们只需要记住常用自由度的 χ^2 临界值（$p = 0.05$），当实际所测 χ^2 值大于 $\chi^2_{0.05}$ 时，$p < 0.05$，则不符合相应的假说，差异显著；反之，则可以接受所设立的假设，差异不显著。

2.3　孟德尔遗传比例的扩展

在孟德尔所做的杂交实验中，F_2 出现了 $3:1$ 和 $9:3:3:1$ 的分离比。这种比例并不是在任何情况下都能出现的，它的出现需要有特定的条件：① 杂交的双亲必须是纯系；② 在有性染色体分化的生物中，决定性状的基因位于常染色体上且等位基因要完全显性；③ 各种类型配子随机结合，且存活率相当；④ 所有的杂种后代都应该处于比较一致的环境中且存活率相同；⑤ 供试群体中的个体数要足够多。

在上述条件不能满足的情况下，分离比会出现一定的变化，如性状的表达会受到环境的影响、等位基因之间并不是绝对的显性作用、非等位基因之间也会出现各种各样的相互作用等。本节将对以上问题进行阐述。

2.3.1　基因与环境

生物的生长和发育不是孤立的，它们均处于一定的环境中。从基因型到表型，即从遗传的可能性到性状表现的现实性之间，有一个个体发育的过程，其中包括一系列相当复杂的形态变化、生理生化反应及分化等过程。这些错综复杂的变化，离不开生物体内在和外在环境条件的作用，因此，表型是基因型和内外环境条件相互作用的结果，常用"基因型 + 环境 = 表型"这一公式来表示这层关系。

1. 基因与环境作用的关系

（1）显隐性的相对性　　性状的显隐性表现有时是可以改变的，不能绝对化。因为，性状的发育受外界环境条件的影响。由于环境的影响，显性可以从一种性状表现变为另一种性状表现，这种现象称为条件显性。例如，曼陀罗茎秆颜色的遗传，当紫茎和绿茎个体杂交后，F_1 个体在夏季的田间生长时，茎是紫色的，说明紫茎对绿茎为显性；但在温度较低、光照较弱时，F_1 个体则表现为淡紫色茎，又呈现不完全显性，说明显隐性可依条件而转化。

生物的显隐性表现在同一世代个体不同的发育时期还可以发生变化。例如，香石竹的花苞颜色有白色和暗红色之分，让开白花的植株与开暗红花的植株杂交，F_1 个体的花最初是纯白的，以后慢慢变为暗红色。这是因为其体内的酸碱度在开花时发生了变化，影响了花的颜色。

另外，在杂种所处的外界环境条件变化很大时，还会发生显隐性向相反方向转化的现象。例如，在正常水肥条件下，当用高茎豌豆品种与矮茎品种杂交时，F_1 表现为高茎，此时高茎为显性性状；若把 F_1 种植在水肥条件很差的条件下，植株长得很矮，矮秆又成为了显性性状。

（2）多因一效与背景基因　　　前面介绍的孟德尔关于遗传因子与性状的关系是"一对一"的关系，即一对基因控制一对相对性状。实际情况往往并非如此，通常一个性状的表现是许多基因共同作用的结果。这种一种性状的发育受多对基因影响的现象称为多因一效。

研究表明，玉米糊粉层的颜色这一性状受 7 对基因控制，其中 4 对基因的作用明显，即 A_1/a_1 决定花青素的有无，A_2/a_2 决定色素是否形成，C/c 决定糊粉层的颜色有无，R/r 决定糊粉层和植株颜色的有无。当上述基因均为显性时，糊粉层在 Pr 和 pr 时分别呈紫色和红色。在这里，Pr 和 pr 为主效基因，当其他基因座上的基因均为显性时，这一对基因的组成决定了生物性状表达的差异；而其他基因为背景基因。所谓背景基因型就是指和所研究的表型直接相关的基因以外的全部基因型的总和。

（3）反应规范（reaction norm）　　　前文谈到，个体的基因型产生什么样的表型与环境有关。但是各种基因型对环境条件的反应也不是随意的，有一定的变化范围。遗传学上将基因型对环境反应的幅度（范围）称为反应规范。

大家在山间溪水中经常能见到一种水生植物——水毛茛，仔细观察你会发现水毛茛的同一植株，长在水面上的叶片是正常的扁形叶，长在水面以下的叶片深裂呈丝状。同一个体的叶片形态表现差异很大，说明其反应规范很大。

人类白化症患者，不论接受多少阳光都很少或不形成色素，说明它的反应规范很窄。正常人皮肤色素的形成却受基因和环境两方面因素的影响，同一个体接受阳光多时，皮肤色素积累多，往往表现较黑；若长时间避光，则皮肤色素积累少，表现较白。这说明正常人肤色的反应规范广泛。另外，相对于不同种族的人而言，皮肤对环境的反应规范也有所不同，一般来讲，黄色人种皮肤颜色的表现反应规范较为宽泛，而黑色人种或白色人种的反应规范较窄。

2. 表现度和外显率（expressivity and penetrance）

在生物性状的表达过程中，并不是具有某一基因型的个体都表现出该基因型所控制的性状。即使表现相同的性状，其表现程度也会有所不同。人们把具有相同基因型的个体间基因表达的变化程度称为表现度。

例如，人的多指（趾）症是单基因显性遗传病，但具有同样基因型的个体在表现程度上各不相同：有的人每只手和每只脚都多长出一个或几个指或趾，有的人仅多长出 1 个手指或脚趾；有的人多指（趾）长得很小，有的则较完整，甚至还可以长出指（趾）甲。这是由于在胚胎发育过程中，个体的表现既受其基因型的影响，又受体内激素、母体的营养等环境条件的影响。

此外，基因控制性状的发育，不可能完全孤立地起作用，而是与其他基因有密切关系，所以基因所处的遗传背景不同，其表现度也不同。

研究发现，在黑腹果蝇中有二十多个基因与眼睛的色泽有关，这些基因的表现度很一致，虽然眼睛的颜色会随着年龄的增长而加深，但程度是不一样的。然而黑腹果蝇中有一个细眼基因，它可以影响复眼中的小眼数，它的表型变化程度很大，具有该基因的个体，有的眼睛很小，只有针尖大小，有的眼睛很大，与正常野生型个体表现基本相同。

由于具有同一基因型的个体表现程度不同，因此推至极限，就会有一些具有某一基因型的个体，并不表示出该基因型所控制的性状。这种在具有特定基因型的一群个体中，表现出该基因型所控制性状的个体的百分数，称为外显率。

例如，正常人的巩膜为白色，而有的人的巩膜为蓝色，它是某一基因突变的结果。据统计，10 个具有这种突变基因的人中有 9 人表现出蓝色巩膜，表明其外显率为 90%，剩下的 10% 称为"外显不全"，即指具有某一基因型，但不表现出该基因型所控制性状的现象。在这 9 个表现蓝色巩膜的个体中，蓝色的深浅程度不一，有的较淡、有的很深很蓝、有的中等。这种现象表明该性状的表现度不同。

因此，外显率是指一个基因效应的表达或不表达，不管表达的程度如何。而表现度则适用于描述基因表达的不同程度。

当然，也有完全的外显率和完全的表现度的基因。例如，孟德尔的实验中，豌豆具有黄色等位基因（纯合或杂合)的子叶全为黄色,具有绿色等位基因纯合体的子叶全为绿色。

由此可见,在研究性状的显隐性关系时,必须特别注意个体所处的环境条件,要尽可能保持与亲本所处的环境一致,要保证具有该性状发育所需的充分条件,这对于那些对外界环境条件反应比较敏感的性状尤为重要。

3. 表型模写(phenocopy)

由于环境因素所引起的表型改变与某基因突变所引起的表型变化相一致的现象称为表型模写。

例如,人体由于基因突变造成体内缺乏 21-羟化酶从而引起肾上腺生殖系统综合征。但是,当某一个体没有发生相应的基因突变,而是在胎儿时期,其母亲患上肾上腺肿瘤时,也会引起类似的症状表现。这种现象就是表型模写。模写的表现性状是不能遗传的。

世界上最典型的相关事例莫过于沙利度胺事件了。在 20 世纪 50 年代,联邦德国曾经合成了一种高效的安眠剂——沙利度胺。这种药物具有剂量低、疗效高、副作用小、服后不发生头痛等优点,因此一时间备受欢迎,广为应用。但是,经过若干年实际应用后,于 60 年代初,相继报告了一些孕妇在服用沙利度胺后所生婴孩为畸形儿的事例,其中有的为四肢畸形,有的为脑畸形。到 60 年代中期,在联邦德国、日本和法国等国家陆续发现了 1 万余例畸形婴儿,于是引起了人们尤其是医务界的极大重视。通过研究发现,该病患者在幼年时表现特征与常染色体显性遗传的心肢综合征表现极为相似,心肢综合征是一组骨骼、肌肉及心血管畸形综合征。但这些患儿是由于母体内环境物质发生改变而引起的,这些现象就被称为表型模写。由此可见,环境因素对于个体的发育具有重要的作用,在一定条件下还起决定性的作用。

2.3.2　等位基因间显隐性的相对性

1. 等位基因间的显隐性关系

等位基因间的相互作用主要表现为显隐性和共显性关系。孟德尔研究的豌豆的 7 对相对性状中,杂合体与显性纯合体在性状的表型上完全相同,即两个不同的遗传因子同时存在于某一个体细胞中时,其中只有一个遗传因子(基因)的表型效应得以完全表现,这是一种最简单的等位基因之间的相互作用,即完全显性。但后来发现由一对等位基因决定的相对性状中,显性是不完全的,或出现其他的遗传现象。但这并不悖于孟德尔定律,而是其原理的进一步发展和扩充,主要体现在以下几个方面。

(1) 完全显性(complete dominance)　　F_1 所表现的性状与具有显性性状的亲本完全相同,若与该亲本种在一起,根据该性状无法将亲本与 F_1 区别开来的现象。

例如,当用纯种红花豌豆与白花豌豆杂交时,F_1 所有的个体都开红花,红色的程度与红花亲本完全一样,彼此无法区分。

(2) 不完全显性(incomplete dominance)　　F_1 表现的性状趋向于某一亲本,但并不等同于该亲本的性状的现象。

用紫茉莉开红花的品种与开白花的品种杂交,F_1 表现为粉红色,是双亲的中间类型。F_1 自交,F_2 中有 1/4 红花,2/4 粉红,1/4 白花。这说明白花基因在杂合体 Cc 中没有被污染混杂,而保持了其纯洁性,在 F_2 个体又按原样分离出来。F_2 的中间类型是 C 基因对于 c 基因的不完全显性所造成。因此,F_2 的表型及基因型的分离比均为 1∶2∶1。

(3) 共显性(codominance)　　一个基因的两个等位基因分别和不同物质的形成有关,这两种物质同时在杂合体中出现的现象称为共显性。

例如,人的 ABO 血型系统的遗传,当个体基因型为 $I^A I^B$ 时,在红细胞表面既可以形成 A 抗原,也可以形成 B 抗原,因而表现为 AB 血型,具有双亲的性状表现。MN 血型的遗传也具有同样的特点。

(4) 镶嵌显性(mosaic dominance)　　指两个亲本的性状同时在 F_1 个体上表现的现象。它与共显性的不同之点在于两个亲本的性状在不同的细胞或部位同时表现。

例如,异色瓢虫的鞘翅有很多色斑变异。鞘翅的底色是黄色,但不同的色斑类型在底色上呈现不同的黑色斑纹,黑缘型鞘翅只在前缘呈黑色,由 S^{AU} 基因决定;均色型鞘翅则只在后缘呈黑色,由 S^E 基因决定。纯种黑缘型($S^{AU} S^{AU}$)与纯种均色型($S^E S^E$)杂交,F_1 杂种($S^{AU} S^E$)既不表现黑缘型,也不表现均色型,而出现一种新的色斑,即按两个亲本的色斑类型镶嵌:鞘翅的前缘和后缘都为黑色。F_1 互相交配,在 F_2 中有 1/4 的 $S^{AU}S^{AU}$,表型为黑缘型;2/4 的 $S^{AU}S^E$,表型与 F_1 杂种相同,另外 1/4 的 S^ES^E,表型为均色型。

(5) 超显性(superdominance)　　指 F_1 的表现超过亲本表现的现象。在数量性状遗传中经常能观察到这种遗传现象。

2. 致死基因(lethal gene)

致死基因是指那些使生物体不能存活或使生物体生命力降低的等位基因。该类基因多数为隐性,只有在纯合状态时才有致死效应;也有少数是显性致死的,杂合状态即表现致死作用。

(1) 隐性致死基因　　1904 年,法国遗传学家 Cuénot 在小鼠(*Mus musculus*)中发现了一种黄色皮毛的性状,该性状的特点是它永远不会是纯种,不管是黄鼠与黄鼠交配,还是黄鼠与黑鼠交配,子代均出现分离:

> A 黄鼠×黑鼠→黄鼠(2378),黑鼠(2398),比例为 1∶1
> B 黄鼠×黄鼠→黄鼠(2396),黑鼠(1235),比例为 2∶1
> C 黑鼠×黑鼠→黑鼠(全部)

从上述情况可以看出,黄鼠是杂合体而黑鼠是隐性纯合体,因而出现 A 中 1∶1 的比例,那么从理论上讲,B 中的比例应是 3∶1,但实际结果是 2∶1,缺少 1/4 的黄鼠数。这是为什么呢?经解剖发现,约有 1/4 小鼠的胚胎不正常,在受精后 8 天就死亡了。据此 Cuénot 提出,决定黄色的基因具有显性的表现效应,但在致死效应上却是隐性的,纯合状态下才表现。

这样一个基因影响两种不同的表型甚至更多性状的表型是很常见的,这也表现了某一基因的多效性和显隐性的相对性。

植物中的白化基因,控制人类镰状细胞贫血和新生儿先天性鱼鳞癣等基因,都具有隐性致死作用。

(2) 显性致死基因　　由显性基因 *Rb* 引起的视网膜母细胞瘤是一种眼科致死性遗传病,常在幼年发病,患者通常因肿瘤长入单侧或双侧眼内玻璃体,晚期向眼外蔓延,最后可转移到全身而死亡。又如人类的 Ⅱ 型家族性高脂蛋白血症也是显性致死的,患者表现为高血脂和多发性黄色瘤,早年死于心肌梗死。

致死作用可以发生在个体发育的各个时期。致死基因的存在是生物生存能力下降的一种极端表现,在有些情况下某一基因的存在,并不表现为完全的致死作用,而只是表现为后代的分离比会偏离孟德尔经典的分离比,其中导致生存比例低于理论比例的基因被人们称为是低生活力的或亚致死的,也就是说致死现象只表现在部分个体上。亚致死现象的发生率可为 1%～100%。例如,果蝇的缺刻翅,这是由隐性等位基因产生的。有这种效应的等位基因被看作半致死基因。

3. 复等位基因(multiple allele)

孟德尔研究的每一对相对性状都只有两种不同的表现形式,控制某一性状的基因均为一对等位基因,且仅有两个等位形式,它们成对地位于同源染色体相同的座位上。但就整个群体而言,后来的研究发现同一座位上存在两个以上等位基因的现象。人们把种群中同源染色体同一座位上存在两个以上的等位基因称为复等位基因。

要注意的是,对于一个二倍体个体而言,在某一基因座位上最多只能存在某一基因的两种等位形式。"复等位基因"是应用于群体的概念。

复等位基因的存在,正是生物多态性(polymorphism)在遗传上的直接原因。在一个复等位基因系列中,可能有的基因型数目取决于复等位基因的数目。一般而言,n 个复等位基因的基因型数目为 $n+n(n-1)/2$,其中纯合体为 n 个,杂合体为 $n(n-1)/2$。

例如,在兔子皮毛颜色的表现上,一个基因座上的多个复等位基因形式与许多不同的毛色表型相关。在这个等位系列中有 4 个成员:野生灰色、青灰色、喜马拉雅和白化体。纯合时,每个等位基因都产生一种独特的毛色。杂合体中,有一清楚的显性关系:野生灰色对其他等位基因都为显性。青灰色对喜马拉雅和白化体为显性。喜马拉雅仅对白化体为显性。白化体不能产生任何色素,因而对其他等位基因都为隐性。

这些基因系列在决定家兔皮毛颜色时表型与基因型的对应关系如表 2.6 所示。

表 2.6　家兔皮毛颜色遗传

皮毛颜色表型	基　因　型
野生灰色	CC 或 Cc^{ch} 或 Cc^{h} 或 Cc
青灰色	$c^{ch}c^{ch}$ 或 $c^{ch}c^{h}$ 或 $c^{ch}c$
喜马拉雅	$c^{h}c^{h}$ 或 $c^{h}c$
白化体	cc

人类的 ABO 血型是典型的复等位基因决定的性状,由 I^A、I^B 和 i 3 个等位基因决定。这些基因各自编码特定的红细胞表面抗原。就每一个人而言,只可能具有这 3 个复等位基因中的 2 个,从而表现出特定的血型。在这里,I^A、I^B 对 i 而言是显性;I^A 和 I^B 则是共显性;i 是隐性。血型的基因型和表型具有下列关系:

血型表型	基　因　型
O	ii
A	I^AI^A,I^Ai
B	I^BI^B,I^Bi
AB	I^AI^B

根据 ABO 血型的遗传规律,可将血型遗传作为亲子鉴定的一个指标。表 2.7 可说明父母亲血型与子女血型的可能关系。

表 2.7　父母血型与子女血型的相互关系

父亲血型	母亲血型			
	A	B	AB	O
A	A,O	A,B,O,AB	A,B,AB	A,O
B	A,B,O,AB	B,O	A,B,AB	B,O
AB	A,B,AB	A,AB,B	A,B,AB	A,B
O	A,O	B,O	A,B	O

尽管人类的 ABO 血型由 I^A、I^B 和 i 这一复等位基因决定,但其前体代谢过程中仍需其他正常的基因发挥作用,当这些基因(如 H 基因可形成 H 抗原)发生变异时会对最终的表型产生影响。

1952 年在印度的孟买曾发现一个血型奇特的家系。家系中测得 I_1 为 O 型血、I_2 为 B 型血;II_5 为 A 型血、II_6 为 O 型血。依据遗传规律推测 II_5 和 II_6 后代表现只能为 O 型血或 A 型血,实际发现其后代 III_1 为 AB 型血(图 2.8)。此结果与理论相矛盾,其 B 基因是从何而来的呢?经过研究发现家系中 II_3、II_4、II_6 既无 A、B 抗原,也没有 H 抗原,但携带 I^B。这种血型第一次在印度孟买发现,所以称孟买型(Bombay phenotype),记为"O_h"。

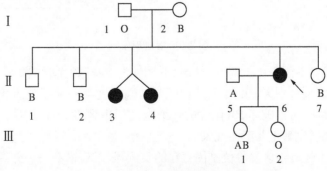

图 2.8　三个孟买血型人的家系
Ⅰ、Ⅱ、Ⅲ代表世代数;1~7 代表各世代中成员的序号

根据先前所述的遗传原理和后代的表型,可以推断上述家系中各成员的基因型:

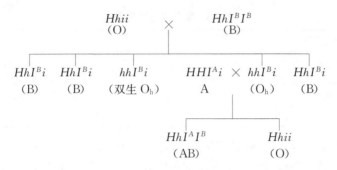

经过分析发现:II_3、II_4、II_6 个体虽然表现为 O 型血,但是其控制血型的基因组成并不是 ii,她们表现为 O 型血的原因在于形成抗原的前体不能转化为 H 抗原,因此只能停留在前体阶段,无 A、B、H 抗原的形成。

A、B、H 抗原的形成过程可以分别表述如下:

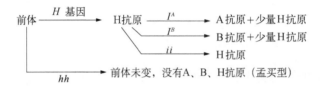

由此看来,没有 H 基因的作用,即使有 I^A、I^B 基因存在,也不能形成相应的抗原。而在一般血型鉴定时,只测定是否有 A、B 抗原,当既无 A 抗原,也无 B 抗原时,则认为其为 O 型,在不进行 H 抗原的测定时,往往造成上述结论的错误。

人类的血型是一个非常复杂的系统,依据不同的研究标准可以分为不同的血型系统。有一种血型系统被称为 Rh 血型系统,相应的血型表现为:Rh 阳性个体,含 Rh^+ 基因,在其红细胞表面有一种特殊的黏多糖,称 H 抗原;Rh 阴性个体,含 Rh^- 基因,即红细胞表面没有这种特殊的黏多糖,在正常情况下并不含有对 Rh 阳性细胞的抗体。Rh^+ 对 Rh^- 为显性。在输血过程中,或新生儿个体中,有时会出现一定比例的溶血现象,这也是一种抗原-抗体反应。溶血现象如果发生在输血过程中,则见图 2.9A;溶血现象也可以发生在母子之间,则见图 2.9B。

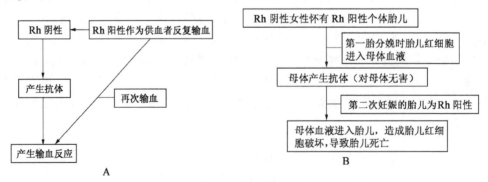

图 2.9　溶血现象

不过,这种现象并非绝对不能避免。例如,对于 Rh 阴性的个体,输血时就要检验相应的 H 抗原,可以进行同血型输血。如果夫妇血型分别为 Rh 阳性和 Rh 阴性,则分娩第一个婴孩后 48 小时之内给产妇肌内注射球蛋白,其将产生一种抗体,可以破坏 Rh 阳性的红细胞,使 Rh 阴性个体不再产生抵抗 Rh 阳性细胞的抗体,以保证第二胎婴儿不会发生新生儿溶血现象。

在人类和其他动植物中还有很多复等位基因存在的实例,限于篇幅不一一介绍,可以通过查阅文献进一步了解。

总之,等位基因在控制生物性状的过程中有着复杂的表现形式。同时,复等位基因、一因多效及致死基因的存在,使生物性状的表现更趋于复杂化。因此,在通过亲子代性状表现研究其遗传物质基础及传递规律时,需加以细致考察才能确定。

2.3.3　非等位基因间的相互作用

以上我们讨论了等位基因之间的相互作用方式。不过生物的大多数性状往往并不是由单一基因座上的等位基因所决定的,而是由许多对基因共同作用的结果。当几个处于不同染色体上的非等位基因影响同一性状时,可能产生非等位基因间的相互作用。所谓相互作用,一般是指基因的代谢产物间的互作,少数情况涉及基因的直接产物,即蛋白质之间的相互作用。

一个基因在单独存在的情况下可能没有活性,它的效应不仅决定于它自身的功能而且在合适的环境下还受到其他基因功能的影响。多数情况下,遗传分析可以检测出主要基因间复杂的相互作用。非等位基因相互作用的典型结果是孟德尔分离比被修饰,其分离比发生变化。

1. 基因互作(gene interaction)产生新性状

家鸡的鸡冠有多种表型,除了常见的单冠外,还有玫瑰冠、豆冠和胡桃冠(图 2.10)。

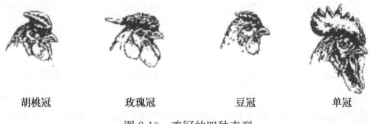

胡桃冠　　　　玫瑰冠　　　　豆冠　　　　单冠

图 2.10　鸡冠的四种表型

让玫瑰冠个体与豆冠个体杂交,F₁ 既非玫瑰冠,也非豆冠,而是一种不甚美观的新类型,因非常像半个胡桃仁,被称为"胡桃冠"。F$_1$ 互相交配,F$_2$ 鸡群中大约有 9/16 胡桃冠,3/16 玫瑰冠,3/16 豆冠,1/16 单冠。从四种表现类型分离比可以清楚地看出,这符合两对因子自由组合产生 F$_2$ 的分离比,说明有两对基因在起作用。同时,玫瑰冠和豆冠分别同单冠杂交的结果都表现显性,单冠为隐性。这样,若以 P 代表显性的豆冠基因,R 代表显性的玫瑰冠基因,则杂交图式可以表示如下:

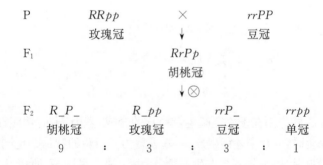

很明显,胡桃冠和单冠分别是显性基因 R 和 P,以及隐性基因 p 和 r 相互作用产生的新性状。9∶3∶3∶1的分离比等同于孟德尔假设的两对基因决定两对相对性状的分离比,不同的是这两对基因互作决定了鸡冠这一性状的四种不同表现形式。

蛇皮肤花纹的遗传方式与鸡冠的相同。有一种无毒蛇,皮肤由两种酶控制而形成黑色和橘红色(黑色素在橘红色斑纹两边)花纹,为野生型,其基因型为 $OOBB$;另一种全身花纹为黑色,橘红色的性状基本消失,其基因型为 $ooBB$;当基因型为 $OObb$ 时,蛇全身皮肤的表型为美丽的橘红色斑纹;第四种表型则是既无黑色又无橘红色斑纹的白色蛇,其基因型为 $oobb$。当以纯合的黑蛇和橘红蛇进行杂交时,F$_1$ 全为野生型(红、黑相间);F$_1$ 自交产生的 F$_2$,会出现 4 种表现类型,其中 9/16 为野生型,3/16 为黑色花纹,3/16 为橘红色花纹,1/16 为白色。杂交图式如下:

P　　　　　ooBB　　　　×　　　　　OObb
　　　　　　黑色　　　　　↓　　　　　橘红色
F₁　　　　　　　　　　　OoBb
　　　　　　　　　　　　野生型
　　　　　　　　　　　　↓⊗
F₂　　O_B_　　　　O_bb　　　　　ooB_　　　　oobb
　　野生型　　　　橘红色　　　　　黑色　　　　　白色
　　9/16　　　　　3/16　　　　　3/16　　　　　1/16

2. 互补作用(complementary effect)

若干个非等位基因只有同时存在时才表现某一性状,其中任何一个基因发生突变时都会导致同一突变型性状的现象称为互补作用,这些基因被称为互补基因(complementary gene)。此时孟德尔分离比被修饰为 9 : 7。

香豌豆花色的遗传是基因之间互补作用的经典例子:

P　　　　　白花(AAbb)　　　×　　　白花(aaBB)
　　　　　　　　　　　　↓
F₁　　　　　　　　　紫花(AaBb)
　　　　　　　　　　　↓⊗
F₂　　　　　紫花(A_B_)　　　　白花(A_bb,aaB_,aabb)
　　　　　　　9　　　　　　　　　　　7

在这里,基因型为 A_bb,aaB_,aabb 时,个体均表现为白花;但是当 A、B 基因同时存在时,则个体表现为开紫色的花朵。

白花三叶草有两个稳定遗传的品种:叶片内含较高水平氰(HCN)的品种和不含氰的品种。两个不含氰的品种进行杂交,F₁ 全部含高水平的氰化物,对生物体极其有害;F₂ 则出现9/16含氰,7/16不含氰的分离现象。

其代谢过程和遗传分析图式如下:

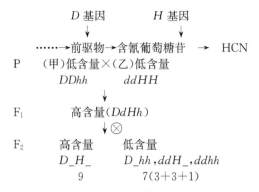

在代谢过程中,基因 D 的作用在于决定产生氰糖苷的合成,基因 H 的功能在于决定氰酸酶的合成。只有当基因 D 和 H 的功能完全时,叶片中才能生成氰,基因型为 D_H_的叶片必定同时具有生氰糖苷和氰酸酶;在基因型为 D_hh 的三叶草叶片中,应该只含有生氰糖苷,由于缺乏氰酸酶,所以其代谢途径被中止在生氰糖苷;基因型为 ddH_的叶片中应含有氰酸酶,但由于前驱物不能形成生氰糖苷,因此也就不能形成氰;ddhh 的叶片中既无生氰糖苷又无氰酸酶,所以就更加不可能通过这一途径形成氰了。为了证明上述推论,人们设计了下列实验:将上述杂交 F₂ 各种表型的植株叶片提取液中分别加入生氰糖苷和氰酸酶,测定产氰情况,结果如表 2.8 所示。

表 2.8　F₂ 叶片产生氰的测定结果

F₂ 比例	表　型	基　因　型	含氰提取液	提取液加生氰糖苷	提取液加氰酸酶
9/16	产氰	D_H_	+	+	+
3/16	不产氰	D_hh	−	−	+
3/16	不产氰	ddH_	−	+	−
1/16	不产氰	ddhh	−	−	−

注:"+"表示产氰,"−"表示不产氰。

实验结果与预期的结果完全相同,从而印证了上述推断。

综上所述,在不排斥其他作用机制的情况下,互补基因的相互作用可以用下列通式表达:

$$X \qquad Y \qquad Z$$
$$\downarrow \qquad \downarrow \qquad \downarrow$$
$$底物 \rightarrow X' \rightarrow Y' \rightarrow Z'$$

在这一代谢过程中,X、Y、Z 基因控制产生的酶分别对底物→X'、X'→Y'、Y'→Z'的代谢途径起到调控作用。X'、Y'为代谢的中间产物,没有表型效应。Z'为终产物,有表型效应。当 X、Y、Z 基因发生突变时,均可导致不能形成终产物 Z,使表型发生改变。

3. 上位性(epistasis)

在有些情况下,一对基因可以影响另一对非等位基因的效应,这种非等位基因间的相互作用方式称为上位性。上位性与显性相似,因为这两者都是一个基因掩盖了另一个基因的表达,但后者是一对等位基因中一个基因掩盖另一个基因的作用,而前者是非等位基因间的掩盖作用。在这里,掩盖者称为上位基因(epistatic gene),也称为异位显性。被掩盖者称为下位基因(hypostatic gene)。起到上位效应的基因既可以是隐性基因,也可以是显性基因,由此可以将上位性分为隐性上位和显性上位两类。

(1)隐性上位(recessive epistasis)　　某对隐性等位基因对另一对等位基因[显性和(或)隐性]起掩盖作用的现象。此时孟德尔分离比被修饰为 9∶3∶4。

例如,家兔的皮毛有灰色($CCDD$)和白色($ccdd$)两种颜色。将这两种毛色类型的纯种家兔进行杂交,F_1全为灰色兔;F_1兄妹交,在 F_2 中出现灰色、黑色和白色三种毛色,且分离比为 9∶3∶4。从比例可以看出,这也是 9∶3∶3∶1 分离比的变形;同时在 F_2 中,有色与白色比为 3∶1,有色个体内,灰色对黑色也是 3∶1,说明家兔的毛色为两对非等位基因控制,以杂交图谱进行分析如下:

P	灰色($CCDD$)	×	白色($ccdd$)

F_1　　　　　　　　　　　灰色($CcDd$)

　　　　　　　　　　　　　　↓⊗

F_2　　　　灰色($C\_D\_$)　黑色(C_dd)　白色($ccD\_$)　白色($ccdd$)

F_2 分离比　　　　　　灰色∶黑色∶白色＝9∶3∶4

这里,cc 为上位基因,它掩盖了 $D\_$ 和 dd 的作用使个体表现为白色,从而出现了 9∶3∶4 的分离比。

(2)显性上位(dominance epistasis)　　某一显性基因对另一对显性基因起遮盖作用,并表现出自身所控制的性状,这种基因被称为显性上位基因。只有在上位基因不存在的时候,被遮盖的基因才有可能表现出它所控制的性状的现象称为显性上位。

在燕麦中,让黑颖品系和黄颖品系杂交,F_1全表现黑颖,F_2的分离比是 12∶3∶1(黑颖∶黄颖∶白颖)。杂交结果如下:

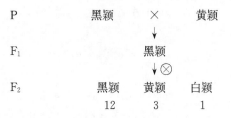

从图式可以看到,黑颖对非黑颖(黄颖和白颖)是 3∶1;而在非黑颖中,黄颖和白颖之比也是 3∶1。说明有两对基因控制性状的表现,其中一对 Bb,分别控制黑颖和非黑颖,另一对为 Yy,分别控制黄颖和白颖。以图式表示为:

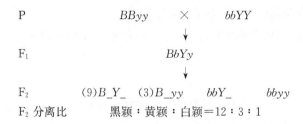

P		*BByy*	×	*bbYY*

↓

F₁		*BbYy*

↓

F₂	(9)*B_Y_*	(3)*B_yy*	*bbY_*	*bbyy*
F₂ 分离比	黑颖∶黄颖∶白颖＝12∶3∶1			

其中,*B* 基因控制黑色素的形成,*Y*/*y* 基因分别控制黄色素与白色素的形成。当有 *B* 基因存在时,无论在 *Y* 基因座位点是 *Y* 还是 *y*,均表现为黑色。因为 *B* 基因控制形成的黑色素颜色深,所以只要 *B* 基因存在,*Y* 基因所控制的黄色素就不能表现;只有当 *B* 基因不存在时,*Y* 基因的作用才能显示出来。这就是显性上位。在此,*B* 是上位性的基因,而 *Y* 是下位性的基因,孟德尔分离比被修饰为 12∶3∶1。

4. 抑制作用(inhibiting effect)

在两对独立基因中,一对基因是显性基因,它本身并不控制性状的表现,但是对另一对基因的表现具有抑制作用,前者被称为抑制基因,而由此所决定的遗传现象被称为抑制作用。

例如,家蚕的茧色有白色与黄色之分。如果将结白茧的中国品种家蚕和结黄茧的家蚕进行杂交,F₁ 全为黄茧,说明中国品种的白茧是隐性的。但把结黄茧的家蚕品种与结白茧的欧洲家蚕品种交配,F₁ 全为白茧,表明欧洲品种的白茧为显性,将 F₁ 结白茧的家蚕相互交配,F₂ 中结白茧的个体与结黄茧的个体分离比为 13∶3。从比例数可以进行判断,该性状由两对等位基因控制。设黄茧基因为 *Y*,白茧基因 *y*,另一个非等位的抑制基因 *I*,它可以抑制黄茧基因 *Y* 的作用,则:

P		白茧(*IIyy*)	×	黄茧(*iiYY*)

↓

F₁		白茧(*IiYy*)

↓⊗

F₂	白茧(*I_Y_*)	白茧(*I_yy*)	黄茧(*iiY_*)	白茧(*iiyy*)
F₂ 分离比	白茧∶黄茧＝13∶3			

在上述实验中,当基因 *I* 存在时,黄茧基因 *Y* 的作用被抑制,只有 *I* 不存在时,*Y* 基因的作用才能表现出来,所以在 F₂ 中的表型比例是白茧(9＋3＋1)∶黄茧＝13∶3。

5. 叠加作用(duplicate effect)

当多对基因共同对某一性状起决定作用时,不论显性基因多少,都影响同一性状的发育,只有隐性纯合体才表现相应的隐性性状,这种作用被称为叠加作用。

例如,荠菜的蒴果形状有三角形和卵形两种。将这两种类型的荠菜进行杂交,F₁ 荠菜的蒴果全是三角形的。在 F₂ 中,结三角形蒴果的荠菜占 15/16,而结卵形蒴果的荠菜只占 1/16。由此可推断有两对等位基因决定同一性状的表达,而且具有叠加作用。遗传学上称这些具有相同效应的非等位基因为叠加基因。

P		三角形($A_1A_1A_2A_2$)	×	卵形($a_1a_1a_2a_2$)

↓

F₁		三角形($A_1a_1A_2a_2$)

↓⊗

F₂	三角形($A_1\_A_2\_$)	三角形($A_1\_a_2a_2$)	三角形($a_1a_1A_2\_$)	卵形($a_1a_1a_2a_2$)
F₂ 分离比	三角形∶卵形＝15∶1			

6. 积加作用(additive effect)

所谓积加作用是指当两对显性基因单独存在时生物体表现为同一种显性性状,同时存在时则表现为另一种性状,而没有显性基因存在时则出现第三种性状的现象。所以在 F₂ 中出现 9∶6∶1 的分离比。例如,南瓜的果形,圆形对长形为显性性状,但是在用两种不同基因型的圆形南瓜杂交时,F_1 为扁盘形,F_2 出现扁盘形、圆形和长形三种表型,表型的分离比为 9:6:1。

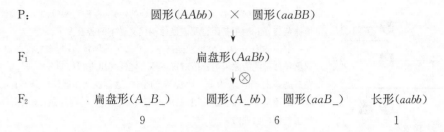

P:　　　　　　　　　圆形($AAbb$)　　×　　圆形($aaBB$)

F_1　　　　　　　　　　　　扁盘形($AaBb$)

F_2　　　　扁盘形($A\_B\_$)　　圆形(A_bb)　　圆形($aaB\_$)　　长形($aabb$)

　　　　　　　　　9　　　　　　　　　6　　　　　　　　　1

　　综上所述,当两对非等位基因共同决定同一性状的表达时,由于基因之间的各种相互作用而修饰了孟德尔分离比。从遗传学发展的角度来理解这些非等位基因之间的相互关系,应该将其视为对孟德尔遗传比例的扩展,而不是否定。现归纳基因互作所出现的被修饰的表型分离比,如图 2.11 所示。

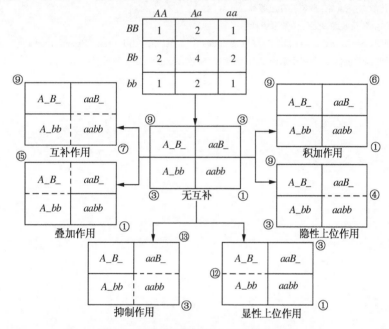

图 2.11　两对基因互作分离比的模式图

　　在这里,为了便于解释和描述,我们只讨论了一些有关两对非等位基因的独立分配的实例,但这并不是说,基因的相互作用只限于两对非等位基因之间,实际上有许多生物的性状是由 3 对或 3 对以上基因的相互作用共同决定的,因此会出现更为复杂的分离比,但其本质与上述论述一致。

　　总之,基因与遗传性状的相互关系非常复杂,绝不应该认为生物遗传的所有秘密都被孟德尔所发现的原理概括了。孟德尔的主要贡献在于指出了明确的研究方向,并且提供了一些正确的研究方法,这对于一门科学的发展来讲是非常重要的。

思　考　题

1. 在花园中种植的某种植物,其花色可以表现为红花与白花两种相对性状。取两株开白花的植株进行杂交,无论正反交,其 F_1 总是表现为一部分开白花,一部分开红花。用开白花的 F_1 植株进行自交,其后代都开白花;而开红花的 F_1 植株进行自交,其后代既有开红花的,也有开白花的,统计结果为:1 809 个个体开红花,1 404 个个体开白花,试写出最初两个开白花的亲本基因型,并用你假设的基因型分析说明上述实验结果。

2. 玉米中有三个显性基因 A、C 和 R 决定种子颜色,基因型 $A\_C\_R\_$ 有色,其他基因型皆无色。有色植株与 3 个测试植株杂交,获得如下结果:与 $aaccRR$ 杂交,产生 50% 的有色种子;与 $aaCCrr$ 杂交,产生 25% 的有色种子;与 $AAccrr$ 杂交,产生 50% 的有色种子。问这个有色植株的基因型是什么?

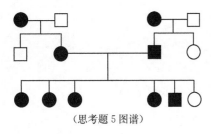

(思考题 5 图谱)

3. 如果有一个植株对 4 个显性基因是纯合的,另一植株对相应的 4 个隐性基因是纯合的。两植株杂交,问 F_2 中基因型及表型像亲代父母本的各有多少?

4. 在一个牛群中,外貌正常的双亲产下一头矮生的雄犊,看起来与正常的牛犊明显不同,你能列出各种可能的原因吗? 请对每一种可能性提出进行科学分析或科学验证的方法。

5. 左图谱系中,涂黑者为带有性状 W 的个体,这种性状在群体中是罕有的。该性状由显性基因控制还是由隐性基因控制,是由位于常染色体上基因控制,还是由位于性染色体上基因控制? 试说明理由。

6. 如何区分上位作用和显性作用,二者有何区别?

推 荐 参 考 书

1. 陈竺,2015.医学遗传学.3 版.北京:人民卫生出版社.

2. 戴灼华,王亚馥,2016.遗传学.3 版.北京:高等教育出版社.

3. 中泽信午,1985.孟德尔的生涯及业绩.北京:科学出版社.

4. Klug W S, Cummings M R, Spencer C A, et al., 2017. Essentials of Genetics. 9th Edition. Essex：Pearson Education Limited.

5. Passarge E, 1988.遗传学与医学遗传学彩色图解.朱冠山,缪为民,阮监,译.北京:中国医药科技出版社.

第3章 性别决定与伴性遗传

提　要

　　雌雄性别分化是生物界的普遍现象之一。与其他性状一样,性别的形成也是个体遗传基础与环境因素相互作用的结果,它包括性别决定和性别分化两个过程。性连锁性状的遗传与性别相关联而表现出特有的规律。性别存在的意义在于使生物体可以通过有性生殖的方式繁衍,其结果是使生物体能储存大量的变异,这一点在生物进化的历程中至关重要。

3.1　性别决定

　　1902 年 McClung 等通过对昆虫的研究,揭开了生物性别决定的奥秘。此后,大量的研究表明,生物的性别决定主要有遗传型性别决定(genotypic mechanisms of sex determination,GSD)和环境性别决定(environmental mechanisms of sex determination,ESD)两种类型。

3.1.1　遗传型性别决定类型

　　GSD 类型是指子代的性别分化由性染色体或特定基因组合决定,通过受精作用来实现的一种机制,它不受外界环境的影响,因此又称为基因型性别决定。常见的有以下几种。

1. 性染色体决定性别

　　性染色体(sex chromosome)是指一个生物体或细胞内形态互不相同、与性别有关或决定性别的染色体。除性染色体以外的其余各对染色体统称为常染色体(autosome),用 A 表示。

　　(1) XY 型　　凡雄性个体含有两条异型性染色体的生物,其性别决定类型称为 XY 型。雄性为异配性别(性染色体的组成为 XY,能产生带有 X 或 Y 染色体的两种不同类型的精子),雌性为同配性别(性染色体的组成为 XX,只能产生一种含有 X 染色体的卵子)。这是生物界较普遍的类型,包括人类在内的所有哺乳类,某些两栖类、爬行类动物和鱼类,以及很多昆虫和一些雌雄异株的植物等的性别决定都是 XY 型。

　　(2) ZW 型　　凡雌性个体含有两条异型性染色体的生物,其性别决定类型称为 ZW 型。雌性为异配性别(性染色体的组成为 ZW),雄性为同配性别(性染色体的组成为 ZZ)。鳞翅目昆虫、某些两栖类和爬行类动物、鸟类的性别决定属于这一类型。

　　(3) XO 型　　直翅目昆虫(如蝗虫、蟋蟀和蟑螂等)属于这种类型。雌体的性染色体成对,为 XX;雄体只有一条性染色体,为 XO。例如,蝗虫雌体共有 24 条染色体,为 22A＋XX;雄体则为 22A＋XO,只有 23 条染色体。

2. 性指数决定性别

　　在明确了性染色体与性别决定之间的关系以后不久,人们便发现性别的决定远远不像一对染色体分离那样简单。1925 年,Bridges 在果蝇的研究中提出:果蝇虽然也有 X 和 Y 染色体,但其性别决定不是取决于 Y 染色体是否存在,而是取决于性指数(sex index),即 X 染色体的数目和常染色体组数的比值。性指数为 0.5(如 X/2A,2X/4A 等)时,果蝇为雄性;性指数为 1(如 2X/2A,3X/3A,4X/4A 等)时果蝇为雌性;性指数介于 0.5 和 1.0 之间,果蝇为雌雄兼性;性指数小于 0.5(如 1X/3A)时,果蝇为变态雄性(或称超雄);性指数大于 1.0(如 3X/2A)时,果蝇为变性雌性(或称超雌)。其发育机制将在第 13 章介绍。

3. 染色体组的倍性决定性别

　　蜜蜂、蚂蚁等膜翅目昆虫的性别决定比较特殊,其性别决定于卵细胞是否受精。例如,雄性蜜蜂是由未受精的卵孤雌生殖发育而成的,只具有单倍体的染色体数($n=16$);雌蜂则由受精卵发育而成,具有二倍体染色体数($2n=32$)。 这类昆虫二倍体雌体的减数分裂行为正常,产生单倍体卵;而雄体的减数分裂很特殊,在减数第一次分裂时,出现单极纺锤体,染色体全部向一极移动,第二次分裂是正常的,形成单倍体精子。

3.1.2　环境性别决定类型

　　ESD 类型是指卵细胞在受精后,其子代性别由环境中的因子(如卵周围的温度、湿度、pH、激素等)作用来决定。

1. 爬行动物的温度性别决定

　　爬行动物的性别决定十分复杂。大部分蛇类和蜥蜴类的性别决定为 GSD 类型,而一些龟鳖类和所有的鳄鱼的性别决定则属于 ESD 类型。这些爬行动物受精卵在发育某个时期的温度是性别的决定因子。当受精卵在 22~27℃温度中孵化时,个体为同一种性别;若孵化温度高于 32℃,则全部产生另外一种性别。只有在很小的温度范围内同一批受精卵才会孵化出雌性和雄性两种个体(图 3.1)。

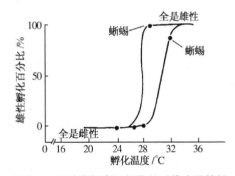

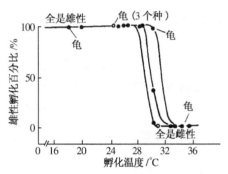

图 3.1　两种蜥蜴高温孵化的子代全是雄性　　　　图 3.2　几种龟鳖类高温孵化的子代全是雌性

　　图 3.2 表明有一些龟鳖类的卵在低于 28℃温度下孵化时,所有孵化出的个体都是雄性;如孵化温度高于 32℃,则孵化出的都是雌性;在 28~32℃温度下孵化时,才能同时孵出雌性和雄性个体。

　　目前了解到的温度性别决定类型较明显的有 3 种。类型Ⅰ:高温产生 100%雌体,低温产生 100%雄体;类型Ⅱ:高温产生 100%雄体,低温产生 100%雌体;类型Ⅲ:无论高温或低温均产生 100%的雌体,中间温度产生不同比例的雌雄个体。不同的生物类型有不同的表现模式,相一致的规律是,总有某特定的中间温度,使两性个体均能产生,但转换温度(关键温度,pivotal temperature)都很狭窄(图 3.3)。

```
低温  ──全雄 – 转换温度 – 全雌──→  高温
              (类型Ⅰ)


低温  ──全雌 – 转换温度 – 全雄──→  高温
              (类型Ⅱ)


低温  ──全雌 – 转换温度 – 全雄 – 转换温度 – 全雌──→  高温
              (类型Ⅲ)
```

图 3.3　温度性别决定的 3 种类型

2. 后螠的性别决定

　　海生蠕虫后螠(*Bonellia viridis*)雌雄个体的大小差异悬殊:雌虫一般长 6 cm 左右,有的可达 10 cm 以上,体形像一颗豆子,有一个很长的口吻,远端分叉;雄虫很小,只有 1～3 mm,生活在雌虫的子宫中,像一种寄生虫。这种蠕虫的性别决定取决于外界环境。自由游动的幼虫是中性的,如果落到海底就成为雌虫;如果有机会,也可能由于一种吸引力,幼虫落在雌虫的口吻上,它就会进入雌虫体内发育成为雄虫。把已经落在雌虫口吻上的幼虫移去,让它在离开雌虫的情况下继续生长,则发育成为间性,间性偏向雌性或雄性的程度,取决于幼虫待在雌虫口吻上的时间长短,这表明雌虫口吻组织里可能含有影响性别形成的化学物质。

3.2　伴性遗传

性染色体与性别决定关系密切,因而性染色体上的基因所控制的性状在遗传上总是和性别相关,即在遗传过程中子代的部分性状由性染色体上的基因控制。这种与性别相关联的性状遗传方式称为伴性遗传(sex-linked inheritance)或性连锁遗传(sex-linkage inheritance)。

3.2.1　X 连锁遗传

1. 果蝇的 X 连锁遗传

首先发现伴性遗传现象的是 Morgan。1909 年,Morgan 开始研究黑腹果蝇的遗传。黑腹果蝇是一种双翅目昆虫,它个体小(3～4 mm),易于饲养,生活周期短,繁殖力强,很多性状易于识别,是遗传学研究的常用材料之一。

这一年,Morgan 在他饲养的果蝇群体中发现了一只例外的白眼雄蝇。利用这只白眼雄蝇,Morgan 进行了一系列设计精巧的实验,为遗传学的发展做出了杰出的贡献。

(1) Morgan 的果蝇实验　　用白眼雄蝇与红眼雌蝇交配,F$_1$ 都是红眼;F$_2$ 中,红眼果蝇 3 470 只,白眼果蝇 782 只。统计学分析结果与孟德尔的分离比是一致的。

$$
\begin{array}{ccccc}
\text{P} & \text{红眼(♀)} & \times & \text{白眼(♂)} \\
& & \downarrow \\
\text{F}_1 & & \text{红眼(♀,♂)} & 1\,237\ \text{只} \\
& & \downarrow \otimes \\
\text{F}_2 & \text{红眼(♀)} & \text{红眼(♂)} & \text{白眼(♂)} \\
& 2\,459\ \text{只} & 1\,011\ \text{只} & 782\ \text{只}
\end{array}
$$

重要的是,Morgan 没有忽视实验中不同于孟德尔定律之处:F$_2$ 中分离产生的白眼果蝇都是雄性,即果蝇眼色遗传与性别相关。

同时,Morgan 还将 F$_1$ 中红眼雌蝇与最初的那只白眼雄蝇进行了回交。回交后代中,红眼雌蝇 129 只,红眼雄蝇 132 只,白眼雌蝇 88 只,白眼雄蝇 86 只。统计学分析结果与孟德尔分离比也一致。

根据实验结果,Morgan 做出了如下假设:控制白眼性状的基因 w 位于 X 染色体上,是隐性的;而 Y 染色体上不带有相应的等位基因。根据假设,则可以圆满地解释上述实验结果。

亲本红眼雌蝇与白眼雄蝇杂交:

$$
\begin{array}{cccc}
\text{P} & X^+X^+ & \times & X^wY \\
& (\text{红♀}) & \downarrow & (\text{白♂}) \\
\text{F}_1 & X^+X^w, & & X^+Y \\
& (\text{红♀}) & \downarrow & (\text{红♂}) \\
\text{F}_2 & X^+X^+ \quad X^+X^w \quad X^+Y \quad X^wY \\
& (\text{红♀}) \quad (\text{红♀}) \quad (\text{红♂}) \quad (\text{白♂}) \\
& \text{F}_2\ \text{中,红眼:白眼}=3:1
\end{array}
$$

F$_1$ 红眼雌蝇回交:

$$
\begin{array}{cccc}
& X^+X^w & \times & X^wY \\
& (\text{红♀}) & \downarrow & (\text{白♂}) \\
& X^+X^w \quad X^wX^w \quad X^+Y \quad X^wY \\
& (\text{红♀}) \quad (\text{白♀}) \quad (\text{红♂}) \quad (\text{白♂}) \\
& 1 \quad : \quad 1 \quad : \quad 1 \quad : \quad 1
\end{array}
$$

根据假设,Morgan 又预期了下列实验的结果:① 白眼雌蝇与红眼雄蝇杂交,子代中雌蝇都是红眼,雄蝇都是白眼;② 白眼性状可以真实遗传。预期实验的结果与假设完全相符。

从以上实验结果可以归纳出伴性遗传的几个特点：① 正反交结果不同，这是区别常染色体遗传与伴性遗传常用的实验方法；② 性状遗传与性别相关联，这种母亲把一条 X 染色体传给儿子，父亲把其 X 染色体传给女儿的现象被称作交叉遗传(criss-cross inheritance)。

（2）遗传的染色体学说的直接证据　　Morgan 关于果蝇白眼性状遗传的研究，第一次把一个基因(w)定位于一条特定的染色体(X)上，为遗传的染色体学说提供了有力的证据。然而这一学说的直接证据却是由他的学生 Bridges 于 1916 年提供的。他在重复 Morgan 的果蝇白眼伴性遗传实验时，又发现了例外现象。

他观察了大量的白眼雌蝇(X^wX^w)与红眼雄蝇(X^+Y)杂交后代，发现大约每 2 000 个子代个体中，有一个可育的白眼雌蝇或不育的红眼雄蝇。Bridges 把这些例外子代称为初级例外子代。当他把初级例外的白眼雌蝇与正常的红眼雄蝇杂交时，又发现有 4% 的子代是白眼雌蝇和红眼雄蝇，而且都是可育的。这些子代个体被称为次级例外个体。

如何解释这些例外个体的出现呢？显然，基因突变不可能造成这样的例外，因为其比例太高。通过分析，Bridges 推测：例外现象的产生是由于 X 染色体不分开(nondisjunction)造成的，即两条 X 染色体在减数分裂中没有分开，一并进入了同一极，产生的卵或为 XX 或为 0。这两种例外的卵细胞受精后即产生初级例外的子代个体——白眼雌蝇(X^wX^wY)（表 3.1）。

表 3.1　减数分裂时两条 X 染色体的不分开，结果产生初级例外个体

♀	♂	
	X^+	Y
X^wX^w	$X^+X^wX^w$(死)	X^wX^wY(白眼♀)
0	X^+0(红眼♂,不育)	0Y(死)

初级例外的白眼雌蝇在进行减数分裂时，通常是两条 X 染色体配对，而 Y 染色体游离，这样将形成等效的 X 卵和 XY 卵。但也有部分(约 16%)的 X^wX^wY 雌蝇减数分裂时，X^w 与 Y 配对，另一条 X^w 随机进入任何一极，这样将有一半的 X^w 卵和 X^wY 卵，而另一半(8%)将形成 X^wX^w 卵和 Y 卵。受精后就会产生次级例外的子代个体（表 3.2）。这里值得一提的是，XXX 型果蝇是致死的，与 X 染色体上的性别决定相关致死基因有关。

表 3.2　初级例外白眼雌蝇(X^wX^wY)与正常红眼雄蝇杂交结果

♀		♂		
		X^+(50%)	Y(50%)	
X-Y 配对 (16%)	X^wX^w(4%) Y(4%)	$X^+X^wX^w$ (2%,死亡)	X^wX^wY (2%白眼♀)	次级例外子代(4%)(另外4%死亡)
		X^+Y (2%,红眼♂,可育)	YY (2%,死亡)	
	X^w(4%) X^wY(4%)	X^+X^w (2%,红眼♀)	X^wY (2%白眼♂)	
		X^+X^wY (2%,红眼♀)	X^wYY (2%白眼♂)	呈交叉遗传的"正常的"子代个体(92%)
X-X 配对 (84%)	X^wY(42%) X^w(42%)	X^+X^wY (21%,红眼♀)	X^wYY (21%白眼♂)	
		X^+X^w (21%,红眼♀)	X^wY (21%白眼♂)	

因此，如果假定果蝇的白眼基因(w)在 X 染色体上，而在卵形成的减数分裂过程中，偶尔出现 X 染色体不分开现象，就可以圆满地说明例外个体的出现。为了证实这一推测，Bridges 观察了例外果蝇性原细胞的

有丝分裂核型,结果证实他的推测是正确的。Bridges 这一创新的研究,为遗传的染色体学说提供了无可辩驳的直接证据。

2. 人类的 X 连锁遗传

根据人类性染色体的测序分析,一般认为 Y 染色体长臂远端和短臂远端有与 X 染色体同源的区域,此区域称为拟常染色体区。位于 Y 染色体上的基因则称为 Y 连锁基因,位于 X 染色体上的基因称为 X 连锁基因。在没有特别指明的情况下,X(或 Y)连锁遗传均指在 Y(或 X)染色体上无对应等位基因的遗传。

(1) X 连锁隐性遗传　　　X 染色体携带的隐性基因的遗传方式称为 X 连锁隐性遗传(X-linked recessive inheritance)。

人类中有一种比较常见的遗传性疾病——红绿色盲。这是人类遗传学研究得最早的一个 X 连锁隐性性状。另外一种较罕见的血友病是迄今研究得最为深入的 X 连锁隐性遗传病之一。

血友病分为甲型和乙型两种,它们是由凝血因子Ⅷ和Ⅸ的缺乏引起的。控制这两种凝血因子的基因都位于 X 染色体上。现已证明血友病是由于控制凝血因子的基因发生突变,导致血液中凝血因子Ⅷ或Ⅸ缺乏,从而破坏人体的内源性凝血过程,引起严重出血,甚至危及生命。

甲型血友病占血友病的 85%,图 3.4 是一个甲型血友病的系谱。

这个系谱反映了 X 连锁隐性遗传的几个特点:① 群体中的患者几乎都是男性;② 男性患者的子女都是正常的,代与代间性状的表现具有不连续性;③ 男性患者的女儿虽然表型正常,但可以生下患病的外孙。

现已证明甲型血友病的基因定位在 Xq28,全长186 kb,可编码由 19 个氨基酸组成的信号肽和 2 332 个氨基酸组成的蛋白质。

X 连锁隐性遗传病的发病率有明显的性别差异,群体中男性患者数远远多于女性患者,越是罕见的遗传疾病越是如此。

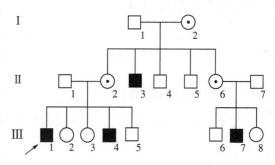

图 3.4　一例甲型血友病的系谱
Ⅰ、Ⅱ、Ⅲ代表世代数;1～8 代表各世代中成员的序号

(2) X 连锁显性遗传　　　X 染色体上显性基因的遗传方式称为 X 连锁显性遗传(X-linked dominant inheritance)。例如,抗维生素 D 佝偻病(vitamin D resistant rickets)患者由于 X 染色体上显性基因(R)的作用使肾小管对磷的重吸收发生障碍,导致身材矮小,下肢弯曲。从图 3.5 可以看出该类性状遗传的几个特点:① 女性患者的子代患病概率为 1/2;② 男性患者的女儿都是患者,儿子正常;③ 群体中女性患者人数多于男性患者,但病情比男性患者轻。

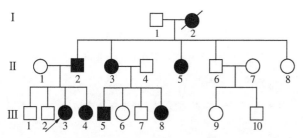

图 3.5　一例抗维生素 D 佝偻病的系谱
Ⅰ、Ⅱ、Ⅲ代表世代数;1～10 代表各世代中成员的序号

(3) 脆性 X 染色体综合征　　　1940 年,遗传学家发现人类智力低下患者的发病率,男性总是比女性高。因此开始怀疑这种智力低下可能与 X 染色体有关,因为男性只有一条 X 染色体,而女性通常有两条 X 染色体。1969 年前后,终于发现了一个典型的智力低下患者家系。在这个家庭里的两个男孩都表现出智力低下。染色体分析发现他们的细胞内唯一的 X 染色体均有别于正常男人的 X 染色体,表现在 X 染色体的长臂末端出现"缢沟"。这种患者的细胞在缺乏胸腺嘧啶或叶酸的环境中培养时,往往会出现 X 染色体在"缢沟"处发生断裂。根据这些结果,首次将这种疾病命名为"脆性 X 染色体综合征"。

携带脆性 X 染色体的男性通常在年少的时候不表现出明显的症状,随着年龄的增长,这些人逐渐表现为长条面型,耳朵外凸,大睾丸,智力发育障碍,语言出现障碍,对外界刺激反应迟钝,行为障碍等现象。

目前,脆性 X 染色体综合征的发病率已经被确定为仅次于 21 号染色体三体综合征,即通常所说的唐氏综合征(Down syndrome)的又一大类与智力发育低下有关的人类遗传病。

1991年,研究人员发现X染色体"缢沟"是由一段由6～50个三核苷酸重复序列(5′CCG/GGC3′)构成的。这种三核苷酸重复序列可因某种原因扩增为200～4 000个三核苷酸重复单元,从而累及所在或周边基因的正常表达与正常的生物活性。这种由异常的不稳定的三核苷酸重复扩增导致的新的突变方式称为动态突变(dynamic mutation)。

3.2.2　Y连锁遗传

由于Y染色体仅存在于男性个体,存在于Y染色体非配对区段上的基因所决定的性状只随Y染色体而传递,表现出所谓的限雄遗传(holandric inheritance)现象,也称Y连锁遗传(Y-linked inheritance)。

外耳道多毛症就是Y连锁遗传的例证。这种性状表现为外耳道中有许多黑色硬毛,男性青春期后即可出现,长2～3 cm,成丛生长,常伸出耳孔之外。

Y染色体是雄性哺乳动物(包括人类)所必需的。某些雄性化基因一定存在于Y染色体的非同源区段,已知其中最重要的一个基因是睾丸决定因子。关于Y染色体及其在哺乳动物性别决定与性别分化中的作用将在性别分化一节中叙述。

3.2.3　鸟类的伴性遗传

鸟类伴性遗传最典型的例子就是鸡的芦花羽色的遗传,属于Z连锁遗传(Z-linked inheritance)。其规律和果蝇的眼色遗传相同,不同的是鸟类雌性为异配性别,雄性为同配性别而已。

3.2.4　植物的伴性遗传

少数植物有异形性染色体的分化。例如,女娄菜(*Melandrium album*)的性别决定类型为XY型,雄性是异配性别,其叶片有宽叶和窄叶两种,分别由X染色体上一对基因(B,b)控制,窄叶基因(b)为隐性,X^b花粉粒不育。将宽叶雌株与窄叶雄株杂交,子代将产生全是宽叶的雄株(图3.6);如果将杂合体宽叶雌株与宽叶雄株杂交,子代产生雄株和雌株,雌株全为宽叶,雄株中则宽、窄叶各半(图3.7)。

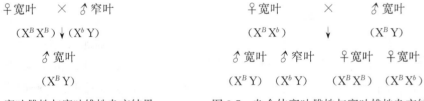

图3.6　宽叶雌株与窄叶雄株杂交结果　　　　图3.7　杂合体宽叶雌株与宽叶雄株杂交结果

3.2.5　从性遗传和限性遗传

除了前面谈到的伴性遗传以外,和性别相关的遗传方式还有从性遗传和限性遗传。

从性遗传(sex-influenced inheritance)是指控制性状的基因在常染色体上,但由于受到性激素的影响,基因在不同性别中的表达不同。例如,人类头发的早秃(baldness)这一性状就属于从性显性(sex-influenced dominance)遗传。杂合子男性(Bb)会出现早秃的性状,杂合子女性(Bb)却表型正常。只有女性为纯合子(BB)时,早秃性状才会表现出来。绵羊的有角和无角性状受常染色体上一对基因控制,和上面的例子相同,这一性状也表现出从性遗传的特点。

限性遗传(sex-limited inheritance)的基因可在性染色体上或常染色体上。这类基因的表达受到性别的限制,因此只能在某种性别中产生表型反应。当然,不论在哪种性别中,这些基因都可正常地传给后代。这种遗传方式称为限性遗传。例如,子宫阴道积水症由常染色体隐性基因控制,但只有在女性纯合体中才能表现相应的症状。

上述两种遗传方式显然与体内的性激素或第二性征有关。

3.3　性别分化

性别是一种复杂的性状,它的发育包括两个过程——性别决定和性别分化。性别分化是指受精卵在性别决定的基础上,进行雄性或雌性性状发育的过程。本节先介绍与性别分化过程有关的剂量补偿效应;再以果蝇和哺乳动物为例来介绍两种完全不同的性别分化机制;最后叙述环境因素是如何影响性别分化的。

3.3.1　剂量补偿效应

1. 性染色质体

1949 年,Barr 等发现雌猫的神经细胞间期核中有一个深染的小体,而雄猫中却没有。这种染色质小体与哺乳动物的性别及 X 染色体数有关,所以称为性染色质体(sex-chromatin body),又名巴氏小体(Barr body)。这是一种惰性的异染色质化的小体,雄性个体仅有一条 X 染色体,并不出现异染色质化小体的现象。

2. 哺乳动物剂量补偿效应的 X 染色体失活假说

在果蝇和哺乳动物中,X 染色体上的基因在雌性体细胞中有两份,而雄性体细胞中只有一份。即雌雄个体间 X 连锁基因的剂量是不同的。然而这些基因最终的表型效应在雌雄个体间并无差异。这种使细胞核中有两份或两份以上基因的个体和只有一份基因的个体出现相同表型的遗传效应即所谓的剂量补偿效应。1931 年,Muller 首先在果蝇中发现了这种效应。此后的研究表明,果蝇的剂量补偿效应是通过不同性别个体中 X 连锁基因转录速率的调节来实现的,而哺乳动物则是以另一种方式来实现剂量补偿效应的。

1961 年,Lyon 提出了阐明哺乳动物剂量补偿效应的 X 染色体失活的假说,即 Lyon 假说。其主要内容如下:

1) 正常雌性哺乳动物的体细胞中,两条 X 染色体中只有一条在遗传上有活性,另一条则以巴氏小体的形式存在,在遗传上无活性,其结果使 X 连锁基因得到剂量补偿,保证雌雄个体具有相同的有效基因产物。

2) X 染色体的失活是随机的,发生在胚胎发育的早期。例如,人类在胚胎发育的第 16 天时发生失活。某一细胞的一条 X 染色体一旦失活,这个细胞的所有后代细胞中的该条 X 染色体均处于失活状态。

3) 杂合体雌性在伴性基因的作用上是嵌合体(mosaic),即某些细胞中来自父方的伴性基因表达,某些细胞中来自母方的伴性基因表达,这两类细胞相嵌存在。

Lyon 假说最有力的证据是来自对人类的葡萄糖-6-磷酸脱氢酶(glucose-6-phosphate dehydrogenase,G-6PD)活性的测定。G-6PD 有 A、B 两型,彼此只有一个氨基酸的差异,它们是 X 染色体上一对等位基因 Gd^A 和 Gd^B 控制的。来自男性细胞的 G-6PD 电泳结果只显示一条染色带,或是 A 型,或是 B 型。若酶活性的测定是取自 Gd^A/Gd^B 杂合体妇女皮肤细胞原始培养物,电泳图谱上则出现 A、B 两条带。进一步检测单个细胞培养物时,它们或完全表现为 A 型条带,或完全表现为 B 型条带。

此外,细胞学的研究发现巴氏小体的数目正好是该个体 X 染色体数目减 1。

近年来,人们对 X 染色体失活的机制和 Lyon 假说的实质的认识又有了新的补充和发展。

人类女性的 X 染色体失活在胚胎发育的第 16 天就已发生,而且失活的 X 染色体是随机的。其他有胎盘的哺乳动物也类同,但有袋类动物(如雌性袋鼠)失活的 X 染色体是有选择性的,失活的总是来源于雄性亲本的 X 染色体。有袋类动物的雌性个体细胞中,来自雌性亲本 X 染色体有一个敏感区,它可产生少许起控制作用的物质,这些物质和同一条 X 染色体上毗邻的受体相结合,能使该条 X 染色体不发生异固缩,保持不失活状态。但来源于雄性亲本的 X 染色体没有相应部位,因而总是发生异固缩而失活。有胎盘的哺乳动物和有袋类动物不同,敏感区不在 X 染色体上而是在常染色体上。敏感区产生的控制物质随机地和雄性或雌性亲本来源的 X 染色体上的受体结合,使相应的 X 染色体保持不失活状态。

3.3.2　果蝇的性别分化

果蝇虽然是 XY 型的动物,但 Y 染色体在早期的性发育过程中并不重要。性别决定取决于性指数。性指数的剂量决定能否打开 sxl(sex lethal)基因。sxl 基因是性别分化发育的总开关。当 X/A＝1.0 时,连锁基因编码的特异转录因子浓度高,主导基因 sxl 的早期启动子打开开关,由此激活一系列雌性特异性基因的表达,个体发育为雌性;当 X/A＝0.5 时,特异转录因子浓度不能达到一定的阈值,sxl 基因的早期启动子处于关闭状态,从而使个体发育为雄性。

果蝇的剂量补偿效应也是通过 sxl 基因来调节的。研究表明,sxl 基因通过指导一系列的生化过程使 X 染色体以基础水平转录;而在雄性中,sxl 基因的早期启动子关闭,X 染色体高水平转录,这样雄性果蝇虽然只有一条 X 染色体,但表达的量与雌果蝇两条 X 染色体表达的量相同。

3.3.3 哺乳动物的性别分化

哺乳动物 XY 型性别决定,严格来讲其只是在染色体水平上的遗传性别决定。遗传性别在受精阶段形成之后,性别分化还要经历从遗传性别到性腺性别再到表型性别两个阶段。在胚胎发育的第 6～7 周,原始性腺是中性的。若遗传性别为 XY 型,Y 染色体上睾丸决定因子使原始性腺分化发育为胚胎性睾丸,最终形成雄性第一性征;若遗传性别为 XX,原始性腺在第 12 周时,分化发育为胚胎性卵巢,最终形成雌性第一性征。可见哺乳动物的 Y 染色体在性别决定与性别分化中起关键性作用。Y 染色体上决定睾丸分化基因的产物称为睾丸决定因子。近几十年来,人们一直在寻找这一基因。直到 1990 年,Sinclair 在 Y 染色体短臂拟常染色体端前长约 35 kb 的区域里发现了一段雄性特异序列,即 Yp53.3(2.1 kb)的 Hind Ⅲ 片段。由此,将这一片段所包含的特异基因称为 SRY(sex determining region of the Y)基因(图 3.8)。并认为 SRY 基因就是睾丸决定因子的基因,也可写作 TDF。SRY 基因在哺乳动物中是高度保守的。

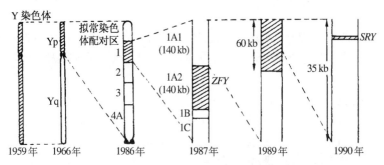

图 3.8 哺乳动物睾丸决定因子探索过程示意图

哺乳动物第二性征的分化发育由一系列激素所调控。体内哪种性激素占优势,决定了第二性征分化的方向和强度。实际上,激素仅仅是控制第二性征的工具,而真正起主导作用的仍然是遗传基础。在性别决定和分化发育的过程中,无论在哪个阶段出现任何遗传上或发育上的误差,都可能引起性别分化的异常。

3.3.4 环境条件与性别分化

"基因型＋环境＝表型"是遗传学的基本原理之一。雄性或雌性性状的分化发育过程自然与环境条件密切相关。

1. 外界条件对性别分化的影响

外界条件影响性别分化的例子很多,这里仅举几个实例加以说明。

蜜蜂的受精卵可以发育成正常的雌蜂(蜂王),也可以发育成不育的雌蜂(工蜂),这取决于营养条件对它们的影响。个别幼虫采食蜂王浆的时间长,其生殖系统发育正常,体型也大,成为能与雄蜂交配的蜂王;大多数幼虫采食蜂王浆的时间短,生殖系统萎缩,体型也小,成为没有生殖能力而专门采蜜的工蜂。

某些蛙类中,雄蛙的性染色体是 XY,雌蛙是 XX。在气温约 20℃的繁殖季节,蝌蚪发育成雌雄个体的比例大约为 1∶1;而在气温约 30℃的盛夏,不论蝌蚪具有什么样的性染色体,全部发育成雄蛙。

环境条件对植物的性别分化也有重要作用。例如,葫芦科植物黄瓜,在发育早期施用大量氮肥,形成雌花的数量就会显著增多。缩短日照时间和降低夜温,也都能增加雌花数量。

2. 激素对性别分化的影响

激素影响高等动物性别分化的现象很普遍,如人类第二性征的形成与性腺分泌的性激素有直接的关系。这里再介绍几个性激素影响性别分化的例子。

牛一般是怀单胎的,但有时也可怀双胎。如果双胎的性别不同,生下的雌犊往往受到影响,其性腺很像睾丸,没有生育能力。这是因为雄性胎牛的睾丸先发育,分泌出的雄性激素通过绒毛膜血管流向雌性胎中,从而影响了雌性胎牛的性腺分化。这说明,虽然性别在受精时已经被遗传决定,但性别的分化方向可以受到激素的影响而发生改变。

性反转是性激素影响性别分化最生动的现象。在家鸡中,有时产过蛋的正常母鸡,可变成不能生育的公鸡。这是因为母鸡的体内同时具有雌、雄两种生殖腺,其中雄性生殖腺是退化的。产过卵的正常母鸡,如果由于某种原因使卵巢退化,这样失去抑制的退化精巢便可能发育起来,同时产生雄性激素,最后产生正常的精子。这样其性染色体组成没有改变,但表型性别发生了反转。

思　考　题

1. 解释下列名词

　　异配性别　Lyon 假说　SRY 基因　交叉遗传　限性遗传

2. 基因型 BB 的猫毛色是黑的,bb 的是黄色,Bb 型是玳瑁色的。已知这对基因在 X 染色体上。一个玳瑁色雌猫与一个黑色雄猫交配,预期子代表型如何? 如果出现了玳瑁色雄猫,如何解释?

3. 通过生殖腺的移植实验获得了一只性反转雄性蝾螈。把这只蝾螈与正常雌蝾螈交配,得到了雄性和雌性后代。请根据蝾螈的性决定方式加以解释。

4. 人类的色盲和血友病均为 X 连锁隐性性状,两基因的重组值约为 10%。问下列系谱中,个体Ⅲ-4 和Ⅲ-5 两人婚后所生儿子患血友病的概率有多大(黑色符号表示该个体患血友病,叉号表示该个体患色盲症)?

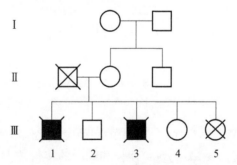

5. 人类的褐眼(B)对蓝眼(b)显性,一个父亲为色盲的蓝眼女人与一个母亲为蓝眼的褐眼男人婚配,其生育蓝眼且色盲儿子的比例如何?

6. 在果蝇中,朱红眼雄蝇与暗红眼雌蝇杂交,子代只有暗红眼,而反交的 F_1 中,雌蝇都是暗红眼,雄蝇都是朱红眼。

　　(1) 朱红眼的基因座位如何?

　　(2) 指出亲蝇及子蝇的基因型。

　　(3) 预期 F_1 中暗红眼雌蝇与朱红眼雄蝇杂交子代的基因型和表型。

推 荐 参 考 书

1. 戴灼华,王亚馥,2016.遗传学.3 版.北京:高等教育出版社.

2. 陈竺,2015.医学遗传学.3 版.北京:人民卫生出版社.

3. Ayala F J, Kiger J A, 1984. Modern Genetics. 2nd Edition. London: Benjamin/Cummings publishing Company, Inc.

4. Carlson E A, Carlson C, Phillips B, 2013. The 7 Sexes-Biology of Sex Determination. Bloomington: Indiana University Press.

5. Kelly G F, 2010. Sexuality Today: The Human Perspective. 7th Edition. Boston: McGraw-Hill Education.

6. Russell P J, 2013. IGenetics: A Molecular Approach. 3rd Edition. Essex: Pearson Education Limited.

第4章

连锁互换与基因作图

提 要

　　基因的连锁和互换定律是经典遗传学的三大定律之一。三点测交是根据基因直线排列的原理进行染色体连锁图绘制的有效方法。利用顺序四分子可以十分有效地进行子囊菌纲丝状真菌的遗传分析。依据连锁群的各个基因间的距离和顺序,可以绘制成遗传图。

4.1 连锁与互换现象

4.1.1 连锁现象的发现

　　1906 年,英国学者 Bateson 和 Punnett 研究了香豌豆的两对性状杂交实验,首先发现了性状连锁遗传现象。他们把开紫花、长花粉粒的香豌豆品种与开红花、圆花粉粒的香豌豆品种进行杂交,已知紫花(P)对红花(p)是显性,长花粉粒(L)对圆花粉粒(l)是显性,杂交结果如下:

P		紫花、长花粉粒	$\times$	红花、圆花粉粒	
		($PPLL$)	$\downarrow$	($ppll$)	
F_1			紫花、长花粉粒($PpLl$)		
			$\downarrow \otimes$		

F_2		紫长	紫圆	红长	红圆	总数
	实际数	4 831	390	393	1 338	6 952
	预计数	3 910.5	1 303.5	1 303.5	434.5	6 952

　　结果表明,F_1 都是紫长,证明紫长为显性;在 F_2 中的四种表型比例不符合 9∶3∶3∶1。F_2 中亲组合(亲本中原有的组合;non-crossover 或 parental types)紫长和红圆的实得数大于理论数,重组合(亲本中原来没有的新组合;recombinant types)紫圆和红长的实得数小于理论数,尽管花的颜色(紫与红)、花粉的形状(长与圆)的分离比各自符合 3∶1,但 F_2 中不符合孟德尔定律的 9∶3∶3∶1 的分离比,表明这两对性状显然不能用两对因子的自由组合定律来解释。

　　Bateson 对亲本的性状组合进行了调换,把紫圆与红长进行杂交,即两个亲本各具一对显性和隐性基因,实验结果表明:F_2 不符合 9∶3∶3∶1 分离比,4 种性状仍然表现为亲组合(紫圆和红长)的实际数大于预计数,重组合(紫长和红圆)的实际数小于预计数。

P		紫花、圆花粉粒	$\times$	红花、长花粉粒	
		($PPll$)	$\downarrow$	($ppLL$)	
F_1			紫花、长花粉粒($PpLl$)		
			$\downarrow \otimes$		

		紫长	紫圆	红长	红圆	总数
F_2	实际数	226	95	97	1	419
	预计数	235.8	78.5	78.5	26.2	419

遗憾的是,Bateson 只认识到,在杂合子中属于同一亲本的两个基因有更倾向于进入同一配子的连锁现象;他把前一种实验中 F_1 杂合子中两个显性性状属于同一亲本来源的,两个隐性性状属于同一亲本来源的(紫、长)情况称相引相(coupling phase),把后一种实验中一个 F_1 杂合子中显性性状与隐性性状属于同一亲本来源的情况称为相斥相(repulsion phase)。但是他未能进一步分析 F_1 杂种形成配子时两对基因在亲本中的连锁基因有更多保持原来组合的遗传倾向,没有与 Sutton 和 Bovei 在 1902 年提出的遗传的染色体学说做进一步的联系,因而没有真正地揭示基因在染色体上的连锁和互换的规律。

然而,Morgan 通过对果蝇的研究,把连锁和互换现象与遗传的染色体学说相结合,进行科学分析,在 1910 年建立了遗传学的第三基本定律:基因的连锁和互换定律(law of linkage and crossing over),从而揭开了遗传学发展史的新篇章。

4.1.2　完全连锁与不完全连锁

1. 完全连锁

在黑腹果蝇中,灰身(B)对黑身(b)是显性,长翅(V)对残翅(v)是显性,都是非伴性性状,两对性状的各自遗传均符合孟德尔第一定律。Morgan 与他的学生 Bridges 把灰身长翅($BBVV$)和黑身残翅($bbvv$)的果蝇进行杂交,结果 F_1 均为灰身长翅($BbVv$)。他们再把 F_1 的雄蝇与黑身残翅($bbvv$)的雌蝇进行测交,如果按两对基因自由组合的结果预测应该有灰长、灰残、黑长、黑残四种表型,比例为 $1:1:1:1$。然而,实验结果只有两种表型,分别为灰身长翅($BbVv$)和黑身残翅($bbvv$),比例为 $1:1$。

Morgan 解释:在 F_1 杂合子中,灰身基因 B 和长翅基因 V 位于同一条染色体上,黑身基因 b 和残翅基因 v 位于同一条染色体上,在遗传时位于同一染色体上的基因有更多的机会联系在一起遗传,这种现象称为连锁(linkage)。像上述测交结果只产生两种表型后代的连锁方式称为完全连锁(complete linkage)(图 4.1)。其实完全连锁的例子并不多见,如上述的雄性果蝇、雌性家蚕为完全连锁;而雌性果蝇、雄性家蚕与绝大多数的生物(无论雌雄)均表现为不完全连锁。

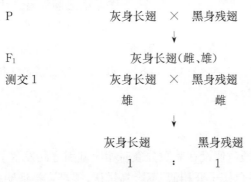

图 4.1　果蝇的完全连锁

2. 不完全连锁

如果采用 F_1 雌蝇与双隐性个体测交,后代中则出现灰长、灰残、黑长、黑残四种表型,比例为 $0.42:0.08:0.08:0.42$,体现为两多、两少。Morgan 把这种两种亲组合大大多于两种重组合的现象称为不完全连锁(incomplete linkage)(图 4.2)。

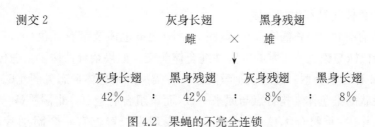

图 4.2　果蝇的不完全连锁

4.1.3 连锁与互换的本质

连锁与互换的本质可以从 F_1 杂种在减数分裂时的行为看出。我们已经知道,在第一次减数分裂前期 I 的偶线期,各对同源染色体分别配对联会;在粗线期,同源染色体配对完毕,每一配对完全的染色体即二价体,有 4 条染色单体,在这个时期,非姐妹染色单体的对应区段间发生交换。当减数分裂进入双线期时在细胞学上才看见二价体中非姐妹染色单体对应区段间的交叉,可见,先有遗传学上的交换后有细胞学上的交叉,交叉是发生交换后的有形结果。完全连锁可以理解为,杂交中灰长 F_1 雄蝇($BbVv$)在减数分裂过程中非姐妹染色单体基因间不发生交换,所以只产生两种不同的配子,测交后只产生两种后代(图 4.3)。

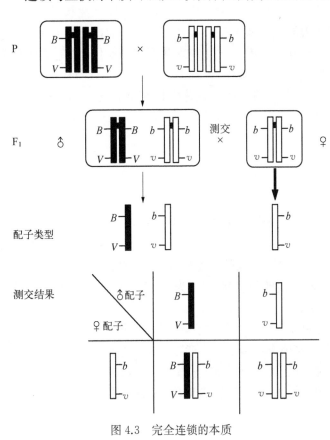

图 4.3 完全连锁的本质

对于不完全连锁,以雌蝇为例,杂种 F_1 灰长雌蝇在减数分裂过程中,100% 的杂种 F_1 性母细胞中体现为:① 有 32% 的性母细胞在 B-V 基因之间形成一个交叉,表明有一半的染色单体的 B-V 基因之间发生过交换,也就是二价体内 4 条染色单体中有 2 条发生了交换,这样在形成的配子中,有 16% 是亲代所没有的重组合,分别为 8% 灰残、8% 黑长,另有 16% 是亲组合,分别为 8% 灰长、8% 黑残;② 有 68% 的性母细胞在 B-V 基因之间没有发生交换或交换发生在 B-V 基因以外,这部分的性母细胞产生的配子如同完全连锁一样产生 1 : 1 的亲组合配子,即 34% 灰长、34% 黑残。综合①与②可知配子比例为 BV : Bv : bV : bv = (34% +8%) : 8% : 8% : (34% +8%) =42% : 8% : 8% : 42%。测交结果性状比例为灰长 : 灰残 : 黑长 : 黑残=42% : 8% : 8% : 42%(图 4.4)。

4.1.4 连锁与互换的证据

Morgan 的连锁和互换定律是通过假设在减数分裂时相应基因之间发生了交换而导致遗传重组而确定。然而由于作为同源染色体的 2 条染色体十分相似,不容易辨认,很难直接证明基因重组的确是通过同源染色体之间发生交换而发生的。直到 1931 年,Creighton 与她的老师著名遗传学家 McCintock 用玉米为材料,Stern 用果蝇为材料,证明了这一结果。

1. Creighton 和 McCintock 的玉米实验

Creighton 和 McCintock 利用玉米有染色体畸变的 9 号染色体进行实验,这条染色体带有色素基因 C 和糯质基因 wx,另外在其短臂上带有一个染色体纽结(knob),在长臂上附加了一段 8 号染色体(图 4.5)。而正常的 9 号染色体没有染色体纽结和附加片段。

她们把图 4.5 中带有有色(C)和糯质(wx)基因 9 号畸变染色体及带有无色(c)和非糯质(Wx)基因第 9 号正常染色体的杂合植株与染色体正常的双隐性纯合体测交。如果杂合植株发生遗传重组,那么它将产生 4 种配子,测交后产生 4 种性状类型。通过细胞学观察 4 种类型的染色体形态见图 4.6。

结果表明:亲本性状的染色体结构特点与原来一致,而重组合有色(C)非糯质(Wx)表现为短臂上有一个纽结,长臂上无附加片段;重组合无色(c)糯质(wx)表现为长臂上有一个附加片段,无纽结。这个实

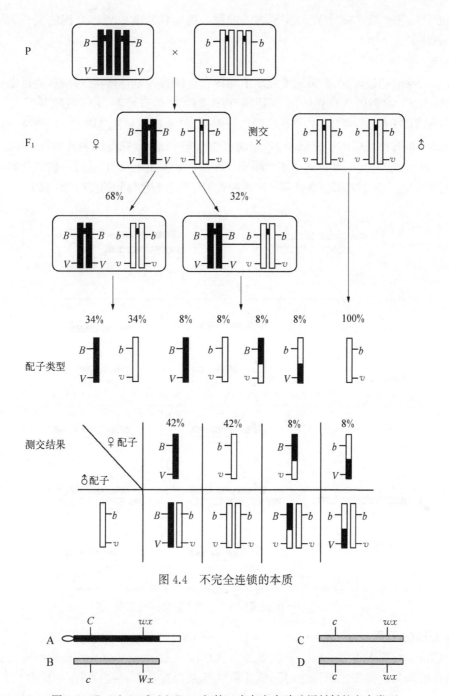

图 4.4 不完全连锁的本质

图 4.5 Creighton 和 McCintock 的玉米杂交实验选用材料的亲本类型
A 为玉米有染色体畸变的 9 号染色体；B、C、D 为正常的 9 号染色体

图 4.6 Creighton 和 McCintock 的玉米杂交实验结果，证明染色体的重组

验证实了有色基因(C)与非糯质基因(Wx)座位之间的重组确实伴随着染色体之间的交换,为染色体的交换提供了细胞学上的证据。

2. Stern 的果蝇实验

同样是 1931 年,Stern 通过研究,在果蝇中发现了两种有异常的 X 染色体特殊品系,通过杂交获得含有两种异常 X 染色体的雌果蝇。这两条 X 染色体,一条附加有 Y 染色体,带有野生 Car^+ 红眼基因(C)和野生 b^+ 正常眼基因(b^+);另一条有部分缺失,带有 car 粉红眼隐性基因(c)和 B 棒眼显性基因(B)。把这个异常雌果蝇与正常雄果蝇(X 染色体上带有粉红眼和正常眼基因)杂交产生 4 种表型,分别是红色正常眼、粉红色棒眼、红色棒眼、粉红色正常眼。重组合红色棒眼和粉红色正常眼不仅表型性状发生了重组,通过显微镜观察在细胞学上也发现了染色体之间发生了重组,实验结果再次证明了基因的重组伴随着染色体间的交换(图 4.7)。

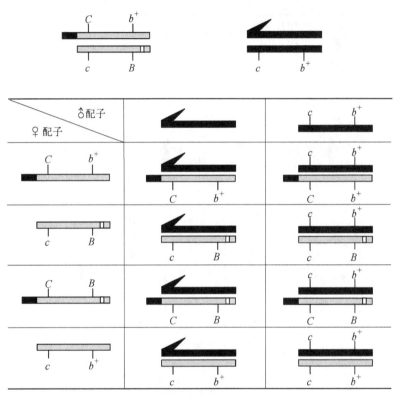

图 4.7　Stern 的果蝇实验,证明染色体的重组

3. 姐妹染色单体交换的证据

1938 年,McClintock 首次提出了姐妹染色单体交换(sister chromatid exchange,SCE)的概念。SCE 是指来自一条染色体的两条姐妹染色单体之间同源片段的互换。这种互换是完全的、对称的。SCE 是基于染色体着色技术的进步发展起来的。细胞在用碱基类似物溴尿嘧啶(bromodeoxyuridine,BrdU)代替胸腺嘧啶的培养液上,离体培养两代。两代后,每对姐妹染色单体中,一条染色单体双链 DNA 中的一条链 DNA 有 BrdU 标记,另一条染色单体双链 DNA 都有 BrdU 标记。通过姐妹染色单体差异染色,在荧光显微镜下一条链 DNA 有 BrdU 标记的染色单体比双链 DNA 都有 BrdU 标记的染色单体要亮(箭头所示)。SCE 能够反映 DNA 的损伤程度和遗传不稳定性,因此作为一种灵敏而有效的指标,SCE 检测技术已广泛地应用于环境科学、医学、生物学等研究领域。如图 4.8 所示,在受到铝毒胁迫时,大麦根尖细胞内 SCE 率明显增加。

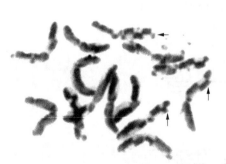

图 4.8　铝毒胁迫对大麦根尖细胞 SCE 率的影响

4.2　重组值的测定与基因作图

4.2.1　重组值及其测定方法

1. 重组与交换

上一节中分析了同一染色体上两个基因连锁与互换的本质。事实上,除了雄果蝇与雌家蚕是完全连锁外,绝大多数生物(包括雌果蝇、雄家蚕)位于同一染色体上的两个基因都是不完全连锁的。两个基因在染色体上的距离影响着重组值(recombination value 或 recombination frequency, RF)的大小。重组值等于 F_1 杂种测交后的重组合除以亲组合与重组合之和的百分比值,即

$$重组值(RF) = 重组合/(亲组合 + 重组合) \times 100\%$$

图 4.2 中,果蝇灰身与长翅基因位点的重组值 $= (8\% + 8\%)/(42\% + 42\% + 8\% + 8\%) \times 100\% = 16\%$。

同源染色体两个基因之间的重组是非姐妹染色单体间基因交换的结果,染色体中两个基因距离越远,发生交换的机会越多,两个基因之间的重组值也越大,也就是说重组值的大小直接反映着基因之间的距离。所以,我们把通过重组值确定基因在染色体上的排列顺序和相对位置而绘制线性示意图,称为基因作图。两个基因之间的距离用图距(map distance)来表示,1%重组值等于一个图距单位(map unit, m.u.),现在为了纪念第一个解释连锁现象的著名遗传学家 Morgan,图距单位用厘摩(centi Morgan, cM)表示,1 cM 即为 1%重组值去掉百分号的数值。

2. 两点测交和三点测交

两点测交是通过两对基因的杂合体与双隐性个体测交来确定两个连锁基因图距的方法。如 $ab/++$ 与 ab/ab 测交以确定 a 与 b 之间的重组值与图距,$+$ 表示野生型相对于隐性突变基因为显性。但事实上位于同一染色体上基因有很多,为了更有效地进行基因定位,Morgan 和他的学生 Sturtevant 创立了一种新的测交方法,即三点测交。所谓三点测交就是把 3 个基因包括在同一次交配中,如利用三杂体 $abc/+++$ 与三隐性纯合体 abc/abc 测交,相当于一次交配实验就等于 a 与 b、b 与 c、a 与 c 三次两点测交。

在黑腹果蝇的 X 染色体上存在三个隐性突变基因,分别是棘眼 ec(echinus),在复眼表面上有很多小毛;截翅 ct(cut),翅的末端截短;以及横脉缺失 cv(crossveinless)基因。把棘眼、截翅个体与横脉缺失个体交配,得三杂合体 $ec\ ct\ +/+\ +\ cv$,ec、ct、cv 的排列不代表它们在 X 染色体的真实顺序,把三杂合体雌蝇 $ec\ ct\ +/+\ +\ cv$ 与三隐性雄蝇($ec\ ct\ cv$/Y)测交,测交结果见表 4.1。

表 4.1　$ec\ ct\ +/+\ +\ cv \times ec\ ct\ cv$/Y 三点测交后代的类型、数目和重组值的计算

序　号	表型	实际数	比　例	ec-ct	ec-cv	ct-cv
①	$ec\ ct\ +$	2 125	81.46%			
②	$+\ +\ cv$	2 207				
③	$ec\ +\ cv$	273	10.12%	√	√	
④	$+\ ct\ +$	265				
⑤	$ec\ +\ +$	217	8.27%	√		√
⑥	$+\ ct\ cv$	223				
⑦	$ec\ ct\ cv$	3	0.15%			
⑧	$+\ +\ +$	5			√	√
合　计		5 318	100%	18.39%	10.27%	8.42%

表 4.1 中所示三点测交结果后代类型数有 8 种,说明存在双交换(double crossover,一对同源染色体的非姐妹染色单体之间同时发生两次单交换的现象)。在具体分析时,我们可以按以下步骤进行。

(1) 确定亲组合和双交换类型　　实际数最多的①、②两种表型为亲组合,实际数最少的⑦、⑧为双交换类型。

(2) 比较双交换与亲组合类型,确定三个基因的顺序　　把双交换类型 *ec ct cv*、＋＋＋分别与亲组合 *ec ct* ＋、＋＋ *cv* 比较,可以发现只有 *cv* 这个基因位置发生了改变,说明 *cv* 在中间。只有 *cv* 在中间,*ec ct* ＋、＋＋ *cv* 亲组合类型通过 *ec* 与＋、＋与 *ct* 的两次交换才能得到 *ec ct cv*、＋＋＋的双交换结果(图4.9)。

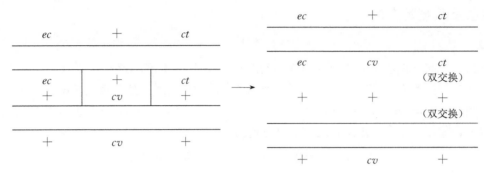

图4.9　只有 *cv* 基因在中间,亲组合类型通过双交换才能产生 *ec ct cv*、＋＋＋双交换个体

(3) 计算基因间的重组值

1) 计算相邻 *ec-cv* 的重组值,就应该忽视表中的中间一列 *ct*/＋,只考虑 *ec-cv*。

亲组合与重组合关系应为:

ec	*(ct)*	＋	2 125	亲组合
＋	*(+)*	*cv*	2 207	
ec	*(+)*	*cv*	273	重组合
＋	*(ct)*	＋	265	
ec	*(+)*	＋	217	亲组合
＋	*(ct)*	*cv*	223	
ec	*(ct)*	*cv*	3	重组合
＋	*(+)*	＋	5	

ec ＋与＋ *cv* 为亲组合,*ec cv* 与＋＋为重组合。

$$RF_{ec\text{-}cv} = (273 + 265 + 3 + 5)/5\ 318 \times 100\% = 10.27\%$$

2) 计算相邻基因 *cv-ct* 的重组值。同理忽视表中第一列(*ec*/＋),得 $RF_{cv\text{-}ct} = 8.42\%$。

3) 计算 *ec-ct* 的重组值,同理忽视表中的第三列(＋/*cv*),得 $RF_{ec\text{-}ct} = 18.39\%$。

(4) 染色体连锁图的绘制　　*ec-ct* 的重组值为18.39%,不等于 *ec-cv* 与 *cv-ct* 的重组值之和18.69%。分析其原因是我们在计算 $RF_{ec\text{-}cv}$、$RF_{cv\text{-}ct}$ 时都把 *ec*、*ct*、*cv* 与＋＋＋这8个果蝇算进去了,也就是它们在 *ec-cv* 间和 *cv-ct* 间各进行了一次交换。虽然这8个果蝇在 *ec-ct* 间进行了两次交换,即双交换,但我们在计算 $RF_{ec\text{-}ct}$ 时,并没有把这8个果蝇算进去。所以在计算 *ec-ct* 间的图距、交换值时,一定要在 *ec-ct* 的重组值18.39%基础上加上两倍的双交换值,即 18.39%＋2×0.15%＝18.69%。

(5) 干涉与并发系数　　从三点测交的结果可以看出双交换频率很低,一般双交换的发生频率往往低于预期的双交换频率,预期的双交换频率应等于两个单交换频率的乘积,如 *ec-ct* 基因间的双交换频率预期应是0.86%,而实际得到的双交换频率＝(3＋5)/5 318×100%＝0.15%。由此可以看出每发生一次单交换都会影响邻近发生另一次单交换,这种现象称干涉(interference,*I*)。

人们把实际双交换频率除以预期双交换频率,得到的比值称为并发系数或符合系数(coefficient of coincidence,*C*)。干涉与并发系数的关系为:

$$I = 1 - C$$

如上述实验并发系数 $C = 0.15\%/(10.27\% \times 8.42\%) = 0.17$,干涉 $I = 1 - C = 1 - 0.17 = 0.83$

当 $C = 1$,$I = 0$ 时,表示不存在干涉。

当 $C = 0$,$I = 1$ 时,表示存在完全干涉(无双交换)。

当 $1 > C > 0$ 时,表示存在正干涉(positive interference),即第一次交换后引起邻近第二次交换机会的下降。正干涉在生物界普遍存在。

当 $C > 1, I < 0$ 时,表示存在负干涉(negative interference),有时仅在微生物中出现。

3. 关于重组值、交换值、图距

重组值(重组率)的概念前面已经提到,指的是杂合体产生重组型配子的比——即重组值(RF)=重组型配子数/总配子数(重组合+亲组合)×100%,所以重组值是可以用测交的方法从实际中测得的。而交换值(crossing-over value)则指染色单体上两个基因间发生交换的平均次数,如减数分裂时,染色体发生一次交换,则在四条染色单体上就有两个交换位点,对于染色单体来说,其平均交换次数应是 2/4,即 0.5。如果染色体上发生了二次交换,则四条染色单体上就有四个交换位点,染色单体的平均交换次数为 4/4=1。可见,交换值 x 等于染色体上交换次数 m 的一半,即 $x = m/2$,由于减数分裂后四条染色单体被分配到四个配子中去。所以,交换值可以定义为两个基因间发生交换的次数与总配子数的比。例如,100 个性母细胞中,有 1 个性母细胞的两个基因间发生了一次交换,则交换值 = 2/400×100% = 0.5%。所以交换值也可归纳为 100 个配子中两个基因发生交换的平均次数。

对于三点测交来说,相邻基因从数值上可以认为重组值等于交换值。例如,$RF_{ec\text{-}cv}$ 为 10.27%,即交换值为 10.27%。由于图距是以交换值乘上 100 来表示的,单位用 cM,所以 $ec\text{-}cv$ 的图距为 10.27 cM;$RF_{cv\text{-}ct}$ 为 8.42%,即交换值为 8.42%,图距为 8.42 cM。对于两边的基因交换值不等于重组值,交换值为 10.27+8.42=18.69 cM,见染色体图:

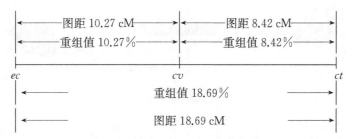

重组值可以通过实际测得,但交换值只是一个理论上的数值,不能用测交或自交等方法测得,通常当基因间距离邻近时,交换值是由重组值估计而得的。但是,随着两个基因间距离的增加,两个基因间的交换次数将增加,重组值由于是重组配子占总配子的比例,就不可能超过 50%,而交换值由于是两基因间的平均交换次数,完全可以超过 50%,甚至超过 100%。所以当两个基因较远时,如果简单地把重组值等同于交换值,那么交换值就会被低估,图距就需要校正。

关于图距的校正,常用的是 Haldane 推导的作图函数,即 $RF = 1/2(1 - e^{-2x})$,它较明确地反映了重组值 RF 与交换值(图距)X 的关系,见图 4.10。我们可以把公式改写为 $X = -1/2 \ln(1 - 2RF)$,对连锁图加以校正,如果基因 a 与 b 间的重组值为 0.32。我们把 $RF_{a\text{-}b} = 0.32$ 代入公式 $X_{a\text{-}b} = -1/2 \ln(1 - 2R) = -1/2 \ln(1 - 2 \times 0.32) = 0.51$。交换值与重组值之差为 0.51 - 0.32 = 0.19,这就是低估的交换值。当然,校正是针对才开始研究其连锁图距的新生物,由于其可供标记的基因少,校正后就更能确切地反映实际的图距。对于研究得较为彻底的生物,标记区域已划分很细,较远基因的图距可以各级累加,根本没有必要通过重组值来加以校正。

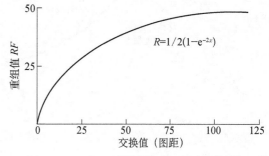

图 4.10　Haldane 的作图函数(反映交换值与真实图距的相关性)

4.2.2　真菌的遗传分析

脉孢霉(*Neurospora crassa*)属于子囊菌纲的丝状真菌,它是遗传学上进行遗传分析的好材料。它有如下优点:

1) 个体小,后代多,生活周期短,在短时间内可以获得大量的杂交后代,便于分析。

2) 易培养,可利用各种培养基筛选各种突变型。

3) 脉孢霉属真核生物,进行有性生殖,染色体的结构和功能类似于高等动植物,可作为真核生物的研究模型。

4) 子囊孢子(ascospore)是单倍体,不存在二倍体的显隐性等复杂性问题,表型与基因型相对应。

5) 一次只分析一个减数分裂的产物。分析步骤简便,不需要像二倍体生物那样通过测交实验来分析杂合一方产生的减数分裂所形成配子的比例。

从生活史来看,脉孢霉有无性和有性两种繁殖方式。无性繁殖,为多细胞菌丝体和分生孢子所构成的单倍体世代,当其孢子或菌丝落在营养物上,孢子萌发,菌丝生长形成菌丝体。有性繁殖,如有两个亲本为不同的交配型 A 和 a,这两种交配型的菌丝都可产生原子囊果和分生孢子,原子囊果产生受精丝,A 和 a 各自的分生孢子会散落到不同交配型子囊果的受精丝上,进入子实体进行核融合,形成二倍体合子。二倍体合子存在时间十分短暂,很快进行减数分裂,产生四个单倍体的细胞核,再经过一次有丝分裂,在子囊中形成 8 个单倍体的子囊孢子,子囊孢子在适宜的条件下萌发,通过有丝分裂长成新的菌丝体(图 4.11)。

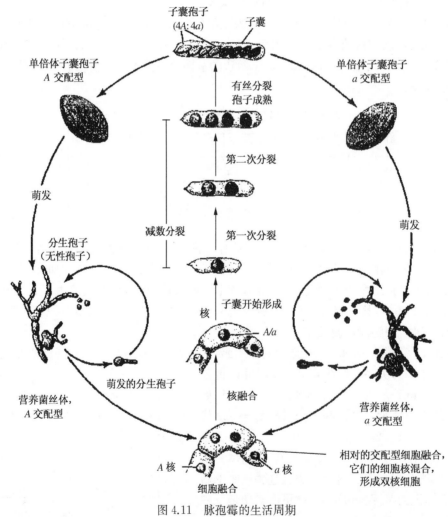

图 4.11　脉孢霉的生活周期
(引自 Russell P J, 1997)

1. 顺序四分子

脉孢霉单一减数分裂的 4 个产物留在一起,称为四分子(tetrad),此外,由于子囊的外形十分狭窄,子囊孢子和细胞核都不能在里面移动,这样脉孢霉减数分裂的 4 个产物(有丝分裂后变为 4 对子囊孢子)不仅留在一起,而且以直线方式排列在子囊中,故称为顺序四分子(ordered tetrad),这种顺序四分子在遗传分析中有很多的好处:

　　1）通过子囊中子囊孢子存在的正确对称性质，证明减数分裂是一个交互过程，可以作为验证分离定律的直接证据。

　　2）可以把着丝粒作为一个座位，计算某一基因与着丝粒的重组值，即着丝粒作图。

　　3）可以检验染色单体的交换是否有干涉现象，而且还可以进行基因转换的研究。

　　4）证明每一次交换只包括四线中的两线，但多重交换可以包括两线、三线或四线。

2. 着丝粒作图

　　利用遗传学方法分析单一减数分裂的全部产物称为四分子分析（tetrad analysis）。利用减数分裂分离来确定是否重组，再计算标记基因到着丝粒之间的图距，称为着丝粒作图（centromere mapping）。现在通过一例实验来说明着丝粒作图。脉孢霉的野生型又称原养型，即能在基本培养基上生长和繁殖，子囊孢子按时成熟，成熟时呈黑色。有一类突变型，在基本培养基上不能生长，必须添加某一营养物才能生长，则称为营养缺陷型。例如，一定要在基本培养基中添加赖氨酸才能生长的突变型就称为赖氨酸缺陷型（记 lys^- 或－），赖氨酸缺陷型的子囊孢子成熟较迟，呈灰色。现将一野生型（lys^+ 或＋）与赖氨酸缺陷型（lys^- 或－）杂交，则所得子囊中的 4 对 8 个孢子为 2 对黑色（＋）、2 对灰色（－）。

　　根据黑色孢子对和灰色孢子对在子囊中的排列次序，共有 6 种排列方式，即 6 种子囊型，分别是：

$$
\begin{array}{ll}
\text{非交换型} &
\left.\begin{array}{l}
① + \quad + \quad - \quad - \\
② - \quad - \quad + \quad +
\end{array}\right\} \text{第一次分裂分离} \\[2ex]
\text{交换型} &
\left.\begin{array}{l}
③ + \quad - \quad + \quad - \\
④ - \quad + \quad - \quad + \\
⑤ + \quad - \quad - \quad + \\
⑥ - \quad + \quad + \quad -
\end{array}\right\} \text{第二次分裂分离}
\end{array}
$$

　　对于子囊型①和②，在着丝粒和基因对＋、－之间没有发生交换，或交换发生在着丝粒和基因对＋、－之外，所以第一次减数分裂分离（first division segregation，M_I）时，带＋的两条染色单体与带－的两条染色单体就完全分开，第二次减数分裂每一条染色单体相互分开，在每个子囊中，两个＋的孢子排在一起。两个－的孢子排在一起，再经过一次有丝分裂变成 4 对孢子，排列顺序为＋＋－－或－－＋＋，称为非交换型子囊（图 4.12）。

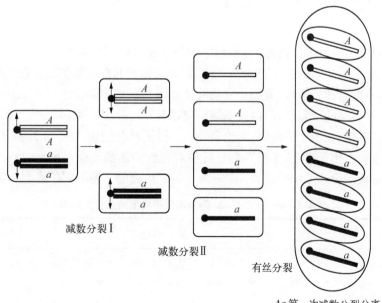

减数分裂Ⅰ　　减数分裂Ⅱ　　有丝分裂

Aa 第一次减数分裂分离
（M_I）

图 4.12　非交换型，第一次减数分裂分离（M_I）

　　子囊型③、④、⑤、⑥，在着丝粒和基因对＋、－之间发生了交换，所以 M_I 时由于交换，分到两极每个子核中的两条染色单体，一条带有＋、一条带有－，在第一次分裂时＋、－没有分开，而在第二次分裂时，带＋的染色单体和带－的染色单体相互分开，故称第二次减数分裂分离（second division segregation，M_{II}）。由于

M_{II}时＋与－相互分开的极性走向是随机的,最后 4 对子囊孢子对排列就有了③、④、⑤、⑥4 种组合,称为交换型子囊(图 4.13)。

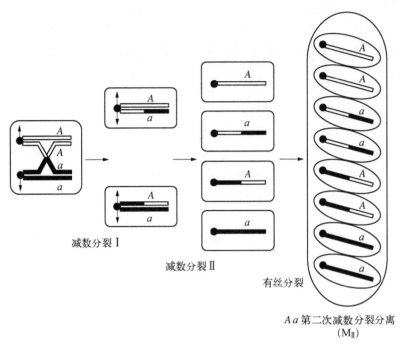

减数分裂 I

减数分裂 II

有丝分裂

Aa 第二次减数分裂分离
(M_{II})

图 4.13　交换型,第二次减数分裂分离(M_{II})

在③、④、⑤、⑥4 种子囊型中,4 对子囊孢子中只有 2 对孢子交换位置,其余 2 对孢子维持在原位置,交换涉及的只是 4 条染色单体中的 2 条,也就是每发生一个交叉,一个子囊中有半数孢子发生重组。同时,在计算重组值时,统计的是交换型子囊数,而不是发生交换的配子数。因此,在脉孢霉的着丝粒作图中,着丝粒与有关基因的重组值计算如下:有关基因与着丝粒的重组值＝交换型子囊数/(交换型子囊数＋非交换型子囊数)$\times 100\% \times 1/2 = M_{II}/(M_{II} + M_{I}) \times 100\% \times 1/2$。

3. 脉孢霉的连锁作图

上述着丝粒作图只涉及一对等位基因,利用顺序四分子还可以对两对基因进行连锁作图。脉孢霉的一种缺陷型为烟酸依赖型 nic(nicotinic),不能合成烟酸,需要在培养基中添加烟酸才能生长。另一种为腺嘌呤依赖型 ade(adenine),不能合成腺嘌呤,要添加腺嘌呤才能生长。如将 nic ＋与＋ ade 杂交,从前述可知,一对基因杂交,可产生 6 种不同的子囊型,而两对基因杂交则有 $6 \times 6 = 36$ 种不同的子囊型。然而,因为半个子囊内的基因型次序可以忽视,在半个子囊内,无论是 nic ＋孢子对在“上面”,＋ ade 孢子对在“下面”,还是＋ ade 孢子对在“上面”,nic ＋孢子对在“下面”,都只反映着丝粒的随机走向。因此,可以把 36 种不同的子囊型归纳为 7 种基本子囊型。表 4.2 中所列为 nic ＋×＋ ade 得到的 7 种不同子囊型和实际子囊数。

表 4.2　nic ＋×＋ade 得到不同子囊型的后代及数目

	(1)		(2)		(3)		(4)		(5)		(6)		(7)	
四分子基因型	＋	ade	＋	＋	＋	＋	＋	ade	＋	ade	＋	＋	＋	＋
	＋	ade	＋	＋	＋	ade	nic	ade	nic	＋	＋	ade	nic	ade
	nic	＋	nic	ade	nic	＋	＋	＋	＋	ade	＋	＋	＋	ade
	nic	＋	nic	ade	nic	ade	nic	＋	nic	＋	nic	ade	nic	＋
分裂分离	M_I	M_I	M_I	M_I	M_I	M_{II}	M_{II}	M_I	M_{II}	M_{II}	M_{II}	M_{II}	M_{II}	M_{II}
子囊类型	(PD)		(NPD)		(T)		(T)		(PD)		(NPD)		(T)	
子 囊 数	808		1		90		5		90		1		5	

续　表

	(1)	(2)	(3)	(4)	(5)	(6)	(7)
染色体交换	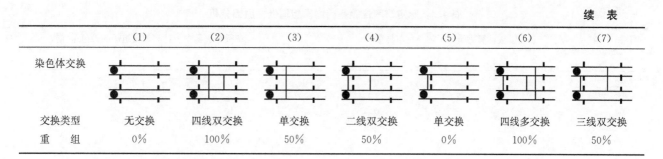						
交换类型	无交换	四线双交换	单交换	二线双交换	单交换	四线多交换	三线双交换
重　组	0%	100%	50%	50%	0%	100%	50%

从杂交结果的表型性状组合来看,我们可把子囊分为以下几种类型。

(1) 亲二型(parental ditype, PD)　　表型与亲本一样只有两种类型,即 *nic* ＋与＋ *ade*,包括子囊型(1)和(5)。

(2) 非亲二型(non-parental ditype, NPD)　　表型与亲本不同,均为重组型,有两种类型,即＋＋与 *nic ade*,包括子囊型(2)和(6)。

(3) 四型(tetrad, T)　　有 4 种基因型,即＋＋、*nic ade*、＋ *ade*、*nic* ＋。其中有两种为亲本类型,另两种为重组类型,包括子囊型(3)、(4)和(7)。

在 *nic* ＋与＋ *ade* 杂交时,我们并不知道 *nic* 与 *ade* 是否连锁,需要通过四分子分析来确定。如果连锁还要确定它们在染色体上的排列顺序,计算出 *nic*、*ade* 与着丝粒之间的图距,以及 *nic* 与 *ade* 之间的距离。

首先,判断 *nic* 与 *ade* 是否连锁。从表 4.2 中数据可得 PD＝ 808＋90＝ 898,NPD＝ 1＋1＝ 2,PD 远大于 NPD,说明 *nic* 与 *ade* 不是自由组合,而是相互连锁的,如果是自由组合,则 PD 与 NPD 的比值等于或约等于 1。

其次,判断 *nic* 与 *ade* 是同臂还是异臂。着丝粒与 *nic* 间的重组值＝ 交换型子囊数 /(交换型子囊数＋非交换型子囊数)×100％×1/2＝M_{II}/(M_{II}＋M_I)×100％×1/2＝[(4)＋(5)＋(6)＋(7)]/ 总子囊数×100％×1/2＝(5＋90＋1＋5)/ 1 000×100％×1/2＝5.05％。

着丝粒与 *ade* 间的重组值＝交换型子囊数 /(交换型子囊数＋非交换型子囊数)×100％×1/2＝[(3)＋(5)＋(6)＋(7)]/ 总子囊数×100％×1/2＝(90＋90＋1＋5)/ 1 000×100％×1/2＝9.30％。

如果 *nic* 与 *ade* 在异臂,则 *nic* 与着丝粒之间的交换和 *ade* 与着丝粒之间的交换应相对独立。

从表 4.2 中可以看出,着丝粒与 *nic* 间不发生交换,而着丝粒与 *ade* 间发生交换的子囊数($M_I M_{II}$)是 90,着丝粒与 *ade* 间不发生交换而着丝粒与 *nic* 间发生交换的子囊数($M_{II} M_I$)是 5,两类子囊数之比为 90：5＝18：1,远远超过两重组值之比 9.30％：5.05％＝1.84：1,这就说明了着丝粒与 *nic* 间的交换和着丝粒与 *ade* 的交换不是相互独立的,而是密切相关的。*nic* 与 *ade* 不可能在异臂,*nic* 与 *ade* 应在同臂,当着丝粒与 *nic* 发生交换时(96＋5＝101),着丝粒与 *ade* 同时发生交换的是 96 个子囊,也就是在同一交换使 *nic* 出现 M_{II} 型分离的同时也使 *ade* 出现了 M_{II} 型分离,这就说明了 *nic* 与 *ade* 位于同臂。

在 T 中只有 1/2 是重组基因型,在 NPD 中全部 4 对孢子均为重组基因型。因此,*nic-ade* 的重组值＝(1/2T ＋ NPD)/(T ＋ NPD ＋ PD)×100％＝5.2％。

根据重组值及上述分析结果做出的脉孢霉 *nic*、*ade* 遗传图如下。

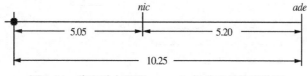

图 4.14　脉孢霉中基因 *nic*、*ade* 与着丝粒的遗传图

通过计算得出着丝粒-*ade* 的重组值为 9.3 cM,低于它们间的实际图距 10.25 cM。而在求着丝粒-*ade* 间的重组值时,是把所有 M_{II} 的子囊相加除以 2 倍的总子囊数。这样就把少量的在着丝粒-*ade* 间发生过双交换的子囊遗漏了。表 4.3 中子囊型 4 对 *ade* 来讲是第一次交换分裂分离,但实际上对于有了着丝粒-*nic-ade* 顺序后,这些子囊在着丝粒-*nic* 及 *nic-ade* 间各发生了一次交换,也就是在着丝粒-*ade* 间发生了双交换,在计算着丝粒-*ade* 的重组值时,没有把这两次单交换计算在内,因而使 *ade*-着丝粒间的重组值被低估了。

表 4.3　脉孢霉两连锁基因间重组值低估原因分析

子囊型	每一子囊被计算为重组子的染色单体数			子囊数	在所有子囊中被计算为重组子的染色单体数		
	•－n	n－a	•－a		•－n	n－a	•－a
2	0	4	0	1	0	4	0
3	0	2	2	90	0	180	180
4	2	2	0	5	10	10	0
5	2	0	2	90	180	0	180
6	2	4	2	1	2	4	2
7	2	2	2	5	10	10	10
总　数					202	208	372

从表 4.3 可以得到：着丝粒 -nic＋nic-ade＝202＋208＝410≠着丝粒 -ade＝372，这是因为遗漏了 38 条重组型染色单体，所以被低估的重组值＝38/4 000×100％＝0.95％。可见 9.30 cM＋0.95 cM＝10.25 cM 正好符合了直线排列原理。

4. 非顺序四分子的遗传分析

酵母、衣藻的子囊中 8 个子囊孢子的排列是无序的，因此着丝粒作图不适用，只能运用非顺序四分子遗传分析(unordered tetrad analysis)。如以酵母为例，当 AB 与 ab 杂交时，无论两个基因连锁与否，无序四分子只产生三种类型，即 PD、NPD 和 T(图 4.15)。

$$AB \times ab$$

孢子	AB	aB	AB
	AB	aB	Ab
	ab	Ab	aB
	ab	Ab	ab
类型	PD	NPD	T

观察这三种子囊类型，只有 NPD 与 T 含有重组型，由于 T 只有 1/2 是重组型，可用公式 $RF=$ 1/2T＋NPD 求出重组值。如果 RF＝0.5，可以断定 A、B 基因不具有连锁关系。对于不连锁，含有供试基因 a 和 b 的 4 条染色体在第一次减数分裂中期的排列状态是独立的，一对同源染色体分别移向两极是随机的，所以 PD 和 NPD 的四分子频率相等。至于 T 频率的多少则与 A、B 基因各自与着丝粒之间的距离有关。

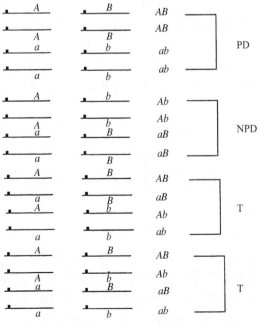

图 4.15　非连锁基因 AB 与 ab 杂交后代非顺序四分子的类型

如果 $RF<0.5$，说明 A、B 有连锁，AB 两个基因连锁，则各种四分子的类型见图 4.16。

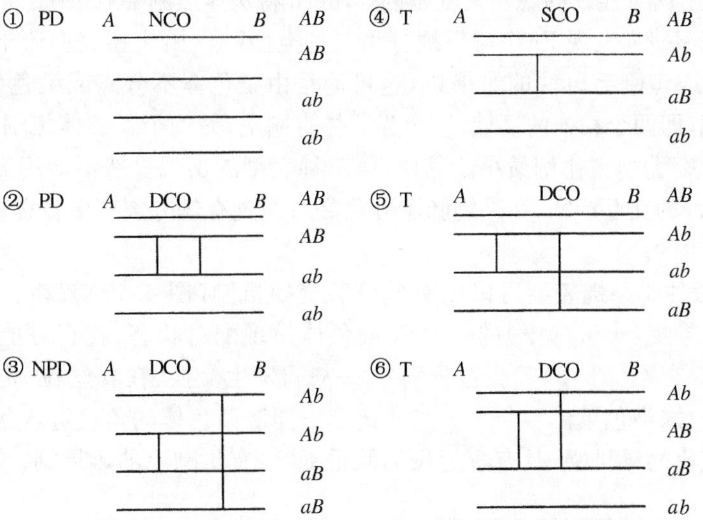

图 4.16　连锁基因 AB 与 ab 杂交后重组四分子的类型

若未发生交换（NCO），产生 PD，见图 4.16①；AB 两基因间发生单交换，则产生 T，见图 4.16④。发生双线双交换，则仍为 PD，见图 4.16②；发生三线双交换，有两种形式，2－4 三线双交换和 1－3 三线双交换，结果为 T，见图 4.16⑤、⑥。

若发生四线双交换，产生的子囊是 NPD，见图 4.16③。NPD 是四种双交换中的一种，频率远小于 PD 子囊的频率。如果 NPD≪PD，我们就可以推断 AB 是连锁的，如果双交换在四条染色单体间随机发生，六种类型中一共有四种双交换（图 4.16②、③、⑤、⑥），这四种双交换的频率应相同。由于 NPD 是四种双交换中的一种，等于 1/4DCO，可表示为 DCO＝4NPD。

T 来自一个单交换（SCO）（图 4.16④）与 2 个双线双交换（图 4.16⑤、⑥），其中 2 个双线双交换数值上等于 2NPD，所以 T＝SCO＋2NPD，则单交换 SCO＝T－2NPD，NCO 的值可从一共六种类型的计算中获得 NCO＝1－（SCO＋DCO）。AB 两基因区域内的 m 值，即平均每个减数分裂的交换数＝单交换＋2×双交换＝SCO＋2DCO＝（T－2NPD）＋2×4NPD＝T＋6NPD。

因为每个交换只产生 50% 的重组，将 m 换算为图距要乘 0.5，所以图距＝0.5(T＋6NPD)。假设 $AB×ab$ 中，PD 为 56%，T 为 41%，NPD 为 3%，如用 RF＝1/2T＋NPD 直接计算则为

$$RF = 1/2 \times 0.41 + 0.03 = 23.5 \text{ cM}$$

如用校正的图距公式计算则为

$$RF = 50(T + 6NPD) = 50(0.41 + 6 \times 0.03) = 29.5 \text{ cM}$$

直接计算的 RF 比真实距离少 6 cM，这正是直接计算中所漏掉的双交换值。

4.3　有丝分裂中染色体的分离与重组

4.3.1　有丝分裂重组的发现

前面介绍的无论是三点测交还是四分子分析，都是一对同源染色体在减数分裂过程中非姐妹染色单体之间的重组。在有丝分裂过程中，一对同源染色体通常不发生配对，但在果蝇和一些其他二倍体生物中确实会发生非姐妹染色单体间的遗传交换。二倍体体细胞通过有丝分裂产生基因型与其不同的子细胞的过程称为有丝分裂重组（mitotic recombination），或有丝分裂交换（mitotic crossing over），或体细胞交换（somatic crossing over）。

1936 年,Stern 在果蝇中首先发现了体细胞在有丝分裂过程中发生染色体交换的现象。黄体(y)和焦刚毛(sn)是果蝇 X 染色体上两个连锁的隐性突变基因。Stern 将灰体焦刚毛雌果蝇($+sn/+sn$)与黄体直刚毛雄果蝇($y+/Y$)杂交,观察研究发现 F_1 中雌果蝇分为三种类型:① 野生型表型雌果蝇($+sn/y+$),占绝大多数;② 具有黄色斑块或焦刚毛斑块的雌果蝇,这可能是由染色体不分离或染色体的丢失所致,占少数;③ 具有孪生斑的雌果蝇,即两个相连的区域,一个为黄体直刚毛,另一个为灰体焦刚毛,呈现镶嵌表型,在孪生斑的周围都是野生型表型,所占比例最小。其中,第三种表型的出现显然不能用突变来解释,那么这种孪生斑一定是某种遗传事件的交互产物,在果蝇胚胎分化之后通过有丝分裂产生各种组织,因此 Stern 认为这是通过有丝分裂交换产生的。

Stern 观察到的后两种雌果蝇表型可以用有丝分裂交换机制(图 4.17)解释。在有丝分裂过程中,若基因型呈杂合状态的雌果蝇($+sn/y+$)的一对 X 染色体呈现配对状态,就有可能在 sn-y 间或着丝粒-sn 间发生交换,甚至发生双交换(图 4.17)。若分别在 sn-y 间发生交换、在着丝粒-sn 间发生交换、发生双交换,并在有丝分裂时非姐妹染色单体 1 与 3、2 与 4 组合以同源染色体的角色进入各子细胞,则三种交换就会分别产生带有黄色斑块的雌果蝇、具有孪生斑的雌果蝇、带有焦刚毛的雌果蝇。

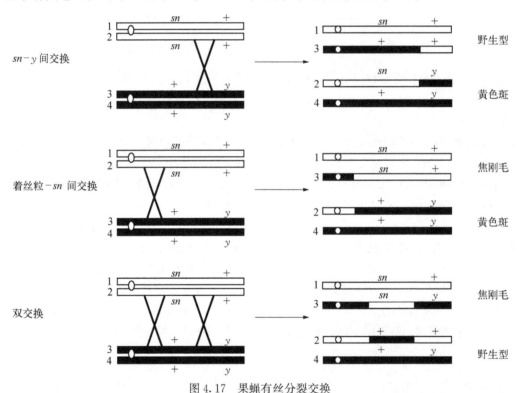

图 4.17　果蝇有丝分裂交换

染色体的另一种组合 1 与 4、2 与 3 形成的子细胞表型为野生型,图中未画出

4.3.2　真菌系统中的有丝分裂重组

通过有性生殖实现遗传物质的重组是包括真菌在内的多数生物的普遍现象,然而在真菌中也存在另一种特殊遗传重组形式的生殖方式——准性生殖(parasexual reproduction)。真菌的准性生殖是指异核体(heterokaryon)真菌菌丝细胞中两个遗传组成不同的细胞核结合成杂合二倍体的细胞核,这种二倍体细胞核在有丝分裂过程中可以发生染色体交换和单倍体化,最后形成遗传物质重组的单倍体的过程。

构巢曲霉(*Aspergillus nidulans*)是一种能产生有性孢子的子囊菌,它的营养体是单倍体。1952 年,Roper 等首先在构巢曲霉的研究中发现了准性生殖现象。构巢曲霉的准性生殖大致包括以下几个过程:

首先,异核体的形成。遗传上有差异的单元核共存于同一个细胞内进行增殖,这样的细胞、孢子或菌丝体等均称为异核体。构巢曲霉的两种不同基因型的单倍体菌丝相互混合后,经过细胞质的融合而形成异核体,此时在异核体中同时存在两种不同基因型的细胞核。

其次,杂合二倍体的形成。通常情况下,异核体将产生单核的分生孢子,但在少数情况下,异核体内会进一步发生细胞核的融合而形成杂合的二倍体核,二倍体分生孢子萌发产生杂合二倍体。例如,在构巢曲霉中,野生型菌株为绿色,基因型为 w^+y^+,w 和 y 等位基因分别导致产生白色和黄色的孢子。将白色突变株 (wy^+) 与黄色突变株 (w^+y) 杂交,待其子囊孢子成熟后进行培养,在培养基中发现有可产生绿色分生孢子的菌株,进一步研究发现这些菌株的细胞内只有一个核,并且所含的 DNA 量是亲本核的两倍,因此绿色分生孢子的形成可能是两种突变株核融合形成了杂合二倍体 (wy^+/w^+y) 的缘故。自然界中,构巢曲霉通过核融合自发产生杂合二倍体的频率非常低,仅为 $10^{-7}\sim10^{-5}$。

最后,通过有丝分裂产生重组体。在准性生殖过程中,杂合二倍体不是进行减数分裂,而是进行有丝分裂。在有丝分裂过程中,体细胞交换和单倍体化是两个独立发生的过程,它们都可以产生重组体,但它们产生重组体的方式和类型不同。

(1) 体细胞交换产生二倍体重组体　　若在有丝分裂过程中,同源染色体间不发生交换,那么杂合二倍体细胞繁殖形成的后代仍和亲代细胞相同。但在构巢曲霉的准性生殖过程中,在有丝分裂前期,杂合二倍体偶尔也会在其同源染色体对的染色单体间发生遗传物质的对等交换,交换的结果是产生重组体,使原来处于杂合状态的部分基因变为纯合状态。如图 4.18 所示,杂合二倍体 $AbCd/aBcD$ 在有丝分裂过程中发生染色单体间的对等交换,从而产生 $AbCd/aBcD$、$AbcD/aBcD$、$AbcD/aBcD$ 等三种类型重组体。其中,在重组体 $AbCd/aBcD$ 中 C、d 基因呈纯合状态,重组体 $AbcD/aBcD$ 中 c、D 基因呈纯合状态,在这两种重组体中,都出现了隐性基因的纯合化。若是隐性基因得以纯合,则原来由显性基因掩盖的性状会显现出来得以表达。例如,杂合二倍体 (wy^+/w^+y) 形成的绿色分生孢子在培养基中形成大菌落时,常常会以极低的频率出现白色或黄色的扇形面,这是由于在有丝分裂过程中发生了体细胞重组,产生了白色重组二倍体 (wy^+/wy^+、wy^+/wy、wy/wy) 及黄色重组二倍体 (w^+y/wy、w^+y/w^+y) 的结果。

(2) 单倍体化产生各种类型的非整倍体和单倍体的重组体　　在减数分裂过程中,细胞只需经过一次减数分裂,就使得染色体全部由二倍体变为单倍体。然而,准性生殖中的单倍体化是整条染色体在有丝分裂过程中由于染色体不分离而丢失的现象。在正常的有丝分裂过程中,染色单体各成为一条染色体,随着纺锤丝的牵引,每条染色体分别趋向两极,使子细胞中具有与原来细胞同样数目的染色体。但在准性生殖中,杂合二倍体在进行有丝分裂时,由于纺锤丝断裂或其他原因造成染色体的不分离,使得分裂后的两条染色体都趋向一极,造成一个子细胞多了一条染色体,形成 ($2n+1$) 非整倍体,而另一个子细胞则少了一条染色体,形成 ($2n-1$) 非整倍体 (图 4.19)。在以后的有丝分裂过程中,($2n+1$) 非整倍体常因为丢失一条染色体而成为

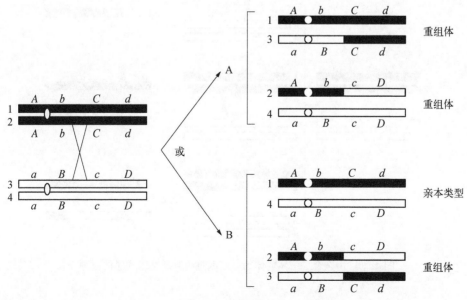

图 4.18　准性生殖中体细胞交换产生重组体

二倍体,而(2n−1)非整倍体则常因为继续丢失其他的染色体而最终成为单倍体(图4.19)。

综上所述,杂合二倍体在有丝分裂过程中,可以通过体细胞交换和单倍化产生重组的二倍体或单倍体。

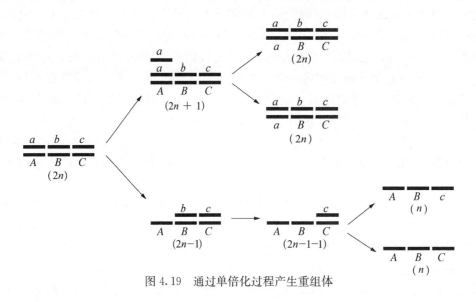

图4.19　通过单倍化过程产生重组体

4.3.3　有丝分裂重组作图

本章前面讲述的是通过减数分裂分析进行基因定位的方法。自从在真菌中发现了有丝分裂重组现象以后,通过有丝分裂重组进行基因定位的方法得以建立。有丝分裂重组作图的原理是根据体细胞同源染色体的交换使染色体远端的隐性基因纯合化的规律,用来确定基因的排列位置和距离(图4.20)。从图4.20可以看出,若交换发生在 b 基因和 c 基因之间,则导致 c、d 和 e 的纯合化;若交换发生在 c 基因和 d 基因之间,则导致 d 和 e 的纯合化;若交换发生在 d 基因和 e 基因之间,则导致 e 的纯合化。可见,离着丝粒越近的基因纯合化的机会越小,越远则越大,并且着丝粒一端基因的纯合化并不会影响着丝粒另一端基因的纯合化。根据染色体交换导致隐性基因纯合化的规律,统计各种重组二倍体类型的出现频率,可以计算出各基因间或着丝粒和邻近基因间的距离。

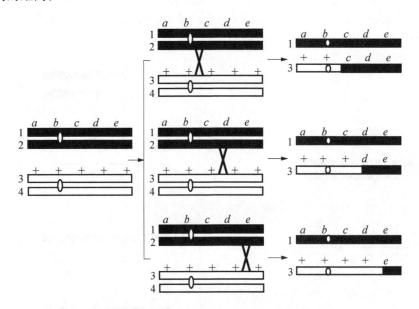

图4.20　由杂合二倍体的体细胞基因重组判断基因顺序的原理

4.4　连锁群

4.4.1　连锁群的定义及遗传图的绘制

前述连锁互换和基因作图的分析证实,许多基因位于同一染色体上,即具有连锁遗传关系。存在于同一染色体上的基因,组成一个连锁群(linkage group)。所谓连锁群就是一组不能进行自由组合的线形排列的基因群。一种生物的基因成千上万,但其染色体的对数却是有限的。一种生物连锁群的数目应该等于单倍体染色体数(n),有 n 对染色体就有 n 个连锁群,如水稻的染色体数是 12 对,所以有 12 个连锁群,豌豆的染色体数是 7 对,所以有 7 个连锁群,如果有的生物连锁群数目小于单倍体数,则是由于这种生物研究比较少,可供检出的基因数较少,还不足以把全部连锁群绘制出来,人因为有性染色体,共有 24 条不同的染色体(22＋XY),所以绘制出了 24 个连锁群。依据基因在染色体上直线排列的原理,把一个连锁群的各个基因之间的距离和顺序绘制出来,就称为遗传图(genetic map),或称染色体图(chromosome map)、连锁图(linkage map)。绘制遗传图时把最先端的基因点作为 0 点,但是随着研究的深入,发现更先端的基因时,则把 0 点位置让给新的基因,其余基因的位置则相应地移动,遗传图上基因间的距离用图距来表示,连锁基因的重组值在 0％～50％。但一个连锁群有的基因间图距超过 50 cM,这不意味基因间的重组值超过 50％,这是因为这两基因间发生了多次交换,而间距是以 1％重组值为 1 cM,所以,从图上了解重组值应局限于邻近的基因座位间。

4.4.2　人类染色体作图

对于豌豆、果蝇、小鼠等动植物实验材料,我们可以根据需要有计划地实施杂交方案进行连锁分析。但对于人类,因为不能进行有计划的遗传实验,就需要通过收集家系成员的相关资料即用家系分析法进行连锁分析,此外体细胞杂交法、原位杂交法、基因剂量效应法等,也可应用于人类染色体作图即人类的基因定位。

1. 家系分析法

家系分析法是通过分析家系中连锁基因的重组来确定同一条染色体上基因的排列顺序与遗传距离。人类的连锁分析主要集中在 X 染色体上的相应基因,如红绿色盲、血友病基因的定位。本方法针对家族中所有成员进行症状、体征和血缘关系的调查,记录绘制成系谱图。目前除常规调查外,还通过病理检测诊断、染色体检查、生化检查和分子生物学检查,来分析家系中的基因间的连锁关系。

外祖父法是家系分析中测定 X 染色体上基因间图距的常用方法。色盲基因 b 和蚕豆病基因 g 均位于 X 染色体上,现以这两个基因为例认识如何通过外祖父法测定它们之间的重组值(表 4.4)。

表 4.4　外祖父法判断基因 b 和 g 之间的重组合情况

祖　父	母　亲	儿　子			
		亲　组　合		重　组　合	
$B\ G$	$B\ G$ / $b\ g$	$B\ G$	$b\ g$	$B\ g$	$b\ G$
$b\ G$	$b\ G$ / $B\ g$	$b\ G$	$B\ g$	$B\ G$	$b\ g$
$B\ g$	$B\ g$ / $b\ G$	$B\ g$	$b\ G$	$B\ G$	$b\ g$
$b\ g$	$b\ g$ / $B\ G$	$b\ g$	$B\ G$	$b\ G$	$B\ g$

1) 首先要确定母亲的基因型是否为双重杂合体。这位母亲自身表现正常,但她具有能够生出色盲或蚕豆病儿子的机会。

2) 从外祖父的表型来确定母亲真实的基因组成。

3) 从母亲的基因组成,来确定其儿子中哪些为重组合,哪些为亲组合。

4) 通过计算相应系的重组合的比例,计算重组值。

如果分析以上4个类似家系的100个儿子中有5个为重组合,则色盲基因 b 与蚕豆病基因 g 的图距为5 cM。

2. 细胞杂交法

通过细胞融合来进行基因定位是体细胞杂交法的基础,把人与小鼠的细胞进行融合,形成杂种细胞,杂种细胞在有丝分裂过程中专一性丢失人的染色体,最后能够随机地留下 n 条人类的染色体,这样就获得了不同的细胞系即克隆(图4.21)。

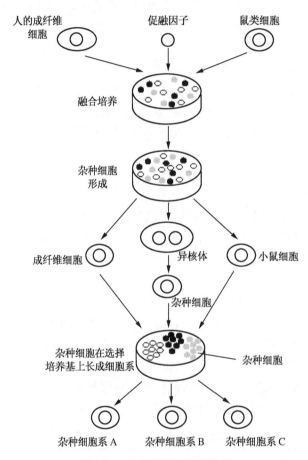

图4.21　人鼠杂种细胞的形成

我们把一组杂种细胞系称为克隆嵌板。利用克隆嵌板,分析不同克隆中所含有的人染色体与特定基因产物之间的同线性(基因与染色体的同时出现或消失)关系,就可以把某一特定基因定位于某一染色体上,如表4.5所示。

表4.5　克隆嵌板定位法

细胞系	保留的人类染色体号数							
	1	2	3	4	5	6	7	8
A	+	+	+	+	−	−	−	−
B	+	+	−	−	+	+	−	−
C	+	−	+	−	+	−	+	−

有三个杂种细胞克隆分别为 A、B、C,每一克隆保留了人的 1～8 号中的 4 条染色体。A 含 1、2、3、4 号,B 含 1、2、5、6 号,C 含 1、3、5、7 号,这样就建立了对于人类 1～8 号染色体进行有效的体细胞杂交法定位的克隆嵌板。如果某个基因(或某个基因酶的活性)在 A、C 上存在,在 B 中不存在,说明这个基因在 3 号染色体上。如果某个基因在 C 中存在而在 A、B 中不存在,对照上表说明这个基因在 7 号染色体上,这样依此类推就可以对 1～8 号染色体上的基因进行很好地定位。

以上可见,杂种细胞留下的人类染色体上的基因常常不止一个,要通过每个相关杂种细胞系来加以分析定位。如果能够分离到仅具有一条人类染色体的杂种细胞系,则这条染色体上的基因定位将会十分方便。胸苷激酶(TK)是一种在人类和小鼠上都具有的酶,现将一个经长期传代培养而获得的小鼠 TK 缺陷型细胞 B_{82}(TK$^-$)与人类的细胞融合。用 HAT 选择性培养基筛选杂种细胞,杂种细胞在传代过程中不断被排斥,其中一细胞系只留下一条人的 17 号染色体。由于杂种细胞在 HAT 培养基中的生长依赖于杂种细胞中有 TK 的存在,而 TK$^-$小鼠细胞为 TK 缺陷型,故人类的 TK 基因在 17 号染色体上,这也是人类第一次利用体细胞杂交法进行有效基因定位的实例。

3. 原位杂交法

体细胞杂交法可以把基因定位于某一染色体上,但无法确定到染色体的具体位置。利用原位杂交法就可以把特定的基因定位到染色体的某一位置上,当然原位分子杂交法的前提是这个基因已知。具体方法是对人类中期染色体进行显微制片,除去制片中的 RNA,变性使 DNA 双链变单链。把通过同位素标记或荧光标记的已知基因探针(probe)与变性的 DNA 进行分子杂交。通过放射自显影或荧光显微摄影,确定该基因在染色体上的具体位置。人类的胰岛素基因就是通过原位杂交法定位于 11p15 上的。这种基因位置与遗传图中基因的位置不同,它反映的不是相对位置或遗传距离,而是在染色体上的实际位置,因此这种图称为物理图(见本章阅读材料)。

4. 基因剂量效应法

基因剂量效应法是利用某一特定染色体或染色体片段,因发生缺失或重复等染色体畸变而导致其拷贝数目与某一基因的剂量效应变化相对应,从而把基因定位于这一特定染色体或染色体片段上的方法。

例如,唐氏综合征患者为 21 三体,即多了一条 21 号染色体,其超氧化物歧化酶 1(SOD-1)的基因活性为正常人的 1.5 倍,说明该基因在 21 号染色体上。相反,如某一患者 2 号染色体短臂缺失(2p-),则其红细胞酸性磷酸酶 1(ACP-1)活性明显降低,我们就可以利用基因剂量效应法把该基因定于 2 号染色体上。

4.5　DNA 分子标记

4.5.1　DNA 分子标记概述

前一节讲述的连锁群为遗传学家进行某一生物基因组的结构和功能研究提供了有力的工具。在遗传实验与育种实践中,如果发现了新的基因,可以通过连锁互换和基因作图分析,构建较高密度的遗传标记连锁图,将该基因定位于某一特定的染色体上,并且可以确定该基因在染色体上线性排列的顺序和座位。而在构建高密度遗传标记连锁图时,必须用到遗传标记。

遗传标记主要分为四种类型,即形态标记、细胞学标记、同工酶标记和 DNA 分子标记。前三种标记都是以基因表达的结果(表型)为基础,是对基因的间接反映,在遗传标记研究初期虽然发挥了重要的作用,但局限性也比较明显。例如,形态标记数目有限,并且许多标记是不利性状,因而难以广泛应用;细胞学标记主要依靠染色体核型和带型,数目有限;同工酶标记数目少,并且是基因表达加工后的产物,其特异性易受环境条件和发育时期的影响。

20 世纪 80 年代以后,随着分子生物学技术的发展,出现了一种基于 DNA 变异的新型遗传标记,即 DNA 分子标记。DNA 分子标记是以个体间遗传物质内核苷酸序列变异为基础的遗传标记,是 DNA 水平遗传变异的直接反映。与其他遗传标记相比,DNA 分子标记具有明显的优越性:能直接以 DNA 形式呈现,不存在表达与否的问题,在生物体的各个组织、各发育时期均可检测到;物种基因组变异极其丰富,因此标记数量极多;表现为中性,不影响目标性状的表达,与不良性状无必然的连锁;许多标记为共显性,对隐性性状的选择十分便利,能够鉴别出纯合的基因型与杂合的基因型;多态性高,利用大量引物、探针可完成覆盖基因组的分析。

4.5.2 DNA 分子标记种类

随着分子生物学技术的发展,目前被应用的 DNA 分子标记已有数十种,广泛应用于遗传育种、基因组作图、基因定位、物种亲缘关系鉴别、基因库构建、基因克隆等方面。DNA 分子标记技术大致可分为三类:第一类是基于全基因序列的 DNA 分子标记,如限制性片段长度多态性(restriction fragment length polymorphism, RFLP)、随机扩增多态性 DNA(randomly amplified polymorphic DNA, RAPD)和扩增片段长度多态性(amplification fragment length polymorphism, AFLP)等;第二类是基于简单重复序列的 DNA 分子标记,如简单序列重复(simple sequence repeat, SSR)、内部简单序列重复(inter-simple sequence repeat, ISSR)和单引物扩增反应(single primer amplification reaction, SPAR)等;第三类是基于已知的特定序列的 DNA 分子标记,如序列标签位点(sequence tagged site, STS)、单核苷酸多态性(single nucleotide polymorphism, SNP)和表达序列标签(expressed sequence tag, EST)。现对目前在科研和实践中比较常用的几种 DNA 分子标记技术进行简单介绍。

1. RFLP

1974 年 Grodzicker 等创立了 RFLP 技术,其原理是由碱基插入、缺失、重组或突变等造成的不同个体基因型中内切酶位点序列不同,利用限制性内切酶酶解基因组 DNA 时,会产生长度不同的 DNA 酶切片段,通过凝胶电泳将 DNA 片段分开,然后通过 Southern 印迹法,将这些大小不同的 DNA 片段转移到硝酸纤维膜或尼龙膜上,再用经同位素或地高辛标记的探针与膜上的酶切片段分子杂交,最后通过放射性自显影显示杂交带,即检出限制性片段长度多态性。RFLP 标记的等位基因呈共显性,能区分纯合基因型和杂合基因型,结果稳定可靠,重复性好,因此多用于进行物种遗传连锁图谱的构建。其主要缺点是对 DNA 质量要求相对较高、步骤多、操作复杂、耗时、费资,而且需要放射性同位素等,因此在很大程度上限制了 RFLP 技术的应用。

2. RAPD

RAPD 技术是在 PCR 技术发明以后出现的,于 1990 年由 Williams 和 Welsh 两个独立研究小组同时提出,是对未知序列的全基因组进行多态性分析的一种分子标记技术。其基本原理是利用一个人工合成的 8~10 bp 的随机寡核苷酸引物,对基因组 DNA 进行体外 PCR 扩增,产生大小不同的 DNA 片段,再经凝胶电泳分析扩增产物以呈现 DNA 片段的多态性。与 RFLP 相比,RAPD 技术的优点是技术简单、检测迅速、安全性好、DNA 用量少、设计引物不需要知道序列信息等,但 RAPD 标记为显性遗传,不能区分纯合基因型与杂合基因型,并且在操作过程中会受到多种因素的影响,导致其结果稳定性和重复性难以保证。

3. AFLP

AFLP 技术是 1993 年由荷兰科学家 Zabeau 等将限制性酶切技术和 PCR 技术相结合而创建的检测 DNA 多态性的分子标记技术。其原理是用两种或两种以上的限制性内切酶酶切基因组 DNA,产生大小不等的随机片段,然后将人工双链接头连接到酶切片段的末端,再根据接头的序列和酶切位点设计引物对酶切片段进行选择性 PCR 扩增。AFLP 技术集合了 RFLP 和 RAPD 技术的优点,既有 RFLP 的可靠性,又具有 RAPD 的高效性,且重复性好,是一种十分理想的遗传标记。

4. SSR

SSR 又称为微卫星 DNA,指基因组中以 2~6 个核苷酸为基本单位串联重复数次而形成的一段 DNA,这种重复序列广泛分布于真核生物基因组中,含量丰富,种类繁多,且随机均匀分布,其重复次数的不同产生了等位基因之间的多态性。1982 年,Hamade 等发明了 SSR 技术,其原理是 SSR 由核心序列和两侧的保守侧翼序列构成,因此可以根据 SSR 两侧的保守序列设计引物进行 PCR 扩增,由于不同品种 SSR 基序的重复次数不同,导致 PCR 扩增条带在长度上存在差异性,因此 SSR 标记技术操作简便,结果稳定性和重复性较强。另外,SSR 标记多为共显性遗传,遵循孟德尔遗传法则。

5. EST

　　EST 技术于 1991 年由美国国立卫生研究院(National Institutes of Health,NIH)的生物学家 Venter 首次提出。其原理是将 mRNA 反转录成 cDNA 并克隆到载体构建成 cDNA 文库后,大规模随机挑取 cDNA 克隆,对其 3′端或 5′端进行测序,获得长为 300～500 bp 的序列,然后将测序得到的序列与数据库中已知序列比对,从而获得对生物体生长发育、繁殖分化、遗传变异、衰老死亡等生命过程的认识。EST 标记分为两类:一是以分子杂交为基础,用 EST 本身作为探针和经过酶切后的基因组 DNA 杂交而产生;二是以 PCR 为基础,按照 EST 的序列设计引物对基因组特殊区域进行 PCR 扩增而产生。利用 EST 标记,对 EST 序列进行分析可得到大量的基因表达信息。与其他 DNA 分子标记相比,EST 标记来源于 cDNA 克隆,直接与一个表达基因相关,因此它部分反映了基因的表达模式。

6. SNP

　　1998 年,在人类基因组计划的实施过程中产生了 SNP 技术。SNP 是指基因组上同一位点不同等位基因之间的单个核苷酸变异引起的 DNA 序列多态性,这种变异可以由单碱基的转换或颠换,也可由单碱基的插入或缺失产生。SNP 具有数量多、分布广泛、稳定性好、检测快速等优点。另外,SNP 可以与基因芯片技术相结合,能够快速、规模化地筛查不同个体的遗传多样性。SNP 作为一种新型的 DNA 分子标记在理论研究和实际应用上均具有极大的潜力,被认为是应用前景最好的遗传标记。

　　由于克服了传统遗传研究方法的烦琐程序及容易受外界因素干扰等弊端,DNA 分子标记技术在遗传图谱构建、基因定位和分子标记辅助育种等方面均得到了广泛的应用。然而,当前 DNA 分子标记技术也存在一些缺点,如操作烦琐、周期长、成本高和稳定性差等。相信随着分子生物学理论认识和技术手段的不断发展,以及对基因组序列不断深入了解,未来也必将开发出操作更加简便快捷、成本更低、重复性与稳定性更高的 DNA 分子标记技术,使其在各个领域发挥更大的作用。

阅读材料

一、人类基因组计划

　　人类基因组广义上指的是人类遗传物质 DNA 的总称,包括核基因组和线粒体基因组。人类线粒体基因组为环状 DNA 分子,长度为 16 569 bp。线粒体基因组的特点是严格随细胞质遗传,并且只有母亲的线粒体基因组传给子女。一般人们说的基因组指的是核基因组,人类基因组指的是一个单倍体染色体组中所包含的全部遗传物质。人类大约有 10^{13} 个细胞,每个细胞都有相同的基因组拷贝,男人为 22 对常染色体+XY,女人为 22 对常染色体+XX;而性细胞为 22 常染色体+X 或 22 常染色体+Y,现在测算为约 2 万个基因。正是由于基因组中的全部基因通过控制蛋白质的合成,决定生物体中的全部生物学的性状,进而决定了人的容貌、体型、肤色等全部形态特征,以及对疾病的易感性、生理生化指标等生理特征。

　　人类基因组计划(human genome project,HGP)于 20 世纪 80 年代中期开始酝酿,诺贝尔奖获得者 Dulbecco 于 1980 年在 *Science* 上发表《癌症研究的转折点——人类基因组的全序列分析》一文,指出癌症等疾病的发生与基因直接或间接相关,要了解事物的局部作用最好先知道全局,提出从整体上研究和分析整个人类基因组及其序列。1987 年,美国能源部与美国国立卫生研究院为"人类基因组计划"拨款筹建人类基因组计划实验室。1990 年美国国会正式批准"人类基因组计划",该计划于 1991 年 10 月 10 日启动,总计划需要 15 年,共 30 亿美元,进行人类全基因组测序。随后,英国、法国、德国、日本、中国等先后启动人类基因组计划研究,人类基因组研究成了一项世界范围的科研项目。2000 年 6 月 26 日,国际人类基因组测序联合体宣布人类基因组工作草图已绘制完成,2001 年 6 月完成全序列图。中国作为唯一参与这个计划的发展中国家,负责 1% 的 3 号染色体 3 000 kb 的测序工作。

　　HGP 的基本任务可归纳为 4 张图谱的完成,分别为遗传图谱、物理图谱、序列图谱和基因图谱。

(一) 遗传图谱

　　遗传图谱就是通过遗传学分析方法将基因或其他 DNA 顺序(包括 RFLP、STR、SNP)标定在染色体上构建连锁图,遗传图距单位为厘摩(cM),每单位 cM 定义为 1% 重组值。人类基因组计划的最初目标是完成一份遗传图谱,密度至少为每 1 000 kb 一个标记。1996 年完成的 5 264 个微卫星标记遗传图,密度达到每 600 kb 一个标记。

　　遗传图谱的第一代 DNA 遗传标记为 RFLP;第二代和第三代遗传标记分别为 STP 和 SNP。

(二) 物理图谱

人类基因组的物理图谱,是指用已知核苷酸序列的 DNA 片段为标记,已知碱基对作为基本测量单位的基因组图。目前,绘制物理图谱最有效的方法就是 STS 技术,STS 是一种已知的、单拷贝的、片段长度为 200~500 bp 的短序列,由于它在基因组中只出现一次,具有专一性,可以作为专门的标记,任何 DNA 序列,只要知道它在基因组中的位置,都能被转为统一的 STS 标签。

(三) 序列图谱

遗传图谱与物理图谱的构建主要是为了绘制序列图谱而建的。目前的测序技术一次测序长度有限,要通过遗传图谱和物理图谱的构建把庞大的基因组分成若干个有路标的区域后,进行测序,再通过区域内的 DNA 片段重叠群使测序工作不断延伸。测定 30×10^8 bp 的全序列是人类基因组中最明确、最艰难的任务,序列图其实是分子水平上最高层次、最详尽的物理图。

(四) 基因图谱

基因图谱就是从人类基因组中鉴别出占其 1‰~2‰ 长度的全部基因(约 2 万个基因)的位置、结构与功能,只有人类全部基因被鉴定出来后才能称获得了一张完整的基因图谱。

生物的性状、疾病都是由结构或功能蛋白质决定的,而所有已知的蛋白质都是由 RNA 聚合酶Ⅱ指导的 mRNA 按照遗传密码三联体规律编码的,因此,分析通过 mRNA 信息人工合成的 cDNA 或 cDNA 片段(EST),以 EST 作为探针进行分子杂交鉴别出与转录有关的基因,使各种 EST 按序排列,确定它们在基因组中的位置。这种人类的基因转录图即表达序列标签图,是人类基因图谱的雏形。

转录图或基因表达图谱所提供的信息,可以使人们有可能系统、全面地从 mRNA 水平了解特定细胞、组织或器官的基因表达模式,深入认识细胞生长、发育、分化、衰老和疾病发生的机制。

二、后基因组计划

后基因组计划是人类完成人类基因组计划(结构基因组学)以后的若干领域,实际上指的是完成顺序后的进一步计划,其实质内容是生物信息学与功能基因组学。其核心问题是研究基因组多样性,遗传疾病产生的起因,基因表达调控的协调作用,以及蛋白质产物的功能。

人类基因组研究的目的不只是读出全部的 DNA 序列,更重要的是读懂每个基因的功能,每个基因与某种疾病的种种关系,真正对生命进行系统地科学解码,从此达到从根本上了解认识生命的起源,种间、个体间存在差异的起因,疾病产生的机制,以及长寿、衰老等一直困扰着人类的最基本的生命现象的目的。

思 考 题

1. 名词解释

　不完全连锁　三点测交　并发系数　重组值　交换值　图距　顺序四分子　连锁群　遗传图　克隆嵌板体定位法

2. 假定基因 a、b 连锁,性母细胞中有 20% 的性母细胞在 a、b 基因间发生交换,当 AB/AB 个体与 ab/ab 个体杂交,F_1 的基因型如何? F_1 会产生何种配子,比例是多少? 若 F_1 测交,则后代中基因型及各自比例如何? 若 $Ab/Ab \times aB/aB$,F_1 产生何种配子,比例如何? F_1 测交,后代的基因型及比例如何?

3. 假定果蝇中有三对等位基因:aa^+,bb^+,cc^+。每一个非野生型的等位基因对野生型的相应基因均为隐性。雌性 3 杂合子与野生型的雄性杂交,后代表型分类统计如下:

a^+	b^+	c^+	雌	1 010
a	b^+	c	雄	430
a^+	b	c^+	雄	441
a	b	c	雄	39
a^+	b^+	c	雄	32
a^+	b^+	c^+	雄	30
a	b	c^+	雄	27
a^+	b	c	雄	1
a	b^+	c^+	雄	0

(1) 这些基因在果蝇的哪条染色体上?

(2) 画出杂合子雌性亲本的有关染色体图(标明等位基因的排列顺序和图距)。

(3) 计算并发系数。

4. 下面是位于同一条染色体上三个隐性基因的遗传图谱,并注明了重组频率。

如果并发率是 60%,在 $abc/+++\times abc/abc$ 杂交的 1 000 个子代中预期表型频率是多少?

5. 在脉孢霉中,a、b 是任意两个基因。杂交组合为 $ab\times ++$,每个杂交分析了 100 个子囊,结果如下:

子囊孢子的类型和数目

	ab ab $++$ $++$	$a+$ $a+$ $+b$ $+b$	ab $a+$ $++$ $+b$	ab $+b$ $++$ $a+$	ab $++$ $++$ ab	$a+$ $+b$ $+b$ $a+$	$a+$ $+b$ $++$ ab
①	34	34	32	0	0	0	0
②	84	1	15	0	0	0	0
③	55	3	40	0	2	0	0
④	71	1	18	1	8	0	1
⑤	9	6	24	22	8	10	20
⑥	31	0	1	3	61	0	4

对每一个杂交,分析基因之间的连锁关系和遗传距离,确定基因与着丝粒之间的距离。

推 荐 参 考 书

1. 戴灼华,王亚馥,2016.遗传学.3 版.北京:高等教育出版社.

2. 刘祖洞,乔守怡,吴燕华,等,2013.遗传学.3 版.北京:高等教育出版社.

3. Hartwell L H, Goldberg M L, Fischer J A, et al., 2018. Genetics: From Genes to Genomes. 6th Edition. New York: McGraw-Hill Education.

4. Klug W S, Cummings M R, Spencer C A, et al., 2017. Essentials of Genetics.9th Edition. Essex: Pearson Education Limited.

5. Russell P J, 2013. IGenetics: A Molecular Approach.3rd Edition. Essex: Pearson Education Limited.

第 5 章

细菌与噬菌体的遗传

提　要

细菌间遗传物质的转移主要有三种方式：接合、转化和转导。本章在介绍细菌和噬菌体突变型的基础上，详细讨论了如何利用这三种方式进行细菌的遗传作图和精确定位。

噬菌体的基因重组与细菌不同，与真核生物的重组十分相似；加之噬菌体是单倍体，因而由两点测交、三点测交所得到的噬菌斑可直接统计、计算重组值，并进行遗传作图。

Benzer 的重组实验是对基因的精细作图，表明突变和重组的单位是 DNA 分子中的碱基对，互补测验可确定两突变位点是位于同一顺反子还是不同顺反子，缺失作图也是研究基因内部精细结构的有效方法，使定位工作简单化。

随着遗传学的发展，人们对基因本质的认识不断地深化和完善，在历史发展的不同时期，对基因概念的理解有着不同的内涵，所知的基因种类也日益增多，其概念每发展一步都意味着遗传学乃至整个生物学的一次革命和突破。

有关真核生物(eukaryote)的基因传递方式如减数分裂与基因分离的关系、交叉与重组的关系、连锁与互换的关系等，均为有性生殖过程的反映，而原核生物(prokaryote)没有明显的核，具有非常简单的无核膜包被的染色体，不经历减数分裂过程，其基因的传递方式是非减数分裂式的，繁殖方式比较特殊，但其重组的遗传分析方法与真核生物重组的遗传分析方法非常相似。由于其繁殖力强，世代间隔短，较易获得各类突变型，便于建立纯系和长期保存，因而已成为遗传学研究中最常用的实验材料。细菌和噬菌体的遗传分析在整个遗传学发展过程中起着重要的作用，为证明核酸是遗传物质提供了有力证据，为三联体遗传密码的发现提供了重要依据，对基因概念的发展和基因调控理论做出了重要贡献。

5.1　细菌与噬菌体的突变型

5.1.1　细菌的突变型

细菌中有各种突变型，以 *E. coli* 为例，其突变数目已有上千个，突变类型大体分为以下几类。

1. 合成代谢功能的突变型(anabolic functional mutant)

野生型(原养型，prototroph)*E. coli* 对培养基中营养成分的要求很简单，只需有葡萄糖和一些无机盐就能生长，这种能保持野生型生活的最低限度的培养基称基本培养基(minimal medium)。野生型品系在基本培养基上具有合成所有代谢和生长所必需的复杂有机物的功能，称为合成代谢功能(anabolic function)。而这一系列合成代谢功能的实现需要大量基本基因的表达，其中任何一个必需基因发生突变都不能进行一个特定的生化反应，从而阻碍整个合成代谢功能的实现，这种突变型称为营养缺陷型(auxotroph)。而营养缺陷型由于基因突变失去了自己制造某种物质(如氨基酸、维生素、嘌呤或嘧啶等)的能力，只能在基本培养基中补加它们所不能合成的某些物质，才能生长、繁殖。这种补加一定营养物质的基本培养基称补充培养基(supplemented medium)。

根据 1966 年 Demerec 等的命名规则,每一基因座用其英文前三个字母表示,基因型三个字母都小写,用斜体表示;表型第一个字母大写,用正体表示。缩写字母的右上方以正号(+)或负号(−)表示野生型或突变型。例如,Thr⁻、Ade⁻、Trp⁻ 表明这些突变型分别需要苏氨酸(threonine)、腺嘌呤(adenine)、色氨酸(trptophan),其对应的野生型表型记为 Thr⁺、Ade⁺、Trp⁺。由于生物合成途径中每一步骤通常都是由不同的基因产物来催化,而某一特定终产物的合成一般涉及不止一个基因,因此影响同一性状的不同基因,即同一突变表型的不同基因可在三个字母后面加进一个大写字母来区别,如 *trp*A⁺、*trp*B⁺ 为野生型基因,其对应的 *trp*A⁻、*trp*B⁻ 为突变的等位基因。同一基因的不同突变位点则在基因符号后面加阿拉伯数字表示,如基因 *trp*A 的各个位点的突变型分别用 *trp*A23、*trp*A46 等表示。

2. 分解代谢功能的突变型(catabolic functional mutant)

野生型 *E. coli* 能利用不同的碳源,把复杂的糖类转化为葡萄糖或其他简单的糖类,也能把复杂分子,如氨基酸或脂肪酸降解为乙酸或三羧酸循环的中间物。这种降解功能称分解代谢功能(catabolic function)。因此在一系列降解功能的实现中需要许多相关基因的表达,其中任何一个基因的突变都会影响整个降解功能的实现。如 Lac⁻ 突变型不能分解乳糖,即不能生长在以乳糖为唯一碳源的基本培养基中。

3. 抗性突变型(resistant mutant)

这是一类能抵抗有害理化因素的突变类型,根据其抵抗对象的不同可分为抗药型、抗噬菌体型等突变型。一般只需要在含有一定浓度的药物或相应的噬菌体的平板上涂上大量的敏感型细菌(野生型),经培养后即能获得一定的抗性菌落,这是由于细菌中某些基因的突变而对抗生素或对某些噬菌体产生抗性,如抗链霉素(streptomycin)突变型由于核糖体 30S 亚基的 S12 蛋白变异,使链霉素不再和 S12 结合,因而可进行正常的转译和分裂繁殖,而敏感菌的 S12 能和链霉素结合,从而使转译过程发生差错或使转译过程的启动作用失效。对噬菌体的抗性突变往往是以某种方式改变细菌的膜蛋白,从而使某种噬菌体不能吸附或降低其吸附在这种突变细菌上的能力。

抗药型常用所抗药物的前三个英文字母,在右上方以"r"或"s"表示抗性(resistant)或敏感性(sensitivity)表型。如抗链霉素表型以 *str*ʳ 表示,对链霉素敏感表型以 *str*ˢ 表示,*pen*ʳ 和 *pen*ˢ 表示表型为青霉素抗性和青霉素敏感性,*amp*ʳ 和 *amp*ˢ 表示表型为氨基苄青霉素抗性和氨基苄青霉素敏感性。同理,抗噬菌体的细菌也可用相应符号表示,如对抗 T₁ 噬菌体细菌的表型可用 *ton*ʳ 表示,*ton*ˢ 则表示对 T₁ 噬菌体敏感型细菌;对抗 T₂ 噬菌体的表型可用 *tto*ʳ 表示,*tto*ˢ 则表示对 T₂ 噬菌体敏感型。

抗性突变型在遗传学基本理论的研究中十分有用,它常作为菌种的选择性标记。细菌中常用的突变型的基因符号见表 5.1。

表 5.1 细菌中常用的突变型基因符号

基因符号	内涵	基因符号	内涵
ade	腺嘌呤缺陷型	*mtl*	甘露糖醇不能利用
ara	阿拉伯糖不能利用	*pdx*	吡哆醇缺陷型
arg	精氨酸缺陷型	*phe*	苯丙氨酸缺陷型
att	原噬菌体附着点	*pro*	脯氨酸缺陷型
azi	叠氮化钠抗性	*pur*	嘌呤缺陷型
bio	生物素缺陷型	*pyr*	嘧啶缺陷型
cys	半胱氨酸缺陷型	*rha*	鼠李糖不能利用
gal	半乳糖不能利用	*str*	链霉素抗性
his	组氨酸缺陷型	*thi*	硫胺缺陷型
lac	乳糖不能利用	*thr*	苏氨酸缺陷型
leu	亮氨酸缺陷型	*ton*	T₁ 噬菌体抗性
lys	赖氨酸缺陷型	*trp*	色氨酸缺陷型
mal	麦芽糖不能利用	*tsx*	T₆ 噬菌体抗性
man	甘露糖不能利用	*tyr*	酪氨酸缺陷型
met	甲硫氨酸缺陷型	*xyl*	木糖不能利用

5.1.2 噬菌体的突变型

噬菌体寄生在细菌细胞里,其结构简单,仅由核酸[有的为 DNA,有的为 RNA;有的是双链,有的是单链;有的是线状,有的是环状(表 5.2)]和蛋白质外壳组成。噬菌体可分为烈性噬菌体(virulent phage)和温和噬菌体(temperate phage)。烈性噬菌体在感染细菌后,用宿主菌的合成装置来产生新的噬菌体颗粒,其结果为细菌裂解并释放大量的子代噬菌体,此过程为裂解周期(lytic cycle),如 T_4、T_7 噬菌体。温和噬菌体在感染细菌后,可采用两种增殖周期中的一种(图 5.1),一种为裂解周期,类似于烈性噬菌体的方式;另一种为溶源周期(lysogenic cycle),噬菌体 DNA 整合到宿主染色体上,处于休眠状态,它随宿主染色体的复制而复制,这种整合到宿主染色体中的噬菌体基因组称为原噬菌体(prophage)。带有原噬菌体的细菌如 E. coli K(λ)称为溶源性细菌(lysogenic bacteria),它对同类噬菌体或近缘噬菌体的感染有免疫性,即能抵抗同类噬菌体的超感染(superinfection),但偶尔也有少量这种原噬菌体自发诱导而进入裂解周期,每代可能有万分之一溶源性细菌被裂解。另外通过诱变剂如紫外线、丝裂霉素 C 等处理,90%的溶源性细菌可进入裂解周期。这种在感染周期中具有裂解和溶源两种途径的噬菌体称为温和噬菌体,如 λ 噬菌体。

表 5.2 几种病毒的基因组特点

种 类	宿 主	核 酸	染色体类型	碱基对(或碱基)数目/bp
T_4 噬菌体	*E. coli*	双链 DNA	线状、环状,可变换	168 800
T_7 噬菌体	*E. coli*	双链 DNA	线状	39 936
λ 噬菌体	*E. coli*	双链 DNA	线状带黏性末端	48 502
P22 噬菌体	沙门菌	双链 DNA	线状	41 724
ΦX174 噬菌体	*E. coli*	单链 DNA	环状	5 386
MS2 噬菌体	*E. coli*	单链 RNA	线状,正链	3 569
猴病毒 SV40	猿猴等哺乳动物	双链 DNA	环状	5 224
腺病毒(Ad)	哺乳动物及禽类	双链 DNA	线状	30 000~38 000
痘苗病毒	哺乳动物	双链 DNA	线状	180 000~200 000
呼肠孤病毒	哺乳动物	双链 RNA	几个线性片段	23 500
人类免疫缺陷病毒(HIV)	人类	双链 RNA	几个线性片段	9 749
SARS 病毒	哺乳动物及禽类	单链 RNA	几个片段,正链	30 000
烟草花叶病毒(TMV)	烟草	单链 RNA	线状,正链	6 395
麻疹病毒(MV)	人类	单链 RNA	环状或线状,负链	16 000

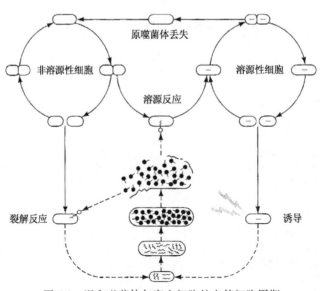

图 5.1 温和噬菌体与宿主细胞的交替细胞周期

1. 快速溶菌突变型(rapid lysis mutant)

T₂ 噬菌体正常的噬菌斑小而中心清晰,四周环晕模糊,即小噬菌斑,直径为 1 mm 左右。形成原因为野生型 T₂ 噬菌体裂解细菌细胞缓慢,当噬菌斑中心的细胞裂解形成清亮的小洞后,由此释放的噬菌体数量增多,它的周缘还有许多未裂解的细菌,因而在侵染中心的外周混有裂解的细胞和未裂解的细胞,从而在周边形成环晕模糊。1946 年,Hershey 从众多的野生型小噬菌斑中发现一个直径为 2 mm 的大噬菌斑,其中心和边缘都清晰,将这个噬菌斑中所含的噬菌体颗粒再接种到 E. coli 的菌落上时,形成的噬菌斑与原噬菌斑一样。这说明 T₂ 噬菌体产生了突变型,并能把这种特性稳定地遗传给后代,从而形成一个突变系,这种突变类型称为快速溶菌突变型。这是因为其裂解细菌细胞快速,只要这种突变型在增殖,细菌便一直裂解,因而产生大噬菌斑,用 r 表示,其相对的野生型用 r^+ 表示。

2. 宿主范围突变型(hostrange mutant)

野生型的 E. coli 对 T₂ 噬菌体是敏感的(Tto^s),细菌在生存竞争中可突变产生抗 T₂ 噬菌体型(Tto^r)。在长期的自然选择中,敏感品系并没有被淘汰或被抗性品系取代,其原因在于细菌在变,噬菌体也在变。1945 年,Luria 首次分离出这种能生长在抗噬菌体细菌中的突变型,这种突变型既能感染抗噬菌体的细菌,又能感染野生型细菌,因而称为宿主范围突变型,用 h 表示,其对应的 h^+ 表示野生型。

3. 条件致死突变型(conditional lethal mutant)

指在某一条件即许可条件(permissive condition)下可正常繁殖生长,而在另一条件即限制条件(nonpermissive condition)下表现致死。因而人们有可能在许可条件下繁殖突变型,在限制条件下研究突变基因在发育过程中的效应。生物体任何基因的表达都依赖于各种各样的体内条件和环境条件,所以从广义上说,任何突变体都可以看作是条件型的。温度敏感突变型(temperature sensitive mutant)是最典型的条件致死突变型,一些热敏感突变型(heat sensitive mutant)的噬菌体,通常在 30℃(许可条件)可感染宿主并进行繁殖,但在 40～42℃(限制条件)下表现致死,不能形成噬菌斑;而冷敏感突变型(cold sensitive mutant)在高温条件下存活,较低温度下致死。一般来说,温度敏感突变为错义突变,基因突变后所编码的蛋白质中有一个氨基酸的替换,改变了所构成的蛋白质的一级结构,这种蛋白质只有在许可温度下才能具有并保持蛋白质二、三、四级结构的功能,使活性正常或接近于正常,而在非许可温度下,蛋白质部分不折叠或被蛋白质水解酶快速降解,使其丧失活性。

5.2 细菌的遗传与作图

1943 年,Luria 和 Delbruck 用变量实验(fluctuation test,又称波动实验或彷徨实验),确定了细菌基因突变的自发性,同年 Tatum 从 E. coli 中分离出若干种不同的营养缺陷型菌株,使细菌遗传学在观念和研究方法上都有了重大突破。细菌之间遗传物质的转移主要有三种方式:接合(conjugation)、转化(transformation)和转导(transduction)。它们共同之处在于基因转移导致遗传重组,差异之处在于获取外源DNA 的方式不同:接合是通过细菌间的接触,转化是通过裸露的 DNA,转导则需要噬菌体作媒介。

5.2.1 接合与中断杂交作图

1. 细菌的接合

(1) 接合现象的实验证据   1946 年,Lederberg 和 Tatum 将来自 E. coli K12 的两种营养缺陷型菌株A 和 B 混合培养,其中 A 菌株是 met⁻ bio⁻(甲硫氨酸 met 和生物素 bio 缺陷),B 菌株是 thr⁻ leu⁻ thi⁻(苏氨酸 thr、亮氨酸 leu 和硫胺素 thi 缺陷)。A、B 菌株的基因型分别为:

A菌株:met^- bio^- thr^+ leu^+ thi^+

B菌株:met^+ bio^+ thr^- leu^- thi^-

将 A、B 菌株分别接种在基本培养基上,均不能生长。若将两菌混合于完全培养基中温育培养几小时,然后离心除去培养基,再涂布于基本培养基中,结果原养型(met^+bio^+ thr^+ leu^+ thi^+)菌株以频率为 10^{-7} 出

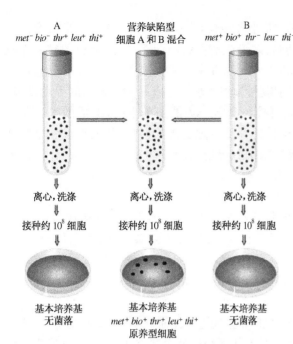

A
met^- bio^- thr^+ leu^+ thi^+ 　　营养缺陷型
细胞 A 和 B 混合　　B
met^+ bio^+ thr^- leu^- thi^-

离心,洗涤　　离心,洗涤　　离心,洗涤

接种约 10^8 细胞　　接种约 10^8 细胞　　接种约 10^8 细胞

基本培养基　　基本培养基　　基本培养基
无菌落　　met^+ bio^+ thr^+ leu^+ thi^+　　无菌落
　　　　原养型细胞

图 5.2　Lederberg 和 Tatum 的细菌杂交实验
(引自 Griffiths A J F, et al., 2019)

现(图 5.2)。若将此结果解释为细菌接合后发生基因重组的结果,必须要排除以下几种可能的解释:① 亲本发生了回复突变,因为 *E. coli* 许多生化突变型的回复频率也是 10^{-7};② 细菌细胞并没有接合,而是交换了 DNA,即可能是转化的结果;③ 混合后通过培养基中含有 A、B 菌的某些代谢产物的互相补充,弥补了各自的不足,即通过交换了养料而得以在基本培养基上生长。

由于选用的细菌为多重营养缺陷型,避免了回复突变的干扰。因为菌株 A 要回复突变成原养型,必须两个基因同时发生回复突变,其概率为 $10^{-7} \times 10^{-7} = 10^{-14}$;菌株 B 需要三个基因同时突变,其概率为 $10^{-7} \times 10^{-7} \times 10^{-7} = 10^{-21}$,这与重组子(recon,重组的最小遗传单位)出现的概率(10^{-7})相差太远,故可排除第一种可能性。

当时 Lederberg 和 Tatum 已经证明,当把菌株 A 的培养液经过灭菌,再加入菌株 B 的培养液中,并没有发现原养型菌落,这说明实验并非转化的结果。1950 年,Davis 设计了 U 型管实验(图 5.3),进一步支持了上述结论。他在 U 型

管中间隔有滤板,不能透过细菌,但允许 0.1 μm 以下的 DNA 分子和营养物质等通过。在 U 型管两臂内分别加入菌株 A、B,让细菌增殖到饱和状态,同时在 U 型管的一臂端口将培养液缓慢地吸过来压过去,让两菌株共享一种培养液,但两品系并不直接接触,然后将两臂内的菌株 A、B 离心洗涤后再涂布到基本培养基上,未见有菌落出现,即不产生重组子。因此完全可以排除转化和营养物质互补的可能性,证明了原养型菌落的出现需要两亲本细胞的直接接触,为细菌接合研究奠定了基础。

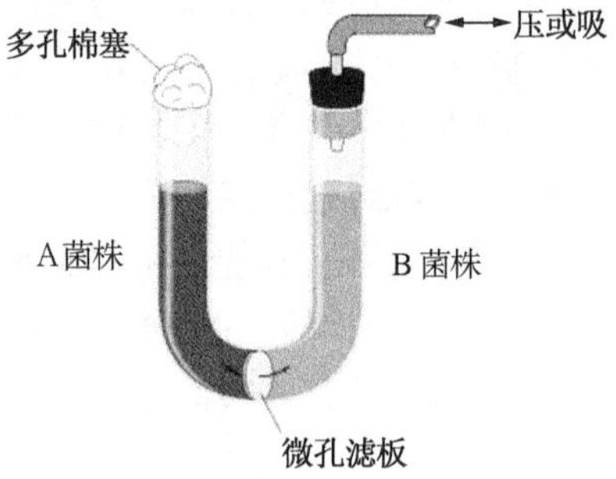

多孔棉塞　　压或吸

A菌株　　B菌株

微孔滤板

图 5.3　Davis 的 U 型管实验
(引自 Griffiths A J F, et al., 2019)

(2) 遗传物质的单方向转移　　Lederberg 和 Tatum 始终以为两个接合的亲本细胞在接合过程中都起了同等的作用,即彼此交换遗传物质的过程,被认为是同宗配合(homothallic)。1952 年 Hayes 的实验证明了细菌遗传物质的传递是单方向的,即异宗配合(heterothallic)。

Hayes 在用 *E. coli* K12 菌株 A 和 B 做实验前,分别用高剂量的链霉素(可阻碍细菌的分裂,并不杀死细菌)处理菌株 A 或菌株 B,然后把处理过的菌株 A 与未处理过的菌株 B 混合,结果在基本培养基上有存活菌落;而用处理过的菌株 B 与未处理过的菌株 A 混合,最终在基本培养基上长不出菌落,即处理过的菌株 B 阻止重组的发生。这说明两菌株在杂交过程中的作用不是相同的,不是一个交互过程。细菌存在供体(相当于雄性)和受体(相当于雌性)之分,菌株 A(供体)经链霉素处理后不能进行分裂,但仍可转移遗传物质,而菌株 B(受体)未经处理,可正常分裂,因此接受菌株 A 的基因后,有可能在基本培养基上形成原养型的菌落。实验证明细菌的接合是异宗配合过程,两亲本在杂交过程中所起的作用不同,有供体和受体之分。

在证明了细菌的接合是异宗配合后不久,Hayes 偶然发现了一个原初品系 A($♂$)的变种,此变种曾在冰箱里放了一年之久,在与品系 B($♀$)杂交时不产生重组体,即品系 A 缺乏将遗传物质传给品系 B 的能力。由于原初品系 A 及由此得来的不育变种对链霉素都是敏感的(A str^s),因而 Hayes 把不育的变种接种于含链霉素的培养基上,分离出抗链霉素的突变体(A str^r),将其与能育的 A str^s($♂$)混合在含链霉素的培养基上

培养,结果发现有 1/3 的 A *str*ʳ 细胞变成可育,而且能与品系 B(♀)杂交(图 5.4),这说明原来是"♂"的品系 A,在放置冰箱一年后,变成了♀,即供体转变成了受体。Hayes 认为雄性(供体)细胞内有一种致育因子 F (fertility factor),又称为性因子(sex factor),雌性(受体)缺少 F,因而雄性以 F⁺ 表示,雌性以 F⁻ 表示。不育的原初品系 A 的变种必定是丢失了 F 因子变成了 F⁻,即这个变异品系实际上已变成了完全可育的雌性(图 5.5)。

　　F 因子是一种质粒(plasmid),由环状 DNA 双链构成,含有 50～80 个基因,全长 94.5 kb,其中约 33 kb 编码着与质粒转移有关的功能。F 因子主要分为三个区域(图 5.6):① 原点(origin),此区域含转移的起点和 2 个复制起点,复制起点 *oriT* 是 F 因子转移复制起点,*oriV* 是在营养时期,即游离在细胞质中独立复制时的复制起点;② 致育基因(fertility gene),这些基因使它具有感染性,其中一些基因参与编码生成 F 纤毛(F pili)的蛋白质,使 F⁺ 细胞表面形成管状结构,称接合管(conjugation tube)(图 5.7),通过接合管可将供体和受体细胞相连;③ 配对区(pairing region),含有 4 个插入顺序(insertion sequence,IS),其大小不等,通过与宿主染色体的同源重组或转座(transposition),使 F 因子整合到宿主的不同位点上,由于宿主染色体上同源序列配对的方向不同,F 因子整合的方向也随之不同。

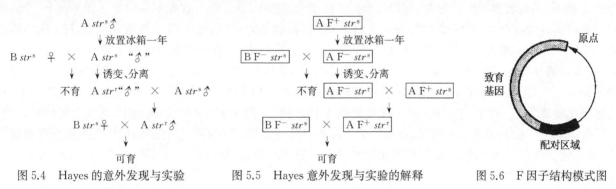

图 5.4　Hayes 的意外发现与实验　　　图 5.5　Hayes 意外发现与实验的解释　　　图 5.6　F 因子结构模式图

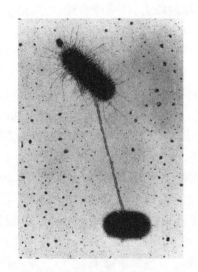

图 5.7　接合管将 *E.coli* F⁺(上)与 F⁻(下)相连形成接合

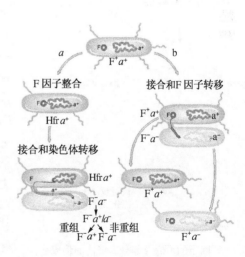

图 5.8　F⁺×F⁻ 和 Hfr×F⁻ 示意图
(引自 Griffiths A J F, et al., 2019)

　　(3)F 因子在细菌中存在的形式　　F 因子以两种形式存在于细菌中,既可以游离状态存在于细胞质中,也可以整合在宿主的染色体上,这种质粒称为附加体(episome)。无 F 因子的细菌称 F⁻;有 F 因子,并以游离状态存在,可独立于染色体进行自主复制,这种细菌称 F⁺;F 因子整合到宿主染色体的一定部位,并与宿主染色体同步复制,这种细菌称高频重组(high frequency recombination,Hfr)菌。

　　两个 F⁺ 或两个 F⁻ 混合,不会产生接合;而当 F⁺ 和 F⁻ 细胞混合时,它们之间形成接合管,接合管的形成是通过 F⁺ 菌株产生的 F 菌毛与 F⁻ 细胞膜上的特异性受体结合而完成的。供体和受体细胞的接触并无一定的规律,是通过两个细胞的自由碰撞来实现的。接合管形成后,可能是通过 F 特异性核酸酶识别 F 因子上的 *oriT* 基因位点,在 *oriT* 基因处 F 因子双链 DNA 中一条单链上形成切口(nick),再由质粒编码的解旋酶(helicase)解旋,随着供体菌中以滚环复制合成新的 DNA 替代链,供体菌提供了一条 DNA 单链,以 3′→5′ 的方向进入受体细胞(最先进入受体细胞的是单链 5′端),随之受体细胞的 DNA 合成被启动,受体细胞以进入的 5′单链 DNA 链为模板合成一条新的互补链,再进行环化过程。一旦 DNA 复制过程结束,获得了 F 因子的受体细胞便成为 F⁺ 细胞,并具有供体能力,即将自己的 F 因子转移给新的受体(图 5.8b)。F 因子接合传递的频率很高,在所获得的接合子中,F 因子以高频率从 F⁺ 向 F⁻ 转移,而供体细菌染色体基因的转移则很少发现,重组频率大约只有 10⁻⁶,因此 F⁺ 菌被称为低频重组(low frequency recombination,Lfr)菌。

由于 F 因子含有 4 个插入序列,而细菌的染色体 DNA 也含有多个插入序列,F 因子和细菌染色体 DNA 可在所具有的同源片段处发生重组,整合到细菌染色体 DNA 上。整合到细菌染色体的 F 因子又可诱导细菌染色体 DNA 以较高的频率向 F⁻ 受体转移,故称其为高频重组。Hfr 菌中的 F 因子仍然表达其基因功能,它具有 F 菌毛,具有转移基因的能力。在 Hfr 与 F⁻ 的接合过程中(图 5.8a),首先 Hfr 菌的 F 菌毛与 F⁻ 受体细胞表面特异性受体结合,形成接合管,具有允许 DNA 转移的能力;然后在 F 因子的整合位点,Hfr 菌的染色体 DNA 解环,5′端单链 DNA 开始向受体菌转移。Hfr 菌的 DNA 聚合酶以剩余的一条环状单链 DNA 为模板,合成新的互补链,并促使 5′端 DNA 向受体细胞转移,受体菌 DNA 的合成可能在接合前已启动,并以新转入的 5′端单链 DNA 为模板,合成新的互补链,最终供体菌和受体菌的同源性 DNA 片段发生基因重组。受体细胞要成为 F⁺ 细胞,它必须接受一个完整的 F 因子拷贝,但在 Hfr×F⁻ 的杂交中,在接合开始时,仅有一部分 F 因子(原点)被转移,而其余部分位于供体染色体的末端,因而必须将完整的供体染色体全部转移过去,才能使受体获得完整的 F 因子,但发生这种情况的频率非常低,所以在 Hfr×F⁻ 的交配中,F⁻ 细胞几乎不可能获得 F⁺ 的表型。

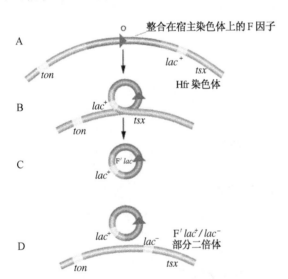

图 5.9 F′因子的形成及部分二倍体的形成

(引用 Griffiths A J F, et al., 2019)

A. 在一个 Hfr 菌株中 F 因子插入在基因 *ton* 和 *lac*⁺ 之间; B. F 因子向外游离时错误地把 *lac*⁺ 包括进去了;C. 游离出一个 F′因子(F′ *lac*⁺);D. F′ *lac*⁺ 转移到 F⁻ *lac*⁻ 受体形成部分二倍体 F′ *lac*⁺/*lac*⁻

F 因子从 Hfr 染色体分离出来使该品系回复成 F⁺,从而失去高频供体的能力,Hfr 与 F⁺ 菌株的相互转变,在于 F 因子既可以插入到染色体中,又可以通过规则的交换和剪切,从染色体上完整地游离下来。但偶尔也会出现不规则分离的结果,使 F 因子携带一段相邻的细菌染色体,这种带有细菌基因的环状 F 因子称为 F′因子(F-prime factor)。例如,在一个 Hfr 菌中,F 因子插入基因 *ton* 和 *lac*⁺ 之间,F 因子游离出来时,错误地把 *lac*⁺ 基因包括进去,结果形成了 F′ *lac*⁺(图 5.9A、B、C)。带有 F′因子的细菌能像 F⁺ 一样把 F 因子转移给 F⁻,转移 F 因子的能力很强,但同时也能转移细菌基因。这是因为 F′携带细菌的基因,但并不减少自身的基因,若自身的基因丢失,转移就可能停止。由于 F′因子不存在蛋白质外壳包装的问题,所以它的长度不为包装所限制,可以携带不同长度的细菌 DNA 片段,F′因子的大小可以达到细菌染色体的 1/4。

在正常的接合中,一个 F′因子的拷贝被转移到 F⁻ 细胞,使之成为 F⁺ 表型,同时受体菌从 F′引入了部分供体细菌的基因,有可能使 *lac*⁻ 的 F⁻ 成为 F⁺ *lac*⁺ 表型。

当 F′因子转入到受体细胞后,引入了供体细胞的部分基因,因而成了部分二倍体(partial diploid),即 F′ *lac*⁺/*lac*⁻(图 5.9D)。在部分二倍体中,受体为完整基因组称内基因子(endogenote),供体所提供的部分基因组称外基因子(exogenote)。这种利用 F′因子将供体细胞的基因导入受体形成部分二倍体的过程称为性导(sexduction)。这种部分二倍体若不发生重组,那么 F′因子可在细菌细胞中自主地延续下去。若发生重组,即 F′因子所携带的供体细菌染色体同受体细菌染色体之间发生同源重组,如果发生单交换,会导致 F′因子整合到受体染色体上而形成 Hfr 品系,同时 F′因子上所携带的供体基因也发生重组;如果发生双交换,使 F′因子上的细菌基因与受体染色体上等位基因之间发生互换,形成 F′品系和重组的细菌染色体。

性导在 *E. coli* 的遗传学研究中十分有用。观察由性导形成杂合的部分二倍体中某一性状的表现,可确定这一性状在等位基因中的显隐关系;不同的 F′因子带有不同的细菌 DNA 片段,因而利用不同的 F′因子性导来测定不同基因在一起转移的频率进行作图;利用性导所形成的部分二倍体可用作不同突变型之间的互补测验(见本章第三节),以确定这两个突变是属于同一基因还是两个不同的基因。

F 因子与 F⁻、F⁺、Hfr、F′的相互转移方式见图 5.10。

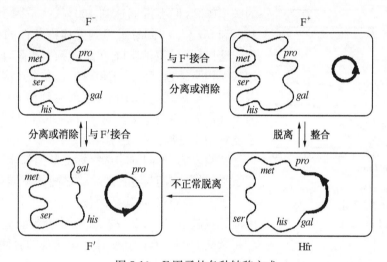

图 5.10　F 因子的各种转移方式

2. 中断杂交作图

1954 年,Jacob 和 Wollman 等在研究 *E. coli* 染色体转移的动力学时发现,在 Hfr×F⁻ 的接合过程中线性染色体 DNA 是以恒定的速率由供体向受体移动,从而为绘制 *E. coli* 的染色体图提供了一个很有用的技术,即中断杂交(interrupted mating)。其基本要点是在不同时间取样接合中的细菌,并把样品猛烈搅拌以分散接合中的细菌,然后分析受体细菌基因型,以时间分钟(min)为单位绘制遗传图谱,该图谱是细菌染色体上基因顺序的直接反映,中断杂交技术能很精确地定位相隔 3 min 以上的基因。

他们所用的亲本如下:

供体:Hfr H　*str*ˢ　*thr*⁺　*leu*⁺　*azi*ʳ　*ton*ʳ　*lac*⁺　*gal*⁺

受体:F⁻　　　*str*ʳ　*thr*⁻　*leu*⁻　*azi*ˢ　*ton*ˢ　*lac*⁻　*gal*⁻

将这两种菌混合并进行通气培养使之接合,每隔一定时间取样,把菌液放入搅拌器内搅动以打断配对的接合管,使接合的菌株分散,并稀释防止重新接合,再涂布在含有链霉素的选择培养基上,实验表明,*thr*⁺最先进入 F⁻细菌,在接合 8 min 时就出现了重组子,紧接着 *leu*⁺出现。因而选用 *thr*⁺、*leu*⁺和 *str*ʳ 这三基因作为选择标记(selected marker),其他的基因作为非选择标记(nonselected marker)。经多次不同时间的中断杂交和取样,得到大量的 *thr*⁺ *leu*⁺ *str*ʳ 菌落,将这些重组子菌落影印培养在不同的选择培养基上,分析其他非选择性标记基因进入 F⁻细菌的顺序和时间。在杂交 9 min 时,开始出现少量叠氮化钠抗性的菌落,但此时受体菌对 T₁噬菌体还是敏感的,说明 *ton*ʳ 基因尚未进入受体。随着时间的推延,在 11 min、18 min 和 25 min 时分别出现了抗 T₁噬菌体、乳糖能利用(*lac*⁺)和半乳糖能利用(*gal*⁺)的菌落(表 5.3)。

表 5.3   Hfr H 的非选择标记基因在不同时间进入 F⁻

转移的 Hfr 基因	转入时间/min	频率/%
thr^+	8	100(选择标记基因)
leu^+	8.5	100(选择标记基因)
azi^r	9	90
ton^r	11	70
lac^+	18	40
gal^+	25	25

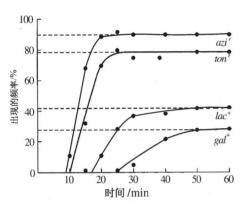

图 5.11   选择性标记基因(thr^+ leu^+ str^r)重组子中非选择标记基因出现的频率
(引自 Griffiths A J F, et al., 2019)

随着时间的推移,具有某一基因的菌落逐渐增加,达到一定频率后处于一个稳定的水平,某基因转入的时间越早,它所达到的频率越高,但不可能达到100%,这是因为此频率反映出这一基因和 thr^+ leu^+ 同时重组到受体染色体的频率,选择标记基因与非选择标记基因间同时重组的频率越高,说明前者与非选择标记基因相距越近;反之,相距越远。在上述实验中,非选择标记基因 azi^r 最早出现,在 24 min 时就达到约90%的频率,而 gal^+ 基因出现最迟,即使在接合60 min 后取样,只有不到30%的菌落属于能利用半乳糖发酵型(图5.11)。

实验表明,不同的非选择标记基因都能达到不同而稳定的转移水平,说明它们与 thr^+、leu^+ 之间的不同连锁程度。Hfr 菌以 ori 为起始原点(O),其基因按一定的时间顺序依次进入 F⁻,基因离原点越近,进入 F⁻ 越早;离原点越远,进入 F⁻ 越迟。因此可利用杂交后 Hfr 基因在受体菌中出现的时间先后,以时间为单位制作连锁图(图5.12)。

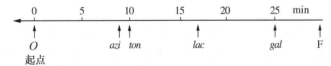

图 5.12   通过中断杂交实验作 E.coli 连锁图(图距单位为 min)

在 Hfr×F⁻ 杂交中,即使在长达2 h 后,也很少使 F⁻ 变成 Hfr,说明 F 因子的致育基因最后转移到受体,并且效率很低。同一个 Hfr 菌的转移起点以及其基因的转移顺序在不同实验中都是相同的,但是 F 因子在细菌染色体上有许多插入位点并且其插入取向不同,因而一个 F⁺ 品系可产生许多 Hfr 品系。利用这些不同 Hfr 菌株进行中断杂交实验,染色体的转移起点、方向、顺序都不相同(表5.4)。

表 5.4   不同 Hfr 菌株的基因转移顺序

菌　　株	基因转移顺序
Hfr H	O thr pro lac pur gal his gly thi
Hfr 1	O thr thi gly his gal pur lac pro
Hfr 2	O pro thr thi gly his gal pur lac
Hfr 3	O pur lac pro thr thi gly his gal
Hfr 312	O thi thr pro lac pur gal his gly

在表 5.4 中所见到的5种 Hfr 菌的基因转移顺序好像很乱,但仔细比较,其基因排列有一定顺序,即对某一基因而言,其相邻基因相同,只是位置不同,由此可说明其染色体为环状(图5.13)。通过接合的实验结果证实了

E. coli 遗传图呈环状,为 100 min(图 5.14),有别于真核生物线状染色体。

5.2.2　重组作图

在接合重组过程中,受体细胞通常只接受部分的供体染色体,因而这种细胞称为部分二倍体或部分合子(merozygote)。在部分二倍体中所包含的一个完整的基因组是属于原来的受体 F⁻ 细胞,也称内基因子,而不完整的基因组来自供体,也称外基因子(图 5.15A)。细菌接合后的重组发生在受体完整基因组与供体部分基因组之间,因而与真核生物中完整二倍体之间的重组不同,在细菌重组中若外基因子与内基因子之间发生单交换或奇数次交换,则不会产生结构完整的染色体,即线性结构,由于它不能复制,随着细胞分裂而被丢失(图 5.15B)。只有发生双交换或偶数次交换,才能将供体基因整合到受体基因组,从而产生一个完整而稳定的重组子基因组和一个线状片段。接合后的重组若经偶数次交换则得到的重组子只有一种类型,而相反的重组子(reciprocal recombinant)即一个线状结构,无活性并随分裂而丢失(图 5.15C)。

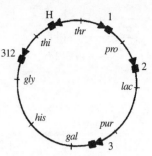

图 5.13　不同 Hfr 转移方向和起点位置

小方块代表 F 因子插入环状染色体的位置,箭头表示各 Hfr 菌株的染色体的转移起点和方向

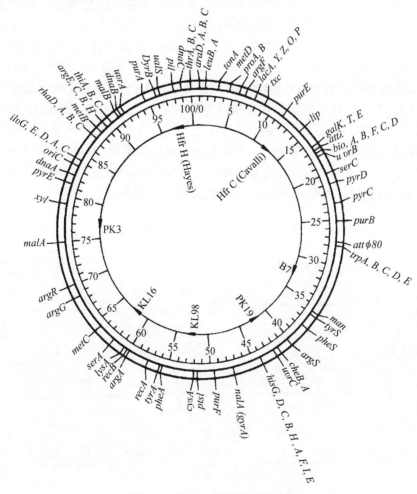

图 5.14　*E.coli* 的环状遗传图谱

(引自沈萍等,2016)

内圈显示几种 Hfr 菌株转移的起始和方向

由此可见,细菌重组的主要特点:① 只有偶数次交换才能产生平衡的重组子。② 相反的重组子不出现,所以在选择性培养基上只出现一种重组子。

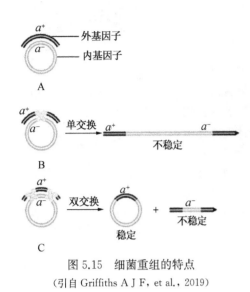

图 5.15 细菌重组的特点

(引自 Griffiths A J F, et al., 2019)

中断杂交作图是根据基因转移的先后次序,以时间为单位进行基因定位的,较为粗放,对2 min以内的基因难以精确测定。而重组作图是根据基因间的重组值进行基因定位。这两种方法各具特点,对基因距离较远的定位采用中断杂交作图,而对基因距离较近,特别是基因间转移时间在2 min之内,仅用中断杂交实验进行基因定位就不那么精确可靠,但它仍可为重组作图提供某些基因间连锁关系及先后次序的依据,因此两种方法可以相互补充,以提高基因定位的精确性。

细菌重组作图的基本原理与真核生物的重组作图是相同的,下面通过实例来加以说明。根据中断杂交实验已知 lac、ade 这两个基因是连锁的,在 Hfr $lac^+ ade^+$ 与 F⁻ $lac^- ade^-$ 的杂交中,lac^+ 先于 ade^+ 进入 F⁻ 受体。将 Hfr $lac^+ ade^+ str^s$ 与 F⁻ $lac^- ade^- str^r$ 杂交 60 min,倒入含链霉素的基本培养基中(此培养基使 Hfr 和 F⁻ 菌都不能生长)。在这种培养基上生长的重组子应为 $ade^+ str^r$,而 ade^+ 是在 lac^+ 之后进入 F⁻ 细胞的,因而 lac^+ 自然也已进入。在 Hfr $lac^+ ade^+$ 转入受体细胞后会产生四种表型:① 供体 $lac^+ ade^+$ 未整合到 F⁻ 基因组,以线性结构存在,无活性,随细胞分裂而丢失(图 5.16A);② 在 lac 与 ade 的两基因之外发生双交换,则在缺乏腺嘌呤的培养基上表型为 F⁻ $lac^+ ade^+$,但在 lac 与 ade 之间并未发生重组(图 5.16B);③ 表型为 $lac^+ ade^-$,这种类型在缺乏腺嘌呤的培养基上不能生长,因而无法筛选,它对测定这两个基因之间的图距无实际意义,并不一定是由 lac 与 ade 间发生过交换,而很可能 lac 已进入 F⁻ 细胞,而 ade^+ 还未进入(图 5.16C);④ 表型为 $lac^- ade^+$,它只有在缺乏腺嘌呤的培养基上生长才是真正的重组子,必定是外基因子与内基因子在这两个基因之间发生交换的结果(图5.16D)。因此在细菌重组作图中,重组合类型为第 4 种类型,亲组合类型为第 2 种,此外 F⁻ $lac^- ade^-$ 也可以称为亲组合,但它在缺乏腺嘌呤的培养基上不能生长,而且对于计算两基因之间的图距没有意义。因此 lac 与 ade 之间的图距计算如下:

$$RF(lac\text{-}ade) = \frac{lac^- ade^+}{(lac^- ade^+) + (lac^+ ade^+)} \times 100\% = \frac{lac^- ade^+}{ade^+} \times 100\%$$

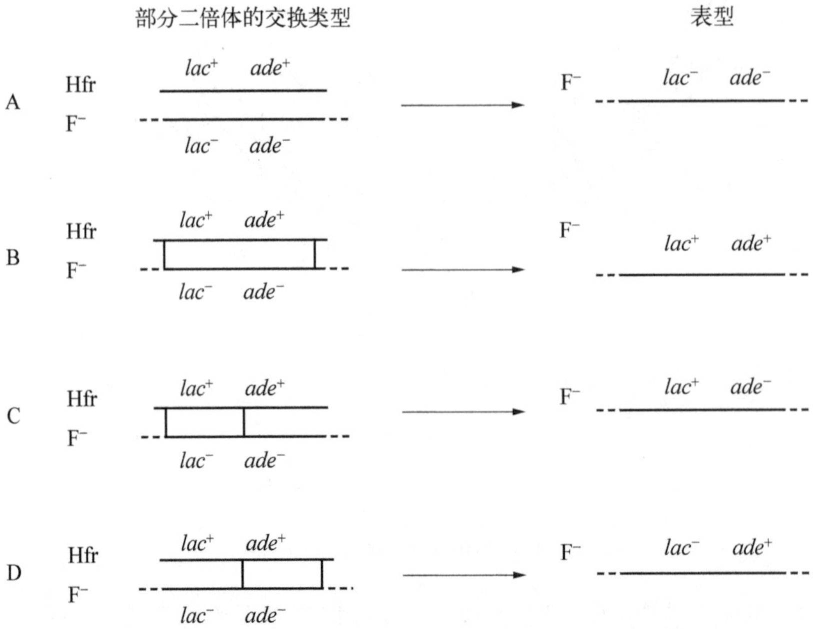

图 5.16 重组作图(Hfr $lac^+ ade^+$ 转入受体细胞后产生 4 种表型情况)

重组作图的重组值所测得基因间距离与中断杂交以时间(T,min)为单位获得的基因间距离基本上相一致,1个时间单位(1 min)相当于20%重组值(或20 cM)。这种接合重组作图在短距离内是有效的,当两个基因相距3 min时,重组值将大于50%,这就没有意义了,因此须用中断杂交实验作图。

5.2.3 转化与作图

1928年,Griffith首先发现肺炎链球菌(*Streptococcus pneumoniae*)的转化;1944年,Avery等确定转化因子是DNA。转化现象的发现,具有很大的理论和实践意义,在理论上它证实了遗传物质基础是DNA,从而开创了分子生物学这门崭新的学科,同时为基因工程的实践奠定了基础。

转化是指受体菌直接吸收了来自供体菌的DNA片段,通过交换,组合到基因组中,从而获得供体菌的部分遗传性状。转化的关键在于受体菌吸收供体DNA的能力,能进行转化的细菌必须是感受态(competence)的,它是指受体菌最易接受外源DNA片段并实现转化的生理状态,这种细胞也称为感受态细胞(competence cell),促进转化作用的酶或蛋白质分子称为感受态因子(competence factor)。转化可分为自然转化(natural transformation)、人工转化(artificial transformation)和工程转化(engineered transformation)。前者是指自然条件下细菌能吸收DNA而进行遗传转化,如枯草杆菌(*Bacillus subtilis*);后两者是指通过改变细菌的生理状况使它们能摄取外源DNA进行遗传转化,如野生型 *E. coli*,它不容易转化在于其产生一种酶能迅速降解进入的外源 DNA,但可通过化学方法用高浓度的 Ca^{2+} 诱导细胞增加其通透性或用电穿孔法(electroporation)来实现转化。

在转化中只有很少比例的受体细胞能够真正吸收外源DNA,一旦外源DNA被受体菌吸收,便形成了部分二倍体,有可能与受体菌染色体之间发生重组,从而使受体细胞发生稳定性的遗传转化。目前认为转化机制包括几个过程:① 细菌产生可溶性的感受态因子;② 感受态因子吸附到细菌细胞膜上的特定位点,启动了某种基因的表达;③ 由于某种基因的表达,产生某种自溶性物质;④ 自溶性物质造成细菌细胞膜的变化,暴露出DNA结合蛋白和核酸酶;⑤ 供体双链DNA结合在细胞表面;⑥ 核酸酶将双链DNA其中的一条单链降解;⑦ 剩余的另一条单链DNA与DNA结合蛋白结合;⑧ 两者以结合方式进入细胞内;⑨ 单链DNA整合进入细菌染色体DNA,并将其中的一条链取代;⑩ 杂合DNA经复制、分离以后,形成一个受体亲代类型的DNA和一个供体与受体DNA结合的杂种双链DNA,从而导致基因重组形成各种类型的转化子(transformant)。

任何来源的DNA均可被转化进入受体菌,然而只有与同源性DNA片段重组才能整合进入受体菌染色体基因组,造成基因型的变化。非同源DNA不能整合进入染色体,也不能复制,最终被降解,不能造成基因型的改变,即不能被转化进入受体细胞。转化中的供体DNA片段往往可以携带若干个基因,这些基因可以同时转化,但同时转化的基因不一定是连锁的,判断所转化的两个基因是连锁的还是独立遗传的,可通过观察DNA浓度降低时其转化频率的改变这一可靠证据来说明:当DNA浓度下降时,AB共转化(contransformation)频率下降和A或B转化频率下降程度相同,则说明A和B是连锁的;如果AB共转化频率的下降远远超过A或B转化频率下降的程度,则说明A和B是不连锁的。其原理为在较低的浓度范围内,转化频率和转化DNA浓度成正比。例如,两个基因在同一DNA分子上,当浓度下降10倍时,两个基因同时转化的频率也将减少10倍;若两个基因在不同的DNA片段上,那么DNA浓度下降10倍时,两基因的共转化频率将减少100倍(10×10),而不是10倍,由此可确定A与B之间是否连锁。

如果已知的几个基因是连锁的,可以通过转化计算重组值来作图。例如,用枯草杆菌的一个菌株 trp_2^+ his_2^+ tyr_1^+ 作为供体,提取其DNA向受体 trp_2^- his_2^- tyr_1^- 菌株进行转化,结果见表5.5。从表5.5中可见,转化子数目最多(11 940)是3个基因同时被转化的类型,说明所研究的3个座位在染色体上是紧密连锁的。

由于细菌在转化过程中遗传物质的交换是非对等交换,因此在计算 trp_2 和 his_2 之间重组值时,685个 trp_2^- his_2^- 是与供体 trp_2^+ his_2^+ 这两个基因之间未发生交换的细胞数,因此不能统计在内。同理,计算 trp_2 与 tyr_1 之间重组值时,不能统计418个 trp_2^- tyr_1^-;计算 his_2 与 tyr_1 之间重组值时,则不能将2 600个 his_2^- tyr_1^- 统计在内(表5.6)。

表 5.5　供体 trp_2^+ his_2^+ tyr_1^+ 向受体 trp_2^- his_2^- tyr_1^- 转化中转化子类型及重组值计算

基　因	转　化　子　类　型						
trp_2	+	−	−	−	+	+	+
his_2	+	+	−	+	−	+	+
tyr_1	+	+	+	−	−	+	−
	11 940	3 660	685	418	2 600	107	1 180

表 5.6　供体 trp_2^+ his_2^+ try_1^+ 向受体 trp_2^- his_2^- tyr_1^- 转化中的重组值计算

	亲本型(++)	重组型(+−或−+)	重组值(重组子数/总数)
trp_2—his_2	11 940+1 180=13 120	2 600+107+3 660+418=6 785	6 785/19 905=34%
trp_2—tyr_1	11 940+107=12 047	2 600+1 180+3 660+685=8 125	8 125/20 172=40%
his_2—tyr_1	11 940+3 660=15 600	418+1 180+685+107=2 390	2 390/17 990=13%

　　线状双链 DNA、线状单链 DNA、环状双链 DNA 均可被转化。在许多情况下,单链 DNA 在进入细胞后便被细胞内核酸酶降解,因而单链 DNA 转化比较困难。DNA 的转化率与相对分子质量有关,一般而言,相对分子质量越小,其转化率越高,当相对分子质量超过 40 kb 时,其转化率一般较低。转化时基因重组只发生在供体和受体的同源区域之间,不存在相反的重组子,而且只有双交换和偶数次交换才能形成重组子。

5.2.4　转导与作图

　　1952 年,Lederberg 和 Zinder 为了验证鼠伤寒沙门菌(*Salmonella typhimurium*)中是否也存在类似于 *E. coli* 中的接合作用,用两株具有不同的多重营养缺陷型的菌(LT22 和 LT2)进行了实验:

LT22　phe^- trp^- tyr^- met^+ his^+ × LT2　phe^+ trp^+ tyr^+ met^+ his^-

　　结果发现两株营养缺陷型混合培养后,在基本培养基上产生约 10^{-5} 的野生型菌株,又一次成功地证实了该菌株中存在重组现象。但当他们沿着发现接合重组的思路继续用 U 型管进行同样的实验时,惊奇地发现:在两菌株不接触的情况下,在放置 LT22 一臂的菌株中出现了野生型,显然这种重组不同于 *E. coli* 中的接合重组,因为它们不需要细胞间的直接接触就可以完成重组。进一步实验证明,它们所用的沙门菌 LT22 是携带 P22 噬菌体的溶源性细菌,LT2 是对 P22 敏感的非溶源性细菌。在培养过程中,少数 LT22 菌自溶释放出游离的 P22 噬菌体,这种游离的 P22 通过 U 型管底的滤板(ϕ<0.1 μm),感染并裂解 LT2 菌,宿主 LT2 环状 DNA 被裂解成小片段,某些 LT2 的 DNA 片段在 P22 噬菌体组装时,偶尔装入头部,形成转导噬菌体(transducing phage)。转导噬菌体再次进入 LT22 菌,经重组后产生野生型菌株。这种以噬菌体作为载体把一个细菌的遗传物质转移到另一个细菌细胞的过程,称转导。根据其特点的不同,转导可分为普遍性转导(generalized transduction)和局限性转导(specialized transduction)。

1. 普遍性转导与作图

　　供体细菌染色体 DNA 的任何基因或任何片段都有可能被噬菌体转入受体菌的过程,称为普遍性转导。这种具有普遍性转导能力的噬菌体中,鼠伤寒沙门菌的 P22 噬菌体、*E. coli* 的 P1 噬菌体是其中的代表。这些噬菌体在感染的末期,细菌染色体已被噬菌体编码的核酸酶降解成许多小片段,在形成噬菌体颗粒时,少数噬菌体将细菌的 DNA 误认作是它们自己的 DNA,并以其外壳蛋白将细菌 DNA 包裹,从而形成转导噬菌体。噬菌体感染细菌的能力是由外壳蛋白决定的,因而其同样可以吸附细菌并注入所携带的供体 DNA 片段,形成一个部分二倍体。由于转入受体菌的供体 DNA 片段在受体菌中不能复制,但可以通过 DNA 重组整合到受体染色体基因组中,与受体菌染色体一起复制(图 5.17)。因为由噬菌体错误包装及注入受体菌的供体 DNA 片段是随机的,因而对所转导的基因没有限制,故为普遍性转导。

　　利用普遍性转导进行两点或三点转导实验作图,需筛选出一个供体标记的转导子(transductant),即通过转导而能表达外基因子的受体细胞,再分析其他供体标记的存在状况。如从一供体为 a^+b^+ 转导给 a^-b^-

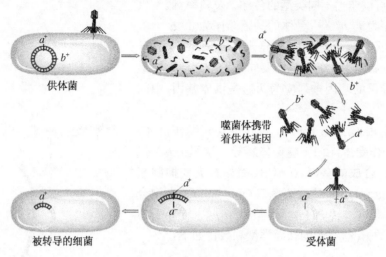

图 5.17　普遍性转导机制

(引自 Griffiths A J F, et al., 2019)

受体,转导会产生 a^+b^-、a^-b^+ 和 a^+b^+ 转导子,若选择 a^+ 转导子作为供体标记,则 a、b 间重组值为:RF_{a-b} $=(a^+b^-)\,/\,[(a^+b^-)+(a^+b^+)]\times 100\%$;若选择 b^+ 转导子作为供体标记,则 a、b 间重组值为:$RF_{a-b}=(a^-b^+)\,/\,[(a^-b^+)+(a^+b^+)]\times 100\%$。

普遍性转导频率很低,虽然任何基因都有等同的转导机会,但对每一个基因来说转导频率是有限的,如果两个基因之间的距离大于噬菌体的染色体长度,一般不能同时进行转导,除非两个转导噬菌体同时感染同一个细菌细胞,这种情况是极少的。如果两个基因同时被转导,说明两基因是连锁的,这种现象称共转导或并发转导(contransduction)。共转导的频率越高,表明这两个基因在染色体上的距离越近,连锁越密切;相反,两个基因的共转导频率越低,则说明两基因间距离越远。因而通过测定两基因的共转导频率就可以确定基因之间的次序和距离。通过观察两个基因的转导,计算并比较每两个基因间的共转导频率,就可确定三个基因或三个以上基因的排列顺序。例如,a 和 b 基因的共转导频率很高,a 和 c 基因的共转导频率也很高,而 b 和 c 共转导的频率很低,那么可以确定这三个基因的次序应为 b、a、c 或 c、a、b。

对于三因子转导分析,同样可以用共转导频率来确定三个基因在染色体上的排列顺序。如 E. coli thr^+ leu^+ azi^r 供体,用 P1 噬菌体转导受体 thr^- leu^- azi^s,首先在受体中选择一个或两个供体的标记基因,然后在选择性培养基上检查其他非选择标记基因的有无,来确定基因顺序,实验结果见表 5.7。

表 5.7　P1 噬菌体对 E. coli 转导的实验结果

实　　验	选　择　标　记	非选择标记
1	leu^+	azi^r 50%, thr^+ 2%
2	thr^+	leu^+ 3%, azi^r 0%
3	thr^+ leu^+	azi^r 0%

实验 1 以 leu^+ 为选择标记时,与 azi^r 共转导频率为 50%,而与 thr^+ 共转导频率为 2%,这说明 leu 离 azi 比较近,而离 thr 较远,因此它们的排列顺序可能有两种:

①　thr ———————— azi —— leu ————

②　thr ———————— leu —— azi ————

实验 2 以 thr^+ 为选择标记时,与 leu^+ 的共转导频率为 3%,而未检出的 azi^r,这说明 thr 离 leu 较近,推断出第二种排列是正确的。实验 3 可进一步推论基因排列顺序为②,这是因为当选择 thr^+、leu^+ 为标记时,若是第①种排列,则非选择标记位于中间,除存在少量双交换外,其也应有较高的共转导频率,而实验结果为 0,说明①排列不成立。

在三因子转导中可以产生不同类型的转导子及频率,假设供体 $E.coli$ 的基因顺序为 $a^+b^+c^+$,受体的基因顺序为 $a^-b^-c^-$,用 P1 噬菌体转导,那么在转导类型中,转导数目最少的一类转导子代表其最难于转导的,因为它的形成需要同时发生交换次数最多(图5.18),这种转导子的基因排列应为两边是供体基因,中间为受体基因。

例如,在一实验中用 $E.coli$ $trp\mathrm{A}^+$ $sup\mathrm{C}^+$ $pyr\mathrm{F}^+$ 作供体,$trp\mathrm{A}^-$ $sup\mathrm{C}^-$ $pyr\mathrm{F}^-$ 作受体,由 P1 噬菌体转导。这里 $trp\mathrm{A}$ 代表色氨酸(tryptophan)合成的基因,$sup\mathrm{C}$ 代表赭石突变抑制基因(ochre-suppressor gene),$pyr\mathrm{F}$ 代表嘧啶(pyrmidine)生物合成的基因。最初选择 $sup\mathrm{C}^+$ 转导子,然后检查 $sup\mathrm{C}^+$ 转导子中其他两个基因被转导的情况,得到的转导类型和数目如下:

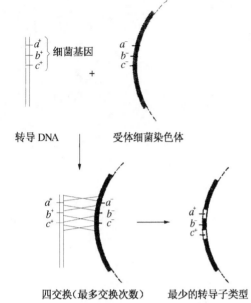

图 5.18　最少转导子类型与最多交换次数的关系
(引自 Goodenough U, 1984)

① $sup\mathrm{C}^+$	$trp\mathrm{A}^+$	$pyr\mathrm{F}^+$	36
② $sup\mathrm{C}^+$	$trp\mathrm{A}^+$	$pyr\mathrm{F}^-$	114
③ $sup\mathrm{C}^+$	$trp\mathrm{A}^-$	$pyr\mathrm{F}^+$	0
④ $sup\mathrm{C}^+$	$trp\mathrm{A}^-$	$pyr\mathrm{F}^-$	453
			603

从最少类型的转导子③的基因型可看出,这三个基因的次序是 $sup\mathrm{C}$ $typ\mathrm{A}$ $pyr\mathrm{F}$,即 $typ\mathrm{A}$ 位于中间。$Sup\mathrm{C}^+$ 与 $trp\mathrm{A}^+$ 在①和②类中共转导,而在③和④类中不是共转导,所以这两个基因的共转导频率为$(36+114)/603\approx0.25$;而 $Sup\mathrm{C}^+$ 和 $pyr\mathrm{F}^+$ 仅在①类中共转导,其共转导频率为 $36/603\approx0.06$。

如果两个基因紧密连锁,它们就可能经常在一起转导,共转导频率将接近于 1;如果两个基因从来或几乎不包含在同一转导的 DNA 片段中,它们的共转导频率接近或等于 0。利用这种关系可以求出同一染色体上两个基因之间的物理距离。经过一系列推导得到以下的计算公式:

$$d=L(1-\sqrt[3]{x})$$

式中,d 为同一染色体上两个基因之间的图距;L 为转导 DNA 的平均长度(约为 1 个噬菌体基因组大小);x 为两个基因共转导的频率。

虽然利用普遍性转导作图比较精确,但需要在对某个基因的位置有所了解的前提下进行。

因此对某一新的突变基因的定位,最好在中断杂交实验基础上,用转导等方法作精确定位。

在普遍性转导过程中,有时转导噬菌体所引入的供体基因不能重组整合到宿主染色体上,而是以游离和稳定的状态存在,因而它不能复制,故在细胞分裂时只能传递给一个细胞,随着细菌分裂的增多便渐渐被淘汰,故称为流产转导(abortive transduction)。

2. 局限性转导

局限性转导是指一些温和噬菌体只能转导细菌染色体基因组的某些基因,或者只是对噬菌体在染色体基因组整合位点附近基因的转导。温和噬菌体(λ噬菌体)基因组约 49 kb,为线状双链 DNA,其两端各含有一个单链 12 bp 组成的黏性末端(cohesive end)。可在连接酶的作用下通过黏性末端形成环状结构,这种环状结构的形成是通过双价连接实现的。λ噬菌体与 $E.coli$ 之间有一同源的附着位点(att),λ噬菌体的附着位点为 attP,由 POP′三个序列组成,而 $E.coli$ 的附着位点为 attB(也称 attλ),由 BOB′三个序列组成。环状 λ噬菌体通过附着位点间的位点专一性重组(site-specific recombination),通过整合基因(int)和整合宿主因子(integrase host factor, IHF)的作用而插入细菌染色体(图5.19A),即:

$$\mathrm{BOB'}(细菌)+\mathrm{POP'}(噬菌体)\xrightarrow{int\ \mathrm{IHF}}\mathrm{BOP'}—\mathrm{POB'}(原噬菌体)$$

A. 溶源性细菌的产生

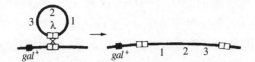

B. 原初裂解物的产生

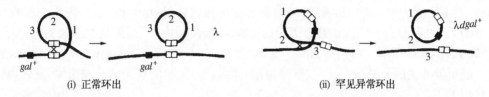

(i) 正常环出　　　　　　　　　　(ii) 罕见异常环出

C. 原初裂解物转导

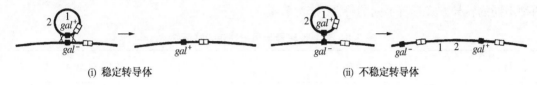

(i) 稳定转导体　　　　　　　　　　(ii) 不稳定转导体

D. 双重溶源菌

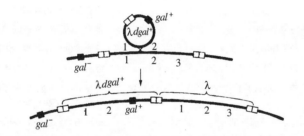

E. HFT 裂解物的产生

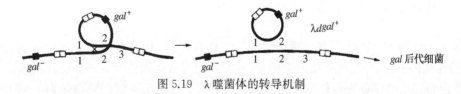

图 5.19　λ 噬菌体的转导机制

其插入部位在细菌半乳糖合成 *gal* 基因和生物素合成 *bio* 基因之间。对插入的原噬菌体可通过诱导而从宿主染色体上切除原噬菌体,其方式刚好与插入过程相反,但在切除过程中受 *int* 和 *xis*(切离基因)两个 λ 基因控制,即:

$$\text{BOP}' - \text{POB}'(\text{原噬菌体}) \xrightarrow{\textit{int xis} \text{ IHF}} \text{BOB}'(\text{细菌}) + \text{POP}'(\text{噬菌体})$$

λ 噬菌体几乎始终按精确的方式被切除形成完整的环状基因组[图 5.19B(i)],但偶尔也会产生不精确的切离,将 *att*B 附近的基因 *gal* 或 *bio* 等错误地环化出去,而将噬菌体 DNA 的部分片段留在细菌染色体上[图 5.19B(ii)]。由于局限性转导噬菌体中,头部被包装的 DNA 总长度与噬菌体基因组长度相当,因此每当局限性转导噬菌体带走细菌染色体基因时,它几乎总是成为缺失性噬菌体(defective phage),即丢失了一部分自身的 DNA。用 λ*dgal*⁺ 或 λ*dbio*⁺ 表示,这里的 *gal* 或 *bio* 代表该噬菌体中含有的宿主基因。由于缺失使得其不再具有野生型噬菌体的某些功能,不能独立进行自身的复制,但可以在正常噬菌体的帮助下进行复制。这种缺失也是有条件的:不能缺失黏性末端,否则便不能被包装;不能缺失自身的复制区域;必须维持一定的长度,才能被噬菌体头部包装。

由于发生这种不精确切离形成的转导噬菌体(λ*dgal*⁺ 或 λ*dbio*⁺)概率很低,用这种噬菌体去感染非溶源性的 *gal*⁻ 或 *bio*⁻ 受体细胞后,转导子出现的频率只有 10^{-6},故称为低频转导(low frequency transduction,

LFT)。$\lambda dgal^+$ 侵染 gal^- 菌株时,可通过两种不同途径进行转导:一种是通过 λ 携带的 gal^+ 与受体基因 gal^- 进行同源配对,经双交换,产生重组的 gal^+ 转导子,这种转导子是非溶源性的、稳定的[图 5.19C(i)]。另一种途径是通过与受体基因的一次交换而使 $\lambda dgal^+$ 整合到受体染色体的 gal^- 基因旁边,形成部分二倍体,但这种转导子可因 λ 的切离、丢失而经常地分离出 gal^- 品系,因而不稳定[图 5.19C(ii)]。

如果用带有 gal^+ 的局限性转导噬菌体($\lambda dgal^+$)去感染 E. coli gal^-(λ)时,$\lambda dgal^+$ 与已整合的正常的 λ 通过单交换进行同源重组而形成一个双重溶源菌(图 5.19D),即 $\lambda/\lambda dgal^+$。双重溶源菌上的正常 λ 的基因可补偿 $d\lambda gal^+$ 所缺失的基因功能,起辅助作用,称为辅助噬菌体(helper phage),因而两种噬菌体同时获得大量复制。由此产生的裂解物中,大体含有等量的 λ 和 $\lambda dgal^+$,用这一裂解物去感染另一个 E. coli gal^- 受体菌,则可高频率地将受体转导成 gal^+,故称为高频转导(high frequency transduction,HFT)(图 5.19E)。一般用紫外线诱导 $\lambda/\lambda dgal^+$ 双重溶源菌,即可获得大量的高频转导噬菌体,其转导频率比低频转导高 1 000 倍以上。

3. 普遍性转导和局限性转导的比较

这两种不同的转导方式具有不同的特性,见表 5.8。

表 5.8 普遍性转导与局限性转导的区别

比 较 项 目	普 遍 性 转 导	局 限 性 转 导
转导的发生	自然发生	人工诱导如紫外线等
转导噬菌体形成	错误的装配	原噬菌体不精确切除
转导的基因	供体菌的几乎任何一个基因	多为原噬菌体邻近两端的供体基因
转导噬菌体获得	可通过裂解反应和诱导溶源性细菌	只能通过诱导溶源性细菌
噬菌体的位置	并不整合到宿主染色体的特定位置上	整合到宿主染色体的特定位置上
转导的过程	通常以双交换使转导 DNA 替换受体 DNA 同源区,稳定	转导 DNA 的插入,使受体菌成为部分二倍体,不稳定,也可通过双交换来完成
转导子	是非溶源性的和稳定的或流产的	是缺陷溶源性的,不稳定

5.3　噬菌体的遗传与作图

1946 年,Delbrück 和 Hershey 各自发现了噬菌体遗传重组后,有力地推动了噬菌体遗传学的发展。噬菌体的基因重组与细菌不同,与真核生物的重组十分相似,但噬菌体遗传有其一些特殊现象。

(1) 从单个混合感染的细菌中可得到亲本和重组噬菌体　两个不同的噬菌体(如 A^+B^- 和 A^-B^+)同时感染一个细菌细胞,如果把被感染的细菌进行大量的稀释,然后分析单个细菌所释放的噬菌体,那么可以发现从一个细菌中可释放出亲本噬菌体(A^+B^- 和 A^-B^+)和重组噬菌体(A^+B^+,但 A^-B^- 选不出来)。这一实验结果说明:基因重组必然发生在噬菌体 DNA 复制以后,而不是复制以前。如果发生在复制以前,释放出来的噬菌体都应为重组体。所以不应该把一个细菌中感染的两个不同类型的噬菌体看作两个亲本,而应该把由它们复制得来的许多噬菌体看作许多亲本。

(2) 不同基因型噬菌体之间可以发生多次交换　三种突变型(如 $x^-y^+z^+$、$x^+y^-z^+$ 和 $x^+y^+z^-$)的噬菌体混合感染同一细菌,同样对释放出的噬菌体进行基因型分析,不仅有亲本基因型,也有重组基因型($x^+y^+z^+$、$x^-y^-z^-$)。实验结果说明至少在三个噬菌体中重复发生了两次基因重组才能得到三亲重组体。重组可以一再发生,这与 E. coli 是不同的。

(3) 重组体比例随宿主细胞破裂时间的延长而增加　被感染的宿主经一段潜伏期后会自动破裂而释放出噬菌体,若用 10^{-3} mol/L KCN 处理被感染的细菌,可以人为地使它提前裂解。在一个双基因杂交中,Doermann 用 T_4 噬菌体 $r_{47}tu^+ \times r^+tu_{43}$,在感染后不同时间段取样,人为地使细菌裂解,然后分析单个细菌所释放的噬菌体类型,结果发现:随着时间的推移,子代噬菌体的比例逐渐增加。

(4) 亲代对子代提供的遗传贡献取决于每种亲代噬菌体的相对数量　噬菌体在杂交中,每个亲代对子代提供的遗传贡献取决于感染细菌时每种亲代噬菌体的相对数量,如亲代 A 基因型和亲代 B 基因型共同感染细菌时,两者投放量比例若为 10∶1,则产生重组子代的数量中 A 基因型常多于 B 基因型。

由此可见,噬菌体在装配之前的 DNA 复制过程中,DNA 分子之间可以一再进行重组,直到装配成完整的颗粒时重组才停止,因而在噬菌体杂交时,应该注意:① 控制每个亲代噬菌体的投放量;② 控制允许噬菌体复制和重组的时间。只有控制好这两个因素,并在标准条件下进行杂交所得的重组值才能用于绘制近似的遗传图。因此噬菌体的杂交子代中的重组值并不代表真正的基因距离,而只是一个近似的数值。

5.3.1　重组实验

通常杂交选用 2~4 个基因差异的噬菌体来混合感染细菌,根据不同重组基因型产生不同的噬菌斑等特征,可以很容易地观察和计数,然后计算重组噬菌体占总的子代噬菌体的比例来确定重组值。由于噬菌体是单倍体,因而由两点测交所得 4 种噬菌斑或三点测交所得 8 种噬菌斑都可以直接统计,计算重组值并确定基因顺序。

1. 两点测交

1948 年,Hershey 和 Rotman 以 T_2 噬菌体的两种不同突变株杂交,一种为宿主范围突变型(h),另一种为快速溶菌突变型(r)。用这两对性状进行杂交的亲本基因型分别是 hr^+ 和 h^+r,h 为突变型,能在 $E.\ coli$ B 和 B/2 品系上生长,其在含有 $E.\ coli$ B 和 B/2 的混合培养基上,能产生透明的噬菌斑;h^+ 为野生型,只能在 $E.\ coli$ B 上生长,不能浸染 $E.\ coli$ B/2,因而其在含有 $E.\ coli$ B 和 B/2 的混合培养基上产生的噬菌斑为半透明的。r 与 r^+ 均能在 $E.\ coli$ B 和 B/2 上生长,形成噬菌斑形态分别为大而清晰和小而边缘模糊。

将 hr^+ 和 h^+r 同时感染 $E.\ coli$ B,然后将其子代噬菌体涂布在 $E.\ coli$ B+B/2 混合平板上,则形成 4 种噬菌斑(表 5.9)。

表 5.9　$hr^+ \times h^+r$ 形成 4 种噬菌斑

表　型	推导的基因型	类　型
透明、小	hr^+	亲本型
半透明、大	h^+r	亲本型
半透明、小	h^+r^+	重组型
透明、大	hr	重组型

前两种是亲本性状,而后两种是重组性状,说明 hr 和 h^+r^+ 是双亲的基因发生遗传重组的结果,可计算出这两点之间的重组值,表示这两个连锁基因之间的遗传距离。

$$重组值 = \frac{重组噬菌斑数}{总噬菌斑数} \times 100\% = \frac{(hr)+(h^+r^+)}{总噬菌斑数} \times 100\%$$

对于 T_2 噬菌体的 r 突变来说,可以根据噬菌斑的形态而分成 r_1、r_7、r_{13} 等,用各种 r 突变型(h^+r_x)分别与宿主范围突变型(hr^+)杂交,获得各种结果(表 5.10)。

表 5.10　T_2 噬菌体几个 r 突变型和一个 h 突变型杂交重组值

杂　交	各基因型的百分比/%				重组值/%
	h^+r^+	hr^+	h^+r	hr	
$hr^+ \times h^+r_1$	12.0	42.0	34.0	12.0	24.0
$hr^+ \times h^+r_7$	5.9	56.0	32.0	6.4	12.3
$hr^+ \times h^+r_{13}$	0.74	59.0	39.0	0.94	1.7

根据实验结果可以看出,不同的 r 突变株,其重组型出现的频率是不同的,r_1 为 24,r_7 为 12.3,r_{13} 为 1.7,说明 r_1、r_7、r_{13} 距 h 基因的距离是不同的,即它们位于 T_2 噬菌体的位置不同,因而有 4 种可能的连锁图:

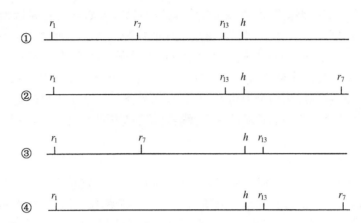

究竟哪一种是正确的呢？首先必须知道 r_1、r_7、r_{13} 相互间的距离才能确定。如果以 r_7、r_{13} 和 h 为例，其排列顺序可以是 r_{13}—h—r_7 或 h—r_{13}—r_7，通过 $r_{13}r_7^+ \times r_{13}^+ r_7$，确定其排列为 r_{13}—h—r_7，那么 r_1 是位于靠近 r_7 的 h 一侧还是位于靠近 r_{13} 的 h 一侧？从 r_1 与 r_7 和 r_{13} 的杂交数据中还不能提供出明确的答案。当用很多不同的 T_2 噬菌体品系进行精确的遗传作图时，证明这两种排列顺序都是正确的。因为 T_2 噬菌体的遗传物质虽然是线性的双链 DNA，但其遗传图谱是环状的，与细菌连锁图一样，只有在染色体是环状的情况下，才能合理解释。

2. 三点测交

1953 年，Doermann 对 T_4 噬菌体用三点测交进行基因定位，选用 T_4 噬菌体的两个品系感染 $E. coli$，一品系的三个基因为 m（小噬菌斑）、r（快速溶菌）、tu（混浊溶菌斑）突变型，另一品系对这三个基因都是＋＋＋（野生型）。两品系杂交所得后代为 8 种类型（表 5.11）。

表 5.11　T_4 噬菌体的三点测交($m\ r\ tu \times ＋＋＋$)结果

类　　型		噬菌斑数	百分比/%	重组值/%		
				$m—r$	$r—tu$	$m—tu$
亲本类型	$m\ \ r\ \ tu$	3 467	33.5 ⎫			
	$+\ \ +\ \ +$	3 729	36.1 ⎭			
单交换型	$m\ \ +\ \ +$	520	5.0 ⎫	√		√
	$+\ \ r\ \ tu$	474	4.6 ⎭			
单交换型	$m\ \ r\ \ +$	853	8.2 ⎫		√	√
	$+\ \ +\ \ tu$	965	9.3 ⎭			
双交换型	$m\ \ +\ \ tu$	162	1.6 ⎫	√	√	
	$+\ \ r\ \ +$	172	1.7 ⎭			
合　　计		10 342	100.0	12.9	20.8	27.1

由于病毒是单倍体，与二倍体生物不同，亲组合与重组合可直接从后代中反映出来，直接统计各种噬菌体类型即可，8 个类型中最少的两个类型就是双交换，频率最高的两个就是亲本类型，其余的为单交换类型。

由于噬菌体遗传有其特殊性，噬菌体杂交子代中的重组频率并不代表真正的基因间距，而只是一个近似的数值，所以根据实验结果，可绘出 T_4 噬菌体 m、r、tu 基因的染色体图，其近似为：

$$m \quad\quad 12.9 \quad\quad r \quad\quad\quad 20.8 \quad\quad\quad tu$$

5.3.2　Benzer 的重组实验——基因的精细作图

1955 年，Benzer 对 T_4 噬菌体 r 突变型进行了详细的分析，r 突变使得 T_4 噬菌体所侵染的宿主细胞迅速裂解而形成大的噬菌斑，但在形态上各有差异，易于区别。研究表明，r 突变型分布在 T_4 噬菌体 DNA 的三个主要区域,分别称为 r Ⅰ、r Ⅱ、r Ⅲ,这 3 组不同的突变型可根据在不同宿主菌上的反应差异而相互区别。对 r Ⅱ区域的突变型研究发现,野生型的 T₄ 噬菌体 r Ⅱ⁺ 在 *E. coli* B 菌和 K(λ)菌上都能生长,形成小而模糊的噬菌斑;突变型 T₄ 噬菌体 r Ⅱ在 *E. coli* B 菌上生长并裂解形成大而边缘清晰的噬菌斑,而在 K(λ)菌上不能产生子代(表 5.12)。

表 5.12　T₄ 噬菌体突变型 r Ⅱ和野生型 r Ⅱ⁺ 在不同菌上的噬菌斑形态

T₄噬菌体品系	*E. coli* 菌株	
	B	K(λ)
r Ⅱ	+(大、清晰)	—
r Ⅱ⁺	+(小、模糊)	+(小、模糊)

　　由于 T₄ 噬菌体 r Ⅱ的生长是有条件的,所以可用选择技术,把所有的 r Ⅱ突变型成对杂交,计算每对突变位置间的重组值。其过程为用成对的 r Ⅱ突变型(r^x,r^y)对 *E. coli* B 进行双重感染,裂解后获子代噬菌体,再将子代噬菌体以同样浓度等量地分别接种在 *E. coli* B 和 K(λ)上。在 *E. coli* B 上由于两种 r Ⅱ突变型 (r^x,r^y)和两种重组子($r^x r^y$,r^+)都能生长,形成的噬菌斑数可以表示总的噬菌体后代数。而在 *E. coli* K(λ)上,只有重组子 r^+ 能生长,因此可以估计野生型重组体数目(图 5.20),由于另有一半双突变型重组体($r^x r^y$)不能生长,所以估算总重组体数要把野生型重组体(r^+)数目乘以 2。重组值的计算可用下列公式:

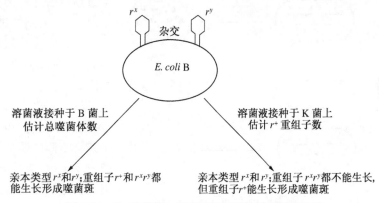

图 5.20　T₄ 噬菌体 r Ⅱ不同突变型重组值测定技术

$$RF = \frac{2 \times (r^+ \text{噬菌斑数})}{\text{总噬菌斑数}} \times 100\% = \frac{2 \times K(\lambda)\text{上的噬菌斑数}}{B\text{菌上的噬菌斑数}} \times 100\%$$

　　以往用计算重组的方法是计算基因与基因之间的距离,而选择技术可以用来测定一个基因内部不同位点间的距离,它对于低重组值的测定非常敏感,因为数以百万计的子代噬菌体可接种在 *E. coli* K 菌上,这样即使重组的噬菌体占很小的比例也容易被观察到,它的精确度可达到0.002个图距单位,但上述方法实际所测得 r Ⅱ区两个突变位点的最小重组值为 0.02%,即0.02 个图距。根据 T₄ 噬菌体的遗传图为1 500 mu,基因组为 1.65×10^5 bp,因此 0.02 个图距约相当于 2.2 bp,即 $(0.02/1\,500) \times 1.65 \times 10^5$。由此可见重组子的单位可小到相当于一个核苷酸对,故 Benzer 的选择技术也称为基因的精细作图。

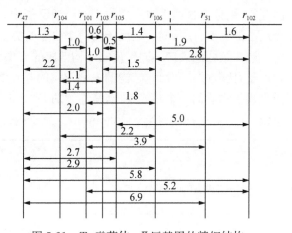

图 5.21　T₄ 噬菌体 r Ⅱ区基因的精细结构

　　Benzer 发现整个 r Ⅱ区具有上千个突变型,分别位于 A、B 两个顺反子(cistron,不同突变之间没有互补关系的功能区,即基因)(详见本章阅读材料),即两个基因中。这些突变型如 r_{47}、r_{104}、r_{106}、r_{51}、r_{102} 等(图 5.21),是因为占有不同的位置而属于不同的顺反子呢,还是因为它们的表型效应都相同而属于同一个顺反子? 这就需要用互补测验来判断。

5.3.3　互补测验

　　Benzer 的重组实验,以遗传图距的方式确定了不同突变间的空间关系,但对于这些突变型是属于同一基因还是不同基因,需应用互补测验来确定突变的功能关系。互补测验是指两个突变型同时感染 $E.\,coli$ K(λ)时,可以相互弥补对方的缺陷,共同在菌内增殖,释放原来的两个突变型。因此互补测验的程序与基因精细作图实验正好相反,将两个不同的突变型如 r_{51} 和 r_{106} 先混合感染 $E.\,coli$ K(λ)而不是 B 菌。两突变型分别感染 K(λ)菌时不能复制,只有混合感染 K(λ)菌,无论两突变的位点是顺式排列(cis arrangement,两个突变点位于同一条染色体上的排列方式)还是反式排列(trans arrangement,两个突变点分别位于一对同源染色

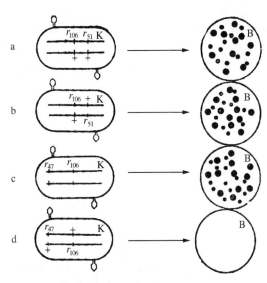

图 5.22　T₄ 噬菌体 rⅡ突变型的互补测验
K 为 一个 $E.coli$ K 细胞;B 为涂满 $E.coli$ B 的一个培养皿;
大黑点为 rⅡ噬菌斑;小黑点为野生型噬菌斑

体上的排列方式)均可产生子代噬菌体,所释放的噬菌体不但有 r_{51} 和 r_{106},而且还有野生型噬菌体,说明 r_{51} 和 r_{106} 混合后,在 K(λ)菌中不但进行了复制,而且发生了基因重组(图 5.22a、b)。那么在 r_{51} 和 r_{106} 混合感染中究竟是因为发生重组以后才能复制,还是突变型互补,从而分别进行复制,然后在复制的过程中发生重组?

　　若是因为重组才复制,那么混合感染中能否得到子代噬菌体,应该和两个突变型的位置间的距离有关,但事实上与距离无关。例如 r_{47} 和 r_{106} 的距离比 r_{51} 和 r_{106} 的距离大,但是混合感染 K(λ)后,在指示菌 B 上却都不出现噬菌斑(图 5.22d),由此可见,r_{51} 和 r_{106} 虽然相距较近,但都分别位于两个不同的顺反子(A 和 B)中,因此对于 A 顺反子或 B 顺反子来说,无论顺式还是反式排列,只要其中一个等位基因内部发生突变,而另一个等位基因是正常的,可以通过互补来满足于在宿主 K(λ)中进行复制所缺少的因素,从而都得以进行复制,并在复制过程中发生重组。r_{47} 和 r_{106} 两个突变型虽然相距较远,但却同属于一个顺反子 A,在这两种混合感染K(λ)中,只有顺式排列方式有功能,是由于这两突变位点位于同一个等位基因内,而另一等位基因正常,所以复制能进行并重组(图 5.22c);而反式排列中两突变位点分别居于同一顺反子 A 的两个等位基因上,导致这两个基因都有缺陷,因而不能进行复制。

　　在互补测验中,两个突变型若表现出互补效应,则证明这两个突变型分别属于不同顺反子;若不能表现出互补,则证明这两个突变型位于同一顺反子中。顺式排列只是作为对照,因为在顺式排列中,无论是两个顺反子的突变,还是同一顺反子内两个位点的突变,在互补测验中均表现出互补效应(图 5.23)。

　　顺式结构的效应不同于反式结构效应的现象称为顺反位置效应。具有顺反位置效应的突变型属于同一顺反子,比较顺式和反式结构的表型效应的互补测验称为顺反位置效应测验。顺反测验说明:顺反子即基因是遗传物质的一个功能单位,是连续的 DNA 片段,它负责传递遗传信息,是决定一条多肽链的完整的功能单位,它包含一系列的突变子(muton,顺反子内发生突变的最小单位,即核苷酸对)和重组子。

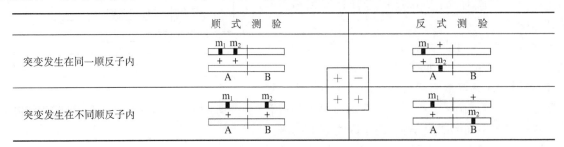

	顺　式　测　验				反　式　测　验
突变发生在同一顺反子内	m₁ m₂ + + A　　B	+	−	m₁ + + m₂ A　　B	
突变发生在不同顺反子内	m₁　　m₂ +　　+ A　　B	+	+	m₁　　+ +　　m₂ A　　B	

图 5.23　互补测验
A、B 代表两个不同的顺反子;m₁、m₂ 代表两个突变位点

5.3.4　缺失作图

Benzer 对 rⅡ区域突变型研究时发现,有些突变型可以回复成野生型,有些则总是不能回复成野生型,这是由于两种不同的突变型所造成的结果。若突变是由于核苷酸对发生了改变,则称为点突变(point mutation);若突变是由于缺失了相邻的许多核苷酸对,则称为缺失突变(deletion mutation)。点突变与缺失突变之间的一个重要区别为前者可以回复突变为野生型,而后者不能回复突变为野生型,因为缺失突变是不可逆的。依据缺失突变同另一个基因组内相同缺失区内的点突变之间不可能发生重组的原理,可进一步确定突变的位置。凡是能和某一缺失突变型进行重组的,它的位置一定不在缺失范围内;凡是不能重组的,它的位置一定在缺失范围内。Benzer 根据这一原理,发现了 rⅡ区许多缺失突变,采用缺失作图(deletion mapping)方法,快速确定大量的点突变的遗传位置,使 rⅡ区不同突变的定位变得迅速简便。

Benzer 缺失作图是利用一组重叠缺失系与某一新的突变进行杂交,通过是否能产生野生型重组体来确定突变的具体位置。假设 rⅡ区的一组重叠缺失系中有缺失Ⅰ、Ⅱ、Ⅲ和Ⅳ,不同系的缺失区都有相互重叠的部分(图 5.24),用每个缺失重叠系的端点把 rⅡ区分为 A、B、C、D 四个片段。

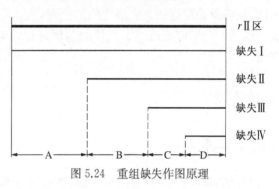

图 5.24　重组缺失作图原理

若某一新的突变与这四个重叠缺失系杂交都不能产生野生型的重组体,说明新的突变是位于缺失的区域内,而缺失突变Ⅳ的缺失部分在缺失Ⅰ、Ⅱ、Ⅲ中同样具有,因而可推断出这一新的突变在 D 片段中。若这一突变与缺失Ⅲ、Ⅳ突变杂交产生野生型重组体,而与缺失突变Ⅰ、Ⅱ杂交不能形成野生型重组体,则可推断出这一突变在 B 片段内。因此,根据杂交结果可以把新突变定位在具体的片段中,再与此片段中更小的缺失重叠系杂交,可以作出更为精细的位置结构图。

Benzer 将 rⅡ区的许多缺失系(图 5.25)都编上特定的编号(如 1272、1241、J3、PT1 等),以不同缺失的端点作为界线,把 rⅡ区划分成 47 个不同片段(见图 5.25 底部的 A_1a、A_1b_1、A_1b_2 等)。

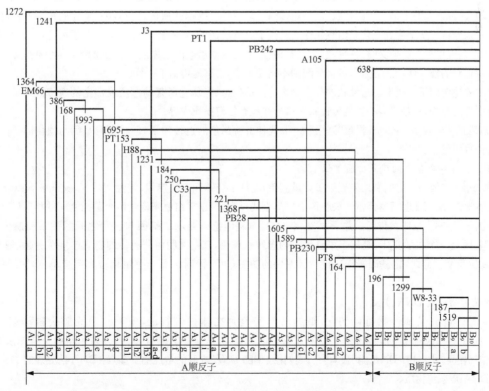

图 5.25　T_4 噬菌体 rⅡ区缺失突变系的缺失部位

一般通过两个步骤把尚未确定的 $r \text{II}$ 突变定位于 $r \text{II}$ 区 47 个小片段上,首先将待测突变型与图 5.25 的最上方的 7 个带有"大缺失"突变系杂交,因为他们是覆盖着 $r \text{II}$ 区的缺失重叠系,可确定这一突变位点所属的大范围,再将待测突变型进一步与有关已确定的范围内的一系列"小缺失"突变系杂交,以确定所属的位置。例如,某一突变的位点在 $A_4 e$ 片段中,那么它与 7 个"大缺失"突变系杂交的结果为 PB242、A105、638 能产生野生型重组体,而 1272、1241、J3、PT1 不产生野生型重组体,因而可推断出突变的位置在 PT1 缺失的左端起点至 PB242 缺失的左端起点间所构成的区域内,然后可与此范围内的有关缺失突变系如 221、1368、PB28 等杂交来进一步确定更小的范围,若与这三者都不产生野生型重组体,则可确定待测突变应位于 $A_4 e$ 中。

利用一系列缺失重叠突变型,使测定工作简单化,大大减轻了绘制连锁图工作。由于这种方法只需要观察能否重组,无须对重组子进行统计,增加了绘制连锁图的准确性。这种方法适用于测定大量突变型的定位工作,只需要确定这些突变型之间的位置,而不必再测定它们同其他片段中另一些独立突变之间的相对位置。这一方法同样也适用于其他的基因定位,如沙门氏菌组氨酸生物合成的基因群中许多突变型的基因定位。

阅读材料

基因概念的发展

基因作为遗传学的专用术语,也是遗传学中的核心概念,人们对基因本质的认识随着遗传学的发展而不断地深化和完善,在历史发展的不同时期,人们对基因概念的理解有着不同的内涵,其概念每发展一步都意味着遗传学乃至整个生物学的一次革命和突破,随着对基因功能认识不断深入,所知的基因种类也日益增多,基因概念在科学实践中不断得到充实和完整。

一、经典基因的概念

(一) 遗传因子——控制生物性状的符号

基因的最初概念来自孟德尔的豌豆杂交实验,为了解释实验结果,提出了一个假设:在每个植株中,每一个相对性状受两个相同的遗传因子控制,显性遗传因子使之表现为显性性状,隐性遗传因子使之表现为隐性性状。表明生物的性状是由遗传因子负责传递的,遗传下来的不是具体的性状,而是遗传因子。孟德尔揭示的遗传规律表明,生物的每一个性状,可以用遗传因子的基本单元来分析。从亲代到子代是由颗粒性遗传因子负责传递的,颗粒性遗传因子存在于细胞,是成对存在于体细胞里,而在性细胞里是成单存在。杂交时,各自独立,互不融合,因而孟德尔遗传也称为颗粒性遗传。在杂种产生配子时,不同的遗传因子仍保持相对的独立性,互不感染,各自分配到不同配子中,完整地传给下一代。

因而孟德尔的遗传因子是决定遗传性状的一个基本遗传单位,只能从它所起的作用或产生的遗传效果感知它的存在,它只是一种逻辑推理的产物,只是代表一种遗传性状的符号并没有任何物质内容。

1909 年,丹麦遗传学家 Johannsen 提出"基因"一词,代替了孟德尔的遗传因子,但早期的基因与遗传因子实质是一致的,只是一个抽象符号而已。

(二) 基因是位于染色体上的遗传功能单位

1910 年 Morgan 与他的学生们利用果蝇做了大量实验,确认了连锁和交换定律、伴性遗传等,验证了 Sutton 和 Boveri 提出的遗传的染色体学说,从而证明了基因位于染色体上并呈直线排列,根据重组值来衡量两个基因之间的相对距离,进而推算出相邻基因间的图距,绘制染色体遗传图。并于 1926 年发表了《基因论》,揭示了基因与性状之间的关系和遗传的传递规律。科学地预见了基因是一个化学实体,是位于染色体上的念珠状颗粒,它们之间由非遗传的物质连接在一起,基因之间会发生交换,也可以发生突变。总之,把基因看作决定性状差别的功能单位,同时也看作重组单位和突变单位,即三位一体的最小单位。

(三) 基因是有功能的 DNA 片段

1928 年 Griffith 首先发现性状可以转化,最初转化实验是在体内进行的,实验材料为肺炎链球菌(*Streptococcus pneumoniae*)。1944 年 Avery 等对转化的本质进行了深入的研究,完成了体外转化实验,发现了从肺炎链球菌中提取的多糖和蛋白质均不能引起转化,只有 DNA 能引起转化。转化效率随 DNA 浓度的增加而提高,经 DNA 酶处理的 DNA 亦失去转化作用,证明了 DNA 是遗传物质。

1941 年 Beadle 和 Tatum 提出的一个基因一个酶学说,证明基因通过它所控制的酶决定着代谢中生化反应步骤,进而决定生物性状,为遗传密码的解码和细胞内大分子之间信息传递过程的揭示奠定了基础。直到 1953 年,Watson 和 Crick 根据 X 射线衍射分析提出了 DNA 分子的双螺旋模型,随后的研究证实基因是有遗传效应的 DNA 片段,基因的传递与表达同生物体内的生化代谢过程密切相关。随着遗传信息流向的中心法则的提出,合理地阐明了核酸和蛋白质两类大分子的联系和分工,核酸的功能在于贮存和转移遗传信息,指导和控制蛋白质合成,蛋白质的主要功能是进行新陈代谢及作为细胞的组成部分。三联遗传密码的破译,证明了遗传密码的通用性,揭示了 DNA 上的遗传信息是通过转录成 RNA,再由作为信使的 mRNA 转译合成蛋白质的过程。因此 DNA 不仅具有独特的双螺旋结构,而且还具有生物学功能,从而把结构与功能有机地统一起来。

二、基因的可分性

早期的遗传学理论,把基因看作位于染色体上的念珠状颗粒,由非遗传物质连接在一起。基因是单个的不可分的实体,经典基因的概念认为:① 基因是一个基本的结构单位,其内部不能发生重组;② 基因是一个基本的突变单位,其内部没有更小的突变点;③ 基因是一个基本的功能单位,它决定着一个特定的表型性状。总之,基因是一个重组、突变和功能三位一体的单位。但随着顺反位置效应的发现,特别是对 T_4 噬菌体 rII 区域精细结构的分析,提出了顺反子概念,证明了基因是可分的。

(一)顺反位置效应和拟等位基因

在果蝇中,野生型眼是红色的,由一个显性基因决定,位于 X 染色体 1.5 cM 的位置上,此外果蝇还有许多其他的眼色,如粉红色、樱桃色、杏色、伊红、象牙白和白色等,早期研究认为这些眼色的基因属于一个复等位基因系列,都是等位的。当用杏色眼(ω^a/ω^a)与白眼(ω/Y)果蝇杂交时,F_1 为杏色眼,F_2 应当仅有两种亲本的表型,但在大量的 F_2 中,偶然也有野生型的红眼出现,其频率约为 1/1 000,这显然不是突变的结果,因为突变没有如此高的频率。进一步研究证实,其是由于杏色眼基因和白眼基因之间发生了交换,虽然这两个基因在染色体上所占的位置相同,即位于同一基因座,但属于不同位点。因此上述实验可作如下解释:杏色眼 ω^a+/ω^a+ 与白眼 $+\omega/Y$ 杂交,F_1 杏色眼($\omega^a+/+\omega$ 和 ω^a+/Y),F_1 雌蝇减数分裂时发生交换形成 ++ 和 $\omega^a\omega$ 的重组配子,而 ++ 配子与任何其他种配子结合所形成的 F_2 个体均表现为野生型红眼果蝇,因此 F_2 具有野生型的出现。而进一步对杏色眼 $\omega^a+/+\omega$ 与野生型 $++/\omega^a\omega$ 两种个体进行比较,它们的基因组成一样,只是排列方式不同。前者为反式排列,后者为顺式排列,这种由于排列方式不同而表型不相同的现象称为顺反位置效应(cis-trans position effects)。

由于野生型基因为完全显性,那么两种不同排列的基因为何在表型效应上有所不同?这是因为 ω^a、ω 基因共同影响着同一表型(眼色),在功能上是等位的,但在结构上属于不同位点,可以发生交换,位置效应是由同一功能性等位基因中不同位点的排列方式引起的。将这种紧密连锁的基因在功能上是等位的,而结构上为非等位的称为拟等位基因(pseudoallele)。这是对“三位一体”基因概念提出的挑战,说明基因是可分的。

(二)顺反子是一个基因,决定一条多肽的形成

经典基因认为,基因内部是不能重组的,因此,凡不能重组的基因就是等位基因,能重组的基因为非等位基因。而拟等位基因的提出,说明基因的可分性。特别是 1955 年 Benzer 以 T_4 噬菌体为材料,在 DNA 分子水平上分析研究了基因内部的精细结构,提出了顺反子概念。

研究表明,噬菌体能迅速裂解 E. coli,产生裂解作用的物质是由 T_4 噬菌体上 r 区域的核苷酸序列控制的。若这段区域的核苷酸序列发生了突变,就可能影响这种物质的产生,表现为不能裂解宿主。Benzer 对 T_4 噬菌体 rII 区的研究发现有上千个突变型,它们裂解 E. coli 后形成的噬菌斑的大小、形态各不相同,裂解的细菌品系和条件也不一样。依基因是突变与重组的基本单位的概念,可用杂交方法来确定这些突变型是否为等位基因,即用两个不同的噬菌体突变型同时感染一种细菌,若细菌裂解后产生的新噬菌体仍为原来的组合,则这两个突变是等位基因突变;反之,若后代中出现了重组类型,则这两个突变是不同基因的突变。实验结果表明 rII 区的突变型可分别归入 rII 区内前后相连的 A、B 两个亚区,两个亚区本身的突变似保持等位性,彼此间则经常出现一定频率的重组后代,这样 rII 区中 A、B 两个亚区好像是 rII 区内的两个基因。但如果扩大重组实验的规模,却发现两个亚区本身突变之间,也有重组发生,只是频率较低。因此,Benzer 根据这些实验资料提出了基因结构的顺反子、突变子和重组子三个概念。

顺反子是功能单位,一个顺反子就是一段核苷酸顺序,决定一条多肽链的产生。根据互补测验表明,两个突变位点若可以互补,即顺式和反式排列都有功能,那么这两个突变位点不在一个顺反子内;若两个突变位点不能互补,即顺式有功能,反式没有功能,说明这两个突变位点在同一个顺反子内。顺反子是基因的同义词,但与经典基因的概念不同。一个顺反子可以包含一系列突变单位——突变子。突变子是构成基因的 DNA 片段中的一个或几个核苷酸,核苷酸的改变将引起密码子的改变,性状也随之发生改变。由于基因内各突变子之间都有一定距离,因此彼此间能发生重组,重组值与突变子间的距离成正比,距离越远,重组值越高,反之距离越近,重组值越低。根据 Benzer 的计算,在有功能 DNA 中的最小交换单位为 1～3 对核苷酸,与理论上的最低值单对核苷酸极相似。所以重组子是顺反子中的交换单位,代表一个空间单位,它可以是几个密码子的重组,也可以是一个核苷酸的交换。因此顺反子中最小的重组子和最小的突变子应为 DNA 分子中的单对核苷酸,即突变子也就是重组子。

顺反子打破了经典基因"三位一体"的概念,把基因具体化为 DNA 分子的一段序列,它负责传递遗传信息,是决定一条多肽链的完整的功能单位,其内部任何一个位点的突变或不同位点间的重组都可能导致其功能的改变。而且基因与基因之间还有相互作用,排列的位置不同,产生的效应也不同。顺反子的提出使基因的概念向前发展了一大步,是遗传学从经典遗传学向分子遗传学发展的重要标志之一。

三、基因的调节控制——操纵子

1961 年,Jacob 和 Monod 通过不同的 *E. coli* 乳糖代谢突变体来研究基因的作用,提出了 *E. coli* 乳糖操纵子模型,使人们认识到基因的功能不是固定不变的,而是可以根据环境的变化进行调节的,操纵子模型的提出使基因概念又向前迈出了一大步。基因不仅是传递遗传信息的载体,同时也具有调控其他基因表达活性的功能。

在乳糖操纵子模型中,基因依其功能不同可分为调节基因(regular gene)、操纵基因(operator)和结构基因(structural gene),通过这些基因的密切协作,细胞才能表现出和谐的功能。

乳糖操纵子的结构基因有三个,即编码 β-半乳糖苷酶、β-半乳糖苷透性酶、β-半乳糖苷乙酰转移酶,是分解乳糖不可缺少的酶。在三个结构基因前面有一个操纵基因,是调节基因的产物阻遏物与 DNA 结合部位,是不转录、不转译的 DNA 区段,因其上面有与阻遏物结合的位点,当阻遏物附着时,结构基因失去转录活性,不能合成三种酶。在操纵基因前面有一个启动子(promotor),是转录时 RNA 聚合酶开始与 DNA 结合的部位,当操纵基因上没有阻遏物时,与启动子结合的 RNA 聚合酶向操纵基因和结构基因移动,于是合成三种酶。在启动子以外还有一个调节基因,可编码阻遏物,调节结构基因的活性。当乳糖分子进入细菌细胞后,立即同调节基因产生的阻遏物结合,使操纵基因活动起来,结构基因随之合成三种酶;当乳糖消失后,调节基因产生的阻遏物又与操纵基因结合,RNA 聚合酶无法从启动子部位向结构基因移动,因而三种酶合成停止。

操纵基因同它操纵的一个或几个结构基因联合起来,在结构和功能上形成一个协同活动的整体,称为一个操纵子。调节基因通过产生阻遏物来调节操纵基因,从而控制结构基因的功能。这些基因形成了具有一整套基因功能的调节控制系统。

操纵子模型发展了基因概念,对基因的可分性,不仅表现在结构上,即由许多可以单独发生突变、重组的核苷酸所组成;而且表现在功能上也有差别,既可分为编码某种蛋白质的结构基因,也可分为负责调节其他基因功能的调节基因,还有并不决定蛋白质而在功能上却又必不可少的操纵基因、启动子。基因不仅可以独立地传递遗传信息,而且各基因间又形成了相互制约的统一整体,每个基因都是整体中的一个组成部分。

乳糖操纵子模型中,除了具有转录、转译的结构基因、调节基因外,还有只转录、不转译的基因如 tRNA 和 rRNA 基因,以及不转录、不转译的基因如操纵基因、启动子。从功能上看,操纵基因、调节基因、启动子都属于调控基因,操纵基因与其控制下的一系列结构基因组成一个功能单位,即操纵子。因此对这些基因的研究,加深了人们对基因的功能及其调控关系的认识。

四、跳跃基因

一般认为基因组中的序列通常处于恒定的位置,基因除非发生突变或染色体发生畸变,破坏其稳定状态,否则不会改变基因的功能。但 1951 年,McClintock 在研究玉米籽粒色素斑点时,首次提出了可在染色体上移动的控制因子(controlling element)的概念。一个控制因子整合在一个基因座上,可引起基因的一种新突变;当把控制因子准确地从染色体上切离以后,基因座的表型就恢复正常,这些可移动的 DNA 片段为跳跃基因(jumping gene)。将这些基因或 DNA 片段可以从染色体的一个位置转移到另一个位置,甚至跳到另一条染色体上去,这种现象称转座(transposition),这类基因或序列称为转座子(transposon)。

首次分离和检出这些可移动序列是在 *E. coli* 中,半乳糖操纵子由三个结构基因组成,它们编码三种酶催化半乳糖的分解代谢。20 世纪 60 年代早期,一系列位于这三个结构基因中的极性突变体(polar mutant)被分离出来,极性突变体是指那些影响位于突变点下游的一个或多个正常基因表达的突变体。研究表明由于操纵子中插入了一段 DNA 序列,出现了一组不正常的突变体。这种插入的 DNA 序列称为插入序列(IS),是最简单的转座子,仅含有编码其转座所需的酶——转座酶(transposase),其本身没有任何表型效应,目前已知的 IS 至少有 10 种,如 IS1、IS2、IS3 等,虽大小不同,一般长度在 $700 \sim 5\,700$ bp,但有某些共同结构特征,如每种 IS 两端的核苷酸序列完全相同或相近,但方向相反,称为反向重复序列(IR);IS 插入宿主 DNA 靶位点,使插入的 IS 两端形成短的($2 \sim 13$ bp)正向重复序列(DR)。IS 对靶的选择有三种形式:随机选择、热点选择和特异位点选择。转座是在转座酶的作用下,转座子或是直接从原来位置上切离下来,然后插入染色体的新的位置;或是染色体上的 DNA 序列转录成 RNA,RNA 反转录产生的 cDNA 插入染色体上新的位置,这样在原来位置上仍然保留转座子,而其拷贝则插入新的位置。IS 的插入不仅破坏了它插入位置上的基因功能,而且也使处在插入部位转录方向下游的其他基因的活性降低。IS 引起的突变可以自发回复,频率为 10^{-7},这可能是 IS 被切下的结果。

跳跃基因的发现,使人们进一步认识到基因不是稳定、静止不动的实体,是一段 DNA 序列,在结构上有明确的界线,在功能上是一个单独的遗传单位,它可以通过自身的转座来调节基因的活性,基因是可动的。

五、断裂基因

原核生物的基因大多是连续不断地排列在一起,形成一条没有间隔的完整的基因实体。但在真核生物中并非如此,1977

年 Roberts 和 Sharp 发现断裂基因(split gene),即真核生物结构基因的 DNA 序列由编码序列和非编码序列组成。1978 年,Gilbert 用内含子(intron)即不编码的序列和外显子(exon)即被内含子隔开的编码序列组成。因而基因由被表达的外显子镶嵌在沉默的内含子中构成一种嵌合体。例如,鸡卵清蛋白基因约为 7 700 bp,含有 8 个外显子和 7 个内含子。此外,猴病毒 SV40、腺病毒、珠蛋白基因、免疫球蛋白基因、tRNA 基因、rRNA 基因均为断裂基因。

在断裂基因中如何把被内含子隔裂的编码序列组合成一个成熟的 mRNA,仍是研究的热点之一。在结构基因转录时,内含子与外显子序列全部被转录产生初级转录物,也称为 mRNA 前体(pre-mRNA),在细胞核内很不稳定,也称为不均一 RNA(hnRNA)。初级转录物的加工过程中内含子被切除,也称 RNA 剪接(splicing)。对内含子的研究发现其有一段高度保守的共有序列,即内含子 5' 端大多以 GT 开始,3' 端大多是 AG 结束,称为 GT-AG 规律或 Chambon 规则。这可能是 RNA 剪接的识别信号,mRNA 在加工过程中,依据这一剪接信号切除了内含子。剪接错误与疾病的关系十分密切。以遗传病为例,目前已知的约 5 000 种遗传病中,1/4 是由于基因突变改变了正常的剪接所致。这些突变要么破坏了正常的剪接位点,要么活化隐蔽剪接位点,产生新的剪接位点。由于正常剪接位点与剪接系统有更高的亲和性,通常情况下,正常剪接占主导地位。一旦正常剪接位点发生突变,会造成邻近的隐蔽剪接位点活化,在成熟的 mRNA 分子中保留了一段内含子或失掉一段外显子,剪接方式的改变有时也会使正常的基因转为癌基因。

断裂基因在真核生物中普遍存在,其在进化中有什么生物学意义? ① 有利于储存较多的遗传信息。一个基因转录出的 mRNA 前体,因不同的剪接方式可以产生两种或多种 mRNA,因而编码不同功能的多肽。② 有利于变异和进化。Gilbort 提出的外显子随机组合(exon shuffling)学说认为,有些断裂基因的外显子和蛋白质结构相对应,或者相关外显子在不同蛋白质中出现是通过来源不同的几个外显子随机组装而产生的,这要比慢慢积累突变产生新的基因快得多。剪接在进化中的优势是显然的,没有剪接机制,单个碱基的突变很难产生结构上改变很大的新蛋白质,如果突变发生在密码子第三位上,往往无影响。若突变发生在内含子和外显子交界处,即使在第三位也会改变外显子的结合方式,影响正常的剪接方式,使蛋白质结构发生新的变化,从而加速进化。③ 增加重组概率。剪接的过程无疑会增加重组值,内含子的存在,基因长度增加,也增加了重组值。④ 可能起基因的调控作用。内含子是相对的,一个基因的内含子可能是另一个基因的外显子。内含子的相对性可使相同一段 DNA 编码不同的蛋白质,起了调控作用,并增加了遗传信息的储存。

断裂基因的发现,说明功能上相关的各个基因不一定是紧密连锁成操纵子形式,它们不但可以分散在不同染色体或同一染色体的不同位置上,而且同一基因还可以分成几个部分。

六、重叠基因

1977 年 Sanger 对单链环状噬菌体 ΦX174 测序后,发现了重叠基因(overlapping gene)。ΦX174 基因组由 5 386 个核苷酸组成,共有 11 个基因,构成三个转录单位,由三个启动子(P_A,P_B,P_D)启动(图5.26)。对其基因产物分离实际测出的蛋白质分子总质量为 260 kDa,而从其序列推出最多能编码 1 795 个氨基酸,若每个氨基酸的平均分子质量为 110 Da,则总分子质量为 197 kDa,理论与实际相差较大。将全部 DNA 序列和蛋白质的氨基酸顺序进行比较,发现 B 基因、E 基因分别在 A° 基因和 D 基因之中,K 基因跨在 A、C 两基因的连接处,D 基因的终止密码子的第三个核苷酸是 J 基因起始密码子的第一个核苷酸。

重叠基因是指两个或两个以上的基因共有一段 DNA 序列,或是指一段 DNA 序列成为两个或两个以上基因的组成部分。重叠可以是大基因内包含小基因、前后两个基因首尾重叠或三个基因之间的三重重叠如 G₄ 噬菌体。在原核生物中重叠基因较为普遍,如猴病毒 SV40 中编码病毒外壳蛋白的三个基因 VP1、VP2、VP3 都有重叠部分。编码 T 抗原和 t 抗原的基因也是从一个共同的起始密码子开始转录,t 抗原基因完全包含在 T 抗原基因之中。在真核生物甚至高等真核生物包括人的基因组中也有发现。果蝇的蛹上皮蛋白质基因位于另一基因的内含子之中;人的 I 型神经纤维瘤(NFI)基因,大于 300 kb,在它的第一个内含子中发现了三个编码蛋白质的基因,其中两个基因是编码功能尚未弄清的跨膜

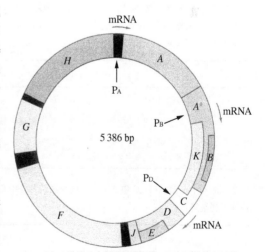

图 5.26　噬菌体 ΦX174 的重叠基因
(引自 Hartl D L, et al., 2009)

蛋白质的 EVI2A 基因和 EVI2B 基因,另一个基因是编码寡突细胞髓磷脂糖蛋白质的 OMGP 基因。内含子中的三个基因的转录方向与 NFI 基因的转录方向相反,即 NFI 基因的无意义链却是这三个基因的有意义链。对重叠基因来说,两个重叠基因的转录各自独立、互不依赖,说明基因的概念不是僵化的,随人们对基因的认识而不断深化。

重叠基因的存在对那些具有有限遗传信息含量的生物,更经济合理地使用其核苷酸具有一定的适应意义,但在其共同序列上发生突变可能影响其中一个、两个或三个基因的功能。因此一个生物的重叠基因越多,其适应性就越小,在进化中越趋于

保守。重叠基因的发现修正了传统认为各个基因的核苷酸链是彼此分立的观念。

七、假基因

假基因(pseudogene)最初由 Jacq 等对非洲爪蟾 DNA 中克隆了一个 5S rRNA 相关基因的研究中提出的,在比较其功能基因后发现,这个基因的 5′端有 16 bp 的缺失及另外 14 bp 的错配,将这个截短的 5S rRNA 的同源物描述为假基因。随着大量不同家族的假基因的发现,假基因就被明确限定为与功能基因相关的、有缺陷的序列。

假基因指基因家族中不产生有功能的基因产物,但在结构和 DNA 序列上与有功能的基因具有相似性。假基因与有功能基因同源,原来可能是有功能的基因,但由于缺失、倒位、突变等原因使该基因失去活性而成为无功能的基因,如人 metallothionein II 假基因、人多肽链延伸因子 EEF1A 假基因、大鼠 RC9 细胞色素 c 假基因、鼠核糖体蛋白假基因 rpL32 - 4A 等。

假基因分为两类:第一类为未加工的假基因(nonprocessed pseudogene),其保留了内含子,是通过基因组 DNA 复制产生的,常位于相同有功能基因附近,与有功能的同源基因有类似的结构。第二类为加工的假基因(processed pseudogene),也称反转录假基因(retropseudogene),是通过对 mRNA 的反转录和获得的 cDNA 进行随机整合而产生的,其缺少内含子。加工的假基因除了多种多样的遗传缺陷外,还具有以下 4 个较鲜明的特征:① 完全缺失存在于功能基因中的内含子;② 5′端的结构与 mRNA 的 5′端十分相似;③ 3′端紧接着有多聚腺嘌呤尾;④ 两端常被正向重复序列包围,通常 7～21 bp。前三点特征明显提示它是从成熟 mRNA 衍生而来,因而称为处理后的假基因,第四点提示正向重复序列的产生可能是一种共同的插入机制(转座子)的结果。加工的假基因没有启动子,一般不能表达。加工的假基因可能在其插入基因组时就失活了,即它们不能被 RNA 聚合酶 II 转录形成有活性的 mRNA,考虑到加工的假基因是随机插入到哺乳动物基因组中,能准确插入一个 RNA 聚合酶 II 启动子下游的可能性是很小的,在一些极罕见的例子中,即从 mRNA 上游启始的异常转录(往往由 RNA 聚合酶 III 转录)可能带有正常的启动子序列,从而能够产生一个有功能活性的加工的假基因,如鼠前胰岛素原 I 基因。

总之,对基因的认识与研究,始终贯穿于遗传学的发展,随着生物科学与科学技术的发展,人们对基因的认识将会有更多、更大的突破性进展,基因概念将不断被赋予新的内容。

思 考 题

1. 比较真核生物、原核生物(以 *E. coli* 为例)、噬菌体遗传重组的特点。

2. 如下表所示,菌株 1、2、3、4 的基因型为 a^+b^-,菌株 5、6、7、8 的基因型为 a^-b^+。当它们接合时如有许多重组子 a^+b^+用"M"表示;如有少量重组子用"L"表示;如没有重组子用"0"表示。根据这些结果来判断此 8 个菌株的性别。

	1	2	3	4
5	0	M	M	0
6	0	M	M	0
7	L	0	0	M
8	0	L	L	0

3. 三个 *E.coli* Hfr 菌株(H、C 和 AB)是从同一细菌菌株中得来的。当每一 Hfr 菌株与带有所有标记的突变等位基因的菌株接合时,中断杂交得到下列结果:

	1	2	3	4
HfrH	mal^+	str^+	ser^+	ade^+
HfrC	ade^+	his^+	gal^+	pro^+
HfrAB	mal^+	xyl^+	met^+	pro^+

(1) 画出所有标记的遗传图谱,指出每一 Hfr 菌株遗传标记的位置和方向。

(2) 对于 HfrC 来说,哪一种供体选择标记被选择可得到 Hfr 中最多的重组基因?

4. Jacob 得到了 8 个非常接近的 *E.coli lac*⁻突变体(lac 1～8),然后设法将它们定位于 pro 与 ade 的相对位置。方法是将每一对 lac 突变体杂交(表 1),选择 pro^+ 与 ade^+ 重组子并在乳糖作为唯一碳源的培养基上进行选择 Lac^+,结果见表 2。试确定此 8 个突变点的次序。

表 1

杂交 A：Hfr $pro^- lac-x\ ade^+ \times$ F$^- pro^+ lac-y\ ade^-$

杂交 B：Hfr $pro^- lac-y\ ade^+ \times$ F$^- pro^+ lac-x\ ade^-$

表 2

x	y	杂交 A	杂交 B	x	y	杂交 A	杂交 B
1	2	173	27	1	8	226	40
1	3	156	34	2	3	24	187
1	4	46	218	2	8	153	17
1	5	30	197	3	6	20	175
1	6	108	32	4	5	205	17
1	7	37	215	5	7	199	34

5. 用一野生型菌株抽提出来的 DNA 片段转化一个不能合成丙氨酸(ala)、脯氨酸(pro)和精氨酸(arg)的突变型菌株,产生不同转化类型菌落数如下:

转 化 类 型	菌 落 数
$ala^+ pro^+ arg^+$	8 400
$ala^+ pro^- arg^+$	2 100
$ala^- pro^+ arg^+$	420
$ala^- pro^- arg^+$	840
$ala^+ pro^- arg^-$	840
$ala^+ pro^+ arg^-$	1 400
$ala^- pro^+ arg^-$	840

问:① 这些基因的顺序如何? ② 这些基因间的图距是多少?

6. 用 P$_1$ 进行普遍性转导,供体菌是 $pur^+ nad^+ pdx^-$,受体菌是 $pur^- nad^- pdx^+$。转导后选择具有 pur^+ 的转导子,然后在 100 个 pur^+ 转导子中检定其他供体菌的基因型,结果见下表。

基 因 型	菌 落 数
$nad^+ pdx^+$	1
$nad^+ pdx^-$	24
$nad^- pdx^+$	50
$nad^- pdx^-$	25
合 计	100

试求:① pur 和 nad 的共转导频率是多少? ② pur 和 pdx 的共转导频率是多少? ③ 哪个非选择性座位最靠近 pur? ④ nad 和 pdx 在 pur 的同一边,还是两侧? ⑤ 根据你得出的基因顺序,试解释实验中得到的基因型的相对比例。

7. rⅡ A254$\times r$Ⅱ B82 在 $E.coli$ K12(λ)上有 26 个噬菌斑,而在 $E.coli$ B 平板上有 482 个噬菌斑。如果实验中使用的噬菌体的量相同(相同的稀释度),计算 rⅡ A254 与 rⅡ B82 之间的重组值。

8. a、b、c、d、e 是噬菌体 T$_4$ 的 rⅡ A 的一系列点突变,1、2、3、4 是其上的一系列连续的缺失突变类型。根据下列结果(+,−表示对于 $E.coli$ B 进行混合感染中有或没有重组子的出现)画出缺失的范围和点突变的位置。

	a	b	c	d	e
1	+	+	−	+	+
2	+	+	−	−	+
3	−	−	+	−	+
4	+	−	+	+	+

9. T$_4$ 噬菌体 rⅡ 顺反子中有 6 个缺失突变,进行一对一的互补测验,结果如下表所示。请建立基因图谱(+表示互补,−表示不互补)。

	1	2	3	4	5	6
1	−	−	−	−	−	−
2		−	−	−	−	+
3			−	+	−	−
4				−	+	+
5					−	+
6						−

10. T₄ 噬菌体 r Ⅱ区域发现许多突变体,用 1、2、3、4 表示。这 4 个突变体中有两个发现回复突变,而另两个没有看到回复突变。互补测验中它们的结果如下表所示。试分析判断这 4 个突变的特点(＋表示互补,−表示不互补)。

	1	2	3	4
1	−	−	−	+
2		−	+	−
3			−	+
4				−

推 荐 参 考 书

1. 戴灼华,王亚馥,2016.遗传学.3 版.北京:高等教育出版社.

2. 刘祖洞,乔守怡,吴燕华,等,2013.遗传学.3 版.北京:高等教育出版社.

3. 徐晋麟,徐沁,陈淳,2011.现代遗传学原理.3 版.北京:科学出版社.

4. Griffiths A J F,Doebley J,Peichel C,et al.,2019. Introduction to Genetic Analysis. 12th Edition. New York:Macmillan Higher Education.

5. Hartwell L H,Goldberg M L,Fischer J A,et al.,2018. Genetics:From Genes to Genomes. 6th Edition. New York:McGraw-Hill Education.

6. Klug W S,Cummings M R,Spencer C A,et al.,2017. Essentials of Genetics. 9th Edition. Essex:Pearson Education Limited.

第6章

基因组学和蛋白质组学

提　要

本章包括基因组学和蛋白质组学两大部分。前者重点介绍基因组学的主要内容、基因组的遗传分析,以及基因组信息分析技术;后者则对蛋白质组学这一术语的来源及定义,蛋白质组学的特点、研究内容、相关技术及研究进展等做了细致的描述。

6.1　基因组学

19 世纪中叶至今,孟德尔发现的遗传基本规律,Watson 和 Crick 对 DNA 结构的阐明,以及 1990 年开始进行的人类基因组计划(human genome project,HGP),深刻地改变了遗传学的研究状况。本章将着重讨论"人类基因组计划",以及由此衍生出的基因组学。

人类基因组计划的产生与"肿瘤计划"的搁浅是密不可分的。美国从 20 世纪 70 年代起启动了"肿瘤计划",但是不惜血本的投入换来了令人失望的结果。人们渐渐认识到,包括癌症在内的各种人类疾病都与基因有着直接或间接的联系。测出基因的碱基序列,则是基因研究的基础。这时,科学家有两种选择:要么"零敲碎打"地从人类基因组中分离和研究出几个癌症基因,要么对人类基因组进行全测序。

测定人类全基因组序列的动议最早由美国加州大学圣克鲁兹分校校长 Robert Sinsheimer 在 1985 年 5 月的一次学术会议上提出。随后美国生物学家、诺贝尔奖得主 Dulbecco 于 1986 年 3 月 7 日出版的 *Science* 上发文进行呼吁。由此引起了生物学界和医学界的热烈讨论,历经两年之久。其高潮是美国国家科学院研究委员会任命的一个委员会和美国国会技术评估办公室任命的一个委员会综合分析了各方面的意见,分别于 1988 年 2 月和 4 月发表研究报告,支持 HGP 的研究设想,并建议美国政府给予资助。

美国国会于 1990 年批准了这一项目,并决定由美国国立卫生研究院和能源部从 1990 年 10 月 1 日起组织实施。计划耗资 30 亿美元,历时 15 年完成整个研究计划。该项研究计划从其研究规模、所费财力和社会影响来看,都可与曼哈顿原子弹计划、阿波罗登月计划相提并论,而且已成为一项国际合作项目。包括日本、苏联、印度、中国在内的几十个国家都相继启动了 HGP 计划。

基因组(genome)是指某种生物染色体内 DNA 序列的全部数据信息(digital information)。人类基因组包含在 46 条染色体内;对每条常染色体来讲,其 99.9% 的数据信息与配对的同源染色体相似,因此,就数据信息来讲,仅考虑 22 条常染色体和 X、Y 染色体(总共 24 条染色体),就可以概略地描述人类基因组的信息内容。24 条染色体总共包含约 30 亿个碱基对(base pair,bp)。

基因组学(genomics)是指研究基因的结构、功能、进化、作图和编辑的学科。基因组学研究者使用大规模的分子生物学技术进行连锁分析、物理图谱构建及基因组测序,从而获得海量的数据,并利用计算机进行分析和研究。既复杂又精巧的计算程序可以帮助基因组学研究者预测未知基因的存在;在有些情况下,甚至可以对这些基因的一般性功能作出预估,为进一步利用分子生物学技术进行确证指明方向。

6.1.1　大规模基因组作图和分析

基因组的核苷酸数以亿计地排列成行,如何精确地测定它们的序列,是基因组学家一开始就遇到的一个大问题。本节主要介绍染色体上标记的物理图谱(physical map of marker)和高分辨的序列图谱(sequence map)。

1. 遗传图谱、物理图谱和片段重叠群

染色体图谱(chromosomal map)可以显示基因、遗传标记、着丝粒、端粒和其他有用位点在染色体上的分布情况。从第4章了解到,可以通过对重组值的分析实验和作图方法,将少量的基因座(locus,复数为loci)定位到染色体的某个位置上。利用连锁基因的重组值绘制连锁基因图谱,又被称为遗传图谱(genetic map)。标记的物理图谱和高分辨的序列图谱则是遗传图谱技术的应用和扩展。

物理图谱(physical map)英文拼写中的"map"指的是染色体上DNA片段的编排和组织方式;physical map是从physical location或physical address而来,含有物体在空间准确位置的意思。染色体或基因组的物理图谱给出了基因和其他一些DNA序列在染色体或基因组上的准确位置,是一群有序DNA片段覆盖整个基因组的每个染色体;序列图谱则基于对基因组DNA序列的直接分析。在特定染色体的特定区域,物理图谱使用碱基对(bp)、千碱基对(kb)或者兆碱基对(Mb)勾勒出基因座的长度、基因座和相邻基因座(或基因)相隔的碱基对距离。遗传学家用两种或更多种限制性内切酶将一段DNA酶解成多个片段,而后利用分子探针杂交方法确定其上基因和标记的精确位置;遗传学家的物理图谱绘制方法仅仅是工作规模的差别。

图6.1为采用限制作图(restriction mapping)策略绘制的物理图谱示意图。对所示的长达100 kb的DNA片段用两种不同的限制性内切酶进行消化(电泳分离这些片段后将它们进行克隆,用于以后的分析和测序),根据酶切位点的差异和重叠,可将这些片段拼接起来,覆盖整个DNA片段,便可获得这段DNA的限制性图(一种物理图谱)。图6.2为 *E.coli* 基因组遗传图谱和物理图谱的整合示意图,可以使用相应基因的探针,确定它们在限制性片段上的位置,而这些限制性片段的位置在基因组上已经是明确的。

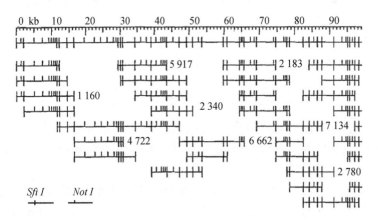

图6.1　限制性内切酶酶切示意图

(改编自 Riles L, et al., 1993)

由于以上限制性片段克隆连续起来交错地覆盖了某段连续的基因组片段,它们又被称为片段重叠群(contig)。一旦建立了整个染色体的重叠群,就可对基因和标记进行定位分析,在计算机的辅助下综合所有克隆的信息,就可以获得基因组所有染色体重叠群的路标(landmark),为下一步的全基因组测序打下基础。除限制性作图方法外,还有染色体荧光原位杂交(fluorescent *in situ* hybridization,FISH)作图和序列标签位点(sequence tagged site,STS)作图等方法,它们在物理图谱制作过程中被综合使用。

2. 序列图

序列图(sequence map)是指上述克隆的片段重叠群DNA片段的核苷酸排列顺序。由于受到测序仪测序长度的限制,基因组学使用分层鸟枪法(hierarchical shotgun approach)和全基因组鸟枪法(whole-genome shotgun approach)两种策略完成全基因组测序。对克隆的片段重叠群的大DNA片段(或者全基因组被超声

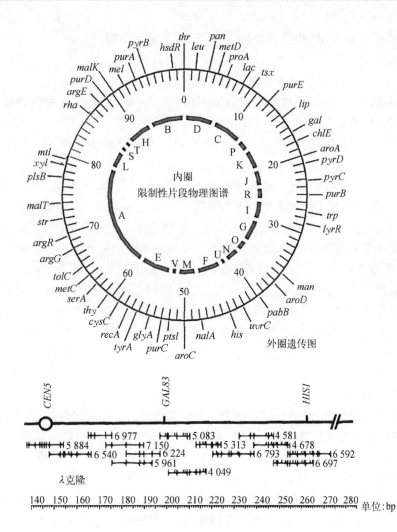

图 6.2　基因组遗传图谱和物理图谱的整合示意图

(改编自 Riles L, et al., 1993)

波剪切或限制性酶消化成的片段)进行测序的方法称为鸟枪法。分层鸟枪法首先需要制作基因组 BAC 文库 (BAC library),BAC(bacterial artificial chromosome)被称为细菌人工染色体,常被用于在 *E.coli* 中扩增长度为 150～350 kb 的 DNA 片段。基因组 BAC 文库是覆盖整个基因组的片段重叠群克隆,在对每个 BAC 克隆测序时,首先将克隆内含有的 DNA 片段随机剪切为 2 kb 左右的小片段;将这些小片段克隆后,保持这些小克隆对 BAC 克隆(如长度为 200 kb)有 10 倍的覆盖率,再对 1 000 个 200 kb 的克隆进行测序后,根据重叠 (overlapping)情况,便可由计算机拼接出 200 kb DNA 片段的核苷酸序列。

在全基因组鸟枪法实施过程中,全基因组 DNA 被随机剪切 3 次:第一次用于构建 2 kb 左右的克隆;第二次用于构建 10 kb 左右的克隆;第三次则构建 200 kb 左右的 BAC 克隆。对人类基因组来讲,理论上要求 2 kb、10 kb 和 200 kb 克隆对基因组全序列的覆盖率分别达到 6 倍、3 倍和 1.5 倍,亦即分别对 9×10^6 个、4.5×10^6 个和 1.5×10^6 个 2 kb、10 kb 和 200 kb 的克隆进行测序,便可由计算机拼接出全基因组序列。全基因组鸟枪法的优点是无须构建物理图谱,克服了重复序列的拼接问题,且仅仅依赖已经非常成熟的测序技术,因此在研究中具有明显的优势。

6.1.2　人类和模式生物的基因组序列

完整的人类基因组测序促进了新的分析方法的出现,提供了令人吃惊的有关基因的构架、组织、结构成分和染色体进化的新知识。人类基因组计划深刻地改变了生物学、遗传学和基因组学的实践;人和模式动物基因组的成功测序,还改变了生物学、基因组学和医学的研究与应用策略。

1. 基因的发现和分析

到目前为止,基因组测序的成就加速了新基因的发现和基因功能分析。

其一,根据基因序列的同源性,在一种生物基因组中确定的基因有助于另一种生物基因组的基因确认。如果第二种生物的基因组序列是已知的,则可以通过计算机查找确定基因;如果第二种生物的基因组序列是未知的,但两个基因组如果具有足够的相似性,则可利用在第一种生物基因组中设计的 PCR 引物,在第二种生物基因组中确定基因。

其二,通过对种内和种间基因的对比已经知道很多基因是直系同源或旁系同源的。如果两个不同物种的基因起源于共同祖先,这两个基因就被认为是直系同源(orthologous)的。而旁系同源(paralogous)的基因起源于单个物种内基因的重复,这些基因往往都位于同一条染色体上。因此,在基因组的水平上,从一种生物体获得的有关某个基因功能的知识,可以帮助了解这个基因在另一个生物体中的功能。

其三,完整基因组测序表明,外显子常常编码功能相对独立的结构域(protein domain),或者分立的功能单位。由多个外显子编码的多个蛋白域类似于一列老式的多厢列车,每一列都拖挂不同的车厢,每种车厢又有所不同,就像车头、平板货厢、餐车和尾车,都具有分立的功能,因而每种列车通过不同车厢的组合,可以有不同的功能。与此相似,很多基因由不同的外显子编码出多个分立的蛋白域;基因可以通过洗牌(shuffling)、添加或者删除外显子,从而使表达域编码不同的组合。通过这些遗传机制,由不同蛋白域构成的蛋白质构架可以在进化过程中发生改变。在对已知蛋白域的数据库进行检索后,生物学家可以通过类比的方法猜测某个新蛋白质的功能。

其四,从已知的基因组序列中可以很方便地确定人类的多态性(polymorphism),而且全基因组遗传图谱可以将很多 DNA 多态性及其关联的基因,同某些疾病的倾向性和生理学特点联系起来。

最后,经过与已测序基因组序列的比较,研究者可以比较容易地将新测序的基因组序列片段组装到所属的染色体上。人和小鼠有大约 180 个染色体序列同源区块,平均长度为 17.6 Mb。这些区块又被称为共线模块(syntenic block),指的是在比较不同基因组染色体时所观察到的基因组片段;在基因组中这些片段具有一群相同或高相似性的标记。在图 6.3 中,将人的染色体涂以不同的颜色,进而在河豚(terraodon)的染色体上查找相对应的共线模块,可以发现,河豚的 1 号染色体上散布了人的 1、2、3、14 号染色体的共线模块。利用共线模块作图也可追溯进化历史。

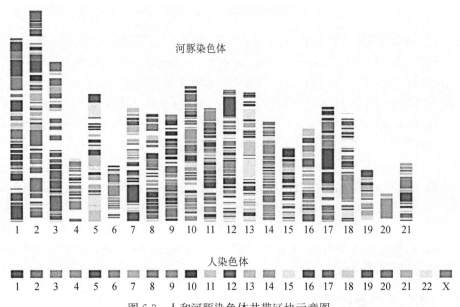

图 6.3　人和河豚染色体共带区块示意图

(引自 Jaillon O, et al., 2004)

2. 人类基因组结构

人类基因组共有不足 2 万个基因,远低于人类基因组计划初始时估算的 10 万个基因,这是人类基因组测序完成后第一个令人惊诧的发现。尽管人类比其他简单的模式动物的基因组含更多的基因,但相较于大大增长的生物复杂性,这个数字还是远远低于人们的预期。这就意味着多细胞生物的复杂性基于基因组的运作机制,而非更多数量的各类基因的表达。前面提到蛋白域的数量和顺序决定了蛋白质的结构,与低等模式动物相比,尽管人类的基因数量增加不多,但却进化出了许多新的改变蛋白域结构的基因排布,尤其是 pre-mRNA 的选择性剪接,从而大大增加了蛋白质的数量。人类的蛋白质还可以被化学修饰,已知的修饰反应多达 400 种,而每一种修饰都可以改变蛋白质的功能。如此一来,典型的人类细胞大概含有 2 万种不同的 mRNA 和 100 万种不同的蛋白质。这样人类能够比其他简单的模式动物进行更多的蛋白质修饰。

基因组内基因的组织结构极其不同。诸如基因家族、基因富含区和基因沙漠等都是基因组内不同的基因组织结构。这些不同的组织结构是否具有生物学意义,仍然是一个未曾回答的重要问题。

(1) **基因家族**　　由单个基因起源并具有相似生化功能的数个一组的相似基因被称为基因家族。基因家族可以成簇排列在一条染色体上,也可分散在几条染色体上,如编码组蛋白、血红蛋白、免疫球蛋白、肌动蛋白、胶原蛋白和热休克蛋白的基因家族。人的嗅觉受体(olfactory receptor,OR)多基因家族有约 1 000 个成员,有两种进化方式,其中一种是 OR 基因多次重复后产生大约 20 个旁系同源拷贝,这些起初相同的家族成员进而歧化为非常不同的旁系同源基因,经过大批重复后,从这 20 个基因再产生 30 种家族,在这个过程中家族的整体或部分复制和易位到基因组大约 30 个不同的位点。在进化上,OR 基因的扩张或许是对敏锐嗅觉选择压力的反应(OR 越多嗅觉越敏锐),生物需要灵敏嗅觉以利于生存与繁殖。但当人的早期祖先进化出三色视觉和对声音更精致的处理能力后,灵敏的嗅觉就不再重要了。由此产生的结果是,淘汰或增加 OR 功能,抑或删除和重复整个 OR 基因的正向或负向选择都缺如了,导致人群中出现了高度的 OR 多态性,个体间出现 100 个基因的差别十分常见,由此造成每个人辨识气味的能力差别巨大。

(2) **基因富含区**　　染色体的某些区域存在高密度的基因(图 6.4A)。例如,6 号染色体主要组织相容性抗原复合体的 Class Ⅲ 区域 700 kb 的长度内含有 60 个基因,编码大量功能不同的蛋白质,是人类基因组富含基因最多的区域;此区域 70% 的 DNA 被转录,并且有 54% 的高 GC 含量;高 GC 含量在其他基因富含区也存在。基因为何在此区如此富集? 有什么功能方面的原因吗? 难道仅仅是构建染色体结构时的偶然事件吗? 这些问题都有待回答。

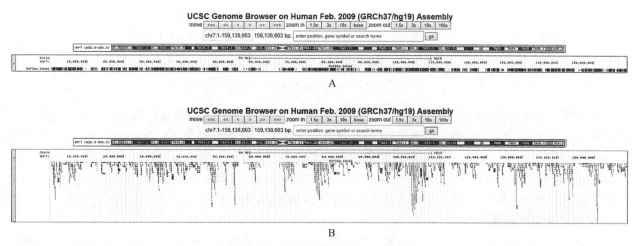

图 6.4　染色体基因富含区和基因沙漠示意图

A. 基因富含区;B. 基因沙漠

(3) **基因沙漠**　　人类基因组中有 82 个高达 1 Mb 或更大的染色体区域内未见任何可确认基因的片段(图 6.4B)。这样的基因沙漠横亘 144 Mb,约占基因组的 3%,最大的基因沙漠区长达 4.1 Mb。对此有一种解释认为基因沙漠包含基因,只是很难被确认而已。这样的基因被称为大基因(big gene)。大基因是一个单基因,其核内转录本横跨 500 kb 或更长的染色体 DNA。肌萎缩蛋白(dystrophin)基因是最大的大基因,长度 2.3 Mb。迄今发现的 124 个大基因占了 112 Mb 的染色体 DNA。有意思的是,很多大基因的 mRNA 都只有中等大小,编码 mRNA 的外显子只占大约 1% 的染色体基因区域。这意味着此区域的外显子非常分散,大部分都是内含子,因而仅仅依靠计算方法发现它们是一件极度困难的事。虽然全长 cDNA 测序的方法常被用来描绘大基因的外显子-内含子结构,但是由于大基因的 mRNA 合成非常缓慢,以至于不能在快速分裂的细胞内完全合成;绝大部分的大基因只在不分裂的神经元内表达。因此,很难获得大基因的 cDNA 序列。基因富集区和基因贫乏区域有什么功能方面的意义?或者说,这些不同的染色体结构是进化过程中随机漂变的表现吗?同样的,大基因提供了某些选择优势吗?抑或它们的存在反映了基因组水平上染色体重塑的随机事件吗?这些问题都是值得人们去思考与研究的。

3. 基因扩张和多样化的组合策略

以多种方式组合一组基本元素可以导致组合扩张(combinatorial amplification)。生物学上,在 DNA 和 RNA 水平上都发生了组合扩张。T 细胞受体由多个基因片段编码,人的 T 细胞受体基因家族有 45 个功能可变基因片段(V)、2 个功能固定片段(D)和 11 个功能连接基因片段(J)(图 6.5),线性分布于一段 DNA 上。某个 T 细胞的一个 D 元素可以先结合一个 J 元素,同时删除它们之间的 DNA;结合到一起的 D-J 元素进而结合一个 V 元素再删除它们之间的 DNA,从而产生了一个完整的 D-J-V 基因。由此,58 个(45＋2＋11)基因元素的组合连接机制可以产生 990 个 D-J-V 基因(45×2×11＝990)。产生的 T 细胞受体可以更精确地和抗原结合,特异性和免疫强度得到了增加。

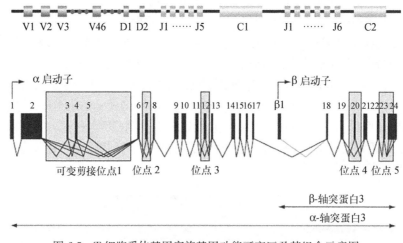

图 6.5　T 细胞受体基因家族基因功能可变区及其组合示意图

(引自 Hartwell L H, et al., 2018)

以不同顺序剪切 RNA 的外显子是另一种增加信息容量和产生多样性的组合扩张策略。在不同启动子区域启动转录,产生含有不同数量外显子的过程,可进一步增加多样性。轴突蛋白(neurexin)有 3 个编码基因,每个基因含有 2 个产生 α 和 β mRNA 的启动子区和 5 个可选择的外显子剪接位点。总括起来 3 个基因可以通过不同的剪接方式产生 2 000 多种 mRNA。关键的问题是,有多少剪接变异体编码了不同功能的蛋白质?在胚胎发育过程中,不同的变异体是否充任了地址的角色,告知神经元所要到达的位置?

4. 进化的共同祖先问题

获得完整的基因组序列后,有机会对某些特殊类型的细胞、处在特殊发育期或某种生理通路激活期的细胞的大量的基因产物(mRNA 和蛋白质)进行分析。早期的分子研究认为所有的生物体的基本细胞机制都具有极其相似的遗传构成,这个结论得到了基因组初步分析结果的支持(不同物种特殊细胞、发育过程和生理状况下,大量基因产物表达相似)。进而可以认为基因组的分析结果也支持这样一种思想:人类和其他生物共同来源于一个单个的、偶然产生生命的生物化学过程。基本遗传构成的相似性使研究者可以肯定地认为,对模式生物的生物系统进行适当分析,可以得到人类的相应系统功能重要的线索。

6.2 基因组的遗传分析

6.2.1 个体基因组的遗传变异

在经典的"野生型"的概念里,每个特定的物种都有一个"理想样本"(ideal specimen),它的整个基因组的基因都是"野生型"的;如果等位基因不是野生型的,这些基因就被认为是"突变型"的。从 20 世纪 50 年代开始,随着凝胶电泳的应用和蛋白质化学的发展,以前认定的野生型的个体频频产生由变异型等位基因编码的变异型蛋白质,由此,野生型和突变型的概念开始出现动摇。一个基因座有两个或两个以上的等位基因,且每个等位基因在群体中出现的频率大于 1‰时,这个基因座就被认为是多态性的(polymorphic),这个多态性基因座的等位基因被称为遗传变异体(genetic variant),而不再用野生型或突变型来指称。

对个体基因组进行比较研究后,人们发现不仅不存在所谓的"野生型人类基因组",而且由于染色体多态性缺失、插入和重复,导致健康人群的基因组长度差异高达 1‰,因此甚至"野生型基因组长度"都是不存在的。基因座的概念也发生了变化。基因座被视为基因组内的任何位置,由染色体的坐标来定义而与生物学功能无关,只要明确了它在基因组内的坐标和长度,基因座可以是一个碱基对,也可以是几百万个碱基对。

出于基因分型(genotyping,指通过测序确定个体的遗传组成或基因型)的需要,遗传学家将多态性 DNA 基因座分为五种类型,区分这些类型的依据主要是基因座的大小、在基因组中出现的频率和检测方法(表 6.1)。

表 6.1 多态性 DNA 基因座的五种类型

类 型	简 称	大小/bp	发生频率/kb	基因座数量
单核苷酸多态性	SNP	1	1	1 000 万
插入或缺失	InDel	2~100	10	20 万
单序列重复	SSR	3~200	30	10 万
拷贝数变异	CNV/CNP	100~1 000 000	3 000	0.86 万
复杂变异			500	

6.2.2 SNP 的遗传分析

在遗传变异体中,单核苷酸多态性(single nucleotide polymorphism,SNP)是最简单的类型,由复制时发生的罕见错误或化学诱变造成。人和人基因组之间的差异绝大部分(90%以上)都是 SNP 造成的,平均每 1 000 个碱基就存在一个 SNP。每一代中,3 000 万个碱基会发生一个突变。由于突变率如此低,几乎在所有情况下每个 SNP 都可以回溯到一个祖先的基因组变化。通过与其他物种的比较,可以判定人类 SNP 的起源。图 6.6 是两个人与黑猩猩基因组的比较,所示的位置上有两个 SNP,是在两个物种进化分歧后出现的。其中一个由人类共享,因此不构成多态性;另一个在人和黑猩猩共同祖先基因组上是 C,但在后来某些人的祖先里变化为 T,在某些人的祖先内没有变化。这就意味着如果你和另一个人共有某个 SNP 等位基因,你们二人就是从同一个祖先得到这个等位基因的,这个祖先可能是千万年前的。世界上任何随机选择的两个人都共享有许多 SNP 的事实,说明全人类都有一个时期不远的共同祖先。

人 1　TTGAC**G**TATAAATGATCTTTATAT**T**TTCAGAAGTC
人 2　TTGAC**G**TATAAATGATCTTTATAT**C**TTCAGAAGTC
黑猩猩　TTGAC**A**TATAAATGATCTTTATAT**C**TTCAGAAGTC

图 6.6　两个人和黑猩猩两个 SNP 位点的比较

迄今为止,人类基因组已发现了 1 800 万个 SNP,大致体现了人类基因组 SNP 的数量情况。由于编码蛋白质和基因调控区域的碱基对占整个基因组不到 5%,因此尽管在这两个区域 SNP 可能改变所编码的基因产物,并直接影响表型,但绝大部分 SNP 在功能上都是沉默的。某些对表型没有直接影响的 SNP 和致病基因(或其他有明显表型差异的基因,对某些药物有或阴性或阳性的反应)非常邻近,从而可以作为 DNA 标记物(特殊 DNA 座位视同某种致病基因)。医学研究者可以利用这些标记物在人群中确定或跟踪这些表型差异(类似于每个人的脸上都有一个图案特异的可发出荧光的刺青,在黑暗里只要辨别刺青的图案,就可以将每个人区分出来)。

SNP 座位是明确的 DNA 序列单个碱基改变,因此可以分辨特殊 DNA 序列的分子生物学方法,诸如限制酶切、凝胶电泳、Southern 印迹法、PCR、特异寡聚核苷酸杂交(allele-specific oligonucleotide hybridization,ASO)和 DNA 芯片,都可以用来检测 SNP。值得一提的是,DNA 芯片检测 SNP 技术的发展十分迅猛,检测容量快速增长且成本急速下降。一些公司的产品可以做到在 1 000 元人民币内完成 100 万个座位的 SNP 检测。现在,任何人都可以买到 DNA 芯片检测自己的基因组,了解一下自己基因组的小秘密。在国际合作下,标准的 SNP 命名系统及免费的公共 SNP 数据库已经建立起来了。

6.2.3　短序列增减的遗传变异

染色体片段的缺失、重复或插入造成某个 DNA 区域的长度增减导致了某些类型的 DNA 改变,改变的程度可以是一个或数百万个碱基对。

1. 缺失-插入多态性(deletion-insertion polymorphism, DIP 或 InDel)

在人类基因组中,一个或几个碱基对长度的插入或缺失是仅次于 SNP 的常见遗传变异。人类基因组 SNP 的出现频率为 1 kb 中有 1 个 SNP,而 DIP 的发生频率大概为 10 kb 出现 1 个。使用 DNA 芯片和特异寡聚核苷酸杂交技术,可以在 SNP 的附近检测到 75% 的长度为 1 或 2 个碱基对的 DIP。大片段 DIP 的长度变化很大,随长度的增加会出现频率急剧下降,可用 PCR 和凝胶电泳检出。

2. 简单序列重复(simple sequence repeat,SSR)

人和其他复杂生物体的基因组充斥着 SSR。最常见的是 1~3 个碱基对的串联重复,如 A A A A A A A A A A A A A A,C A C A C A C A C A C A C A C A C A;哺乳动物的基因组内平均每 30 kb 就会出现一个 CA 重复的 SSR。自然发生的随机突变产生 4 或 5 个重复单位的 SSR 后,短 SSR 就可能扩展为较长的序列(图 6.7)。

小部分基因的编码区天然地含有三核苷酸重复单位。在传代过程中这些 SSR 序列具有长度变化的倾向,有可能产生有较明显表型效应的突变体。亨廷顿舞蹈症(Huntington disease,HD)是一种常染色体显性遗传病,常见发病年龄为 30~50 岁。虽然绝大部分遗传病是由碱基对的突变或遗传信息丢失造成的,但亨廷顿舞蹈症却是由遗传信息增加所致。亨廷顿舞蹈症编码的 Huntington 蛋白有 34 个 CAG SSR,编码氨基酸(谷氨酰胺);患

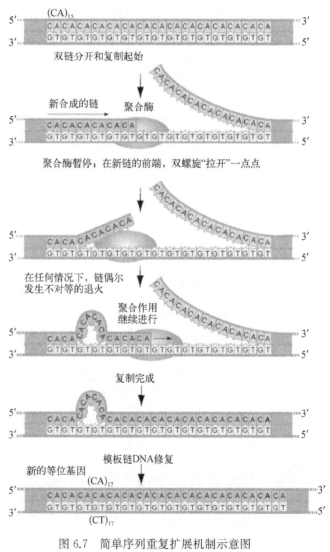

图 6.7　简单序列重复扩展机制示意图
(引自 Hartwell L H, et al., 2018)

者一般有 42 个或更多的重复;可以采用基于长度的 PCR 法检测突变体。突变体的外显率为 100%,意味着只要生存时间足够长就必定发病,但患者的表现度是可变的,总体上讲,重复越多发病年龄越早(图 6.8)。已

经发现了其他由三核苷酸重复引起的疾病,如一些神经性疾病和脆性 X 综合征(见第 3 章)。

3. 短拷贝数重复(short copy number repeat)

DNA 指纹(fingerprint)属于 DNA 区域的缺失和重复类型遗传变异。短拷贝数重复(小卫星)是很有用的 DNA 指纹。在 DNA 水平上区分个体最有效的方法就是小卫星序列比较。小卫星(minisatellite)的重复单位大小被规定在 500 bp 到 20 kb 范围内。特定的小卫星序列常常出现在少量基因组基因座上的特点非常有用;Southern Bloting 杂交时可以使用交叉杂交(cross-hybridizing),小卫星探针在多个位点上同时检测等位基因变异。

一般来讲,两个无关的个体在某个座位上具有相同等位基因的概率为 37.5%。但同样的这两个个体在 10 个座位上都相同的概率却是 0.375^{10},也就是 0.005%,意味着 10 个座位都相同概率是 1/2 万。如果要求 24 个座位相同,则概率为 1/170 亿。地球上的人类总数不到 80 亿,这样的两个个体实际上根本不可能存在。因此不用很多的

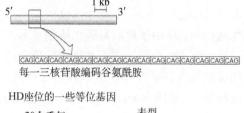

亨廷顿舞蹈症基因编码区的基本结构
三核苷酸重复

每一三核苷酸编码谷氨酰胺

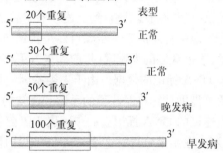

HD 座位的一些等位基因

图 6.8　基因内的三核苷酸重复对亨廷顿舞蹈症的影响
(引自 Hartwell L H, et al., 2018)

小卫星组合就足以产生类似传统指纹的基因型图案,就可以把一个物种内的每个个体分辨得清清楚楚。最有用的制作 DNA 指纹的小卫星家族在整个基因组上有 10～20 个成员,这个量少到足以在放射自显影胶片上看清楚每个条带,同时这个量又大到足以提供真正的指纹信息。如果两个样本用一个小卫星还不足以分辨,可以使用 2 个、3 个甚至 4 个。图 6.9 显示的是克隆羊多莉(Dolly)的小卫星 DNA 指纹的结果。图中细胞核来源相同的细胞显示了相同的 DNA 片段式样,从基因组水平确认了克隆羊的成功。

6.2.4　大尺度缺失和重复

随着 DNA 芯片技术的发展,对个体基因组上出现的缺失和重复进行检测成为可能。这些重复和缺失的片段很大,有的包含一个或多个基因。研究发现,这些片段的长度可以达到 1 Mb。人群中这种片段的多寡有多态性,被称为拷贝数多态性(copy number polymorphism,CNP)和拷贝数变异(copy number variant,CNV)。二者的区别在于人群中出现的频率是否大于 1%,方便起见统一使用 CNV。检测发现 CNV 在基因组上分布广泛,在人群中的出现频率也很高。已经确定了超过 6 000 个 CNV 座位,任意两个基因组的相邻比较(pairwise comparison)通常可以确认几百个不同的等位基因。6.1.2 中提到的 OR 就是一种 CNV。正常小鼠的基因组有 1 400 个 OR,分布在染色体的很多位置上。由于人的嗅觉选择压力缺如,OR 的丢失不会产生不利的生存后果,因此正常人的 OR 基因不到 1 000 个,但个体间的 OR 数量却差异很大。某个实验对 60 个人的 11 个有代表性的 OR 座位进行了检测,发现有一个位点的拷贝数有 2～6 个不同,有些人失去了 11 个位点中的 7 个,这就出现了有的人比其他人多出几百个 OR 基因的情况,因此人群中个体间的嗅觉灵敏度的差异非常大。

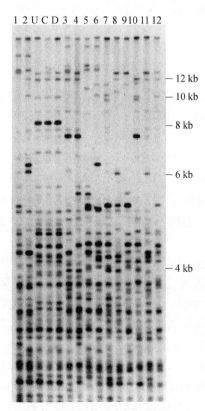

1 2 U C D 3 4 5 6 7 8 9 10 11 12

— 12 kb
— 10 kb
— 8 kb
— 6 kb
— 4 kb

图 6.9　小卫星序列检测克隆羊多莉基因组来源

(引自 Hartwell L H, et al., 2018)

泳道 U 为多莉羊核细胞供体羊乳腺细胞;泳道 C 为乳腺细胞的培养细胞;泳道 D 为多莉羊血细胞;1～12 为其他对照的羊细胞;使用的限制性内切酶为 *Mbo*I

6.2.5　定位克隆

以 A 型血友病为例,传统寻找致病基因的方法可以简单概述如下:① 系谱分析确定 A 型血友病为 X 连锁隐性遗传病;② 由于此前对凝血机制了解十分清楚,从症状和生化分析判断可能为凝血机制有关蛋白质突变导致;③ 分析检测正常人和患者的凝血因子,发现患者的凝血因子Ⅷ(F8)缺失;④ 从 F8 的蛋白质氨基酸序列反推其外显子序列并制作 DNA 探针;⑤ 在基因组内克隆到 F8 基因后进行全基因测序,发现导致 A 型血友病的 F8 基因突变序列。然而,像亨廷顿舞蹈症和囊性纤维化病(CFTR)等多症状复杂疾病,由于无法判定导致疾病的病理机制,到上述步骤②后就无法进行下去。定位克隆(positional cloning)方法意图解决这个问题。定位克隆的第一步骤目标是找到与疾病连锁的 DNA 标记。研究者首先要找到很多罹患疾病的几代同堂、子孙众多的大家庭(目前尚未有更好的方法),收集家庭成员的 DNA 样品并测序(或借助 DNA 芯片),收集 DNA 标记的数据。由于人类基因组序列已知,大量 DNA 标记在染色体上的位置明确,研究人员需要做的是借助计算机对获得的系谱和已知的 DNA 标记进行比对分析(利用互联网的各种数据库),找到与致病基因连锁的 DNA 标记。此步骤属于孟德尔遗传的经典分析方法(将 DNA 标记和致病基因看作两个连锁基因,那么在系谱分析时这个 DNA 标记总是出现在患者身上,而非连锁 DNA 探针会和有些患病个体分离)。在家系足够庞大的情况下,可以获得理想的连锁距离(cM)。至此,致病基因的位置范围(或称重要基因组区域)已经基本确定了。第二个步骤是对此区域的候选基因进行逐个筛查分析,找到致病基因和突变位点。此时通常制作此基因的纯合子小鼠,用于进一步确认和研究致病机制。由于可以快速和大规模地对植物与小生物进行杂交实验,获得大量连锁分析的数据,因此利用定位克隆技术在这些生物上发现和寻找表型相关的基因,不失为一个好方法。

6.2.6　全基因组关联研究

人类疾病中只有很少一部分是孟德尔单基因遗传病。人类诸如身高、肤色、脸型等外貌特征,以及很多重要的生理指标都有复杂的遗传方式,很多疾病具有不完全外显率,突变基因型并不一定有表型,很多疾病的个体表现度(expressivity)有差异,相同基因型的突变体的性状会不同;表型模写(phenocopy)现象还使得不同基因型个体患有同样的疾病;由于遗传异质性(genetic heterogeneity),即同一座位的不同突变或不同座位的突变可产生相似的表型,多基因遗传更复杂,两个或两个以上基因决定个体表型。这些遗传特点决定的性状被称作复杂性状(complex trait)。由于大部分疾病的表型不够清晰明确(临床表现不典型,多种疾病的症状相互交叉),通过连锁作图和定位克隆很难对复杂性状做出明确的遗传学判断。对于复杂性状研究来讲,基于 DNA 的系谱分析最要紧的是找到成员数量庞大的疾病患者家系,然而不幸的是,现代人生育子女减少,很难获得这样的家系用于研究。

传统的观点认为无关(unrelated)的家系有各自不同的各种基因突变体组合,这些突变基因组合各自负责每个家系遗传性状的表达。现在一般认为 SNP 是真正的个体间差别的所在;独特的常见 SNP 组合将每个人区分开来。研究人员也认为人类有一个共同的远祖,这个远祖的基因组由一个个 DNA 片段(或区域)组成,称为单倍型(haplotype[①])。单倍型由进化过程中逐个形成的 SNP 变异体累积而成,所在的 DNA 片段区域(或单倍型)以"完整"的方式传代,可以追溯到成千上万年前。这些单倍型被后代分享。从这个意义上讲,人类彼此"无关"的个体实际上是实实在在的远亲。为了进行遗传分析和预测,地球上的几十亿人可以被当作一个大家庭的成员,几个大分支分别居住在几个大陆上。单倍型可以被看作等位基因扩展版。已知整个人群的遗传变异可以限定到一定数目 SNP 座位上;位于包含多个基因的染色体区域的 SNP 被视为等位单倍型,在基因组的很多区域,仅 5~10 个单倍型就可将现存的差异区分出来。现在科学家可以使用为数不多的 SNP 座位将整个基因组描画出来。随着 DNA 芯片技术的进步,大量的"SNP-性状"关联数据如潮涌般出现,一个划时代的"全基因组"遗传学新纪元已经来临。

---

① haplotype 有两个含义,此处的概念为其一。另一个来自经典遗传学,指紧密连锁的一组基因,共同由亲代传到子代,最典型的就是配对的同源染色单体,通过形成配子传到下一代。

使用 SNP 芯片对大群体进行基因型测定,以发现特定 SNP 与性状之间的关联,被称为全基因组关联研究(genome-wide association study,GWAS)。现在已经确定 SNP 和广谱的常见病紧密连锁,有时还扮演病因的角色。GWAS 首先利用 DNA 芯片获得成千上万个被测对象的全基因组情况。其次,每个被测对象都被观察和检测以获得与研究有关的性状。最后,根据基因型的结果确定 SNP,进行比对计算,如果实验成功就可以发现少量 SNP 与性状的关联。与传统系谱分析法相比,GWAS 功能强大;与其他基因组作图相比,GWAS 不需要关系紧密的家系成员分析,对参与研究的对象数目也没有要求。2007 年第一次发表的 GWAS 中,有 1.7 万英国人受测,最后确定了与常见病关联的 24 个独立的遗传座位。总之,GWAS 将整个人类群体当作一个“大家系”诊断疾病的基因型,这是一种革命性的变化。对复杂疾病相关基因的检测会修正现有的治疗方案选择,并对个案做出相应调整。

6.3　基因组信息技术概要

Sanger 测序技术出现前后,分子生物学积累核苷酸序列的总信息在百万碱基对水平。1986 年出现的商业化 DNA 测序仪使得序列信息量暴增,当时日常采用的劳动密集型分析系统完全不能胜任对这些数据进行解释和让信息在不同实验室交流的任务。而 2008 年诞生的基于纳米技术的新一代测序技术,仅一次实验就可得到超过 100 万亿碱基对的序列信息,比这之前 35 年积累的 DNA 序列总量还多。目前,一个中等规模的生物学实验室就可能拥有一台或数台功能不断增强的新一代测序仪,由此可以想象全球每天产生的序列信息数量之庞大,解释及交流工作之复杂繁重。机缘凑巧的是,从 20 世纪 70 年代开始计算机和互联网技术同样发生了革命性的变化和发展,个人互联网终端(PC)可以使数字化的序列信息直接上传到互联网,被储存、分享、研究,基于信息技术的生物信息学(bioinformatics)应运而生,并在基因组学研究中扮演重要角色。本节主要介绍一些基因组学常用的分析系统和数据库的特点。

生物信息学主要应用计算方法(特殊的软件程序)描述生物信息的生物学含义。DNA 序列的含义必须通过软件程序才能被理解。最早的标志性工具包括限制性酶切位点的分析和开放阅读框架(ORF)氨基酸序列解码。而后开发的软件可以查找隐藏序列模式,可以统计计算不同序列的相似性。软件推动的(software-driven)研究结果可以引导对数据的新认识,新认识与更综合精巧的计算程序结合,又可获得更进一步的提升。生物数据和计算分析的整合使得生物信息学不断成长。

生物信息学工具中最重要的是那些可以通过浏览器在线和实时使用,并将基因组数据可视化和图表化的软件。美国生物技术信息国家中心(the National Center for Biotechnology Information,NCBI, http://www.ncbi.nlm.nih.gov/)创建于 1988 年,主要任务是监管 GenBank 数据库,同时也开发了其他一些公共数据库,研究了很多用于分析、系统化和传播数据的生物信息应用。GenBank 数据库是由美国国立卫生研究院于 1982 年创建的世界上第一个 DNA 在线序列资源库(repository)。允许研究者储存自己的 DNA 数据,并可供所有人在线下载和分析。但随着测序成本持续下降,数据量急剧上升,GenBank 已无法做到对全部信息的兼容并包,更多专门化的数据库不断出现和发展壮大,大大丰富了生物信息学的内容。

6.3.1　生物信息学工具

1. 种类参考序列(species reference sequence,RefSeq)

不同实验室获得的 DNA 序列实验数据的比较,需要有一个商定的统一标准才能用于分析。RefSeq 就是承担这个任务的序列。RefSeq 是单一的、完整的和注释过的数据库,汇集了自然产生的 DNA、RNA 和蛋白质分子。RefSeq 类似于综述文章(review),一个 RefSeq 针对一个种类分子序列,定时更新和整合序列研究的情况,提供序列信息,是遗传、功能信息整合的基础(http://www.ncbi.nlm.nih.gov/refseq/)。

2. 基因的可视化(visualizing gene)

人们已经开发了很多基于网络的(web-based)对基因组数据可视化的程序,最流行的就是 UCSC 基因组浏览器(UCSC Genome Browser,http://genome.ucsc.edu/)。UCSC 基因组浏览器将 RefSeq 确认的基因全部进行了可视化,提供了各种水平的分辨率,使得研究人员可以获得人类基因组结构的多方面情况。UCSC基因组浏览器的页面可展示的项目很多,图6.4仅展示了RefSeq收集的人类7号染色体基因分布情况,分别以dense和squish的方式做了演示。在这个低分辨率的图像中,可以看到"基因富含区"和"基因沙漠"的分布情况,根据观察的需要也可选择高分辨率,了解局部的详细情况。NCBI Sequence Viewer可显示基因在染色体上的位置、转录区域、外显子-内含子结构和编码蛋白质位点等。

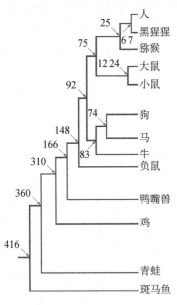

图6.10　人与其他脊椎动物的种间关联度(relatedness)和基因组保守性

6.3.2　保守成分的全基因组比较

当要判定两组序列是否来自同一个祖先时,需要对它们的序列做匹配对比。例如,假设50个核苷酸匹配是完全相同的,且是偶然形成的,那么这个事件发生的概率可按下式计算:$(0.25)^{50} = 8 \times 10^{-31}$。显然靠偶然形成50个碱基相同的概率近乎0,那么就要否定先前的假定,从而认为这个匹配是由于它们来源于同一个祖先造成的。DNA片段的同源性(homolog)指的是两个序列由同一祖先衍生而来。上例的完美匹配很好理解,但如果两个序列的匹配不完美,就需要利用复杂的统计学方法去判断,这个工作对计算机来讲就相对容易了。当一个序列在多个物种间有同源性,就认为这段序列是保守的(conserved)。当把人类的基因组当作一个整体去和其他物种作比较时,根据同源性的计算就可以做出系统树来表示它们间的亲缘关系(图6.10)。如果比较人和鱼的基因组,它们的同源性只有2%,但当比较它们编码蛋白质的序列时,同源性达到82%,这是因为进化压力使得功能DNA片段的进化速度比非功能片段要慢。因此,从理解基因组功能的角度来讲,全基因组比较结果有生物学意义。目前的基因组可视化工具可以在基因组内直接发现DNA序列的保守区和进化跨越的时间。

6.4　蛋白质组学

随着DNA测序技术的发展,到目前为止已公开发表完成全基因组测序的物种约30万个,包括多种模式生物及其他重要生物,人们有机会比较千差万别的生物的DNA序列,而比对的结果出乎人们的意料,不同物种间序列相似性很高。例如,人类近亲之一黑猩猩与人类基因组DNA序列相似性达到99%,而另外一个近亲大猩猩与人类基因组DNA序列相似性达到98%。这约2%的差异是如何决定人之所以为人的?而人与人之间的DNA序列有99.9%的相似性,这0.1%的差异是如何决定我之所以为我的?美国佛罗里达州一对同卵双生儿中有一名患有多发性硬化,研究人员一度认为这属于一种遗传性疾病,然而基因组序列分析表明这对双胞胎的DNA序列没有显著差异。生物是一个复杂的系统,是DNA、RNA和蛋白质这些生物大分子及糖类、激素和小RNA等生物小分子从转录、翻译、翻译后修饰多种路径共同参与形成的,要揭示生命的奥秘,还必须从整体水平上对生物进行系统研究。事实上,在人类基因组测序完成后不久,人们就提出了功能基因组学(functional genomics)或后基因组学(postgenomics)的概念,从对单一基因或蛋白质的研究转向对多个基因或蛋白质同时进行的系统研究。根据研究对象和手段的不同,功能基因组学又可以分为转录组学、蛋白质组学、代谢组学、表观基因组学、药物基因组学等学科。蛋白质组学的任务是揭示生物体内蛋白质表达与功能模式,是功能基因组学研究的重要内容。本节对蛋白质组学的基本概念、研究内容及研究手段作基本介绍。

6.4.1　蛋白质组学的定义

"蛋白质组"(proteome)这一术语由澳大利亚麦考瑞大学的Wilkins和Williams在1994年意大利锡耶纳召开的双向电泳会议上首次提出,并于第二年公开发表在 *Electrophoresis* 杂志上。蛋白质组的

"proteome"一词源于"PROTEin"与"genOME",是蛋白质与基因组两个词的拼接,指的是由细胞、组织甚至整个生命体基因组所表达的蛋白质的总和,而"蛋白质组学"(proteomics)是利用高通量蛋白质分离和鉴定技术研究特定时期或特定条件的蛋白质组的学科。

6.4.2 蛋白质组的特点和研究意义

蛋白质组学的研究对象远比基因组学复杂和多变。从蛋白质组角度看,一个基因不总是只对应一个蛋白质,基因通常由一系列的外显子组成,这些外显子可以以不同的方式剪接,产生一系列相似但不同的蛋白质,而且产生的蛋白质还可以进行诸如磷酸化、糖基化、泛素化、乙酰化、甲基化、脂基化,以及基于蛋白质氧化还原状态进行氧化还原等多种修饰,这些修饰可能对蛋白质功能有决定性影响。例如,磷酸化通常扮演信号通道开关的作用,而糖基化会告诉蛋白质应该去哪里或者附着在哪里。由此,就比较容易理解人类基因组不足2万个基因为什么可以产生大约800 000种蛋白质,而这些蛋白质还可以被超过300种的化合物修饰或螯合,从而表现出结构与功能的多样性。细胞中的蛋白质具有时空特异性,蛋白质的种类和数量在同一生物个体的不同细胞中各不相同,即使不同发育时期的同一细胞也不尽相同。蛋白质是生理功能的执行者,是生命现象的直接体现者,它们按照既定的程序在细胞中出现或消失、失活或被激活,从而控制细胞的分裂、分化或死亡,蛋白质表达、蛋白质结构和蛋白质功能的研究将直接阐明生命在生理或病理条件下的变化机制。

6.4.3 蛋白质组学的研究内容

蛋白质组学主要分为表达蛋白质组学、比较蛋白质组学、结构蛋白质组学和功能蛋白质组学。

表达蛋白质组学类似于基因组学,即大规模分析蛋白质的表达,测定某一时期特定条件下的亚细胞、细胞、组织、器官乃至生物体全基因组编码的所有蛋白质,建立蛋白质组学数据库。由于还不具备成熟的蛋白质体外合成和自动测序技术,建立完整蛋白质数据库还是人们遥不可及的梦想,因此研究重点转向比较蛋白质组学。

比较蛋白质组学分为两个方面:一是比较不同样本蛋白质的差异表达谱,寻找差异表达的蛋白质,样本可以是施以不同处理的细胞、组织,或者是遗传背景相似的生物体,还可以是不同发育时期的同一组织、器官或生物体,从这些样本中鉴定到的差异表达蛋白质有助于"揭示细胞对外界环境刺激的反应途径、细胞生理和病理状态的进程与本质,以及细胞调控机制"。假如发现一个蛋白质仅仅表达在发病组织中,那么它有可能是一个有用的药物靶标或者诊断标记。二是比较不同蛋白质的表达谱,因为具有相同或相似表达模式的蛋白质也可能功能相关。例如,蛋白质相互作用是蛋白质行使功能的一种方式,发生相互作用的蛋白质往往具有相同的功能,它们同步表达在某一时期或处理下的细胞或组织中,相似的表达模式是互作蛋白鉴定的一个前提条件。

结构蛋白质组学是在原子水平上阐明生物体的所有生物大分子的结构特性。结构蛋白质组学借助晶体X射线衍射(X-ray)和核磁共振(NMR)技术大规模分析蛋白质结构,建立结构信息数据库,帮助鉴定新发现基因的功能。通过X射线衍射晶体学进行蛋白质结构解析的关键是获得量足够大、纯度足够高的可溶性蛋白质,才能够顺利结晶,从而实现X射线衍射及谱型记录。实际上仅有5%~20%的靶基因产物(表达蛋白质)的结构能在第一轮中被完全解析出来。而传统的NMR技术缺陷在于灵敏度较低,因此需要有高浓度的样品(>0.5~1 mmol/L)及几个微克量的蛋白质。X射线衍射与NMR技术有良好的互补性,前者适合于结构刚性大且能产生良好衍射效果的晶体,而后者擅长于分析结构更柔韧的蛋白质。

功能蛋白质组学是研究在不同生理和病理条件下细胞中各种蛋白质之间的相互作用及其调控网络,以及蛋白质翻译后的修饰等。它的主要任务是阐明未知蛋白质的生物学功能和细胞在分子水平上的活动机制。在细胞层面上,很多蛋白质行使功能的前提是与其他蛋白质形成大聚合体,理解蛋白质的功能及揭示细胞活动的分子机制依赖于互作蛋白的鉴定。如果一个未知蛋白质被裹挟在复合体中,而这个复合体与某种抗逆机制有关,那么这会很容易使人联想到它的功能与这种机制有关,事实上细胞信号通路的详细解析往往得益于体内蛋白质与蛋白质的互作研究。常用于大规模分析体内互作蛋白的方法有酵母双杂交系统和蛋白质亲和层析偶联质谱,相关内容将在后文对其作详细介绍。

6.4.4 蛋白质组学研究的相关技术

1. 开展大规模蛋白质分离的原因

　　人类基因组不足 2 万个基因,却编码着数百万种不同的蛋白质分子,如此庞大数量的蛋白质鉴定起来是相当困难的。而且细胞中每一种蛋白质的数量并不均一,一些蛋白质在细胞中以很少的拷贝数存在,而有些蛋白质的丰度却非常高,一个细胞系统里蛋白质表达的动态范围可以达到 9 个数量级,高丰度的蛋白质往往会干扰低丰度蛋白质的检测,以现在的分析技术还无法鉴定痕量表达的蛋白质。蛋白质色谱和电泳预分离常被用来缩小动态范围。根据蛋白质的疏水性、分子质量、等电点等特性将总蛋白质预分离成不同的组分,每一个组分的动态范围因此下降,而且高浓度的蛋白质与低浓度的蛋白质可能分在不同的组分中,一些低丰度的蛋白质有望从总蛋白质中分离出来。降低分析前样品的复杂程度和富集低丰度蛋白质,是蛋白质样品分离的主要任务。为了分离蛋白质,不同的分离方法常常结合使用,多维的分离技术如双向电泳及不同类型色谱的串联在现代蛋白质组学中被广泛应用。例如,美国科学家 Kelleher 领导的研究小组开发了一项新蛋白质分离技术,这项技术整合了液相等电聚焦技术(solution isoelectric focusing,sIEF)、凝胶洗脱液相组分截留电泳技术(multiplexed gel eluted liquid fraction entrapment electrophoresis,mGELFrEE)和反向色谱技术(reversed phase chromatography,RPLC),从人类细胞中快速分离和鉴定了 3 000 多种完整的蛋白质分子,分离效率增加了 20 多倍。

2. 几种常用的蛋白质分离技术

　　(1) 双向电泳技术　　1975 年,美国科学家 O'Farrell 开发了双向凝胶电泳(two dimensional gel electrophoresis,2-DE)技术。双向电泳技术将等电聚焦凝胶电泳(isoelectric focusing gel electrophoresis,IEF)与十二烷基硫酸钠-聚丙烯酰胺凝胶电泳(SDS-PAGE)完美结合在一起。首先蛋白质在水平方向上按等电点不同分离,然后在垂直方向上按分子质量大小分离,相同等电点不同分子质量或相同分子质量不同等电点的蛋白质点因而得以分离(图 6.11)。双向电泳的第一向是等电聚焦凝胶电泳,能够区分净电荷或等电点不同的蛋白质,根据基质的不同,可以分为载体两性电解质 pH 梯度(pH gradients of carrier ampholytes)和固相 pH 梯度(immobilized pH gradients,IPG)。前者是在支持介质中加入载体两性电解质,当给凝胶两端施加高电压时,载体两性电解质可在电场中形成正极为酸性、负极为碱性、一个连续而稳定的线性 pH 梯度。蛋白质分子在偏离其等电点的 pH 条件下带有电荷;当蛋白质分子在电场力的作用下迁移至其等电点位置时,净电荷为零,停止移动。当时 O'Farrell 利用该技术成功地分离出了约 1 000 种 *E.coli* 蛋白质。固相 pH 梯度等电聚焦是 20 世纪 80 年代发展起来的电泳技术,使用的介质是具有弱酸或弱碱性质的丙烯酰胺

衍生物,在凝胶聚合时形成稳定的 pH 梯度,不受环境电场的影响。与传统的 IEF 相比,IPG IEF 分辨率更高,可达到 0.001 pH,上样量更大,pH 梯度更稳定,缺点是固相 pH 梯度灌胶技术复杂,一般由专业公司制备。双向电泳的第二向是 SDS-PAGE,在聚丙烯酰胺凝胶中加入 SDS,蛋白质分子遇 SDS 变性,并带上负电荷。蛋白质分子结合 SDS 的量与分子质量成正比而与序列无关,当蛋白质分子质量为 15 ～ 200 kDa时,蛋白质迁移率与分子质量的对数呈很好的线性关系($\log MW = K - bX$,MW 为分子质量,K 和 b 为常

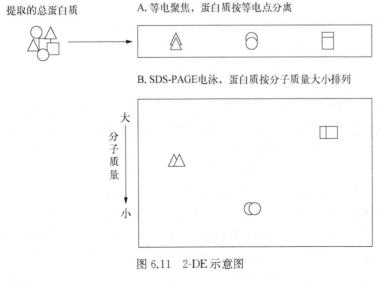

提取的总蛋白质

A. 等电聚焦,蛋白质按等电点分离

B. SDS-PAGE电泳,蛋白质按分子质量大小排列

大 ← 分子质量 → 小

图 6.11　2-DE 示意图

数,X 为迁移率)。2-DE 从等电点和分子质量两个方面对蛋白质进行分离,分辨率较高,通常能分离到 1 000～3 000 个蛋白质点,最高可达到 10 000 个以上。2-DE 分离的蛋白质点经显色后才能被鉴定,常用的显色方法有考马斯亮蓝染色、负染、荧光染色、银染等。其中,灵敏度最高的银染法,可达到 200 pg,其次是荧光染色,能达到 250 pg,考马斯亮蓝染色可达到 10 ng,负染约为 15 ng。染色后可用图像扫描仪、荧光测定仪等建立双向凝胶电泳图谱。

2-DE 的缺点是难以分离极酸、极碱性蛋白质,疏水性蛋白质,极大、极小蛋白质,以及低丰度蛋白质,而且难以与质谱实现在线联用,而高效液相色谱(high performance liquid chromatography,HPLC)和高效毛细管电泳 (high performance capillary electrophoresis,HPCE)因具有灵敏度高、分离效率高、上样量小、分析速度快、成本低及可以与质谱在线联用的优点,成为继 2-DE 之后高通量分离、鉴定蛋白质样品的有效工具。

(2) **高效液相色谱**　　是蛋白质分子在色谱分离柱的固定相和流动相之间不断进行着的分配过程。高效液相色谱是色谱分析法的一个分支,于 20 世纪 60 年代末,在经典液相色谱法和气相色谱法的基础上发展起来的新型分离分析技术。其原理是色谱柱内填充细小而均匀的固体颗粒作为固定相(如 C_{18})在高压泵的驱动下,流动相携带各种蛋白质分子流经固定相,蛋白质分子与固定相发生相互作用(非共价性质),由于蛋白质分子间存在性质和结构上的差异,导致它们与固定相之间产生不同的作用力,不同组分依据被固定相保留时间的不同顺序流出色谱柱,通过检测器得到不同的峰信号,每个峰都代表一个组分(图 6.12)。高效液相色谱特别适用于分离分子质量大、难气化和热稳定性差的生物大分子,可以分离 80% 以上的有机化合物。反向高效液相色谱(reverse phase high-performance liquid chromatography,RP-HPLC)与高效液相色谱类似,不同之处在于:第一固相极性不同,后者色谱柱内固相颗粒表面为极性材料(如 C_{18})前者对固相颗粒表面进行处理,令 C_{18} 键合一些烃基,降低极性。第二流动相极性不同,高效液相色谱流动相极性小,常使用有机溶剂,而 RP-HPLC 流动相极性大,一般为甲醇、乙腈的水溶液。因此,高效液相色谱中极性小的分子先洗脱下来,而 RP-HPLC 正相反,极性越大移动越快。RP-HPLC 具有很高的分辨率,可以分离相差一个氨基酸残基的蛋白质或多肽。例如,Rivier 和 McClintock 于 1983 年用 RP-HPLC 分离了人胰岛素和兔胰岛素,二者只有一个甲基的差异。图 6.13 显示的是应用 RP-HPLC 技术对小麦谷蛋白进行有效的分离。在蛋白质组学研究方面,液相色谱因能使样品脱盐,排除其对蛋白质电喷雾离子化(ESI)的干扰而常常与质谱联用,快速鉴定和定量分析细胞与组织裂解液中复杂样品的蛋白质成分。液相色谱-质谱联用实现蛋白质分离与鉴定的在线联用,有利于蛋白质组研究的自动化和高通量化。

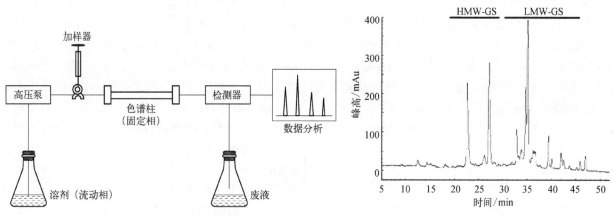

图 6.12　高效液相色谱示意图

图 6.13　RP-HPLC 分离小麦谷蛋白

HMW-GS,高分子质量谷蛋白;LMW-GS,低分子质量谷蛋白

(3) **高效毛细管电泳**　　是另外一种与质谱实现在线联用的技术。其问世于 20 世纪 80 年代,该技术是以高压电场为驱动力,以毛细管为分离通道,依据样品中各组分之间迁移率和分配行为的差异而实现分离的一种高效液相分离技术,兼有凝胶电泳及高效液相色谱的优点(图 6.14)。其主要包括以下几种类型:毛细

管区带电泳(capillary zone electrophoresis,CZE)、毛细管等速电泳(capillary isotachophoresis chromatography,CITP)、毛细管胶速电动色谱(micellar electrokinetic capillary chromatography,MECC)、毛细管凝胶电泳(capillary gel electrophoresis,CGE)、毛细管等电聚焦(capillary isoelectric focusing,CIEF)。毛细管电泳-质谱联用主要问题在于不同缓冲液中的盐的成分不一样,目前常采用具有挥发性缓冲液。应用高效毛细管电泳分离小麦水溶性蛋白的结果见图6.15。

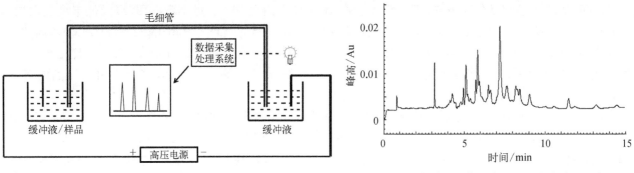

图 6.14　高效毛细管电泳示意图　　　　图 6.15　高效毛细管电泳分离小麦水溶性蛋白

3. 蛋白质的鉴定

蛋白质鉴定的核心技术是质谱技术,其基本原理是依据带电粒子的质量与携带电荷比值(质荷比,m/z)的差异而分离并确定粒子的相对分子质量。1919 年,英国科学家 Aston 研制了世界上第一台质谱仪,发现了至少 212 种天然存在的同位素,通过质谱分析,证明了原子质量亏损与同位素的存在有关,并因此荣获1922 年诺贝尔化学奖。此后的半个多世纪,尽管生物学蓬勃发展,但质谱方面并无建树,主要是因为传统的质谱是使用高能电子或原子直接轰击分子的"硬"电离,这要求样品具有一定程度的热稳定性和易挥发性,而生物大分子受热不稳定、难挥发,在气化、电离的过程中被打碎,产生不利于分析的碎片离子。这一状况直到20 世纪 80 年代末出现了两种"软电离"技术才得到彻底改观,即电喷雾离子化和基质辅助激光解吸电离(matrix assisted laser desorption ionization,MALDI)。这两种技术具有灵敏度高和质量检测范围宽的优点,能在飞摩尔水平上检测分子质量高达几十万道尔顿的生物大分子,从而开拓了生物质谱学这一新领域。生物质谱中最关键的部分是使生物大分子电离并气化的离子源-质谱仪中产生离子的装置(ion source),其功能是将进样系统引入的样品分子转化成离子。下面简单介绍电喷雾离子化和基质辅助激光解吸电离原理。

电喷雾离子化能很好地实现与高效液相色谱或高效毛细管电泳的在线联用。分离的样品被导入离子源内,加在毛细管管口 3~8 kV 的电压作用于经喷雾头进入离子化室的溶液,使样品溶液带上电荷。毛细管和取样孔(以正离子模式为例)之间加载 3~6 kV 的电压,溶液中负离子向喷雾头聚集,正离子向取样孔方向移动,形成泰勒(Taylor)锥。当泰勒锥表面的离子之间的静电斥力大于溶液表面张力时,液滴会从喷雾头射出,在电场的作用下向取样口方向移动。液滴在移动过程中,溶剂不断蒸发导致液滴表面电荷密度增加,当液滴表面电荷达到瑞利极限(Rayleigh limit)时,液滴发生裂变,分裂成更小的液滴;之后,蒸发、裂变这一过程不断循环,直到溶剂从小液滴中完全蒸发为止,最后分析物以单电荷或多电荷的离子状态进入气相(图 6.16)。电喷雾离子化使带电液滴在去溶剂化过程中形成样品离子,即便是稳定性差的化合物,也不会在电离过程中发生

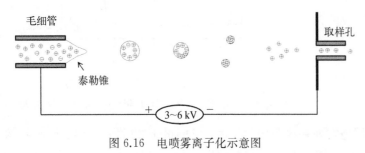

图 6.16　电喷雾离子化示意图

分解。电喷雾电离源容易形成多电荷离子,一个分子质量为 30 000 Da 的分子若仅带 1 个电荷,其质荷比为 30 00:1,超出了一般质谱仪的检测范围(如四极杆质谱和离子阱质谱);如果带有 20 个电荷,则其质荷比只有 150:1,一般的质谱仪就可以进行分析。因此,电喷雾离子化适合分析极性强、分子质量大、稳定性差的化合物,如蛋白质、多肽、DNA 等;离子的真实分子质量也可以根据质荷比及电荷数计算出来。自从 20 世纪 80 年

代,美国耶鲁(Yale)大学 Fenn 教授和他的同事首次报道了电喷雾离子化技术及电喷雾质谱技术对多肽和蛋白质的检测之后,生物质谱引起了生物学家的兴趣,得到广泛的开发和应用,推动了蛋白质组学的发展。生物质谱技术不仅可以分析蛋白质或多肽的分子质量,而且还可以采用串联质谱(Tandem-MS)进行测序。在第一级质谱得到多肽的分子离子,选取目的肽段的离子作为母离子,与惰性气体碰撞,使肽链中的肽键断裂,形成一系列的离子,即 N 端碎片离子系列(B 系列)和 C 端碎片离子系列(Y 系列),将这些碎片离子系列综合分析,可得出多肽片段的氨基酸序列。

基质辅助激光解吸电离是由德国科学家 Karas 和 Hillenkamp 发明的,其基本原理是将样品与基质液体混合点在样品靶上,待结晶后送入离子源内,用激光照射。基质吸收能量跃迁到激发态,导致样品电离和气化,然后由高电压将电离的样品从离子源转送到飞行时间(time of flight,TOF)质量分析器,再经离子检测器和数据处理得到质谱图(图 6.17)。基质辅助激光解吸电离所产生的质谱图一般是单电荷离子,因而质谱图中的离子与多肽和蛋白质的分子质量一一对应。蛋白质的分子质量可以通过计算其在 TOF 中的飞行时间推算出来。因基质辅助激光解吸电离质量范围宽,能检测到几十万道尔顿的单电荷离子,适合直接测定混合物中的蛋白质分子。

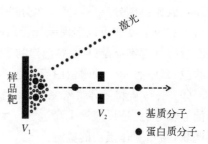

图 6.17　基质辅助激光解吸电离示意图
V_1,恒定高压;V_2,延迟引出电压

生物质谱在蛋白质组学研究中主要应用于以下 6 个方面。

(1) 相对分子质量测定　　相对分子质量是蛋白质、多肽的基本特征,是蛋白质、多肽识别与鉴定中首先需要测定的参数。生物质谱可测定的生物大分子分子质量可以高达几十万乃至上百万道尔顿,而且灵敏度高(10~15 fmol)、准确性好(0.001%~0.01%)、分子质量范围宽(100~980 000 Da)、鉴定速度快(5 min),远优于 SDS-PAGE、高效液相色谱等常规技术,其中 MALDI-TOF-MS 对样品纯度要求低,可以直接鉴定混合样品,满足蛋白质组研究快速、高通量的要求。

(2) 肽质量指纹谱鉴定　　选择合适的蛋白质内切酶对蛋白质进行酶解,会产生一系列的肽段,通过质谱分析,可以获得这些肽段的相对分子质量,称为肽质量指纹谱(peptide mass fingerprint,PMF),与蛋白质数据库中理论谱图进行比对,可实现对蛋白质的快速鉴别和高通量筛选。例如,Shevchenko 等于 1996 年用胰蛋白酶对双向分离的酵母蛋白点进行胶内酶解,经肽质量指纹谱鉴定,约 90% 的蛋白质能够被正确识别,并且发现 32 个新蛋白质,由先前未确认的开放阅读框编码。

(3) 肽序列测定技术　　肽序列测定采用的是串联质谱技术,从一级质谱产生的肽段中选择母离子,进入二级质谱,经惰性气体碰撞后肽段发生裂解[碰撞诱导解离(collision induced dissociation,CID)]或母离子获取能量后进入无场区发生亚稳离子裂解[源后裂解(post source decay,PSD)],由所得到的各离子碎片的质量数差值推定肽段的断裂,再通过数据库搜索鉴定蛋白质。经过两级质谱分析所得的各肽段质量数差值推定肽段氨基酸序列,直接用于数据库查寻,称为肽序列标签(peptide sequence tag,PST)技术,目前广泛用于蛋白质组研究中的大规模筛选。与肽质量指纹谱鉴定技术相比,肽序列测定技术鉴定的蛋白质更准确、可靠。

(4) 蛋白质翻译后修饰　　在生命体中扮演非常重要的角色,影响蛋白质的功能、活性和定位。发生某种修饰的蛋白质肽段其实测质量数与理论质量数会有特定的差值,根据这一差值可以推断出发生修饰的种类、数量和位点,如磷酸化会产生一个比理论质量数增加 80 Da 的肽段。Zhang 等于 2002 年首次提出"bottom-up"策略:将提纯的组蛋白酶解成多肽,然后用液相色谱和串联质谱技术分析酶解产物,最后采用生物信息检索分析多肽序列和修饰位点。根据这一策略,他们从来自小鸡红细胞的组蛋白 H3 中鉴定出先前已知的甲基化和乙酰化位点,并发现了一个新的甲基化位点。另一种策略是"top-down":将未经酶解的蛋白质直接引入质谱仪,通过碎片裂解技术将蛋白质裂解成多肽的碎片离子,得到蛋白质和碎片离子的质量,最后采用生物信息检索推断多肽序列和修饰位点。

(5) 定量蛋白质组分析　　生物质谱可以用于整体水平上比较蛋白质表达差异的蛋白质组学研究。目前开发的技术有荧光染色差异显示双向电泳、同位素代谢标记、同位素亲和标记、氨基酸化学标记和肽质图谱差异比较等。以同位素亲和标记为例简单说明质谱在蛋白质组定量研究中的应用。同位素编码亲和标签(isotope-coded affinity tag,ICAT)技术利用一对分别含重元素(8个氘原子)和轻元素(8个氢原子)的 ICAT 特异性标记成对蛋白质样品中的半胱氨酸残基,两种 ICAT 分子质量相差 8 Da。将两种 ICAT 分别加入两种细胞来源的总蛋白质中,ICAT 的反应基团会专一与蛋白质中的半胱氨酸共价结合,充分反应后,将两种样品等量混合并酶切,利用亲和色谱富集标记肽段,由于两种同位素标记状态的肽段在化学结构上完全相同,经高效液相色谱分离后以同一组分的形式进入串联质谱,相差 8 Da 的肽段在质谱上成对出现,比较两个肽段信号响应强度就可以实现差异蛋白质组分析。Han 等于 2001 年利用 ICAT 技术比较正常 HL-60 细胞和经乙酸肉豆蔻佛波酯(PMA)诱导的 HL-60 细胞表面分化蛋白,质谱鉴定了超过 5 000 个含有半胱氨酸残基的肽段,其中有 491 种膜蛋白有表达差异。

(6) 蛋白质相互作用研究　　大多数蛋白质是通过与配体分子结合或者是与其他蛋白质形成复合体参与信号转导、免疫反应等生命过程。生物质谱与串联亲和纯化技术、化学交联、免疫共沉淀技术、Pull down 相偶联,参与互作蛋白的鉴定。

4. 蛋白质互作鉴定方法

蛋白质间的相互作用构成了复杂的网络系统,是细胞生命活动的基础,蛋白质相互作用的研究有利于揭示奇妙的生命现象。目前的研究方法主要有酵母双杂交系统(yeast two-hybrid system)、串联亲和纯化、蛋白质亲和层析偶联质谱、免疫共沉淀技术等。

(1) 酵母双杂交系统　　在酵母菌中共同表达不同蛋白质,以鉴定蛋白质之间相互作用的一种分析方法,这是目前用于鉴定真核生物蛋白质互作(除膜蛋白以外)的常用体系。

酵母双杂交系统是在理解真核生物调控转录起始过程的基础上建立起来的。基因的转录起始需要反式转录激活因子的参与。转录激活因子在结构上往往由两种相互独立的结构域构成,即 DNA 结合结构域(DNA binding domain,BD)和转录激活结构域(activation domain,AD)。单独存在的 BD 或者 AD 不能激活基因的转录,只有当二者同时存在时,才能激活下游基因的转录,而不同来源的 DB 和 AD 可以形成具有转录活性的杂合蛋白。酵母 Gal4 蛋白由一条含 881 个氨基酸残基的多肽链形成,BD 结构域位于 N 端,由第 1~147 位氨基酸残基组成,AD 结构域位于 C 端,含第 767 位之后的 114 个氨基酸残基,即使 Gal4 的两个结构域位于不同的肽链,只要二者在空间上足够接近,就能恢复 Gal4 的转录活性。Fields 和 Song 于 1989 年提出的酵母双杂交系统正是基于这一原理。酵母双杂交系统采用编码 β-半乳糖苷酶的 *LacZ* 作为报告基因,其上游调控区是受 Gal4 蛋白调控的 GAL1 序列;已知 SNF1 和 SNF2 是酵母中能够发生相互作用的两个丝氨酸苏氨酸蛋白激酶,他们将 SNF1 与 Gal4 的 BD 结构域融合,形成所谓的"诱饵"(bait)蛋白,SNF2 与 AD 结构域融合,称为"猎物"(prey)蛋白。结果从同时转化了 SNF1 和 SNF2 融合表达载体的酵母细胞中检测到 β-半乳糖苷酶活性,而单独转化融合表达载体的细胞未能检测出β-半乳糖苷酶活性。发生在 SNF1 和 SNF2 之间的相互作用,拉近了 BD 结构域和 AD 结构域在空间上的距离,从而激活了报告基因的转录。反过来检测报告基因的表达情况,就可以分析"诱饵"和"猎物"的两个蛋白质之间是否存在相互作用。图 6.18 所示为酵母双杂交原理示意图。

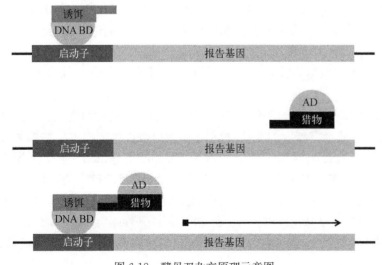

图 6.18　酵母双杂交原理示意图

酵母双杂交系统为了解蛋白质的功能提供了重要的信息,在蛋白质组学研究中主要应用于以下两个方面：寻找与目标蛋白相互作用的新蛋白质和绘制蛋白质相互作用图谱。前者将目标蛋白基因克隆至 bait 载体中，而将要筛选的 cDNA 库克隆到 prey 载体中，两种载体共同转化酵母细胞，如果检测到报告基因的表达，这意味着可能发现了一个与目标蛋白互作的新蛋白。后者是将两个 cDNA 文库分别克隆到 bait 和 prey 载体，共同转化酵母细胞，进行文库筛选，结合生物信息学分析，绘制出蛋白质相互作用图谱。该技术的缺点是假阳性高，通常要用 Pull down 和免疫共沉淀技术对酵母双杂交初筛的结果进行验证。

（2）串联亲和纯化　　是 1999 年由 Rigaut 等提出的纯化蛋白复合体的方法。该方法设计一个串联亲和纯化标签，由 Protein A、烟草蚀纹病毒（tobacco etch virus，TEV）蛋白酶剪切序列和钙调蛋白结合肽（calmodulin binding peptide，CBP）三部分组成，目标蛋白与 CBP 端相连。当融合蛋白在细胞内表达时，目标蛋白与其内源互作蛋白结合形成复合体。首先，串联亲和纯化复合体通过 IgG 为配基的琼脂珠，Protein A 与之结合，洗涤后，与 TEV 蛋白酶孵育，TEV 蛋白酶在 Protein A 与 CBP 的连接部位进行剪切，释放含有 CBP 的目标蛋白复合体。其次，再使用偶联钙调蛋白的琼脂珠结合复合体，再次洗涤，洗脱后的蛋白可以用于质谱分析，鉴定出目标蛋白的结合蛋白（图 6.19）。串联亲和纯化技术的特异性亲和作用减少了非特异性蛋白的结合，细胞内表达融合蛋白复合体避免了非自然条件下的蛋白质相互作用，并且酶切洗脱条件温和，保证了蛋白质复合体结构的完整性。Krogan 等运用串联亲和纯化技术标记了酿酒酵母中 4 562 个非膜蛋白，纯化成功的复合体有 2 357 个，从中分析出的互作蛋白有 2 708 个。

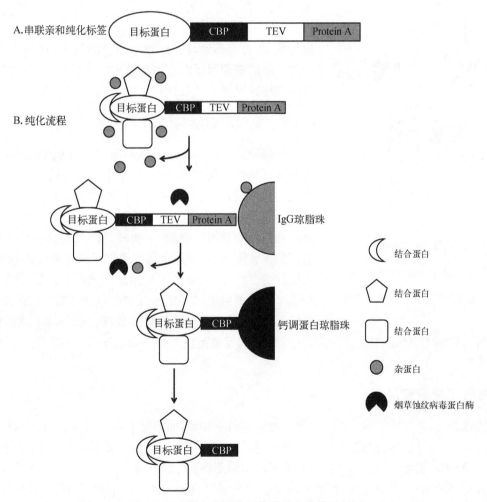

图 6.19　串联亲和纯化标签及纯化流程示意图

（3）蛋白质亲和层析偶联质谱　　是 Pull down 与质谱技术组合形成的技术。Pull down 技术是用固相化的、标记或是融合了标签的目标蛋白（如生物素、HIS 或 GST），从细胞裂解液中钓出与之相互作用的蛋白质,在体外验证蛋白质的相互作用或者是发现新的互作蛋白。具体做法是利用 DNA 重组技术将目标基因与标签融合(如 GST),在 *E.coli* 中表达出标签与目标蛋白的融合蛋白,然后亲和固化在标签的树脂上;当细胞裂解液与之孵育时,可从中捕获与目标蛋白相互作用的蛋白质(图 6.20)。Mason 等于 1992 年利用该方法发现了能与核糖体蛋白 S10 发生特异性结合的 *E.coli* 抗转录终止因子(NusB)。该方法的特异性好,方法也较简单,缺点是由于融合蛋白是在外源系统中表达,可能缺少必要的修饰,而影响其与互作蛋白的结合。

(4) 免疫共沉淀技术　　是以抗体和抗原之间的专一性作用为基础,确定蛋白质在生理条件下的相互作用。在体内检验目标蛋白是否结合,以及目标蛋白的新作用蛋白质。基本原理是在非变性条件下裂解细胞,目标蛋白与其作用蛋白质形成的复合体(目标蛋白-结合蛋白)会被保留下来。将目标蛋白的抗体加入细胞裂解液,抗体参与"目标蛋白-结合蛋白"复合体,形成"抗体-目标蛋白-互作蛋白"免疫复合物。再加入预先固化在树脂上的蛋白 A/G,形成"结合蛋白-目标蛋白-目标蛋白抗体-蛋白 A/G-树脂"复合物,纯化分离后,利用质谱

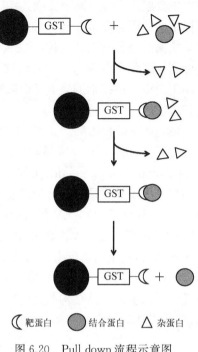

🌙靶蛋白　●结合蛋白　△杂蛋白

图 6.20　Pull down 流程示意图

进行鉴定,可以找到与目标蛋白结合的新蛋白(图 6.21)。该方法的优点是能够保留蛋白质的修饰和结合状态,特异性好,但制备特异性抗体耗时费力,不适用于高通量筛选互作蛋白。

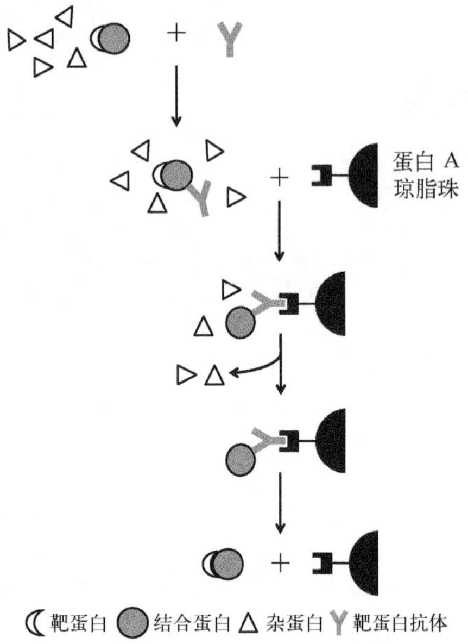

6.4.5　蛋白质组学与生物信息学

生物信息学(bioinformatics)是以计算机为工具,综合运用应用数学、信息学、统计学和计算机科学的方法对生物信息进行储存、检索和分析的科学。今天,生物信息学与蛋白质组学密不可分,为蛋白质组学研究的方方面面提供了分析软件,帮助科研工作者处理海量的数据。例如,一次样品的质谱分析就可以产生成千上万的多肽图谱,需要确定每张图谱里面高密度的峰值,鉴定富有挑战性的多肽,以及处理大量枯燥的数据。数据分析和数据评价是迄今为止蛋白质组学中最耗费时间的工作,单靠人力是无法完成的,只能借助于自动化的软件处理。期望将来软件能够自动检测到在两种蛋白质组中变化的有趣蛋白质,并将它们从复杂蛋白质组中筛选出来,帮助人们摆脱枯燥、乏味的数据处理工作。

🌙靶蛋白　●结合蛋白　△杂蛋白　Ⅰ靶蛋白抗体

图 6.21　免疫共沉淀技术流程示意图

6.4.6　蛋白质组学研究进展

在基础研究方面,蛋白质组学已被应用到各种生命科学领域,如细胞生物学、神经生物学等;涉及各种重要的生物学现象,如信号转导、细胞分化、蛋白质折叠等。在研究对象上,覆盖植物、动物和微生物等范围。在应用研究方面,蛋白质组学将成为寻找疾病分子标记和药物靶标最有效的方法之一。在对癌症、早老性痴呆等人类重大疾病的临床诊断和治疗方面蛋白质组学技术也有十分诱人的前景,目前国际上许多大型药物公司正投入大量的人力和物力进行蛋白质组学方面的应用性研究。

在技术层面上,每一种研究方法或技术既有突出的优点又有不可忽视的缺陷,今后的发展趋势除了探索新理论、发展新技术以外,还应该整合现有的多种技术,开发出灵敏度高、重复性好、通量高和简单易操作的

检测分析系统。另外,还应该依赖生物信息学研究工具搭建蛋白质组学与基因组学、转录组学等领域的信息管理和检索平台,使研究成果能够容易地被相关领域研究人员理解并得到充分利用。

思 考 题

1. 当提到人类基因组有约 30 亿个核苷酸时,人们是如何计算的?

2. 遗传学家和基因组学家的物理图谱绘制在方法上有何异同?

3. 有哪些重要的物理图谱制作方法? 它们的优缺点各是什么?

4. 1.5 万个 BAC(每个 200 kb)克隆是否足够用来完整地构建人的 30 亿个核苷酸的排列顺序?

5. 为什么说重复 DNA 序列是基因组计划的一个难点? 何种重复序列是最大的问题?

6. 分层鸟枪法和全基因组鸟枪法的克隆策略有何异同? 在实际应用中,哪个更有应用前景?

7. 与细菌相比人的基因组总 DNA 与编码蛋白质的 DNA 比值很高。请给出至少两个理由。

8. 列出三种不同的技术方法用于在人类基因组克隆内确定编码基因的序列。

9. 人类基因组已经测序完成,为什么人们仍然不能精确地得知人类基因的数量?

10. 特殊的 DNA 标记相对于传统的表型等位基因在制作遗传图时有何优点? 它的缺点又是什么?

11. 人类基因组中,你认为在编码 DNA 区还是非编码 DNA 区更容易发现 SNP?

12. 在同一个物种的不同个体上发现了一组基因序列,如何判断它们是直系同源还是旁系同源?

13. 当研究人员在一个患病家系做疾病性状连锁分析时,他选择适当 DNA 标记的原则最主要的有哪些?

14. 刚刚在一种脊椎动物的基因组上发现了一个罕见的新基因,你应该怎样快速和有效地对基因的序列做出结构和功能的预判?

15. 在获知一个基因的序列后,你该如何用生物信息学的工具研究它们在不同组织中的表达情况和它们的 RNA 是否经过了不同的剪切和重组?

16. 简述用于蛋白质组学研究的相关技术及其基本原理。

17. 人类基因组不足 2 万个蛋白质编码基因,而人类细胞中的蛋白质总数估计超过了 20 万。试用所学的知识解释这一现象。

18. 如何有效利用生物信息学技术分析基因组学和蛋白质组学数据?

推 荐 参 考 书

1. 陈捷,2009.农业生物蛋白质组学.北京:科学出版社.

2. 段朝军,李苹,唐发清,2010.分子生物学与蛋白质组学实验技术.长沙:中南大学出版社.

3. 何华勤,2011.简明蛋白质组学.北京:中国林业出版社.

4. 杨金水,2007.基因组学.2 版.北京:高等教育出版社.

5. Brown T A, 2018. Genomes. 4th Edition. New York:Garland Science.

6. Malkoff C, 2016. Exploring Genomics, Proteomics and Bioinformatics. New York:Syrawood Publishing House.

7. Samuelsson T, 2012. Genomics and Bioinformatics. Cambridge:Cambridge University Press.

第7章 遗传重组

遗传重组

提要

遗传重组是形成生物多样性的重要因素之一,包括同源重组、位点专一性重组、转座重组及异常重组等几种类型。本章主要介绍了这些重组类型的特点及其分子机制。学习遗传重组的分子机制对于人们认识生物多样性、生物进化、个体发育分化及进行遗传改良等均具有重要的意义。

遗传重组(genetic recombination)是生物界普遍存在的遗传现象。进行有性生殖的生物物种,其亲代经过减数分裂形成配子,雌雄配子随机结合形成新的个体。由于所形成配子的多样性及结合的随机性,决定了新个体的遗传组成与其亲代及所有同种生物其他个体之间的差异性。这是一个非常简单而又非常重要的遗传现象。染色体在这一过程中有两种变化形式:一种是 DNA 分子间没有发生物理交换;另一种是发生了物理交换,使遗传物质产生了新的排列和组合。这就是本章所要介绍的遗传重组。

从广义上讲,遗传重组包括任何造成基因型变化的基因交流过程。其实,无论是真核生物还是原核生物,无论是某一个体的基因组内还是在亲代与子代之间,无论是减数分裂过程还是体细胞内的有丝分裂过程,无论是在核基因之间还是在细胞质基因(核外基因)之间,甚至在噬菌体的侵染和转座子的转座过程中等,都存在着遗传重组现象。通过重组,生物体获得了遗传上的多样性,加快了物种对于环境的适应能力和生物进化的进程;同时,重组的发生对于 DNA 损伤的修复等也具有重要的作用。

遗传重组的类型很多,本章主要介绍同源重组、位点专一性重组、转座重组和异常重组这四种。

7.1 同源重组

7.1.1 同源重组的定义

所谓同源重组(homologous recombination)又被称为普遍性重组,是指联会(配对)的 DNA 同源序列之间相互交换对等部分的过程。这个过程依赖于大范围的 DNA 同源序列的联会(配对),同源重组主要是利用 DNA 序列的同源性来识别重组对象。

7.1.2 同源重组的特点及影响因素

同源重组的最大特点在于它是发生在同源序列之间遗传物质的重新组合。同源重组是一个酶促的过程,在整个过程中除了需要 DNA 聚合酶、内切核酸酶、外切酶及连接酶等之外,还需要有重组酶的参与,以促进 DNA 双链的断裂、连接和重组体的释放;另外,重组酶对于 DNA 的损伤修复、DNA 的重组和基因转换等也有重要的作用。在基因组中,相关酶可以利用任何一对同源序列作为底物发生重组过程。

研究结果表明,同源区段的长度、不同的细胞类型、染色体的结构组成、性别、年龄及内外环境条件等因素对同源重组都有一定的影响。例如,总体的重组频率在男性与女性之间是不同的,女性的重组频率是男性的两倍;而在异染色质区域附近遗传物质的交换因受到抑制作用而降低。

7.1.3 同源重组的分子机制

关于同源重组发生的机制,目前还没有统一的观点,这也可能是由于生物界本身就同时并存着多种重组机制的原因。通过对重组遗传结果的分析,对减数分裂早期染色体行为的观察与研究,对离体重组系统(主要为原核生物)的分析,以及对 DNA 生化特性的认识等研究工作,现已提出了多种旨在解释双链 DNA 之间重组的模型。

1. 同源重组时异源双链 DNA 断裂与重接的实验证据

应用许多研究手段,人们在细胞学水平上已经揭示出了在减数分裂前期,同源染色体发生配对,非姐妹染色单体之间发生断裂、重接和交换现象,以及交换和交叉之间的相互关系。证明重组的发生是通过 DNA 分子之间的物理断裂与重接而实现的。

以同位素标记 λ 噬菌体突变体的不同类型,突变型 c、mi 以 ^{13}C 和 ^{14}N 标记为重链,而野生型以 ^{12}C 和 ^{14}N 标记为轻链,噬菌体杂交后出现 c+、+mi 类型,子代噬菌体 DNA 经过 CsCl 密度梯度离心,结果显示除原有的两条带以外,在中间还有杂交为 c+/+mi 的类型(图 7.1)。

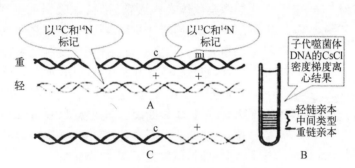

图 7.1 λ 噬菌体染色体断裂与重接的证据
A.放射性同位素分别标记 DNA 分子;B.CsCl 密度梯度离心;C.分子杂交

2. 同源重组的分子机制假说

(1)部分交叉型假说 是 1909 年由 Janssens 提出的,并于 1934 年由 Darllington 进一步完善。他们在研究细胞的减数分裂时,看到在前期 I 配对的同源染色体开始收缩时,其非姐妹染色单体之间存在交叉。由此他们认为,由于染色单体发生了交换才产生交叉,交叉是由交换决定的,即先有交换后有交叉;而交叉正好是在非姐妹染色单体发生断裂和互换后重新愈合的地方形成,这样非姐妹染色单体之间发生了几次交换,在双线期就可以看到几个交叉;而随着染色体的分开,产生交叉端化现象,这时的交叉点与交换点不一致(图 7.2)。

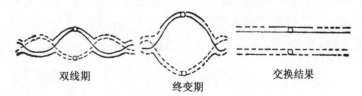

图 7.2 部分交叉型假说示意图

该假说虽然涉及组成染色体的两条单体,但并未真正从组成染色体 DNA 分子的结构进行分析、解释重组发生的机制,只是对细胞学上的研究结果提出了相应的解释和说明。

(2)模板选择假说 是 1933 年由 J. Belling 提出的,故又称为 Belling 交换假说。这一假说把交换和新的染色单体的复制联系起来,认为染色体配对是在尚未复制的同源染色体之间进行的。染色体复制分两步,先形成染色粒,后形成连接丝;当新染色粒沿着相应旧的姐妹染色单体形成以后,随后形成的连接丝把它们连接起来。由于同源染色体处于相互缠绕之中,连接丝可以把两个同源染色体形成的染色粒连接起来,从而产生交换(图 7.3)。

模板选择假说并未涉及染色体的断裂,而只是模板的不同造成了其子代 DNA 组成的差异;然而现代分

图 7.3　模板选择假说示意图

子生物学研究结果证实,DNA 的复制发生于细胞分裂的间期,同源染色体的联会(发生交换的可能时期)发生于随后的细胞分裂前期。这是相互矛盾的。

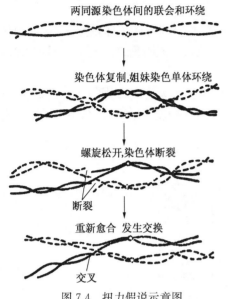

图 7.4　扭力假说示意图

　　另一方面,Belling 认为交换与染色体的复制发生在同一过程,只涉及两条染色单体,并且也只限于新形成的染色单体,而无法解释三线与四线双交换,以及姐妹染色单体之间交换等现象。因此其合理程度值得怀疑。

　　(3) 扭力假说(torsion hypothesis)　　1937 年,Darllington 对交换提出了扭力假说,也被称为断裂愈合模型。这一假说认为同源染色体在纵裂前,因彼此吸引而配对。每一染色体内部的 DNA 分子旋转,同时成对的染色体之间也相互盘绕,内部和外部的扭力方向相反。染色体完成复制之后,同源染色体间的平衡被破坏,姐妹染色体开始相互吸引,而非姐妹染色体彼此排斥,迫使它们分开。由于它们之间仍处在相互扭曲之中,因而产生了扭力,使染色单体断裂。非姐妹染色单体的断裂严格地发生在相同位点上,断头分开并旋转,扭力解除。当非姐妹染色单体重新连接起来时,就发生了交换(图 7.4)。

　　该假说合理地解释了交换与交叉的关系,并有许多实验结果来支持它,因而受到广泛的重视,至今仍为很多教科书和科学工作者所引用。其缺点是并没有对染色体是如何发生断裂和重接做出具体的说明。扭力假说认为同源染色单体先行配对而后复制,但分子生物学的证据表明,同源染色体在配对之前已经复制为二,因此该假说并未从分子水平上进行正确的解释。另外,该假说虽然提出了染色单体的断裂,但认为非姐妹染色单体的断裂严格地发生在相同位点上,从目前的研究结果表明,这一现象出现的概率是非常低的。因此,该假说亦存在一定的缺陷。

　　(4) Holliday 模型　　是由 Holliday 于 1964 年提出的,又被称为异源或杂种 DNA 模型。该模型是第一个被广泛接受的重组模型,也被称为双链侵入模型,其示意图见图 7.5。

　　图中,每一条横线表示 DNA 的一条单链,两条以细竖线相连的横线表示一条 DNA 分子,竖线表示双链 DNA 之间配对的碱基。两条发生交换的单体上分别带有 A、B/a、b 基因。具体步骤如下:

　　图 7.5 中 1:联会配对。

　　图 7.5 中 2:在内切核酸酶的作用下,两 DNA 分子的相对应部位发生单链断裂,形成缺口,这两

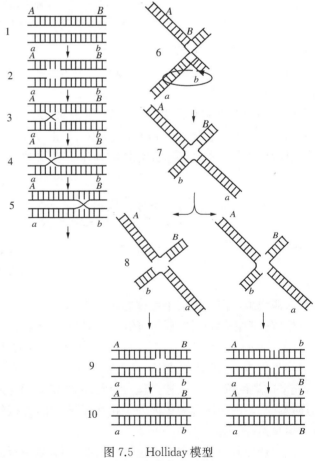

图 7.5　Holliday 模型
(引自刘祖洞等,2013)

条 DNA 分子极性相同。

图 7.5 中 3~4：形成的单链游离端交换位置后重新连接，形成一个交联桥，或称为 Holliday 中间体，它是所有重组模型的中心。

图 7.5 中 5：交联桥的位置发生滑动，形成异源区段。

图 7.5 中 6~7：交联桥的两臂发生旋转，形成一个中空的"十"字形。这一过程也称为异构化，它能通过重排而改变链的彼此关系。在这一过程中没有键的断裂。异构化过程不需要能量，所以可以很快发生，每种构象存在的概率为 50%。

图 7.5 中 8：以中间为出发点可以分为四条臂，其中两条对应单链发生断裂后交换位置重新接合，另外两条单链保持完整。这样就有两种断裂重接方式，两侧的基因 A、B 和 a、b 基因有可能发生重新组合，也有可能不发生重新组合。但是总会形成一段异源区段，而异源区段是不稳定的，不配对的核苷酸（碱基）在 DNA 分子中造成歪斜，由外切核酸酶进行切割修复。

图 7.5 中 9：留下单链缺口，在 DNA 聚合酶的作用下，合成具有互补碱基的区段，填补缺口。

图 7.5 中 10：最后由连接酶把新合成的短链以共价键结合形成连续的核苷酸链，完成修复过程。

Holliday 模型认为交换的单链是在对应部位同时发生断裂，这种概率较之于单链断裂的概率要低得多，并且在经典遗传学中，人们所观察到的同源重组现象通常是交互的，也就是说，当一对同源染色体分别携带有等位基因 A 和 a 时，如果一条染色体把 A 交给它的同源染色体，则它的同源染色体必定把 a 反过来交给它，所以在真菌的四分子分析中，一个座位上的两等位基因分离时，应表现出 2：2 或 4：4 的分离比。这就是典型的同源重组。

以上假说从不同角度对基因的互换进行了分析。其中以 Holliday 模型更加受到人们的普遍重视和接受。

但是在以后的研究中发现，并非所有真核生物的同源重组都是这样交互进行的，在有些子囊菌的四分子分析中，我们看到了 5：3、6：2 等分离比。例如，粪壳菌是一种研究同源重组的良好材料，其减数分裂的产物直接反映了减数分裂时染色体的分离重组过程。Olive 在粪生粪壳菌（*Sodavia fimicola*）中发现了这种现象。通过分析发现，粪生粪壳菌的子囊孢子有两种表现：灰色与黑色。它们分别由等位基因 g^+ 和 g^- 决定，而这两个等位基因之间仅有一对碱基之差：

$$g^+ 为 \quad \frac{G}{C} \quad (G/C) \qquad \frac{ACAGT}{TGTCA}$$

$$g^- 为 \quad \frac{T}{A} \quad (T/A) \qquad \frac{ACATT}{TGTAA}$$

当以基因型为 g^+ 与 g^- 的个体为亲本进行杂交时，子囊孢子的颜色就会出现两种：灰色与黑色。并且分离比大多为 4：4，但同时还会出现 5：3、6：2 和 1：3 等多种分离比。这种现象是如何产生的呢？我们如何在 DNA 水平上解释这一遗传现象呢？Meselson-Radding 模型在 Holliday 模型的基础上进一步发展，很好地解释了这一实验现象。Meselson-Radding 模型不仅可以解释交互重组现象，而且还可以圆满地解释基因转换（gene conversion）现象（所谓基因转换是指由一个基因转变为其相应的等位基因的现象），目前已被广泛接受，下文重点介绍该理论。

（5）同源重组的 Meselson-Radding 模型　　根据 Meselson-Radding 模型，基因的重组及转换与异源 DNA 链的形成有密切关系。Meselson-Radding 模型也称为单链侵入模型，其具体过程分步论述如下。

1）Holliday 中间体的形成（图 7.6）

图 7.6 中 A：切断。同源联会的两个 DNA 分子中任意的一个出现单链切口，切口可能由某些内切酶产生，也可能由使同源 DNA 接近并发生联会的蛋白质因子作用产生。

图 7.6 中 B：链置换。切口处形成的 5′ 端局部解链，酶系统利用切口处的 3′-OH 合成新链，填补解链后形成的单链空缺。原有的链被逐步排挤置换出来。

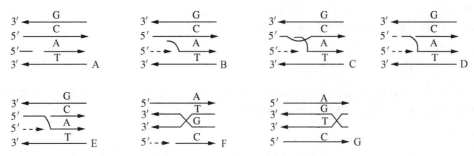

图 7.6　Holliday 中间体的形成

图 7.6 中 C:单链侵入。由链置换产生的单链区段侵入参与联会的另一条 DNA 分子因局部解链而产生的单链泡中。局部解链可能是由于某种 DNA 结合蛋白的作用产生,也可能由 DNA 的呼吸作用产生。

图 7.6 中 D:环状 DNA 单链切除。侵入的单链 DNA 与参与联会的另一条 DNA 分子中的互补链形成碱基配对,同时把与侵入单链的同源链置换出来,由此产生"D"形环状结构。"D"形环状结构的单链区随后被 $5' \rightarrow 3'$ 外切酶切除降解。

图 7.6 中 E:链同化。"D"形环状结构切除中产生的 $3'$-OH 断头与侵入单链的 $5'$- P 在 DNA 连接酶的作用下共价连接,形成非对称性异源双链区。异源双链区内往往含有错配碱基,这些错配碱基对面临着细胞内修复系统的修复作用,而修复的结果就有可能造成基因的转换。

图 7.6 中 F:异构化。链同化进行过程中,DNA 经过一定的扭曲旋转,形成 Holliday 中间体。

图 7.6 中 G:分支迁移。两条 DNA 分子之间形成的交叉点可以沿 DNA 移动,这一过程称分支迁移。迁移实际上是两条 DNA 分子之间交叉的同源单链互相置换的结果,迁移的方向可以朝向 DNA 分子的任意一端。分支迁移使两条 DNA 分子中都出现异源双链区,此时称为对称性异源双链区。异源双链区的修复时间和方式与基因转换的发生与否有密切相关。

2) Holliday 中间体的拆分及异源双链区的修复

A. Holliday 中间体的拆分:Holliday 中间体的形成只完成了重组的一半,由它联系在一起的两条 DNA 分子必须经过拆分恢复到彼此分开的双螺旋分子状态。拆分需要内切酶在交叉点处形成一对缺口,然后以 DNA 连接酶进行连接。

Holliday 中间体可以以两种交替方式进行拆分,拆分点两侧基因或发生交互重组,或无重组发生。也就是说,假设杂交的两个 DNA 分子,在交叉点两侧分别有基因 A、B 和 a、b,当以不同形式进行拆分时,A、B 与 a、b 或有重组发生,或无重组发生(图 7.7)。由此可见,Meselson-Radding 模型很好地解释了基因的重组现象。

从图 7.7 中可以看出,无论哪种拆分都必然在两条 DNA 分子上留下一段异源双链区,异源双链区的修复就造成了基因的转换。

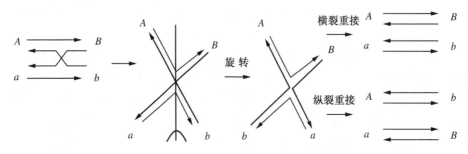

图 7.7　Holliday 中间体的拆分

B. 异源双链区的修复:单链断裂后的侵入及分支迁移的过程导致了不对称异源区段和对称性异源区段的形成。异源区段的修复,能发生基因转换。

上面我们以粪生粪壳菌为例,介绍了异常分离比的出现,这一实验现象既不能以交换解释,也不可以用基因突变解释,因为其发生频率大大高于突变频率。根据研究结果发现,对于 g^+ 和 g^- 基因而言,异源双链区形成后,二者之间只有一对碱基的差异,形成了异源区段(图 7.8)。异源区段中带有不对称的碱基对 G/A 或 C/T。减数分裂中期 I 的染色体图如下。

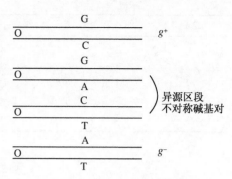

图 7.8　异源区段不对称碱基

每一个不对称碱基对都可以有两种校正形式。例如,G/A 对,如果切除 A,则形成 G/C,表现为野生型;如果切除 G,则形成 T/A,表现为突变型;如果不对称的核苷酸没有得到校正,杂种 DNA 留到下一次复制时,将产生两个不同的子染色体,这样就出现了半染色单体转换,具体表现为一个孢子对中两个孢子的基因型及表型不同。同样,不对称碱基对 C/T 也可以有不同的修复方式,从而表现出不同的分离形式。

不对称碱基对的修复时期包括减数分裂中修复和减数分裂后修复。

如果在减数分裂时发生碱基修复,则会出现不同的修复结果,如图 7.9 所示,并总结于表 7.1 中。

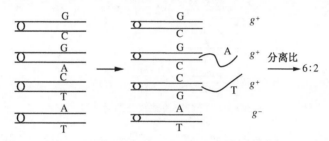

图 7.9　异源区段不对称碱基对的修复

表 7.1　减数分裂中修复异源双链区的不对称碱基对

第一孢子对	第二孢子对	第三孢子对	第四孢子对	子囊孢子组成	分　离　比
G/C	切 A: G/C	切 T: G/C	T/A	++++++--	6:2
G/C	G/C	切 C: A/T	T/A	++++----	4:4
G/C	切 G: T/A	切 T: G/C	T/A	++--++--	2:2:2:2
G/C	T/A	切 C: A/T	T/A	++------	2:6

所谓减数分裂后修复是指在减数分裂过程中没有不对称碱基的切除与修复,只在减数分裂后的有丝分裂阶段由于染色体复制而形成正常的配对碱基,从而在一个孢子对中有两种基因型及表型(图 7.10)。

由此可见,异源双链区的修复不管发生在哪一时期,其结果都会出现多种分离比(表 7.2)。

表 7.2　不对称碱基对经部分减数分裂修复及减数分裂后修复后形成的子囊类型

子	囊	孢	子					子囊孢子组成	分　离　比
G/C	G/C	G/C	G/C	G/C	G/C	T/A	T/A	++++++--	6:2
G/C	G/C	G/C	G/C	G/C	T/A	T/A	T/A	+++++---	5:3
G/C	G/C	G/C	G/C	T/A	G/C	T/A	T/A	+++-+---	4:1:1:2
G/C	G/C	G/C	G/C	T/A	T/A	T/A	T/A	++++----	4:4
G/C	G/C	G/C	T/A	G/C	G/C	T/A	T/A	+++-++--	3:1:2:2
G/C	G/C	G/C	C/T	G/C	T/A	T/A	T/A	+++--+--	3:1:1:3
G/C	G/C	G/C	T/A	G/C	T/A	T/A	T/A	+++-+---	3:2:1:2
G/C	G/C	G/C	T/A	T/A	G/C	T/A	T/A	+++-----	3:5
G/C	G/C	T/A	G/C	T/A	G/C	T/A	T/A	++-++---	2:1:3:2
G/C	G/C	T/A	G/C	T/A	T/A	G/C	T/A	++-+-+--	2:1:2:3
G/C	G/C	T/A	G/C	T/A	G/C	T/A	T/A	++--+---	2:1:1:1:1:2

续　表

子　囊　孢　子								子囊孢子组成	分　离　比
G/C	G/C	T/A	G/C	T/A	T/A	T/A	T/A	++-+----	2:1:1:4
G/C	G/C	T/A	T/A	G/C	G/C	T/A	T/A	++--++--	2:2:2:2
G/C	G/C	T/A	T/A	G/C	T/A	T/A	T/A	++--+---	2:2:1:3
G/C	G/C	T/A	T/A	T/A	G/C	T/A	T/A	++---+--	2:3:1:2
G/C	G/C	T/A	T/A	T/A	T/A	T/A	T/A	++------	2:6

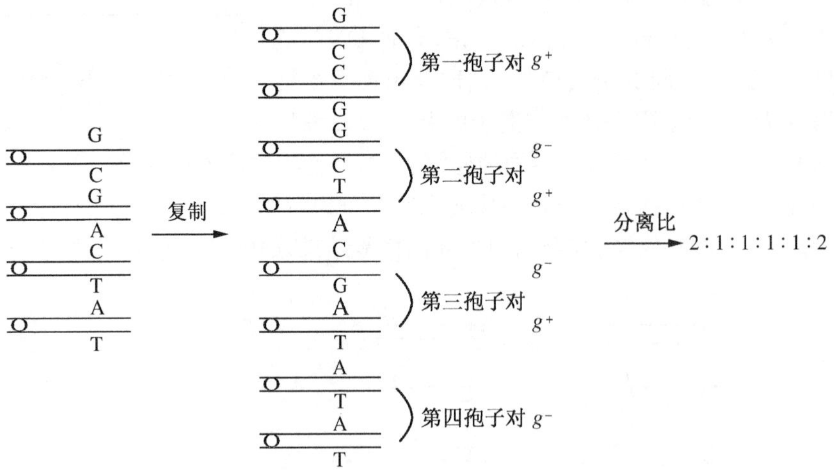

图 7.10　异源区段减数分裂后修复

还需要强调的是,根据研究发现,基因转换不仅发生在非姐妹染色单体的等位基因之间,还可以在以下情况下发生:① 有丝分裂时姐妹染色单体等位基因之间;② 有丝分裂和减数分裂时姐妹染色单体的非等位基因之间;③ 有丝分裂和减数分裂时同一染色体上非等位重复基因之间。

可以这样说,基因转换并不等同于交换,但与交换有关。大部分异常的子囊在等位基因转换位点两侧的标记之间出现遗传重组。

重组事件的起始阶段只有一个 DNA 分子中含非对称异源双链区,只是到后来由于异构化和分支迁移才使两个 DNA 分子上出现了对称性异源双链区。这样,越是靠近优先起始点的遗传标记,其发生基因转换的频率就越高;越是远离该点的标记,其转换频率就越低。这就说明基因转换是有极性的(polarity),并由此提出了极化子模型(polaron model)。该模型假定内切酶首先作用于基因的一端,从起点开始,基因转换频率由高到低,形成一个梯度,在染色体上呈现基因转换极化现象的这样一个区域被称为一个极化子。有时一个极化子就相当于一个基因。

基因转换使同一家族的串联重复基因拷贝处于不断的“比较”之中,在维护这些结构的同一性方面起了重要作用。

基因转换也导致了另一种遗传现象的出现,这就是高度的负干涉(negative interference)现象。由于基因转换作用的存在,有些非交换形成的配子类似于交换的结果,致使实际交换数值估计偏高,多于理论双交换类型,因此发生负干涉现象。

(6) 双链断裂修复模型　　在 DNA 分子中,如果两条链中一条链发生断裂,另一条链仍然可以把分子联系到一起;但是如果两条链都发生断裂,DNA 分子的两部分可能被分开,这很可能是一个致死的过程。由此看来,通过双链断裂引发重组好像是不可能的。但是,目前的研究结果表明,在有些情况下,当两个 DNA 分子中一个 DNA 的双链都发生断裂时,同样可以引发重组。DNA 双链断裂引发重组的现象已经在酵母、细菌、噬菌体和低等真核生物的遗传实验中得到证明。因此可以这样认为,通过双链断裂引发重组是个普遍存在的机制。

双链断裂重组模型认为,遗传信息的交换是由双链的断裂所引发的。参与重组的一对 DNA 分子之一的两条链被内切核酸酶切断,在外切核酸酶作用下扩展为一个缺口,并在(一种或几种)外切核酸酶的作用下产生 3′ 单链黏性末端,这两个 3′ 游离末端中的一个侵入配对 DNA 分子的同源区段,置换出"供体"双螺旋的一个单链而形成一段异源双链 DNA,并同时产生一个 D 环(D-loop)。形成的 D 环由于利用 3′ 游离末端为引物,在 DNA 聚合酶的作用下修补合成而扩展。最终 D 环的长度变得与"受体"染色体的缺口长度相当。当突出的单链到达缺口的另一端时,互补的两条单链退火。此时在缺口的两侧各有一段异源双链 DNA,并且此缺口被 D 环单链 DNA 所占据。通过以缺口 3′ 端为起始的修补合成来恢复缺口外双链的完整性。总的来说,可以通过两次单链 DNA 的合成而修复缺口(图 7.11)。

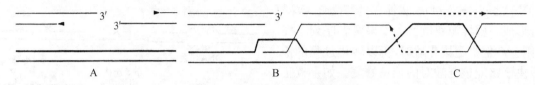

图 7.11 双链断裂修复模型

A. 两个 DNA 分子中一个 DNA 分子双链断裂,箭头指出 5′ 端发生降解;B. 3′ 端侵入另一 DNA 分子中并置换出同源链;C. DNA 聚合酶以 3′ 端为引物进行修复直到和 5′ 端连接(黑色箭头),两个 Holliday 结构形成

两次以合成单链 DNA 而修复缺口的结果导致了在交换的两个单体之间形成了具有两个重组连接体的分子,也就是有两种 Holliday 中间体。是否发生重组依赖于在拆分时两个 Holliday 结构处于哪种构象。如果两者处于相同的构象 I 或 II(图 7.12),在它们被拆分时,则不发生交换,也不发生重组,且每一个双螺旋皆含有一段异源双链。如果两个 Holliday 结构处在不同的构象时,拆分后将发生重组。

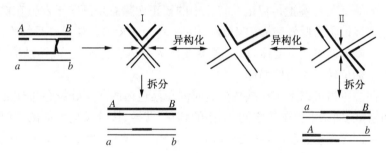

图 7.12 Holliday 结构的两种拆分方式

在前述有关重组的分子模型中,重组过程的任意阶段都没有遗传信息的丢失。但在双链断裂模型中,起始断裂之后,紧接着就是遗传信息的丢失。在恢复这些信息的过程中,任何错误的发生都有可能是致命的。但是,通过另一双螺旋分子而重新合成丢失信息的这种能力为细胞生存提供了主要的安全屏障。

同源重组不仅可以发生在线性 DNA 分子之间,它同样也可以发生在环形 DNA 分子之间或环形与线形 DNA 分子或片段之间。

(7) 环状 DNA 分子的重组过程   环状 DNA 分子由于其核苷酸组成数目少、分子小、便于操作而容易进行整体研究,特别是易于对 DNA 分子间序列交换的本质进行探讨。另外,尽管细菌的遗传物质为环状结构,但它具有与高等生物相同的 DNA 结构特点和遗传重组特点。同时,交联桥的形成及其旋转拆分原理同样适用于环状 DNA 分子的重组过程。因此人们常用细菌体系进行遗传研究工作,环状 DNA 分子的遗传重组是研究重组机制的良好实验材料。

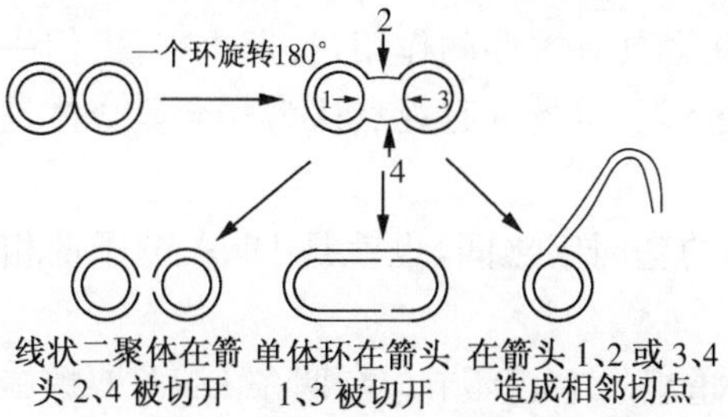

一个环旋转180° 2 4

线状二聚体在箭 单体环在箭头 在箭头1、2或3、4
头2、4被切开 1、3切开 造成相邻切点

图 7.13 环状 DNA 分子重组过程

环状 DNA 分子之间重组过程如图 7.13 所示。首先,两个环状 DNA 分子在任意两个同源区域之间进行配对、断裂、重接,形成"8"字形的中间物(figure-8 intermediate)。其次,将"8"字形结构的单链切断,有 3 种不同的方式:在 2 和 4 对应链切断就产生两个环状 DNA 分子,与亲本类型相同,每个各含一段异源双链区;在 1 和 3 对应链切断,则形成一个由两个亲本 DNA 分子首尾共价连接而成的单体环;1 和 2 或 3 和 4 切断,则产生滚环状结构。

显然环状 DNA 分子相互重组必然导致单体环形成。由于该单体环含有两个亲本 DNA 分子,因此它们又可以在任何同源区之间发生重组,形成两个环状 DNA 分子。

(8) 细菌的转化重组　　细菌的转化是供体 DNA 片段进入受体细胞后,双链 DNA 解链,只有一条链进入受体细胞和受体染色体发生重组,另一条链被分解,因此重组是发生在单链 DNA 片段和完整的双链 DNA 之间(图 7.14)。供体单链与受体 DNA 之间结合形成一段异源双链区。如果两者序列不完全一致,则会产生错配核苷酸对,所以转化过程的最后结果取决于错配核苷酸对的校正修复。如果校正时被切除的是异源双链区中的属原供体单链的核苷酸,那么就无转化发生;如果被切除的是原受体 DNA 的核苷酸,则发生转化,该细菌的后代细胞全部表现为转化子。如果无校正修复作用发生,则该细菌经 DNA 复制和细胞分裂后产生的两个细胞中,一个具

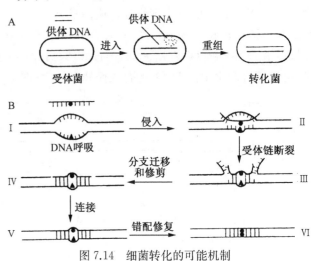

图 7.14　细菌转化的可能机制

有受体的基因型,另一个具有转化子的基因型。但是由于转化实验中所采用的选择条件一般只允许转化子细胞生长,因此在无校正作用时产生的菌落中绝大多数细胞为转化子。有些遗传标记在转化中或是很少发生校正作用,或是校正切除几乎总是在受体 DNA 上,因此转化效率较高,这一类遗传标记被称为高效率标记(high-efficiency marker)。而另一些遗传标记在转化中的校正切除总是倾向于发生在供体单链上,因而表现出很低的转化频率,这类标记称为低效率标记(low-efficiency marker)。如果一旦细胞内的错配核苷酸校正修复功能失活,形成校正修复缺陷型突变体,以这种突变体为受体进行转化实验,所有供体遗传标记的转化效率都很高,于是低效率标记转变为高效率标记。

从以上分析看来,同源重组可以发生在减数分裂时同源染色体的非姐妹染色单体之间,也可以发生在有丝分裂过程中每条染色体的两条染色单体之间,细菌的转化、转导、接合及噬菌体的重组也都属于同源重组。它们具有共同的特点:在同源重组过程中,在交换区必须有相同或相似的序列,即同源序列;双链 DNA 分子间互补碱基进行配对,即发生联会反应;同时重组过程中有重组酶的参与,促进 DNA 双链的断裂、修复、连接和重组体的释放。酶的参与使重组过程得以顺利完成。在这一过程中,有异源双链区的形成,而异源双链区的不同修复方式决定了参与重组的染色单体上部分基因的组成。

7.1.4　同源重组发生的条件及功能

同源重组具有多种生物学功能,首先,它对维持种群的遗传多样性具有重要的意义;其次,在真核生物中,同源重组使染色体产生瞬间物理连接,保证了减数分裂中染色体的正确分离;再次,有助于 DNA 损伤的修复。

通过以上论述我们可以看出,同源重组的发生应具备以下基本条件。

(1) 在交换区具有相同或相似的序列　　同源重组往往只发生在两个 DNA 分子中相同的部位。两个 DNA 分子中不同部位间的重组有时也会发生,因为在 DNA 分子中,同样或类似的序列有时可见于多处(如重复序列)。这种类型的重组也称为异位重组,它可以引起 DNA 序列的缺失、重复、倒位等 DNA 重排现象发生。

(2) DNA 双链分子间互补碱基进行配对　　在这一过程中联会具有重要的作用,长期以来,人们一直认为联会复合体有可能代表着重组过程中 DNA 交换的一个预备过程。但最近有观点认为联会复合体是重组的结果而非发生的原因。

两个 DNA 分子之间互补的碱基配对确保重组只发生在同样的基因座之间,也就是 DNA 分子的相同部位。

(3) 重组酶　　参与重组反应的酶能保证重组的顺利进行。重组的中心环节包括两条 DNA 双螺旋分子的断裂、修复、连接和重组体的释放,这些过程的顺利进行都必须在酶的催化作用下完成。

（4）异源双链区的形成　　同源重组时,在两个 DNA 分子之间碱基互补配对的区域称为异源双链区。该区域的形成、移动与交联桥的异构化是重组发生的基础条件。

同源重组是一个受控过程,只有一小部分经过相互作用而最终完成交换。通常情况下,每对同源染色体只有 1~2 个交换,但同源染色体不发生交换的可能性也很低(<0.1%)。可见同源重组是减数分裂过程中非常重要的一个环节。

7.2　位点专一性重组

7.2.1　位点专一性重组的定义

位点专一性重组(site-specific recombination)是发生在原核生物中特殊序列对之间的重组过程,因此也称为保守性重组(conservative recombination)。它是指在原核生物中依赖于小范围同源序列的联会,发生于短同源区或特定的碱基序列之间精确的切割、连接反应。在重组过程中,两个 DNA 分子并不交换对等部分,有时是一个 DNA 分子整合到另一个 DNA 分子中,因此又称为整合式重组(integrative recombination)。

7.2.2　位点专一性重组的特点

位点专一性重组过程具有在反应过程中 DNA 既不失去也不合成,而发生了 DNA 整合的特点。在重组过程中,不仅需要同源序列,同时还需要有位点专一性的蛋白质因子参与催化过程。由于这些蛋白质因子不能催化其他任意两条同源或非同源的 DNA 片段间的重组,因而保证了重组的高度专一性和高度保守型。

这一重组模式最早是在 λ 噬菌体的遗传研究中发现的。λ 噬菌体侵染 E.coli 后,有两种存在方式,或是发生裂解生长,或是发生溶源生长。当进入溶源生长状态时,λ 噬菌体的 DNA 将整合到宿主的基因组中;反之,当从溶源状态转为裂解生长状态时,整合于细菌基因组中的 λ 噬菌体 DNA 要从宿主基因组中切割下来。发生两种类型转换的整合与切割过程均是通过位点专一性重组完成的。

7.2.3　位点专一性重组的分子机制

位点专一性重组的发生必须有专一性位点的存在,同时有位点专一性的蛋白质因子参与催化反应。例如,E.coli 的基因组中有一个特异性位点,位于 bio 和 gal 两基因之间,长度约为 25 bp,记为 attλ 或 attB,分为 B、O、B′三部分;λ 噬菌体的基因组中 att 位点由 P、O、P′三部分组成,长度约为 240 bp,记做 attP。attB 和 attP 位点中 B/B′和 P/P′序列各不相同,但是 O 序列完全相同,这就是位点专一性重组发生的区段。因此 O 序列被称为核心序列(core sequence)。它全长为 15 bp,富含 A-T 对,序列内没有碱基回文对称性(图 7.15)。尽管重组发生在核心序列,但核心序列以外的两臂在一定序列内对重组也有影响,另外,重组中的蛋白质因子也并不只是作用于核心序列。

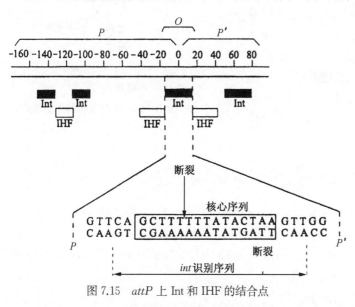

图 7.15　attP 上 Int 和 IHF 的结合点

为了测定 attP 两臂序列对重组的必要长度,将 attP 和 attB 序列连接到质粒上,在核心序列两端用核酸酶处理使之逐渐缩短,然后将所取得的一系列超螺旋质粒和线状的 attB DNA 进行重组分析。实验结果表明:P 的必要长度是 160bp。如以核心序列的中心碱基为零计算,那么 P 的长度应为 0～160 bp,而 P′ 的必要长度是 0～+80 bp,所以整个 attP 的必要长度为 240bp。而 attB 则短得多,B 的必要长度为 0～11 bp,B′ 为 0～+11 bp,整个 attB 的长度为 21 bp。attB 和 attP 的长度不同表明它们在重组中有不同功能。

λ 噬菌体 DNA 在整合过程中既没有 DNA 的分解,也没有 DNA 合成,只是 attP 和 attB 两个位点结合以后,具拓扑异构酶 Ⅰ 活性的 Int 蛋白质使两个 DNA 分子的每一个单链断裂,在一瞬间旋转以后仍然在 Int 的作用下连接成半交叉,形成重组中间体,即 Holliday 结构。接着另外两个单链通过相同的过程断裂重接,这样便完成了重组过程。

重组位点一边的磷原子来自一个亲本,另一边磷原子则来自另一个亲本,而且重组子中没有任何缺口,表明这一重组确实不需要 DNA 的合成;用同位素示踪实验也证明了这一点。另外在电镜下也观察到 λ 噬菌体 DNA 整合过程的 Holliday 结构。

离体条件下研究结果显示,Int 和 IHF 可以催化 λ 噬菌体 DNA 和宿主 DNA 的位点专一性重组。Int 是一种 DNA 结合蛋白质,对 POP′ 序列有强烈的亲和力,同时它具有 Ⅰ 类拓扑异构酶活性。IHF 为整合宿主因子(integrate host factor),该蛋白质含有两个亚基,均由宿主基因编码。IHF 也与 att 位点结合促进 λ 噬菌体 DNA 的整合。每生成一个重组 DNA 分子需要 20～40 个分子的 Int 和大约 70 个分子的 IHF,这种化学剂量关系说明 Int 和 IHF 的主要功能是结构性的而不是催化性的。

足迹法(footprinting)鉴定的结果表明:这两种蛋白质与 att 位点的特异性序列结合。从图 7.15 中可见,Int 的结合点有 4 个,即包括核心序列在内的一段 30 bp 序列、P′ 中的一段 30 bp 序列、P 中的两个 15 bp 序列。IHF 的结合点有 3 个,每个结合点约长 20 bp。IHF 和 Int 结合点彼此靠得很近,两者的结合点占据了 attP 区域的大部分核苷酸对。attB 位点中只有一个 Int 结合位点,长约 15 bp,位于核心序列中。这些特异性结合位点的功能显然与 λ 噬菌体 DNA 的专一性位点重组有关。同时 λ 噬菌体 DNA 的重组是关系到 λ 噬菌体侵入宿主细胞后是整合重组进行溶源化反应,还是切除重组进行裂解反应的选择,这些选择是受严格的基因调控的。

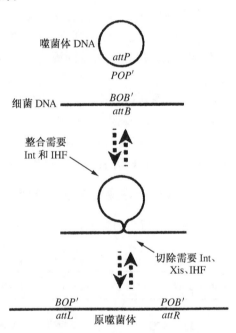

图 7.16 attP 和 attB 位点间的重组模式

由于线状的 λ 噬菌体 DNA 侵入细胞后不久,就通过首尾黏性末端连接成环,因此在 att 处的相互重组导致了整个 λ 噬菌体 DNA 整合到宿主基因组上。在这种整合状态下,λ 原噬菌体 DNA 呈线状,两边各有一个 att 位点,这两个位点是重组的产物,不同于原来的 attB 和 attP。原噬菌体左边是 attL,由 BOP′ 序列组成;右边是 attR,由 POB′ 序列组成(图 7.16)。这一整合反应可简化为

$$BOB'(\text{细菌}) + POP'(\text{噬菌体}) \xrightarrow[\text{IHF}]{\text{Int}} BOP'(\text{原噬菌体}) + POB'$$

这一反应由 λ 噬菌体基因 int 的产物"整合酶"(integrase, Int)催化。Int 只能催化 BOB′ 与 POP′ 之间的重组,不能催化 BOP′ 与 POB′ 之间的重组,因此,在只有 Int 存在时,整合反应是不可逆的。

切除反应发生在原噬菌体两端的 attL 和 attR 之间,切除重组后产生 λ 噬菌体环状 DNA 和细菌环状 DNA,并恢复 attP 和 attB 位点。切除反应可简化为

$$BOP'(\text{原噬菌体}) + POB' \xrightarrow[\text{IHF}]{\text{Int}+\text{Xis}} BOB'(\text{细菌}) + POP'(\text{噬菌体})$$

催化切除反应的蛋白质因子除了 Int 和 IHF 之外,还需要一种称为切除酶(excionase,Xis)的蛋白质,由 λ 噬菌体的 *xis* 基因编码。Xis 与 Int 结合形成复合体,该复合体具有与 *BOP'* 和 *POB'* 结合的能力,促使两者之间的结合和重组,因此此在 Xis 大量存在时,切除反应将是不可逆的。

在位点专一性重组过程中,对 *attP* 和 *attB* 的初始识别并不直接依赖于 DNA 序列的同源性,而是依赖于 Int 蛋白识别 *att* 序列的能力,依据整合体的结构将两个 *att* 位点按预定的方向被带到一起。随后会发生链的交换反应,而此时序列的同源性则显示了重要作用。

7.3 转座重组

转座重组有赖于转座子(transposon,亦称转座因子,transposable element),是 20 世纪 40 年代由美国女遗传学家 McClintock 在研究玉米籽粒颜色变化的遗传时发现的。

7.3.1 转座重组的定义

所谓转座子是指基因组中可以从一个位点转移至另一个位点,进而影响与之相关基因功能的遗传因子。在转座子转座过程中发生的重组即转座重组(transpositional recombination)。

7.3.2 转座重组的特点

转座的过程完全不依赖于序列间的同源性而使一段 DNA 序列插入另一段之中,它具有以下特点:① 发生于非同源序列之间;② 不需要 RecA 等蛋白质的参与,只依赖于转座区域 DNA 的复制和转座酶(transposase)的催化。

细胞中转座发生频率往往很低,每个转座子似乎都有控制其自身转座频率的机制,由于生存的需要,转座子必须以某一最低的频率移动。频率过高,会对细胞造成损害,影响生物的生命力和存活力。细胞内的转座酶在一般情况下浓度很低,极少引起转座,每个细胞每个世代产生的转座酶分子数还不到一个,如 Tn10 转座酶是以每个世代每个细胞中合成 0.15 个分子的低水平进行的,引起自发转座频率只有 10^{-7} 次。如果由含有 Tn10 转座酶基因的工程质粒,就能提供更多的转座酶,Tn10 的转座频率可以提高 1 000 倍以上。

7.3.3 转座重组的分子机制

转座子插入一个新的部位通常是在靶 DNA 上产生一个交错的缺口,然后转座子与突出的单链末端相连,并填充缺口。交错末端的产生和填充解释了在插入部位产生靶 DNA 正向重复的原因,缺口间的交错长度决定了正向重复序列的长度。转座发生的过程不同,其转座的分子机制亦不同。现分述如下。

1. 复制型转座模式

复制型转座(replicative transposition)过程中发生转座实体是原元件的拷贝,即转座子作为可移动的元件被复制,一个拷贝保留在供体原来的部位不变;另一个则插入受体的位点。结果供体和受体都含有一个转座子拷贝,所以,转座过程中扩增了转座子的拷贝数。复制型转座需要两种酶:转座酶作用于原来转座子的两个末端;解离酶作用于复制后的拷贝上。

复制型转座的过程可以分为两个阶段。首先,含有转座子的复制子与没有转座子的复制子,通过复制子融合产生一种称为共合体(cointegrate)的结构。共合体含有转座子的两个拷贝,每个转座子都位于原来两个复制子之间的连接处,并且取向相同。然后,转座子两个拷贝之间的同源重组可以产生原先供体复制子,并释放出靶复制子。靶复制子获得的转座子两侧带有宿主靶序列的短重复序列。下一步骤则由解离酶介导实行拆分,结果便释放出两个各自带有一个转座子拷贝的独立复制子。图 7.17 所示为转座发生机制的模式图。这一过程是由 4 条单链断裂开始的。供体分子的转座子被转座酶切开,该酶具有识别末端位点的专一性,并在靶 DNA 分子上产生 5 bp 的交错切口。供体链在切口处与靶链连接,即转座子序列的每一末端都与在靶位点产生的一条突出单链相连,在连接点上形成一个交叉形结构。交叉形结构的形成是由转座酶完成的。

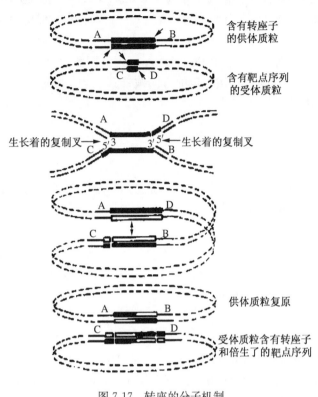

图 7.17　转座的分子机制

这种结构决定了转座方式。所以,复制型转座是通过在供体位点和靶位点上产生转座子的拷贝,其产物是共合体。

转座子的转座是一个相当精确而复杂的过程,现在对于其转座机制只能提出一些转座模型,如 Ac/Ds 的转座模型,En/Spm 家庭的转座模型等。正常情况下转座因子的转移并不是先从一个位置切除,然后通过细胞质转移到另一位置上,而是通过复制和交换,通过半保留复制方式把一份转移到新位置,而将另一份留在原来位置上。因此,一个基因组的 DNA 量可以由于转座子的获得或丢失而发生改变,由此可知,一种生物基因组的大小或基因数目的多少并不是一成不变的。

在关于转座子转座机制的模式中,比较流行的是 Shapiro 于 1979 年提出的复制-交换模式。基本过程如下。

1) 带有转座子的质粒和即将接受转座子的质粒,首先在转座子两侧和靶点序列两侧的各一条单链上被酶切断。

2) 靶序列的切口末端和转座子的切口末端连接起来,形成"X"形的结构。"X"形结构中转座子两边各形成一个类似复制叉的结构,从该处以转座子的两条 DNA 链为模板复制出一个新的转座子,这时"X"形结构转变成共联体,其中含有两个方向相同的转座子拷贝。

3) 两个拷贝的转座子之间发生重组,重新产生各含一个转座子拷贝的质粒。这样转座子通过复制和交换过程转移到原来不含有转座子的位置上。

转座的结果是在靶位点处形成如图 7.17 所示的有关 CD 区段的正向重复序列。

2. 非复制型转座模式

在非复制型转座(nonreplicative transposition)中,转座子作为一个物理实体直接从供体的一个位点移动到受体的新位点处,这就会在供体位点上留下一个裂口,其结果是使供体基因组受到轻微的损伤(在具有多拷贝的细菌中可以忍受)或致死。当然,宿主修复系统往往能识别双链断裂处,并加以修复。非复制型转座过程只需要转座酶。

图 7.18 所示为 Mu 噬菌体发生的非复制型转座的切割反应。首先是通过切割释放出一个交叉结构;其次由于拆分,在供体复制子上产生双链断裂,断裂处就是转座子最初的位置,而转座子被插入靶复制子中。

总之,只要在靶 DNA 上形成切口,在转座子任何一端发生双链断裂,就能迫使反应以非复制型转座的形式进行下去。

需要说明的是,转座子还有一种类型是保守型转座(conservative transposition),它属于另一种非复制型转座。在转座过程中,转座子从供体位点上切除,通过一系列反应插入靶位点,其中每个核苷酸键都保留下来。这种保守型转座反应过程正好与 λ 噬菌体的整合机制相似,而且这种转座子的转座酶与 λ 噬菌体整合酶家族有关。利用这种机制不但可以介导转座子自身的转移,还可以介导供体 DNA 从一个细菌转移到另一个细菌中。

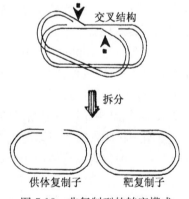

图 7.18　非复制型的转座模式

7.3.4 转座重组的功能及其应用

转座子普遍存在于生物界,它也是基因表达的重要装置。由于转座子的转座可以关闭或增强一部分基因的活性,引起基因的突变或染色体重组,从而影响个体发育。当然大多数转座事件由于转座子的插入,常常使许多基因受到破坏,因而是有害的,有时甚至具有致死作用。但也有一些转座现象是在细胞遭受损害时激发产生的,是机体的一种适应性。现在知道有一部分基因,如高等动物中的抗体合成基因并非从亲代遗传下来,而是在正常过程中或在特定的内外在条件下由生物体自身重建起来的,而转座子则可能与这些基因的重建有关。

总的来看,转座重组有如下一些遗传学效应。

转座的发生是通过基因重排使基因组获得新序列,改变现存序列的功能;可以像一个开关那样启动或关闭某些基因;可以使基因组产生缺失、重复或倒位等 DNA 重排,与生物进化、个体发育及细胞分化相关;带有不同抗药性基因的转座子在细菌质粒间的转座导致多价抗药性质粒的形成;具有独特功能的转座因子已成为遗传学研究中的有效工具。

转座重组可应用于基因组分析;作为基因标签法研究染色体组成、分离基因;可将转座子作为基因载体应用于遗传工程;转座子还可以作为鉴别和克隆基因的工具;逆转座子还可用于基因功能分析。

7.4 异常重组

7.4.1 异常重组的定义

异常重组(illegitimate recombination)是指发生在彼此同源性很小或没有同源性的 DNA 序列之间的一种遗传重组过程。这种重组过程可发生在 DNA 序列中许多不同的位点,它们可能是最原始的重组类型,这一过程不需要具备对特异性序列进行识别的复杂系统或对 DNA 同源序列进行识别的机制。研究结果显示,异常重组过程和人类癌症的发生、遗传性疾病的产生及基因组的进化都有一定关系。

7.4.2 异常重组的类型和特点

异常重组按其机制不同主要分为两类:末端连接(end-joining)和链滑动(strand-slippage)。这两种反应的共同特征是重组对中很少或没有序列同源性,因此,异常重组有时被称为非同源性重组。有时异常重组中微小同源性存在通常对重组的发生有一定的作用。有些教材也把转座归为异常重组的一类。

末端连接是指断裂的 DNA 末端彼此相连形成一条具有新的遗传组成的 DNA 序列,而链滑动则是指 DNA 复制时,由一个模板跳跃到另一个模板上所引起重组的现象。

异常重组可以发生在许多 DNA 序列上,因此能够产生许多不同的结果,如移码、缺失、倒位、融合和 DNA 扩增等,使基因组的完整性受到影响,这样能为生物的进化提供重要的物质基础。

7.4.3 异常重组的分子机制

1. 末端连接

在真核细胞中发生的末端连接是一个高效率的反应。20 世纪 40 年代初,Barbara McClintock 首次发现了末端

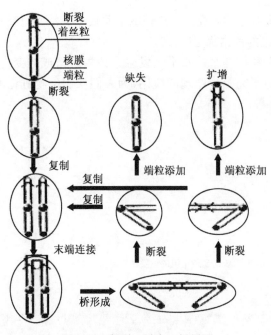

图 7.19　断裂—融合—桥循环

连接类型。她观察到如果玉米细胞中发生断裂—融合—桥(breakage-fusion-bridge,BFB)循环(图 7.19),那么这一循环将持续许多代,直到端粒加到断端上为止。现已表明断裂—融合—桥循环使染色体的某些区域以头对头的方式连接产生上兆个碱基组成的回文区。

　　断裂末端可以通过断端直接对接相连。如果断端不能直接相连(如两末端的极性相同时),它们可以通过碱基配对,然后末端合成修复(图 7.20)。断端连接后产生新的连接体,过程和末端 DNA 的序列组成无关,并且与断裂片段的断点之间是否有同源性无关,也不要求两断端之间有任何同源性。如果二者之间有微小的同源区配对,反应则发生在短的正向重复处,典型的长度为 2~5 bp。哺乳动物细胞的末端连接反应可以通过上述两种途径进行。而在 *E.coli* 中,末端连接反应要求有一小段能进行配对的 DNA 同源区才能进行。

2. 链滑动

　　1966 年,George Streisinger 提出,通过新合成的 DNA 链与其模板的错配可导致移码突变、DNA 的缺失和扩增等,其长度由新、旧模板之间的距离决定。因为该机制涉及新复制的链同模板链的配对,这些过程可能通过 Watson-Crick 碱基配对而得到促进,因此它常发生在短的正向重复序列上。某些正向重复序列可能是链滑动发生的热点。

　　由此看来,不管是末端连接还是链滑动都能导致在短的正向重复序列处形成重组连接点。另外,由于在链滑动的过程中有非 Watson-Crick 氢键相互作用的可能性,通过末端连接和链滑动这两种机制有可能在非同源位点形成连接。末端连接反应涉及通过双链切割产生的末端之间的相互作用,而链滑动涉及的只是一个单链末端与完整的链之间的相互作用。在 DNA 被重新引入细胞内之前,在体外使双链断裂是一个很有用的研究末端连接的实验技术。然而研究链滑动则没有这样简单的方法,对它参与大规模重排的许多争论的证据都是间接的。

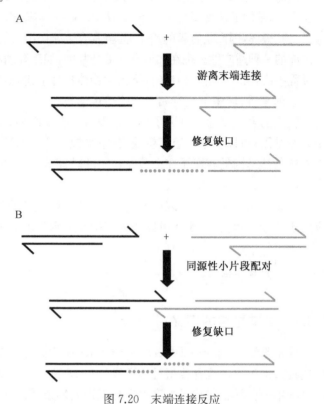

图 7.20　末端连接反应

A. 表示任意两个末端相连;B. 表示在连接前有氢键配对。在这两种情况中均有少量 DNA 的合成

　　综上所述,遗传重组是生物遗传变异的基础,它不仅使生物体在个体水平上发生遗传物质组成的变化,同样也可以引起亲子代之间遗传组成的改变。对重组机制的研究及其原理的应用,为人们认识生物进化的路径、探究生命,改造生命及造福生物界提供了重要的理论基础。

思　考　题

1. 名词解释

　　同源重组　位点专一性重组　基因转换　转座子　末端连接　链滑动

2. 比较同源重组、位点专一性重组、转座重组和异常重组这四种重组分子机制的异同点,说明遗传重组的重要性。

3. DNA 分子是怎样进行重组的?

4. 转座后为什么会形成正向重复片段?

5. 假如某转座子在染色体内部进行转座,其转座前的染色体状态和转座位置如箭头所示,请图示转座以后经过复制所形成的两条子染色体中转座子的位置。

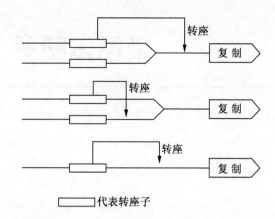

代表转座子

推荐参考书

1. 戴灼华, 王亚馥, 2016. 遗传学. 3 版. 北京: 高等教育出版社.

2. 阎隆飞, 张玉麟, 2001. 分子生物学. 2 版. 北京: 中国农业大学出版社.

3. 赵寿元, 乔守怡, 2008. 现代遗传学. 2 版. 北京: 高等教育出版社.

4. Clark D P, Pazdernik N J, McGehee M R, 2019. Molecular Biology. 3rd Edition. Philadelphia: Elsevier Inc.

5. Klug W S, Cummings M R, Spencer C A, et al., 2017. Essentials of Genetics. 9th Edition. Essex: Pearson Education Limited.

6. Krebs J E, Goldstein E S, Kilpatrick S T, 2018. Lewin's Genes XII. Burlington: Jones & Bartlett Learning.

第 **8** 章

染色体畸变

提　要

染色体畸变分为结构变异和数目变异。结构变异包括缺失、重复、倒位和易位，可由染色体的断裂及不同形式的重接所引起；数目变异包括整倍体变异和非整倍体变异，常见的整倍体变异有单倍体、同源多倍体和异源多倍体，非整倍体变异有单体和三体等。

染色体是遗传物质的主要载体，每种生物的染色体数目和形态结构都具有很高的稳定性，从而为物种及生物遗传性状的稳定奠定了基础。然而稳定是相对的，生物体内外环境条件的影响都有可能引起染色体结构和数目的变化。遗传学上将染色体结构或数目的改变称为染色体畸变(chromosomal aberration)。

8.1　染色体结构变异

染色体结构变异是指染色体形态结构的变化，通常由染色体断裂及不同形式的重接所引起，包括缺失(deletion)、重复(duplication)、倒位(inversion)和易位(translocation)四种类型。它们最初都是在黑腹果蝇(*Drosophila melanogaster*)中发现的，其中缺失、重复和易位均由 Bridges 发现，倒位由 Sturtevant 发现。之后，又在其他物种中相继发现了染色体的结构变异现象。

8.1.1　缺失

1. 缺失的类型

缺失是指染色体发生断裂后，其中的一个片段及其所携带的遗传信息一起丢失的现象。如果丢失的片段位于染色体中间称为中间缺失(interstitial deletion)，位于染色体末端称为末端缺失(terminal deletion)。染色体断裂后形成的断片(fragment)有些带有着丝粒，有些则没有着丝粒，细胞分裂时，丧失着丝粒的断片由于没有纺锤丝的牵引，不能向细胞的两极移动进入子细胞核而丢失(图 8.1)。

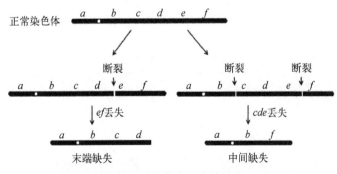

图 8.1　中间缺失和末端缺失

末端缺失只涉及一次断裂。染色体的断裂末端非常活跃，它可能同其他染色体的断裂末端融合，也可能在复制后同其姐妹染色单体的末端融合，形成具有两个着丝粒的双着丝粒染色体(dicentric chromosome)，在细胞分裂后期，两个着丝粒朝细胞相反的两极移动而形成染色体桥，由于着丝粒向两极的不断移动产生的拉力，会造成染色体桥在任何一个部位断裂，再次形成结构变异。随着细胞周期的进行，断裂—融合—桥周期可一直循环下去(图 8.2)，因此末端缺失不稳定，再加上有可能丢失影响细胞发育的关键基因而导致细胞死亡，所以这种类型的缺失比较少见。中间缺失是一条染色体的同一条臂发生两次断裂，中间不带着丝粒的片段丢失，两端的两个片段重新连接,因此中间缺失的染色体没有断裂末端外露,比较稳定、常见。如果两次断裂发生在同一染色体的两条臂上,两臂的断端接合,则可形成环状染色体,但环状不是真核生物染色体的形态,因此这种类型极其罕见。

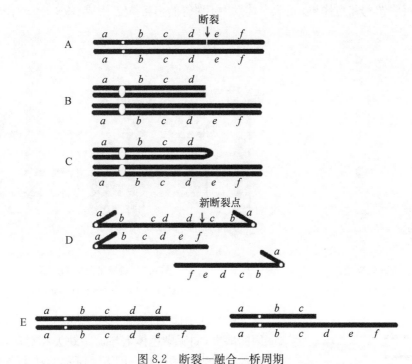

图 8.2　断裂—融合—桥周期

A. 染色体断裂,产生末端缺失;B. 复制;C. 姐妹染色单体的断裂末端融合;
D. 有丝分裂后期桥;E. 染色体桥被拉断后再次产生结构变异

2. 缺失的细胞学效应

　　体细胞内某一对同源染色体中一条为正常染色体,另一条为缺失染色体的个体,称为缺失杂合体(deletion heterozygote);如果一对同源染色体都是缺失染色体,并且缺失区段相同时,则为缺失纯合体(deletion homozygote)。由于缺失片段的位置和大小不同,缺失杂合体在减数分裂时表现出不同的细胞学效应。较大片段的中间缺失杂合体,正常染色体上与缺失片段相对应的区域在减数分裂时由于没有相应的同源联会区,这一区域向外环出形成缺失环(deletion loop);大片段的末端缺失杂合体,则会出现联会的同源染色体末端长短不一,正常染色体比缺失染色体多出了一段(图 8.3)。如果缺失区段较短,则没有明显的细胞学效应。

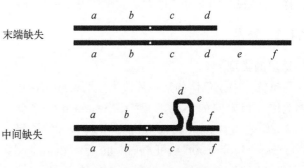

图 8.3　缺失杂合体的联会

3. 缺失的遗传学效应

　　(1) 致死或畸形　　缺失就是遗传物质的丢失,这种变化打破了固有的基因组的平衡状态,对生物体的生长和发育是有害的,其有害程度取决于丢失遗传物质的多少和性质。缺失纯合体通常具有致死效应;缺失杂合体,如果丢失的片段较大或者是与发育有关的关键基因,往往也很难存活。在植物中,花粉对遗传物质含量的变化非常敏感,含缺失染色体的花粉一般是败育的,胚囊对缺失的耐受性较强。因此,缺失染色体主要通过雌配子传递。

　　如果缺失的区段较小,不严重损害个体的生活力时,通常会导致个体发育异常。例如,人类的猫叫综合征(cri-du-chat syndrome)就是由于 5 号染色体短臂末端缺失(5p-)造成的(图 8.4),患者体格和智力严重异常,生活能力差,哭声似猫叫,故而得名。再如,人的慢性骨髓性白血病,患者血液中的粒细胞大量增加,红细胞减少,经细胞学检查发现 90% 的患者骨髓细胞的 22 号染色体长臂缺失近 1/2(22q-)。这种染色体首先在美国费城

(Philadephia)发现,故称为费城染色体(Philadelphia chromosome)或 Ph 染色体。目前 Ph 染色体已作为医院诊断慢性骨髓性白血病的特异性标志染色体。随着人类染色体显带技术的改进,1973 年,Rowley 发现 Ph 染色体并不是简单的 22q-,而是 22 号染色体与 9 号染色体发生不对等的相互易位,形成 t(9;22)(q34;q11)(图 8.5)。

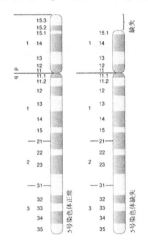

图 8.4　猫叫综合征缺失染色体图

(引自 Griffiths A J F, et al., 2019)

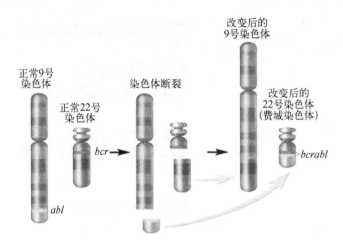

图 8.5　费城染色体的形成

(引自 http://www.cancer.gov/)

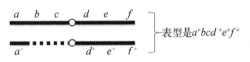

表型是 $a^+bcd^+e^+f^+$

图 8.6　缺失导致的假显性

(2) 假显性(pseudodominance)　是指由于显性等位基因的缺失,同源染色体上与这一缺失相对应位置上的隐性等位基因得以表现的现象。图 8.6 所示的缺失杂合体,由于显性基因 b^+ 和 c^+ 的缺失,隐性基因 b 和 c 控制的性状得以表现,好像 b 和 c 为显性。当缺失的区段非常微小时,正常区段与缺失区段的关系类似正常等位基因与突变等位基因的关系,但不会发生回复突变,从而可与正常的点突变相区分。

(3) 降低重组值　缺失杂合体中,由于正常染色体上与缺失片段的对应区域缺乏同源区,在该区域不会有交换发生,因此缺失区及其两侧的基因间的重组值要比对照低。

8.1.2　重复

1. 重复的类型

单倍体中染色体的某一片段出现两份或两份以上的现象称为重复(duplication)。根据重复片段在染色体上位置和方向的不同,1957 年 Swanson 将之分为顺接重复(tandem duplication)、反接重复(reverse duplication)和替位重复(displaced duplication)三种类型。前两种为染色体内重复,第三种为染色体间重复。如果重复片段上基因的排列顺序与染色体上原有的顺序一致称为顺接重复,方向相反称为反接重复,如果重复区段出现在其他染色体上则称为替位重复(图 8.7)。

重复通常由断裂—融合—桥、倒位杂合体的交换、易位杂合体的邻近分离、转座和不等交换等途径产生。

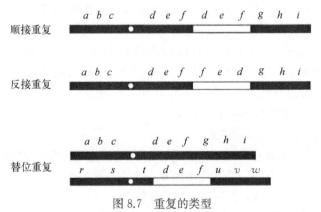

图 8.7　重复的类型

(仿自宋运淳等,1989)

2. 重复的细胞学效应

与缺失相似,重复杂合体是否表现出一定的细胞学效应,与重复区段的长度有关。重复区段较长时,重复杂合体(duplication heterozygote)在减数分裂联会时,由于重复片段在同源染色体上找不到相应的同源区而被排挤出来形成重复环(duplication loop)。顺接重复时,可以是两个重复片段中的任何一个环出;反接重复时,则是反向排列的重复片段环出(图 8.8)。由于重复环和缺失环非常相似,所以要将二者相区分,还必须与联会染色体的正常长度、着丝粒的正常位置等进行比较,若联会后的染色体长度与正常染色体一样为重复环,若比正常染色体短为缺失环。重复的区段很短时,从细胞学上则难以鉴定。

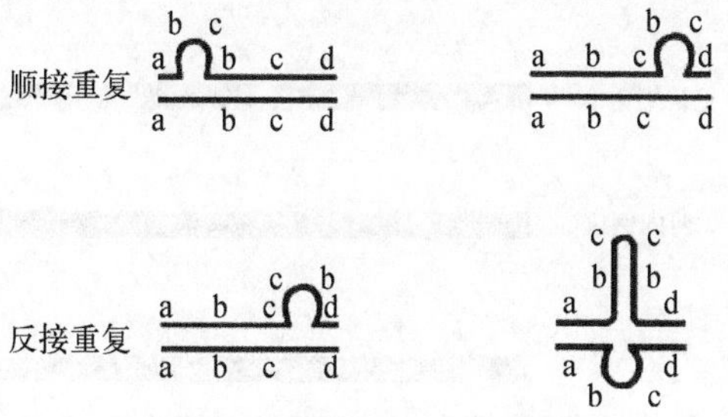

3. 重复的遗传学效应

重复的遗传学效应一般没有缺失强烈,但如果重复的区段太大对个体的生活力也会产生一定的影响,严重时会造成个体死亡。

携带重复基因的个体,由于基因拷贝数的增加,相关基因产物的数量发生变化,进而引起一定的表型变化,产生剂量效应

图 8.8　重复杂合体及其联会
(修改自 Griffiths A J F, et al., 2019)

(dosage effect)。剂量效应是指细胞内某基因出现的次数越多表型效应越显著的现象。例如,果蝇的棒眼(B)就是 X 染色体上 16A 区段的顺接重复造成的,其主要表型效应是组成复眼的小眼数减少,使复眼呈棒状。野生型果蝇($+/+$)的复眼由 779 个小眼组成,呈卵圆形,重复杂合体($B/+$)的小眼数为 358 个,不到野生型的 1/2,重复纯合体(B/B)的小眼数更少,只有 68 个。显然,16A 区段重复次数越多,小眼数越少,棒眼性状越显著。

果蝇的小眼数不仅与 16A 区段的数目有关,还与其位置有关,如基因型为 B/B 和 $BB/+$ 个体 16A 区段的拷贝数都是 4,它们的小眼数却分别为 68 和 45(图 8.9C)。

现已证明,16A 区段的重复是不等交换的结果(图 8.9A)。所谓不等交换是指同源染色体联会时配对不准确,使交换发生在不对应的位置上,结果使两条染色体中一条少了一部分,另一条多了一部分(图 8.9B)。

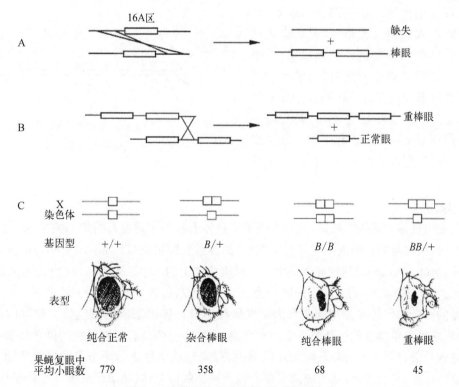

图 8.9　不等交换产生重复,造成棒眼突变
(修改自宋运淳等,1989)
A 和 B 通过不等交换产生染色体的重复和缺失;
C 表示 16A 区段重复次数与果蝇小眼数和眼睛形状的关系

8.1.3　倒位

1. 倒位的类型

倒位是指一条染色体上同时出现两处断裂,中间的片段反转 180°重新连接起来而使这一片段上基因的排列顺序颠倒的现象。倒位是一种常见的结构变异,是生物进化的一条重要途径。根据倒位区段是否含有

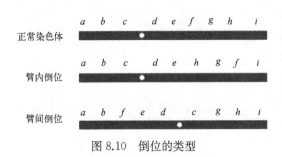

图 8.10　倒位的类型

着丝粒可分为臂内倒位(paracentric inversion)和臂间倒位(pericentric inversion)两种类型,前者倒位区段不包括着丝粒,后者倒位区段包括着丝粒。臂内倒位不改变染色体上着丝粒的位置,染色体形态维持原状。臂间倒位区段着丝粒两边的长度差别较大时,会带来着丝粒位置的改变,导致染色体形态发生较大的变化,可使一个近端着丝粒染色体变为中部着丝粒染色体,或者相反;当着丝粒两边的距离相等时,便不会引起着丝粒位置的改变(图 8.10)。

2. 倒位的细胞学效应

同源染色体中两条都为相同的倒位染色体的个体,称为倒位纯合体(inversion homozygote);一条是倒位染色体,一条是正常染色体的个体,称为倒位杂合体(inversion heterozygote)。倒位纯合体减数分裂完全正常,只是由于基因位置的改变使得倒位区段的基因与该染色体上其他基因的重组值发生了改变。

在倒位杂合体中,由于倒位区段的长短不同,在减数分裂过程中可形成不同的联会图像。如果倒位区段很短,同源染色体在倒位部分不配对,其余部分配对正常;如果倒位区段很长,包括染色体的绝大部分时,其中的一条染色体颠倒过来,仅倒位的部分配对,未倒位的末端不配对;如果倒位区段长短适中,则通过形成倒位环(inversion loop)进行同源区段的联会。倒位环与重复环、缺失环不同,重复环和缺失环都是同源染色体中的一条突出形成的,而倒位环则是两条同源染色体同时突出形成的(图 8.11)。

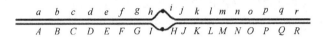

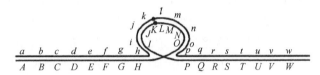

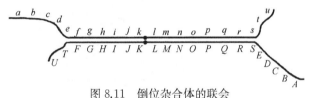

图 8.11　倒位杂合体的联会
(引自宋运淳等,1989)

3. 倒位的遗传学效应

倒位并未改变染色体上基因的数量,只是改变了染色体上基因之间固有的相邻关系,从而造成遗传性状的改变。研究表明,倒位是新种形成的重要因素之一,如普通黑腹果蝇(*Drosophila melanogoster*)和其近缘种拟果蝇(*Drosophila simulans*)的差异就是由于 3 号染色体上的 3 个基因猩红眼(St)、桃色眼(P)、三角翅脉(Dl)的排列顺序不同造成的,前者的排列顺序为 $St—P—Dl$,后者为 $St—Dl—P$。

倒位最明显的一个遗传效应是抑制或大大降低倒位杂合体连锁基因的重组值。就臂内倒位杂合体而言,如果同源非姐妹染色单体在倒位环内发生一次交换,将产生一个具有双着丝粒的染色体和一个没有着丝粒的片段。在减数分裂过程中没有着丝粒的片段丢失,双着丝粒染色体的两个着丝粒在后期Ⅰ分别向细胞两极移动形成染色体桥,桥断裂后,将形成两个带有较大缺失的染色体,结果形成的 4 个配子中,两个交换型配子因含有缺失染色体而败育;两个非交换型配子正常可育,其中一个具有正常染色体,一个具有倒位染色体(图 8.12)。因此,在这种情况下产生的后代中不会出现倒位区段内发生重组的个体。若是在倒位环内发生二线双交换,后一次交换可以抵消第一次交换产生的效应,在减数分裂后期Ⅰ不出现染色体桥和片段,形成的配子全部可育。

臂间倒位杂合体若在倒位环内发生单交换,虽没有染色体桥形成,但形成的交换型配子同时具有重复和缺失,也是不育的,也不会有重组型后代出现(图 8.13)。

倒位杂合体中,同源非姐妹染色单体在倒位环内发生单交换的产物带有重复和缺失,不能形成有功能的配子,因此把倒位称为交换抑制因子(crossover repressor,C)。当然,所谓的抑制并不是不发生交换,而是交换的产物因缺失不能存活。

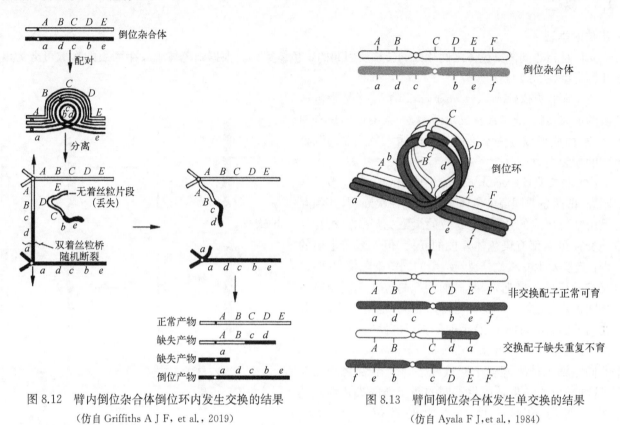

图 8.12　臂内倒位杂合体倒位环内发生交换的结果
（仿自 Griffiths A J F, et al., 2019）
图 8.13　臂间倒位杂合体发生单交换的结果
（仿自 Ayala F J, et al., 1984）

既然倒位杂合体的大多数含交换染色单体的配子是不育的,那么,倒位的另一个遗传效应就是倒位杂合体的部分不育。

4. 倒位在遗传学研究中的应用

利用倒位的交换抑制效应,可以保存连锁的两个致死基因。

致死基因虽然有害,但是为了研究其遗传规律及作用机制,还必须把它们保存下来。由于隐性致死基因在纯合状态下有致死效应,只能以杂合体保存。例如,果蝇 3 号染色体上的显性展翅基因 D（dichaete）,在纯合时具有致死效应,因此, D 基因只能以杂合体存在,而杂合体不能稳定遗传,在 $D/+ \times D/+$ 的后代中,除了 $D/+$ 杂合体外,还有 $+/+$ 野生型个体,要保存 $D/+$ 品系,必须对每代个体逐个进行观察,淘汰 $+/+$ 个体,否则, $D/+$ 个体所占的比例将逐代减少,直至“消失”。显然,用这种方法来保存 D 基因是极费人力和时间的,为解决这一问题,Morgan 的学生 Muller 设计出一个巧妙的方法,就是用另一致死基因来平衡,条件是这两个致死基因必须紧密连锁并且以相斥形式排列;如果两致死基因相距较远,通过诱变使包含这两个基因的区段发生倒位,培育出一个倒位杂合体品系,可以“抑制”交换的发生。

例如,果蝇的显性翘翅基因 Cy（curly wing）和显性李色眼基因 Pm（plum eye colour）都具有隐性致死效应,二者以相斥的形式存在于 2 号染色体上,即 $Cy+/+Pm$,其中携带翘翅基因的那条染色体（$Cy+$）上具有包括这两个座位的倒位,可以“抑制”它们之间发生交换,这样的雌雄个体之间杂交,就会得到如下结果:

$$Cy+/+Pm \times Cy+/+Pm$$

$Cy+/Cy+$	$Cy+/+Pm$	$+Pm/+Pm$
死亡	永久杂种	死亡

像这种两个连锁的致死基因以相斥形式存在,永远保持杂合状态,不发生分离的品系称为平衡致死系（balanced lethal system）或永久杂种（permanent hybrid）。

8.1.4 易位

1. 易位的类型

易位是指非同源染色体之间片段的转移所引起的染色体重排。根据染色体上发生断裂的次数可分为以下几种类型(图 8.14)。

(1) 简单易位(simple translocation)　是染色体片段的单向转移,通常涉及三次断裂,一条染色体具有两个断裂,由此形成的一条染色体片段插入另一非同源染色体的断裂之中。

(2) 相互易位(reciprocal translocation)　涉及两次断裂,即两条非同源染色体上各产生一次断裂,并相互交换由断裂形成的片段,是易位的最常见形式。相互易位与交换虽然都有染色体片段的互换,但二者有本质的区别:交换发生在减数分裂粗线期的同源染色体之间,并且互换片段的长度通常相等;而相互易位在非同源染色体之间进行,互换的片段长度可以相同,也可以不同,并且在内外因素的影响下,任何时间都可能发生。

(3) 整臂易位(whole-arm translocation)　是指两条非同源染色体之间整个臂或几乎是整个臂之间的易位,这种易位的结果是产生不同的两条新的染色体。其中的一种特殊形式称为罗伯逊易位(Robertson translocation),即两个非同源的近端着丝粒染色体的着丝粒相互融合,形成一个亚中央着丝粒染色体,结果导致染色体数目减少,但臂数不变。罗伯逊易位是动物核型进化的一条重要途径。

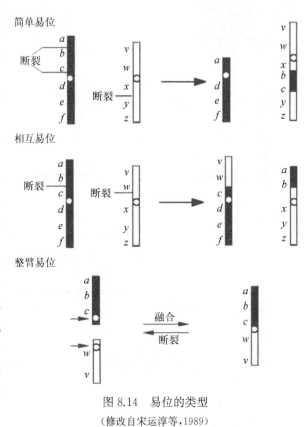

图 8.14　易位的类型
(修改自宋运淳等,1989)

2. 易位的细胞学效应

由于相互易位最为常见,就以其为例来了解易位的细胞学表现。易位纯合体没有明显的细胞学特征,它们在减数分裂过程中配对正常,易位染色体可以在世代间进行正常传递。易位杂合体则不同,有关的 4 条染色体在减数分裂粗线期联会成特有的"十"字形图像,随着分裂过程的进行,"十"字形逐渐打开,在后期形成环形或"8"字形图像。如果两条相邻的染色体移向一极,另两条移向另一极,称为邻近分离(adjacent segregation),邻近分离形成环形图像;两条非邻近的染色体移向一极,另两条非邻近的染色体移向另一极,也就是两条正常染色体移向一极,两条易位染色体移向另一极,这种分离方式称为交互分离或相间分离(alternate segregation),交互分离产生"8"字形图像(图 8.15)。

3. 易位的遗传学效应

(1) 半不育性(semisterility)　邻近分离有两种方式,无论哪种方式,产生的配子内同时含有正常染色体和易位染色体,它们都具有重复和缺失,是不育的;交互分离形成的配子,半数含有正常的染色体,半数含有两条易位染色体,但基因的数量并未发生增减,既无重复,也无缺失,都正常可育。在玉米、矮牵牛(*Petunia hybrida*)、豌豆(*Pisum sativum*)、高粱(*Sorghum vulgare*)等植物中,易位杂合体的花粉母细胞中染色体大约有 1/2 呈环形图像,为邻近分离,一半呈"8"字形图像,为交互分离,说明 4 个着丝粒向两极的取向是随机的,因此,形成的配子一半正常可育,一半因缺失、重复而不育,表现为半不育性。在遗传学研究中,可以把易位接合点当成一个半不育的显性基因进行遗传作图。

在其他一些植物中,邻近分离和交互分离并不是完全随机的。有些可能是邻近分离多于交互分离,致使不育的配子多于 50%;另一些可能是邻近分离少于交互分离,因而不育的配子少于 50%。

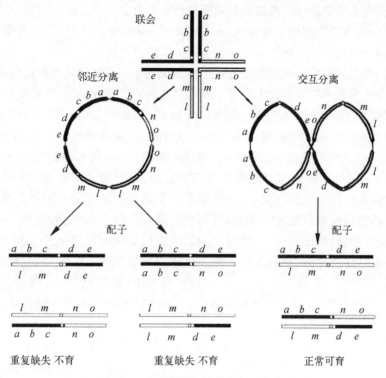

图 8.15　相互易位杂合体的联会和分离

（修改自刘祖洞等，2013）

（2）假连锁（pseudolinkage）　　相互易位的杂合体只有发生交互分离才能产生可育配子，从而使非同源染色体上基因间的自由组合受到限制，使得在不同染色体上的基因出现连锁现象，这种现象称为假连锁。

例如，2 号和 3 号染色体相互易位杂合体的雄果蝇，在正常的 2 号和 3 号染色体上分别带有褐眼（brown eye）基因 bw 和黑檀体（ebony body）基因 e，易位的两条染色体上分别带有它们的野生型基因 bw^+ 和 e^+，将这种易位杂合体雄果蝇与正常隐性纯合体雌果蝇测交，后代只有野生型（bw^+/bw e^+/e）和褐眼、黑檀体的双突变型（bw/bw e/e），单一突变型（bw/bw e^+/e 及 bw^+/bw e/e）都不存在，因为它们同时具有重复和缺失，不能存活（图 8.16）。这表明带有 bw^+ 和 e^+ 的两条易位染色体只能同时存在于一个细胞，不能分开，表现为假连锁。在上述例子中，用于测交的杂合体是雄果蝇，由于雄果蝇中不发生交换，假连锁是完全的。如果反交，有关的基因位点与易位接合点之间可以发生交换，表现不完全的假连锁。

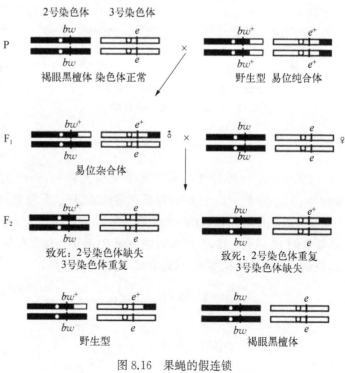

图 8.16　果蝇的假连锁

（引自刘祖洞等，2013）

（3）位置效应（position effect）　　由于基因在染色体上位置的变化造成表型效应改变的现象称为位置

效应。位置效应的研究对于了解染色体的结构和功能具有重要意义。

位置效应有两种:一种为稳定型位置效应(stable type of position effect),简称 S 型位置效应;另一种为花斑型位置效应(variegated type of position effect),简称 V 型位置效应。

1) S 型位置效应:S 型位置效应的表型改变是稳定的,通常与常染色质区域的重复有关。例如,果蝇棒眼纯合体(B/B)的细胞中,16A 区段的拷贝数为 4,每条 X 染色体上各有 2 份;由于不等交换可能产生分别具有 3 份和 1 份 16A 区段染色体的重棒眼组合($BB/+$),虽然两者 16A 区段的拷贝数一样,但由于它们在染色体上所处的位置不同,造成两种个体的小眼数不同,纯合棒眼有 68 个小眼,而重棒眼组合只有 45 个小眼。显然,16A 区段位于一条染色体上对表型的影响要比它们分别位于两条同源染色体上的影响更大(图 8.9)。

2) V 型位置效应:V 型位置效应的表型改变是不稳定的,因而形成显性性状和隐性性状嵌合的花斑现象。V 型位置效应通常与异染色质有关,一般当原来在常染色质区域的基因被变换到异染色质区的位置时,其表达被抑制,便会出现花斑现象。例如,果蝇的红眼基因(w^+)对白眼基因(w)为显性,位于 X 染色体末端的常染色质区,杂合体(w^+/w)一般表现为红眼。但如果有的细胞中携带红眼基因 w^+ 的 X 染色体末端易位到另一染色体的异染色质区,如 4 号染色体的着丝粒附近,4 号染色体的一段易位到 X 染色体的常染色质区,则野生红眼的表型受到抑制,该杂合体的复眼表现为红白嵌合的花斑色(图 8.17)。

20 世纪 40 年代由 McClintock 最先在玉米中发现的玉米籽粒的颜色斑点也属于花斑型位置效应,这种颜色斑点与玉米基因组中的激活-解离系统(activator-dissociation system,简称 Ac-Ds 系统)有关。

4. 易位在育种实践中的应用

养蚕业人们希望多养雄蚕,因为雄蚕的桑叶利用率高,并且产丝多,丝质好。为了早期分辨雌雄,选择饲养,人们利用 X 射线诱发染色体结构变异(缺失或易位),培育成家蚕的性别自动鉴别体系(autosexing strain)。

在家蚕中,控制卵色的两个基因 w_2、w_3 都位于 10 号染色体上,位置分别是 3.5 cM 和 6.9 cM,w_2w_2 纯合体的卵在冬季呈杏黄色,蚕

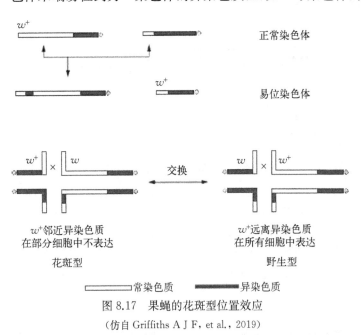

图 8.17　果蝇的花斑型位置效应
(仿自 Griffiths A J F, et al., 2019)

蛾为纯白色眼;w_3w_3 纯合体的卵在冬季呈淡黄褐色,蚕蛾为黑色眼;各种类型的杂合体 $w_2+_3/+_2w_3$、$+_2w_3/+_2+_3$、$w_2+_3/+_2+_3$ 的卵都是正常的紫黑色,蚕蛾全为黑色眼。

家蚕育种工作者用辐射诱变的方法反复处理基因型为 $w_2+_3/+_2w_3$ 的杂合体,通过严格选择,得到 w_2 或 w_3 缺失的 10 号染色体,并使带有缺失的 10 号染色体易位到 W 染色体上,再经过系统选育,使生活力逐渐提高,以满足养殖生产的要求,最终育成 A、B 两个品系:

A 品系: 雌 ZW	$+_2/w_2+_3$	雄 ZZ	w_2+_3/w_2+_3
	黑色卵		杏黄色卵
B 品系: 雌 ZW	$+_3/+_2w_3$	雄 ZZ	$+_2w_3/+_2w_3$
	黑色卵		淡黄褐色卵

将 A 品系雌蛾与 B 品系雄蛾杂交,所产的卵中,黑色的全是雄性,淡黄褐色的全是雌性(图 8.18)。若将 B 品系雌蛾与 A 品系雄蛾杂交,所产的卵中,仍然是黑色的全为雄性,杏黄色则为雌性。然后,通过对颜色敏感的电子光学自动分选机选出黑色的卵,进行孵育和饲养,得到的全部都是雄蚕。

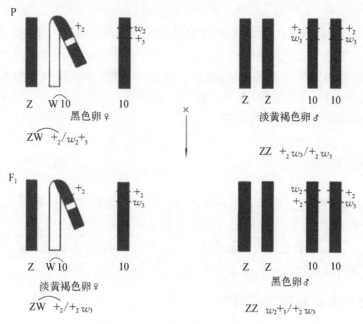

图 8.18　家蚕性别自动鉴别品系

（引自刘祖洞等，2013）

8.1.5　转座因子与染色体结构变异

由于转座因子可以改变自身在染色体上的位置，不同的转座因子因其转座机制和组成成分的不同，转座后会产生不同的染色体结构变异。

复制型转座是转座因子自身先复制一个拷贝，其中一个拷贝在供体部位保持不变，另一个拷贝转移到受体位点。如果受体位点在非同源染色体上，转座后会产生替位重复；如果在同一条染色体上，则会产生顺接或反接重复。非复制型转座是转座因子离开供体位点到一新位点。如果受体位点在非同源染色体上，转座后会产生类似简单易位的结果。

复合转座子通常由抗性基因和两端的插入序列组成，两端的插入序列方向可以相同，也可以相反。如果方向相同，在插入序列间发生同源重组后，会造成无着丝粒重组片段的丢失；如果方向相反，重组后会导致两插入序列之间的区域发生倒位（图8.19）。

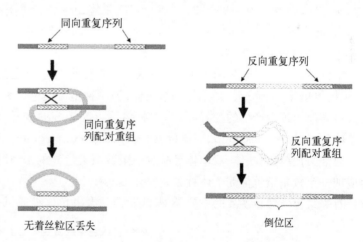

图 8.19　转座子两端的插入序列重组导致缺失和倒位

（引自 Krebs J E, et al., 2018）

8.1.6　染色体结构变异的机制

1. 断裂-重接假说

断裂-重接假说（breakage-reunion hypothesis）由 Stadler 于 1931 年提出。该假说认为：导致染色体结构改变的原发损伤是断裂。断裂可自发产生，也可人工诱变产生，断裂的后果有三种：① 绝大多数断裂（90%～99%）通过修复过程在原处重新连接，这种连接方式称为愈合（restitution），在细胞学上无法辨认；② 染色体或染色单体的断裂端不在原处连接，而是按新的方式连接，从而引起染色体的结构变异，这一过程称为重接（reunion）；③ 断裂端依然游离，成为染色体结构的一种稳定状态，如末端缺失。

2. 互换假说

互换假说(exchange hypothesis)由 Revell 于 1959 年提出。该假说认为：导致染色体结构变异的根本原因是染色体上具有不稳定部位——原发性损伤(primary lesion)，所有结构变异都是两个靠得很近的不稳定部位之间互换的结果。互换的发生分为两个阶段：第一阶段为互换起始，即两个相邻的不稳定部位相互作用，这些部位之间易于发生交换，但尚未实现；第二步是机械的互换和连接过程。如果两个原发性损伤靠得不够近或不能相互作用，这些损伤就可以被修复。

8.2　染色体数目变异

每种生物都有各自恒定的染色体数目。在内外环境因素的影响下，染色体数目发生变化，也可以导致生物遗传性状的改变。19 世纪末 de Vris 发现的巨型月见草(*Oenothera lamarckiana* var. *gigas*)就是普通月见草(*Oenothera lamarckiana*)的染色体数加倍形成的，它的组织和器官比普通月见草显著增大。研究表明，染色体倍性的改变是植物物种形成的一个重要途径。

8.2.1　染色体组及染色体数目变异的类型

1. 染色体组

二倍体生物一个正常配子所含的全部染色体，称为一个染色体组(genome)，若用来表示其中所含的全部基因则称为基因组。一个染色体组中所包含的染色体数目，称为基数(basic number)，用 x 表示。一个染色体组内的各个染色体的形态、结构及其携带的基因各不相同，但彼此构成一个完整而协调的整体，缺少任何一个都会导致不育或性状变异。某种生物为几倍体通常用其体细胞中所含染色体组的数目来表示，体细胞中含有一个染色体组的个体为一倍体(monoploid)，含有两个染色体组的为二倍体(diploid)，依此类推，含有三个或三个以上染色体组的称为多倍体(polyploid)。配子中含有的染色体数常用 n 表示。对于二倍体物种，$2n=2x$，如玉米 $2n=2x=20$，$n=x=10$；果蝇 $2n=2x=8$，$n=x=4$。对于多倍体物种，n 通常为 x 的倍数，如普通小麦(*Triticum aestivum*) $2n=6x=42$，$n=3x=21$。

2. 染色体数目变异的类型

染色体数目变异分为两大类：一种是以染色体组为单位进行增减产生的变异，称为整倍体(euploid)变异，包括单倍体(haploid)、二倍体和多倍体；另一种是以染色体为单位进行增减，使得染色体组内个别染色体的数目增加或减少产生的变异，称为非整倍体(aneuploid)变异，包括单体(monosomic)、缺体(nullisomic)、双单体(double monosomic)、三体(trisomic)、四体(tetrasomic)、双三体(double trisomic)等。

通常又把单体、缺体、双单体等减少一至数条染色体的个体称为亚倍体(hyploid)，把三体、四体、双三体等增加一至数条染色体的个体称为超倍体(superploid)。

有关染色体数目变异的主要类型、表示方法及染色体组成见表 8.1。

表 8.1　染色体数目变异的主要类型

类　　型		表　示　方　法	染　色　体　组
整倍体	一倍体	$1x$	*abcd*
	二倍体	$2x$	(*abcd*)(*abcd*)
	三倍体	$3x$	(*abcd*)(*abcd*)(*abcd*)
	同源四倍体	$4x$	(*abcd*)(*abcd*)(*abcd*)(*abcd*)
	异源四倍体	$2(2x)$	(*abcd*)(*abcd*)(*efgh*)(*efgh*)
非整倍体	单体	$2n-1$	(*abcd*)(*abc*)
	缺体	$2n-2$	(*abc*)(*abc*)
	双单体	$2n-1-1$	(*abc*)(*abd*)
	三体	$2n+1$	(*abcd*)(*abcd*)(*a*)
	四体	$2n+2$	(*abcd*)(*abcd*)(*aa*)
	双三体	$2n+1+1$	(*abcd*)(*abcd*)(*ab*)

8.2.2　整倍体

1. 单倍体

体细胞中具有本物种配子染色体数目的个体称为单倍体。根据单倍体的来源可将之分为两类：一种为单元单倍体，是指由二倍体物种产生的单倍体，具有一个染色体组，与一倍体同义；另一种为多元单倍体，是指由多倍体物种产生的单倍体，具有两个或多个染色体组。

在动物中，除一些少数自然存在的单倍体，如雄蜂、雄蚁等是正常的外，大多数动物的单倍体因发育异常，在胚胎期便死亡。

在植物中，单倍体可自发产生，如在番茄、棉花、咖啡、大麦、油菜及小麦中都发现有自发的单倍体；也可通过花粉或花药培养，人工培育单倍体。

和正常的二倍体相比，单倍体植株弱小，生活力差，并且高度不育。不育的原因是单倍体中没有同源染色体联会，减数分裂时染色体随机向两极移动，结果形成的配子几乎都不具有完整的染色体组。例如，玉米的单倍体中有 10 条染色体，在第一次减数分裂中产生的子细胞可以含有 $0\sim10$ 的任何数目的染色体，其中，只有具有 10 条染色体的配子才是可育的，其概率为 $(1/2)^{10}=1/1\ 024$，若单倍体中的染色体数为 n，则形成可育配子的概率为 $(1/2)^n$，这种概率太小，而使这样的两个雌雄配子结合的概率就更小，因此单倍体是高度不育的。但是由同源多倍体产生的含有偶数染色体组的多元单倍体育性正常，如同源四倍体产生的单倍体，细胞中含有两个相同的染色体组，减数分裂中可正常联会，完全可育。

在生产上，可用秋水仙素（colchicine）处理使染色体加倍，得到的每个基因位点都是纯合的二倍体，自交后代不会出现分离。传统的利用近交的方法培育纯系，需要经过许多代，而且不能保证各个基因位点都是纯合，因此与近交相比，利用单倍体途径可以大大缩短育种的年限。

2. 多倍体

多倍体在植物中比较普遍，在动物中则比较少见，主要原因是多数植物无性染色体分化，为雌雄同株，加倍后可通过无性繁殖繁育后代；而大多数动物的性别是由性染色体决定的，并且为有性繁殖。多倍体打破了动物性别决定中常染色体与性染色体之间的平衡，使多倍体动物高度不育。例如，在 XY 型性别决定，四倍体雄性的性染色体组成为 XXYY，产生的配子为 XY，四倍体雌性的性染色体组成为 XXXX，产生的配子为XX，雌雄配子结合产生 XXXY 合子，这种性染色体组成对大多数动物来说都是不育的。

根据多倍体中染色体组的来源是否相同，可将其分为同源多倍体（autopolyploid）和异源多倍体（allopolyploid）。

（1）同源多倍体　　是指多倍体中所有的染色体组来自同一物种。同源多倍体可以通过低温、秋水仙素等理化因素处理人工加倍而成，也可由同一物种的未减数配子结合自发产生。同源多倍体按其所含染色体组的数目又可分为三倍体（triploid）、四倍体（tetraploid）、五倍体（pentaploid）等，自然界中最常见的是同源三倍体和同源四倍体。

1）同源多倍体的形态及生理生化特征：与二倍体相比，多倍体细胞核和细胞体积增大，在外形上具有巨大效应，表现为茎秆粗壮，气孔、花粉粒、花朵、果实及种子明显增大，叶片宽厚，颜色较深。但这种效应并不随倍性的增加而成比例的增加，而且在有些情况下，细胞体积并不增大，或即使体积增加，细胞数目相应减少，所以个体及器官的大小并无明显的改变。此外，由于多倍体中基因的拷贝数增加，基因产物相应增多，结果糖类、蛋白质等含量提高，但生长缓慢，生育期延长，育性降低。

2）同源多倍体的联会和分离

A. 同源三倍体的联会和分离：同源三倍体中有三个相同的染色体组，在减数分裂中，三条同源染色体可以彼此联会形成一个三价体（Ⅲ）；也可以是其中的两条联会，另一条单个存在，形成一个二价体和一个单价体（Ⅱ＋Ⅰ）（图 8.20）。无论哪种联会方式，在任何同源区段内只能有两条染色体联会，而将第三条染色体的同源区段排斥在联会之外，在后期Ⅰ产生 2/1 分离，即三条同源染色体中的一条随机的移向一极，另外两条移向另一极。在各种分离方式中，只有所有同源染色体中的两条同时移向一极，一条移向另一极，才能形成具有完整染色体组的平衡配子($2n$ 和 n)，形成这两种平衡配子的概率都是$(1/2)^n$。其他分离方式产生的配子染色体数目为 $n \sim 2n$，都不具有完整的染色体组，是不平衡的，因此同源三倍体具有高度不育性，如无籽西瓜。

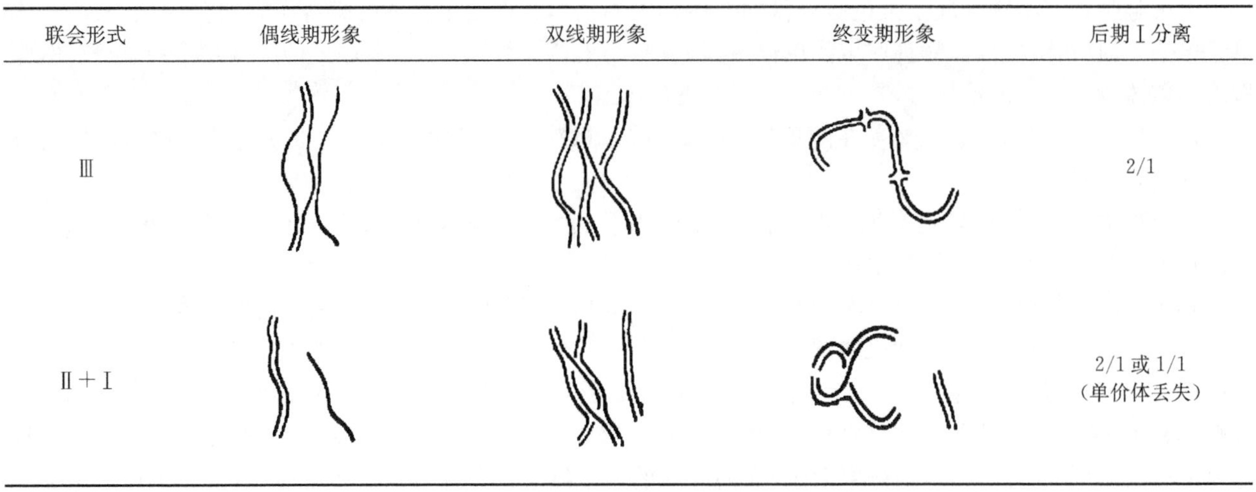

联会形式	偶线期形象	双线期形象	终变期形象	后期 I 分离
III				2/1
II + I				2/1 或 1/1 （单价体丢失）

图 8.20　同源三倍体的联会和分离

(引自浙江农业大学,1986)

B. 同源四倍体的联会和分离:同源四倍体中有四个相同的染色体组,在减数分裂中四条同源染色体的联会方式更多,其中大多数联会成一个四价体(IV)或两个二价体(II + II),少数形成一个三价体和一个单价体(III + I),以及一个二价体与两个单价体(II + I + I)(图 8.21)。到后期 I,只有 II + II 的联会方式全部为 2/2 的均等分离,即每个子细胞随机得到四条染色体中的两条,形成的配子是可育的;其他的联会方式,可能是 2/2 的均等分离;极少数是 1/1 的均等分离;也可能是 3/1 的不均等分离,即三条染色体走向一极,一条染色体走向另一极,形成的配子染色体组成不平衡,从而造成同源四倍体的部分不育性。

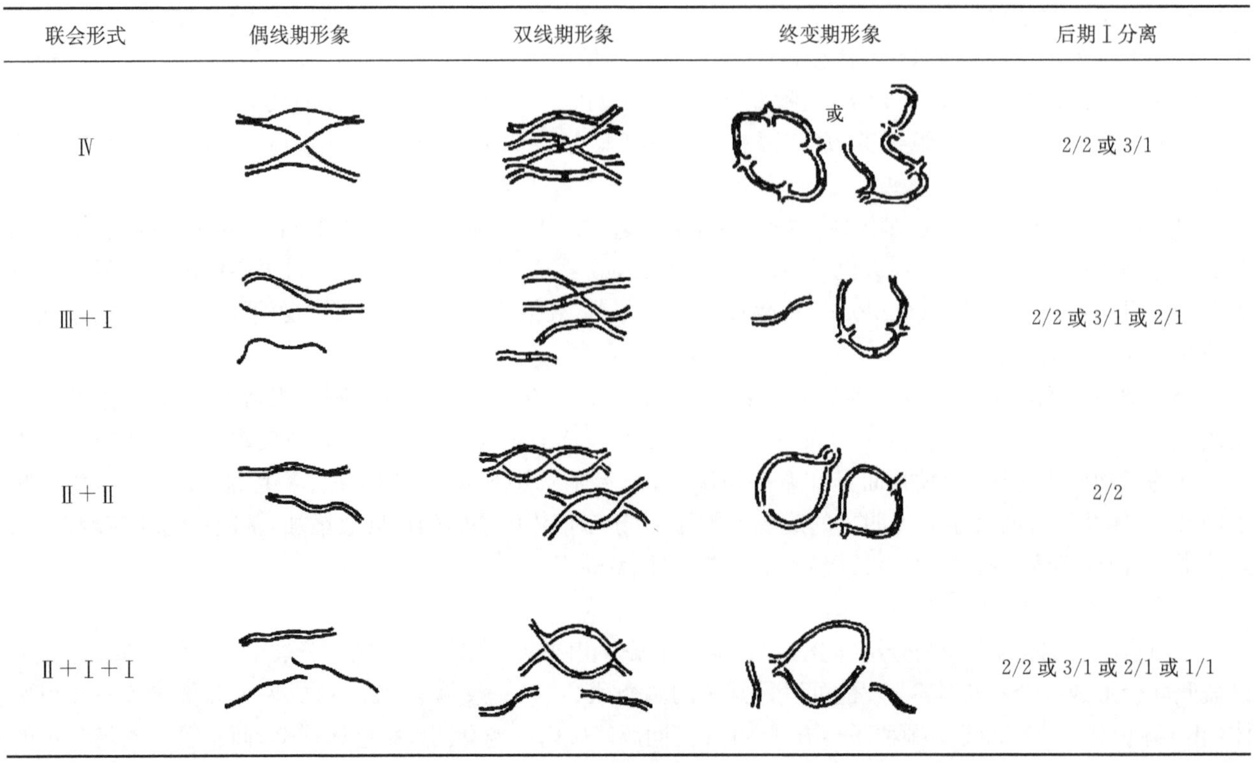

联会形式	偶线期形象	双线期形象	终变期形象	后期 I 分离
IV			或	2/2 或 3/1
III + I				2/2 或 3/1 或 2/1
II + II				2/2
II + I + I				2/2 或 3/1 或 2/1 或 1/1

图 8.21　同源四倍体的联会和分离

(引自浙江农业大学,1986)

与二倍体相比,同源四倍体的基因分离要复杂得多。对一对基因(A、a)来讲,二倍体只有 AA、Aa 和 aa 三种基因型,四倍体则有五种基因型 $AAAA$(四显体 quadruplex),$AAAa$(三显体 triplex),$AAaa$(二显体 duplex),$Aaaa$(单显体 simplex)及 $aaaa$(无显体 nulliplex),各种杂合体形成的配子种类和比例也各不相同。

现以二显体 $AAaa$ 为例介绍同源四倍体基因的联会和分离。假定 A(a)距着丝粒很近,其间很少发生非姐妹染色单体的交换,基因随染色体的分离而分离。若四条同源染色体按 Ⅱ+Ⅱ 方式联会,可能有三种不同的形式(图 8.22)。具体是四条中的哪两条染色体联会及后期 Ⅰ 染色体向两极的移动都是随机的,因此三种联会方式发生的概率相等。$AAaa$ 个体最终产生的配子及比例是 AA:Aa:aa=1:4:1,即 aa 所占的比例是 1/6。在完全显性的条件下,若 $AAaa$ 自交,自交后代隐性个体所占比例为 1/6×1/6=1/36,其余 35/36 表现为显性性状,远远偏离孟德尔 3:1 的分离比,这就是本书第 2 章讲到的实现孟德尔分离比为什么必须是二倍体的原因。利用类似的方法可以推出三显体 $AAAa$ 及单显体 $Aaaa$ 产生的配子类型及自交后代的表型比(表 8.2)。

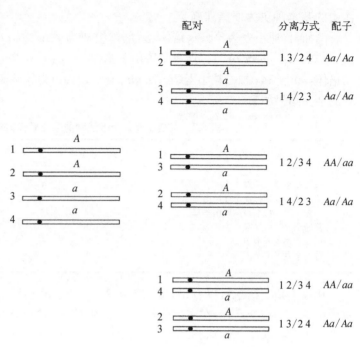

图 8.22　同源四倍体二显体 $AAaa$ 基因的联会和分离
(修改自 Griffiths A J F, et al., 2019)

表 8.2　同源四倍体各种杂合体的分离结果

杂合体类型	配子类型及比例	测交后代表型及比例	自交后代表型及比例
三显体 $AAAa$	$1AA$:$1Aa$	全 A	全 A
二显体 $AAaa$	$1AA$:$4Aa$:$1aa$	$5A$:$1a$	$35A$:$1a$
单显体 $Aaaa$	$1AA$:$1aa$	$1A$:$1a$	$3A$:$1a$

(2) **异源多倍体**　是指多倍体中的染色体组来源于不同的物种。它可由不同物种的个体之间杂交得到的 F_1 经染色体加倍形成,也可由 F_1 的未减数配子结合形成,或由染色体已经加倍的两个不同物种杂交形成。构成异源多倍体的祖先二倍体种,称为基本种(basic species)。

萝卜甘蓝(*Raphanobrassica*)是人工创造异源多倍体的一个最经典的例子(见第 14 章)。尽管此物种没有经济价值,但这一事实提供了利用种属杂交在短期内创造新种的方法,特别是 1937 年发现秋水仙素能引起染色体加倍后,在全世界范围内掀起了一个人工合成多倍体的高潮。据报道,到 1977 年为止,已人工创造新种 1 000 多个,但能直接用于生产的却很少。

异源多倍体形成是植物物种形成的一个重要途径。据分析,被子植物中,异源多倍体占 30%~35%,在禾本科植物中所占比例高达 70%。例如,小麦、燕麦、棉花、烟草等农作物,苹果、梨、樱桃等果树,菊花、水仙、大理菊等花卉等都是异源多倍体。通过染色体组分析(genome analysis)的方法,可确定异源多倍体中各染色体组的来源以研究其起源过程。

染色体组分析就是用待分析的多倍体与假定的基本种杂交,根据 F_1 减数分裂过程中染色体配对行为来鉴别分析染色体组的来源及异同的过程。分析的依据是在减数分裂过程中同源染色体相互配对形成二价体(Ⅱ),非同源染色体彼此不能配对,常以单价体(Ⅰ)形式存在。如果待分析的多倍体和基本种的杂交后代 F_1 在减数分裂过程中形成的二价体数目与基本种的染色体基数相当,说明多倍体的一个染色体组来源于这一基本种。采用新近的基因组原位杂交技术(genome *in situ* hybridization,GISH)鉴定异源多倍体中的基本种更为便捷准确。

例如,普通小麦为异源六倍体,染色体组成为 $AABBDD$($2n=42$),组成它的基本种可能为一粒小麦 (*Triticum monococum*)、拟斯卑尔脱山羊草(*Aegilops speltoides*)及节节麦(*Aegilops squarrosa*),它们都是二倍体,$2n=14$,拟二粒小麦(*Triticun dicoccoides*)为异源四倍体,$2n=28$,它们之间相互杂交及与普通小麦的杂交结果如表 8.3 所示。

表 8.3　普通小麦几个近缘种的杂交后代减数分裂时染色体的配对情况

杂 交 组 合	杂种染色体数	配对情况	推定的染色体组
拟二粒小麦×一粒小麦	21	7Ⅱ+7Ⅰ	AAB
拟二粒小麦×拟斯卑尔脱山羊草	21	7Ⅱ+7Ⅰ	ABB
一粒小麦×拟斯卑尔脱山羊草	14	14Ⅰ	AB
普通小麦×拟二粒小麦	35	14Ⅱ+7Ⅰ	$AABBD$
拟二粒小麦×节节麦	21	21Ⅰ	ABD
普通小麦×节节麦	28	7Ⅱ+14Ⅰ	$ABDD$

从以上杂交结果可以看出,拟二粒小麦与一粒小麦及拟斯卑尔脱山羊草的杂交后代,在减数分裂中都出现 7 个二价体,说明拟二粒小麦与这两个二倍体物种有一个相同的染色体组;而一粒小麦与拟斯卑尔脱山羊草的杂交后代在减数分裂中出现了 14 个单价体,说明二者的染色体组是完全不同的。一粒小麦的染色体组以 AA 表示,拟斯卑尔脱山羊草的染色体组以 BB 表示,则拟二粒小麦的染色体组成为 $AABB$。拟二粒小麦与普通小麦的杂交后代在减数分裂中形成 14 个二价体和 7 个单价体,说明普通小麦中有两个染色体组与拟二粒小麦相同,即普通小麦的 A、B 染色体组与拟二粒小麦一样分别来自一粒小麦和拟斯卑尔脱山羊草。拟二粒小麦与节节麦的杂交后代在减数分裂中形成了 21 个单价体,说明节节麦的染色体组成与拟二粒小麦完全不同,定为 D 染色体组,而节节麦与普通小麦杂交,后代有 7 个二价体,说明普通小麦的 D 染色体组来自节节麦。由此推断普通小麦的演化过程可能是如图 8.23 所示。

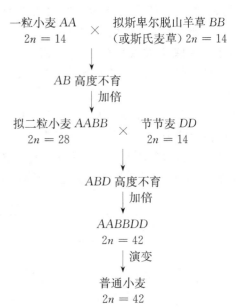

一粒小麦 AA　×　拟斯卑尔脱山羊草 BB
$2n=14$　　　　(或斯氏麦草) $2n=14$

AB 高度不育
加倍

拟二粒小麦 $AABB$　×　节节麦 DD
$2n=28$　　　　　$2n=14$

ABD 高度不育
加倍

$AABBDD$
$2n=42$
演变

普通小麦
$2n=42$

图 8.23　普通小麦可能的起源途径

同源多倍体和异源多倍体之间并无严格的界限,如果形成异源多倍体的基本种亲缘关系不太远,其染色体组可能具有部分同源性。例如,普通小麦为异源六倍体,其 A、B、D 染色体组的 7 条染色体分别用 1A、2A…7A,1B、2B…7B,1D、2D…7D 表示,1A、1B、1D 等号码相同的染色体之间具有部分同源性,在一定条件下会发生联会,即异源联会(allosynapsis)。

当异源多倍体的不同染色体组之间的部分同源程度很高时,则称为节段异源多倍体(segmental polyploid)。节段异源多倍体在减数分裂时除了形成典型异源多倍体所具有的二价体以外,还会出现或多或少的四价体,从而表现一定程度的不育。各种多倍体之间的关系如图 8.24 所示。

(3)人工诱导多倍体的应用　　人工诱导多倍体是现代育种工作的一个重要手段,它可以克服远缘杂交过程中产生的杂种不育,创造新的作物类型。利用机械损伤、温度变化等物理方法及化学药剂处理均可得到多倍体。实际应用中化学方法更为有效,特别是 1937 年美国遗传学家 Blakeslee 利用秋水仙素诱发多倍体获得成功以后,这种方法被普遍采用,并取代了其他方法。

秋水仙素是从秋水仙(*Colchicum autumnale*)的鳞茎和种子中提炼而成的淡黄色粉末,有剧毒,能使中枢神经麻醉,造成呼吸困难,如不慎入眼,会引起暂时失明,使用时应注意操作安全。秋水仙素的作用机制是抑制纺锤体的形成,但对染色体的复制和着丝粒的分裂无影响,从而使细胞分裂停滞在中期,导致染色体加倍。

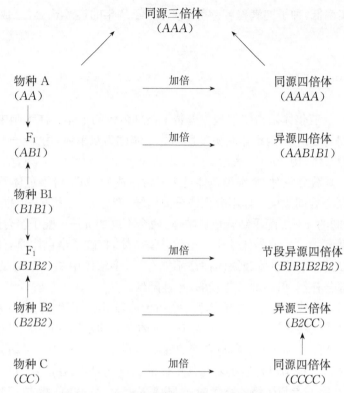

图 8.24 各种多倍体的来源及其相互关系

1) 同源多倍体的应用:同源多倍体应用中最成功的例子是同源三倍体。例如,三倍体甜菜生长旺盛,品质好,抗逆性强,产糖量比二倍体提高 10%～18%,在国外已普遍推广,几乎完全取代了原来的二倍体品种;三倍体无籽西瓜的产量和品质也都优于二倍体品种;三倍体杨树的生长速度是普通白杨的两倍;三倍体杜鹃的花期特别长;在美国约有 1/4 的苹果品种是三倍体。因此对那些不以种子为收获对象的花卉、水果、树木,三倍体育种具有重要意义。

三倍体的培育方法简单,现以三倍体无籽西瓜为例说明其培育过程。用秋水仙素处理二倍体西瓜幼苗,得到四倍体植株,再用四倍体作母本,二倍体作父本进行杂交,在四倍体母体植株上获得三倍体种子,三倍体种子种下后长成三倍体植株,开花后用二倍体植株上的花粉刺激,从而引起无籽果实的发育(图 8.25)。

2) 异源多倍体的应用:人工诱导的异源多倍体有生产价值的不多,较成功的是我国学者鲍文奎等培育的八倍体小黑麦($Triticale$)。小黑麦具有产量高、抗逆性和抗病性强、面粉白、籽粒蛋白质含量高和生长势强等优点,适宜在自然条件严酷、小麦产量低而不稳的高寒山区种植。其培育过程是让普通小麦与黑麦($Secale\ cereale$)杂交,杂种经染色体加倍而成八倍体小黑麦(图 8.26)。

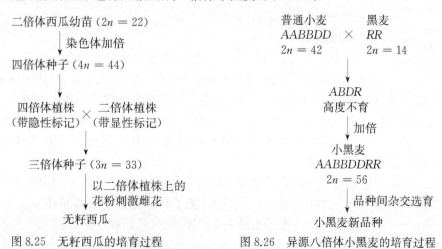

图 8.25 无籽西瓜的培育过程   图 8.26 异源八倍体小黑麦的培育过程

小黑麦最初具有结实率低,种子饱满程度差等缺点,但经几年的连续选择,已成功培育出能在生产上应用的小黑麦新品种。

8.2.3 非整倍体

1. 亚倍体

(1) 亚倍体的来源　　亚倍体是指体细胞中少若干条染色体的个体。体细胞中少一条染色体的个体称为单体,用 $2n-1$ 表示;体细胞中少两条非同源染色体的个体称为双单体,用 $2n-1-1$ 表示;体细胞中少一对同源染色体的个体称为缺体,用 $2n-2$ 表示。

亚倍体是正常个体在减数分裂时,个别染色体行为异常造成的,如某对染色体不联会,单价体易丢失,从而形成 $n-1$ 配子;或者联会后同源染色体不分离或分离迟缓,产生 $n-1$ 和 $n+1$ 的配子,$n-1$ 配子与 n 配子结合可产生单体,两个相同的 $n-1$ 配子结合形成缺体,两个不同的 $n-1$ 配子结合形成双单体。

(2) 亚倍体的遗传学效应　　亚倍体缺少一至数条染色体,打破了染色体原有的平衡状态,因此对生物的生长发育影响较大。二倍体中的单体和缺体往往不能存活,多倍体中缺少个别染色体引起的不平衡可由其他染色体组的完整性部分补偿,但一般长势较弱,育性降低。

单体在减数分裂时通常形成 $n-1$ 个二价体和1个单价体,理论上产生的 $n-1$ 和 n 配子的比例为 $1:1$,其自交后代应是双体:单体:缺体 $=1:2:1$,但由于单价体在后期 I 移动迟缓,容易丢失,使得 $n-1$ 配子多于 n 配子,同时还存在 $n-1$ 配子和 n 配子参与受精的程度不同,$2n-1$ 和 $2n-2$ 幼胚持续发育的程度不同等原因而使这一比例发生变化。根据对普通小麦与其单体的正反交测定,在能够参与受精的花粉中,n 花粉占96%,$n-1$ 花粉占4%;在能够参与受精的胚囊中,n 胚囊占25%,$n-1$ 胚囊占75%。小麦单体自交后代中各类型的比例如表8.4所示。

表 8.4　小麦单体两种配子的传递率

胚囊(♀)	花粉(♂)	
	96%(n)	4%($n-1$)
25%(n)	24%($2n$)	1%($2n-1$)
75%($n-1$)	72%($2n-1$)	3%($2n-2$)

由此可见,$n-1$ 配子主要通过卵细胞(或胚囊)向后代传递。

(3) 亚倍体的应用　　应用单体和缺体可把新发现的隐性基因定位到特定的染色体上。方法是把新发现的隐性基因的纯合体与缺少不同染色体的单体或缺体系列杂交,若杂交后代有隐性基因控制的性状表现出来,表明新基因在缺少的那条染色体上,否则,不在上面。

例如,果蝇无眼(eyeless)基因的隐性纯合体 *eyey* 与4号染色体为单体的野生型个体杂交,后代出现野生型:无眼 $=1:1$ 的分离比,说明无眼基因位于4号染色体上(图8.27)。

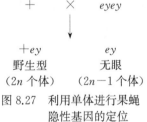

图 8.27　利用单体进行果蝇隐性基因的定位

2. 超倍体

(1) 超倍体的来源　　超倍体是指体细胞中多若干条染色体的个体。体细胞中多一条染色体的个体称为三体,用 $2n+1$ 表示;体细胞中多两条非同源染色体的个体称为双三体,用 $2n+1+1$ 表示;体细胞中多一对同源染色体的个体称为四体,用 $2n+2$ 表示。

和亚倍体一样,超倍体也是由减数分裂时个别染色体行为异常所致。例如,某对染色体不分离形成 $n+1$ 配子,它与正常的 n 配子结合形成三体;两个不同的 $n+1$ 配子结合,形成双三体;两个相同的 $n+1$ 配子结合,形成四体。其中,最常见的是三体。

(2) 三体的联会与基因分离　　三体在减数分裂时可联会形成 $n-1$ 个二价体和1个三价体,或形成 n 个二价体和1个单价体。理论上,三体应产生 $1:1$ 的 $n+1$ 配子和 n 配子,但因单价体易丢失,从而使 $n+1$ 配子少于 n 配子。和 $n-1$ 配子一样,$n+1$ 配子也是主要由卵细胞(或胚囊)向后代传递。

三体的分离比与二倍体不同,位于三体上的一对等位基因(A、a)可组成四种不同的基因型 AAA、AAa、

Aaa 和 aaa，其中 AAa 形成的配子为 $AA：Aa：A：a=1：2：2：1$，若 A 对 a 为完全显性，并且 $n+1$ 配子和 n 配子都能成活，它与 aa 个体测交后代的表型分离比是 $5A：1a$，自交后代为 $35A：1a$；若只有 n 配子可育，测交后代的表型分离比是 $2A：1a$，自交后代为 $8A：1a$。同理也可推出 Aaa 个体测交与自交后代的分离比（表 8.5）。

表 8.5　三体的两种杂合体测交和自交后代的比例

基因型	配子比例	$n+1$ 和 n 配子都可育		只有 n 配子可育	
		测交后代表型比例	自交后代表型比例	测交后代表型比例	自交后代表型比例
AAa	$1AA：2Aa：2A：1a$	$5A：1a$	$35A：1a$	$2A：1a$	$8A：1a$
Aaa	$2Aa：1aa：1A：2a$	$1A：1a$	$3A：1a$	$1A：2a$	$5A：4a$

（3）三体的应用

1）基因定位：利用三体测交和自交后代的表型分离比不同于二倍体的特点可将待测的隐性基因定位到特定的染色体上。方法是将待测隐性基因的纯合体与增加不同染色体的显性纯合三体系列杂交，再选出杂交后代中的三体与待测隐性纯合体测交，若测交后代出现显性性状：隐性性状 $=5：1$ 的分离比，说明待测基因位于多出的那条染色体上；若为 $1：1$，则不在多出的染色体上。

无眼果蝇与 4 号染色体三体的野生果蝇（＋＋＋）杂交，选取子一代的三体果蝇再与无眼果蝇测交，测交后代野生型：无眼 $=5：1$。同样证明，ey 基因位于 4 号染色体上（图 8.28）。

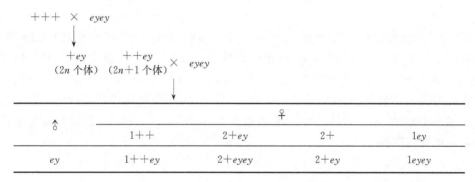

图 8.28　利用三体进行果蝇的基因定位

2）配制杂交种：大麦（$Hordeum\ sativum$，$2n=14$）是高度自花授粉植物，配制杂交种相当困难，育种工作者利用染色体畸变的原理培育出一个新品种。它是一个三级三体（增加的那条染色体带有非同源的易位片段），其中的两条正常染色体带有两个紧密连锁的隐性基因——雄性不育基因 ms 和黄色种皮基因 r，易位染色体上带有相应的显性基因——雄性可育基因 Ms 和褐色种皮基因 R。这种三体在减数分裂时形成 7 个二价体，唯有增加的那条易位染色体以单价体形式存在，它在后期 I 随机的移向一极，结果形成两种配子 msr 和 msr/MsR，卵细胞中这两种配子的比例是 $7：3$，花粉中只有 msr 有授粉能力，自交后就产生 70% 的黄色种皮雄性不育种子，30% 的褐色种皮正常可育种子。由于种皮颜色不同，可用机械将二者分开，黄色种子用于以后的杂交制种，褐色种子继续自交，生产雄性不育的种子（图 8.29）。

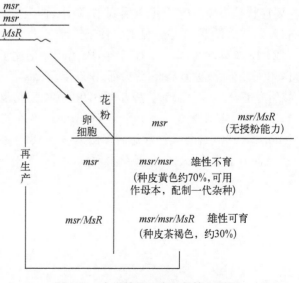

图 8.29　大麦雄性不育的保持和利用

（引自刘祖洞等，2013）

8.2.4　常见的人类染色体数目变异

1. 人类染色体的命名

人类染色体命名采用《人类细胞遗传学命名国际体制》(ISCN)中的规定,将人的 23 对染色体分为 A(1~3)、B(4,5)、C(6~12,X)、D(13~15)、E(16~18)、F(19,20)、G(21、22,Y) 7 组,记述核型时,第一项是染色体总数,其后是一个逗号,再后是性染色体组成。若存在染色体结构或数目的变化,性染色体后再加逗号和发生变化的相关染色体,通常包括染色体序号、臂的符号、区的序号和带的序号,区和带的编号以近着丝粒的区和带标记为 1,较远侧的标记为 2、3 等。例如,1p36 表示 1 号染色体短臂 3 区 6 带,若有高分辨带,可在带后加圆点,再写亚带、次亚带编号。常见的人类染色体命名符号如表 8.6 所示。

表 8.6　常见人类染色体及其畸变的命名符号

符　　号	含　　义	符　　号	含　　义
1~22	常染色体序号	dup	重复
X、Y	性染色体	ins	插入
＋	增加	inv	倒位
－	丢失	p	染色体短臂
→	…到…	q	染色体长臂
cen	着丝粒	r	环状染色体
del	缺失	t	易位
dic	双着丝粒	ter	末端

例如,46,XX 为正常女性;46,XY 为正常男性;46,XY,1q＋,表示具有 46 条染色体的男性,1 号染色体长臂延长;46,XX,t(Xq＋;16p－),表示具有 46 条染色体的女性,X 染色体长臂与 16 号染色体短臂之间相互易位(X 染色体长臂延长,16 号染色体短臂丢失);45,XY,－13,－14,t(13q;14q),表示具有 45 条染色体的男性,13 号和 14 号染色体各少一条,但具有一条由 13 号和 14 号染色体长臂组成的易位染色体;46,XY,inv(2)(p13p24),表示具有 46 条染色体的男性,2 号染色体短臂的 1 区 3 带至 2 区 4 带发生了臂内倒位。

2. 常见的人类染色体数目变异

人类性染色数目异常在第 3 章已有描述,这里仅介绍常见的常染色体数目异常,它们主要是由减数分裂过程中某些染色体不分离所致。

(1) 21 三体综合征　　又称唐氏综合征(Down's syndrome)或先天愚型,核型为 47,XX(XY),＋21。1866 年英国医生 Down 首先描述了该病,1959 年法国的 Lejeune 发现该病患者多了一条 21 号染色体。患者的主要症状是头颅前后径短,枕骨扁平,眼小,两眼外侧高而内侧低,鼻梁扁平且宽,口半张,舌常伸出口外,发育迟缓,智力低下,是最常见的一种三体类型,发病率约为 1/700。

(2) 13 三体综合征　　1957 年,Bartholin 记述了该病特征;1960 年,Patau 等首次报道该病为增加了一条 D 组染色体所致,故称为 Patau 综合征;1966 年,Yunis 等进一步证明多出的染色体是 13 号,才定名为 13 三体综合征,核型为 47,XX(XY),＋13。患者头小,兔唇和(或)腭裂,先天性心脏病,严重智力低下,发病率约为 1/5 000。

(3) 18 三体综合征　　1960 年,Edwards 等首先发现该病,故又称 Edwards 综合征。Patau 于 1961 年、Yunis 于 1964 年证实该病患者多出了一条 18 号染色体,故定名为 18 三体综合征,核型为 47,XX(XY),＋18。患者头小而长,大囟门,鼻梁窄而长,短颈,几乎所有器官畸形,发病率约为 1/10 000。

思　考　题

1. 名词解释

缺失　重复　倒位　易位　假显性　交换抑制因子　假连锁　位置效应　染色体组　一倍体　单倍体　同源多倍体　异源多倍体　超倍体　亚倍体　单体　三体

2. 果蝇的 9 个基因在染色体上的正常顺序是 *123·456789*，其中的"·"代表着丝粒，经诱变得到以下结构变异类型：① *123·476589*；② *123·4789*；③ *17654·3289*；④ *123·45676789*；⑤ *123·456654789*。写出每种变异类型的正确名称，并绘图表示每一种变异类型如何与正常染色体配对。

3. 有一株玉米，9 号染色体是杂合缺失体，在缺失染色体上有产生色素的显性基因 *C*，正常染色体上有无色隐性等位基因 *c*，已知缺失染色体不能形成正常花粉。现以这株玉米植为父本与 *cc* 母本杂交，后代出现了 10% 的有色籽粒。该作何解释？

4. 用一株高正常的玉米易位杂合体与一正常的纯合矮生品系(*brbr*)杂交，再用 F₁ 的半不育株与同一矮生品系测交，结果如下：

株高正常	完全可育	27 株
株高正常	半不育	324 株
矮生	完全可育	279 株
矮生	半不育	42 株

如果 *br* 位于 1 号染色体，问：

(1) 易位是否涉及 1 号染色体？

(2) 如果涉及，易位点(T)与 *br* 的重组值是多少？

(3) 如果不涉及，测交后代的表型比如何？

5. 马铃薯是四倍体，染色体数是 48，对其单倍体进行细胞学观察，发现它在减数分裂时形成 12 个二价体。据此，你对马铃薯的染色体组成是怎样认识的？

6. 一个同源四倍体的个体在两个座位上是杂合的，即 *AAaa* 和 *BBbb*，每一座位控制不同的性状，分别位于不同的染色体上，并且都与着丝粒很近，问：

(1) 这一个体将产生哪些基因型的配子？比例如何？

(2) 如果这一个体自交，产生 *AAaaBBbb* 基因型后代的比例是多少？*aaaabbbb* 基因型后代的比例是多少？

7. 曼陀罗有 12 对染色体，它能形成多少种三体？多少种双三体？

8. 下图表示黑腹果蝇唾腺染色体上的 6 条带纹，在这一区域有 5 个缺失(缺失 1～缺失 5)，已知隐性等位基因 *a*、*b*、*c*、*d*、*e* 和 *f* 位于该区域，但顺序未知。

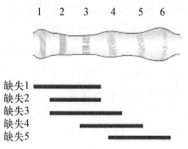

每种缺失与各等位基因组合的结果如下表：

	a	*b*	*c*	*d*	*e*	*f*
缺失 1	－	－	－	＋	＋	＋
缺失 2	－	＋	－	＋	＋	＋
缺失 3	－	＋	＋	＋	－	＋
缺失 4	＋	＋	＋	＋	－	＋
缺失 5	＋	＋	＋	－	－	－

表中"－"表示隐性等位基因表现，"＋"表示野生型等位基因表现。根据这些结果推断各基因位于染色体的哪条带上。

9. 在一种植物中，两个基因 *P* 和 *Bz* 位于染色体的同一条臂上，距离是 36 m.u.。在这两个基因之间有一倒位(倒位区不包括这两个基因)，倒位区的长度是其遗传距离的 1/4，请你预测在倒位纯合体和杂合体中 *P* 和 *Bz* 的重组值分别是多少？

推荐参考书

1. 陈竺，2015. 医学遗传学. 3 版. 北京：人民卫生出版社.

2. 戴灼华，王亚馥，2016. 遗传学. 3 版. 北京：高等教育出版社.

3. 刘祖洞，乔守怡，吴燕华，等，2013. 遗传学. 3 版. 北京：高等教育出版社.

4. 宋运淳，余先觉，1989. 普通遗传学. 武汉：武汉大学出版社.

5. 浙江农业大学，1986. 遗传学. 2 版. 北京：农业出版社.

6. Ayala F J, Kiger J A, 1984. Modern Genetics. 2nd Edition. London：Benjamin/Cummings publishing Company, Inc.

7. Griffiths A J F, Doebley J, Peichel C, et al., 2019. Introduction to Genetic Analysis. 12th Edition. New York：Macmillan Higher Education.

8. Krebs J E, Goldstein E S, Kilpatrick S T, 2018. Lewin's Genes XII. Burlington：Jones & Bartlett Learning.

第**9**章

基 因 突 变

提 要

突变是遗传物质发生了任何可以遗传的改变,它可以自发产生,也可以诱发产生;既可以发生在种系细胞中,也可以发生在体细胞中;既可以发生在染色体水平上(染色体畸变),也可以发生在基因水平上(基因突变)。

DNA 的复制错误、化学损伤,以及辐射、化学诱变剂等都可能引发基因突变。基因突变的本质是由于碱基的替换、增添或缺失造成 DNA 分子碱基序列的改变。针对各种因素造成的 DNA 损伤,细胞具有多种相应的修复系统,以保证遗传信息传递的稳定性和精确性。

突变(mutation)是一种遗传状态,任何能够通过复制而遗传的 DNA 结构的改变都称为突变。遗传物质的改变可以在两个水平上发生,一种是染色体畸变,一种是基因突变。前者能在显微镜下观察到染色体的结构或数目的改变,后者只能通过 DNA 测序或遗传学实验检测发现。所谓基因突变(gene mutation)是指染色体上一个座位内遗传物质的变化。由于基因突变是基因内部 DNA 分子上微小的改变,在染色体结构上看不出变化,因此又被称为点突变(point mutation)。广义而言,突变包括染色体结构和数目的改变、基因突变,狭义的突变仅指基因突变。后面所讲的突变都是指基因突变。

突变是基因的主要功能之一;突变的结果就是从一个基因变成它的等位基因,继而能产生新的基因型。具有某种新的基因型的细胞或个体常具有某种突变表型,这种携带突变基因的细胞或个体称为突变体(mutant)。生物的变异主要来源于减数分裂过程中等位基因发生分离、非等位基因自由组合,其源头之一就是基因突变,丰富的变异类型为生物进化提供了原材料。

9.1 基因突变的特点

9.1.1 突变的类型

根据导致突变产生的原因,通常将突变分为自发突变和诱发突变两大类。

(1)自发突变 在自然条件下发生的突变称为自发突变。自发突变一方面是由外界环境条件对细胞或个体的影响所致,如个体生活的环境中各种本底辐射、宇宙射线、化学诱变剂对遗传物质的损伤所导致的突变。另一方面是来自生物体内的生理代谢产生的自由基,过氧化物造成碱基的氧化、脱嘌呤、脱氨基等引起的突变。即使是没有上述因素,由于存在碱基同分异构体的互变效应,DNA 在复制过程中出现碱基错误配对也能导致突变。

(2)诱发突变 人工运用物理方法或使用化学诱变剂诱发的突变称为诱发突变。物理方法通常是用能产生电离作用的高能量射线(X、α、β、γ 射线等)和不产生电离作用的紫外线照射细胞,细胞被这些射线照射后产生突变。化学方法是采用诱变剂诱发突变。化学诱变剂多种多样,依据诱导产生突变的机制,通常将化学诱变剂分为碱基类似物、烷化剂和吖啶类染料三大类。

诱发突变和自发突变的本质是相同的,只不过是诱发突变产生的突变频率远高于自发突变。由于自发突变的频率很低,诱发突变可以人为地提高突变率,获得很多的突变体。研究诱发突变的意义表现在 3 个方面:① 在遗传学研究中,通过突变来寻找、确定更多未知功能基因的存在,绘制遗传图谱;通过突变体的表型改变研究基因的功能;研究基因在个体的生长发育、生理代谢过程中的作用。② 在育种实践中,通过诱变产生新功能基因,或者说是改善基因的功能,以适应选育优良性状的品种或菌种的需要。③ 是保护环境和保护人类自身的需要。任何药物、食品、和人类密切接触的化学试剂和材料等,都不应该对人类的遗传物质 DNA 有损伤作用。新的药物、食品、化学试剂的安全性,需要通过遗传毒理实验来检测,为预防和保护提供依据。

9.1.2　突变率

突变是生物界普遍存在的现象,只要细胞在生长、繁殖,就必然会有突变的发生。某一基因突变的概率称为突变率。所谓突变率(mutation rate)是指在一个世代中或其他规定的单位时间内,在特定的条件下,一个细胞发生某一突变的概率。对于有性生殖的生物,突变率用一定数目配子中的突变配子的比例来表示;细菌的突变率则用一定数量的细胞在分裂一次过程中发生突变细胞的次数表示。通常多细胞真核生物的突变率高于单细胞原核生物,原核细胞的突变率又高于噬菌体(表 9.1)。

表 9.1　几种生物的不同基因的自发突变率

生　物	性　状	频　率	单　位
噬菌体			
T_2 噬菌体	溶菌抑制　$r \to r^+$	1×10^{-8}	每复制的突变基因频率
	宿主域　$h^+ \to h$	3×10^{-9}	
细菌			
E. coli	乳糖发酵　$lac^- \to lac^+$	2×10^{-7}	每分裂的突变细胞频率
	T_1 噬菌体敏感性　$Ton^s \to Ton^r$	2×10^{-8}	
	组氨酸需要型　$his^+ \to his^-$	2×10^{-6}	
	$his^- \to his^+$	4×10^{-8}	
藻类			
Chlamydomonas reinhardtii	链霉素敏感型　$st_r^s \to st_r^r$	1×10^{-6}	每分裂的突变细胞频率
真菌			
Neurospora crassa	肌醇需要型　$inos^- \to inos^+$	8×10^{-8}	每无性孢子的突变频率
	腺嘌呤需要型　$ade^- \to ade^+$	4×10^{-8}	
玉米			
Zea mays	皱缩种子　$Sh \to sh$	1×10^{-6}	每配子的突变频率
	非紫色糊粉层　$Pr \to pr$	1×10^{-5}	
	无色糊粉层　$Rr \to rr$	5×10^{-5}	
果蝇			
Drosophila melanogaster	黄体　$Y \to y$(雄蝇)	1×10^{-4}	每配子的突变频率
	$Y \to y$(雌蝇)	1×10^{-5}	
	白眼　$W \to w$	4×10^{-5}	
	褐眼　$Bw \to bw$	3×10^{-5}	
	黑檀体　$E \to e$	2×10^{-5}	
小鼠			
Mus musculus	非鼠色　$a^+ \to a$	3×10^{-5}	每配子的突变频率
	白化　$c^+ \to c$	1×10^{-5}	
人			
Homo sapiems	血友病 A　$h^+ \to h$	3×10^{-5}	每配子的突变频率
	白化　$a^+ \to a$	3×10^{-5}	
	甲骶综合征	0.2×10^{-5}	
	亨廷顿舞蹈症	0.5×10^{-5}	
	软骨发生不全	4×10^{-5}	
	大肠多息肉	2×10^{-5}	

9.1.3 突变体的表型特征

携带突变基因的个体,根据突变基因的性质和功能,在一定的条件下能表现出相应的表型特征。在不同层次上能直接检测到的表型特征可简单地分为以下几类。

(1) 形态突变(morphological mutation)   指突变体在形态结构、大小、颜色等可直接观察到的性状与正常个体产生了明显差别的改变。例如,野生型黑腹果蝇(*Drosophila melanogaster*)的眼睛为红色,Morgan 在实验室里饲养的果蝇中发现了白眼突变体,并经过遗传分析,将果蝇的白眼基因定位在 X 染色体上。

(2) 生化突变(biochemical mutation)   指引起突变体生化代谢途径某一特定功能丧失的突变。这类突变体与正常个体相比,有的可以表现出明显的差别,有的只能通过生化检测才可以发现突变的存在。例如,人类中的白化病(albinism)患者就可以直接观察发现,而苯丙酮尿症(phenylketonuria)患者则需要通过生化检测来确定。细菌、真菌的突变体通常都是运用选择性培养来筛选鉴定。

(3) 致死突变(lethal mutation)   影响细胞或个体生活力,导致其死亡的突变称为致死突变。致死突变可分为显性致死和隐性致死两种类型(见第 2 章)。

不同突变基因在生物世代中表达的时间各不相同,因此致死作用既可以发生在配子期,也可以发生在合子期的胚胎期、幼龄期和成年期;又因为致死突变基因的性质及作用各有差异,致死突变不一定表现出可见的表型效应。

(4) 条件致死突变(conditional lethal mutation)   指在某些条件下突变体可以存活,在另外的条件下突变体死亡的突变。最常见的条件致死突变是温度敏感突变型。例如,T_4 噬菌体温度敏感变型,在 25℃时可以正常繁殖,形成噬斑,在 42℃时不能增殖,看不到噬斑的出现。除少数 RNA 基因外,大多数基因都是编码蛋白质的结构基因,蛋白质又多数参与某种生化代谢过程,因此只要发生突变,必将影响正常的生化代谢过程而降低个体生活力。另外,任何一个基因的表达都会受到各种内外因素的影响,因此,广义来说,所有的突变都可以被看作条件致死突变。

9.1.4 基因突变的一般特点

突变总是在不断地发生,突变体的表型多种多样,难以预料,但基因突变还是表现出一定的规律特征,主要有以下几种特点。

1. 突变的随机性

突变的随机性首先表现在基因突变可发生在生物世代的任何一个时期,既可以在配子期发生,也可以在合子期、胚胎期、幼龄期和成熟期的体细胞中。配子期发生的突变称为生殖细胞突变(germinal mutation),如果突变的生殖细胞参与受精,突变基因就可以传递给子代。合子期以后发生的突变称为体细胞突变(somatic mutation),突变的结果是使该个体成为嵌合体(mosaic)。合子期早期突变所形成的嵌合体,如果突变的部分包括了生殖系统,突变基因可以通过有性生殖传递给子代。成熟个体的体细胞突变,则不能通过有性生殖传递突变基因。植物体细胞突变则有另一种情形,产生芽变的枝条开花授粉后,可以将突变基因传递给子代。

突变的随机性其次表现在突变的无目的性和不确定性。我们可以通过筛选来得到所需的突变体,但不能确定该突变是否一定会发生。细菌对抗生素的耐药性突变并不是在使用抗生素之后才发生的,只不过是在使用抗生素后,发生耐药性的突变体能够存活下来,并且在药物的选择压力下,从少数逐渐成为优势菌系。

2. 突变的稀有性

突变的稀有性是指在自然条件下基因的突变率都很低。例如,每代每个基因的突变率,果蝇为 $10^{-5} \sim 10^{-4}$,人类为 $10^{-5} \sim 10^{-4}$,细菌是 $10^{-7} \sim 10^{-5}$(表 9.1)。每一特定的基因突变率如此之低,要想筛选到某种特定的突变体,需要提高突变率,采用人工诱变就是提高突变率的有效手段。

3. 突变的可逆性和重演性

基因突变是可逆的。根据基因突变的效应,可以将突变分为正向突变、回复突变和抑制突变三种类型。

正向突变是指个体由正常表型(或野生型)经突变表型改变为突变型的突变。回复突变是指具有突变型表型的个体经过再一次突变表型回复为正常的突变。假如以 A 表示正常基因,a 表示它的一个突变基因,那么 A 突变为 a 称为正向突变,a 突变为 A 称为回复突变;通常以 u 表示正向突变率,用 v 表示回复突变率,它们的关系可用如下公式表示:

$$A \underset{v}{\overset{u}{\rightleftharpoons}} a$$

正向突变的频率总是远大于回复突变频率。例如,在 $E.coli$ 中,组氨酸正常显性基因 his^+ 突变为隐性突变基因 his^- 的频率为 2×10^{-6} 左右,而回复突变的频率为 4×10^{-8}。两者间的巨大差异可以从顺反子水平和密码子水平去理解,如果平均每个顺反子大小为 1 000 bp,那么它编码的肽链至少有 300 个氨基酸残基数目,其中许多氨基酸被改变后都可能导致该蛋白功能受损或失活,要发生回复突变只有使被改变的氨基酸(碱基)回复到最初的状态(当然,基因内的某些位点发生第二次突变也可能使基因的功能得到部分恢复)。因为每次突变都是随机发生的,所以回复突变率总是比正向突变率低 1~2 个数量级。如果以密码子为单位,不难推算出两者间至少要差一个数量级。

抑制突变是指某一座位上突变产生的表型效应被另一座位上的突变所抑制,使突变体又回复成正常表型的现象。第二个位点的突变如果是发生在同一基因座位内称为基因内抑制,如果发生在另一基因座位上则称为基因间抑制。

区别回复突变和抑制突变,可以将回复突变体和正常个体杂交,观察杂交后代是否分离出突变型。如果是抑制突变,两个突变位点经过重组被分离,杂交后代会出现突变型个体;如果是回复突变,杂交后代全部表现为正常个体,不会出现突变型个体。

利用突变具有的可逆性特点,可以将点突变和染色体畸变或缺失突变区分开来。因为只有点突变可以产生回复突变,染色体畸变或缺失突变是不能产生回复突变的。

所谓突变的重演性是指同种生物中相同基因突变可以在不同的个体、不同的世代重复出现。实验室里饲养的果蝇中,白眼突变体多次出现;人类视网膜母细胞瘤(retinoblastoma,RB)在人群中时有发生,患者都是由 Rb 基因突变所致。

4. 突变的多方向性

一个基因突变后变成了它的等位基因,但突变并非只重复一种方式,突变可以向多个方向进行。基因向多方向突变的结果是产生了复等位基因。人类的 ABO 血型,就是受同一基因座位上的三个复等位基因控制的。虽然我们不能确定 i、I^A、I^B 这三个复等位基因中,哪一个是野生型基因,但是存在这三个复等位基因的现象一定是多方向突变的结果。

5. 突变的有害性和有利性

对一个物种而言,任何一种能增强适应环境、提高其生存竞争能力和任何一种能提高其繁殖后代能力的突变都是有利的,反之则是有害的。

基因突变大多数是有害的,因为每个物种机体的形态结构、生理代谢的机制都是在与环境相适应的进化过程中形成的,处于一种相对平衡、协调的状态。决定物种生物性状的遗传体系,也处于一种平衡协调状态。遗传物质发生改变,遗传的平衡状态被打破,机体的平衡状态也就会被打破,个体正常生理代谢受到影响,势必会影响其生活力或生殖能力。人类的白化病和镰形细胞贫血症都是基因突变有害性的例证,两者的差别在于白化病有直接可观察到的表型改变,镰形细胞贫血症则只能在细胞水平上鉴别。

基因突变最严重的危害就是导致突变细胞或个体的死亡,即致死突变,在此不再重复介绍。

作为基因的一个重要功能,突变当然并不都是有害的。常常可见基因突变造成这种或那种性状的改变,但这些突变并不影响个体的生活力或生殖力,如小麦粒色的改变。这种突变称为中性突变,中性突变为物种在进化过程中对环境的适应提供了潜在的可能性。

对人类而言,生物突变的有利性和有害性取决于突变在人类经济活动中和科学研究中的应用价值。植物的雄性不育突变对于突变种系来说不利,但遗传育种家正好利用这种突变,无须除去雄性的花粉,用另一正常品种花粉为雄性不育株授粉杂交,得到杂种一代,生产上利用其杂种优势,提高农作物的产量或改进品质。我国杂交水稻的应用就是一个成功的范例。

9.2 突变的表现和检出

在细胞增殖、个体从生长发育到成熟死亡的各个时期,突变总是不断地在发生。要检出基因突变的发生,就要在随后的细胞周期或生物的世代中检测出突变体。基因突变造成性状的改变丰富多样,有可直接观察到的形状结构和表型性状的改变,也有不能直接观察到的分子水平的改变。因此,需要根据各物种遗传特点、增殖方式和基因突变的性质来设计检出突变的技术路线。例如,二倍体高等动、植物的突变可以运用分离定律来检出,但筛选得到显性突变纯合体和隐性突变纯合体所经历的世代数不一样。对于显性突变来说,在 F_1 就可以观察到突变的发生,F_2 可以出现突变纯合体,但要与 F_2 中的杂合体区分开,选择出纯合体,至少还要经过一代鉴定,在 F_3 中选择出纯合体(图 9.1A);对于隐性突变来说,F_1 表型正常,在 F_2 群体分离出突变表型的个体,就是突变纯合体(图 9.1B)。

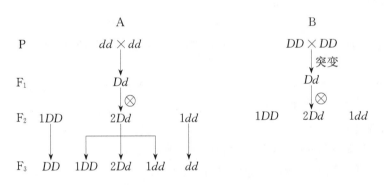

图 9.1 显性突变和隐性突变的筛选图解

9.2.1 *E.coli* 突变的检出

原核生物的遗传学研究中,*E.coli* 的应用最为广泛。它的基因组是一条裸露的共价闭合环状 DNA 分子,除了编码 RNA 基因外,基因组中绝大多数 DNA 序列都是用于编码蛋白质的基因。通常一个细胞内只有一个基因组 DNA 分子,在遗传上称为单倍性,因此,只要发生基因突变,就会产生相应的功能性改变。*E.coli* 突变型可以分为三种类型:合成代谢功能突变型、抗性突变型和分解代谢功能突变型。其中的抗性突变型(包括抗药性突变型和抗噬菌体突变型)可以被看作显性突变,另两类是隐性突变。

原养型 *E.coli* 对培养基的要求很简单,只需要提供无机氮作为生长的氮源,提供葡萄糖等糖类作碳源,再加上一些无机盐就可以正常地生长繁殖。*E.coli* 可以合成自身生长所需的核苷酸、氨基酸、维生素、辅酶因子等有机物。如果控制这些合成代谢途径中任何一个反应所需要的酶失活了,就会发生营养障碍,不能正常生长繁殖,成为营养缺陷型(auxotroph)突变。营养缺陷型突变可以在添加了各种类型营养成分的完全培养基上生长,只要比较在基本培养基和完全培养基上的生长情况,就可以知道是否发生了营养缺陷型突变。检出营养缺陷型突变最常用的方法是影印培养法。

营养缺陷型的筛选可以通过诱变处理、浓缩缺陷型、检出缺陷型、鉴定缺陷型四个步骤完成。因为自发突变率太低,需要用诱变处理提高突变率。即使如此,原养型细胞还是占绝大多数,经过浓缩后提高获得突变细胞的数目,然后用影印培养法检出突变菌落,最后对突变体鉴定,确定属于哪一种营养突变型。

影印培养法检出营养缺陷型突变的过程如下。

把经过诱变处理的待检样品稀释后接种到完全培养基上,原养型和突变型的细胞都能在完全培养基上生长形成菌落。以完全培养基上形成菌落的平皿作为影印的母板,取一直径略小于平皿的圆形木块包上丝绒布灭菌,以此作为印章,首先印在母板上,然后将粘在印章上的细胞印在基本培养基上和一系列的补充培养基上。注意在影印操作时,做好标记,使转印的培养平皿和母板方位一致。经过培养,比较母板和其他平皿上菌落出现的情况就可以检出并确定突变类型。

在完全培养基和基本培养基上同时出现的菌落是没有发生突变的原养型菌落,在完全培养基上出现而在基本培养基上不出现的菌落是发生了突变的突变型菌落。属于何种营养突变型可以在补充培养基上鉴定。补充培养基是在基本培养基中加入某种单一的营养成分,如一种维生素或一种碱基等。由于补充培养基成分已知,因此,在补充培养基上能生长,在基本培养基相应的位置上不出现的菌落就是该种营养缺陷突变型。假若该补充培养基中添加的是精氨酸,那么得到的菌落就是精氨酸营养缺陷突变型(图9.2)。

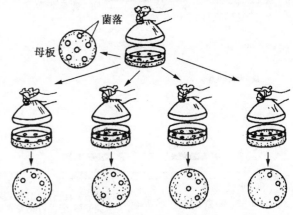

图9.2 影印培养法检测 *E.coli* 营养缺陷突变型

9.2.2 真菌营养缺陷型的检出

真菌营养缺陷型的研究,在遗传学史上写下了重要的一页。Beadle 和 Tatum 在 20 世纪 40 年代初通过对脉孢霉营养缺陷型的研究,首次提出了"一个基因一个酶"的理论,认识到基因通过控制酶来影响细胞的生化代谢,开创了生化遗传学时代。

原养型脉孢霉可以在基本培养基上生长,基本培养基中只需要糖类作为碳源,提供无机盐、无机氮及一种维生素,如生物素(biotin)就可以满足原养型菌株的生长。原养型细胞能够利用这些物质合成自身生长必需的有机物质,诸如各种氨基酸、维生素、核苷酸等。由于营养缺陷型突变不能合成这种或那种营养成分,不能在基本培养基上生长,但可以在完全培养基上生长。如果待测菌株在完全培养基上可以生长,在基本培养基上不能生长,即可知该菌株为营养缺陷型突变,然后再用补充培养基鉴定属于哪一种营养缺陷型突变。如果可以在添加了赖氨酸的补充培养基上生长,那么该菌株就是赖氨酸营养缺陷型突变。具体检出过程可分为以下几部分。

1. 突变的诱发和检出

用 X 射线或紫外线照射野生型分子孢子诱发突变,然后将经过诱变的分生孢子与未经照射的野生型孢子杂交,分离出杂交后经减数分裂产生的子囊孢子,把它们培养在完全培养基上。在完全培养基上,营养缺陷型和原养型都可以生长,从完全培养基上取出部分分生孢子接种到基本培养基上,观察它们的生长情况。如果能够生长,表明没有发生突变;如果在基本培养基上不能生长,说明发生了突变,然后鉴定属于哪一种营养缺陷型突变。

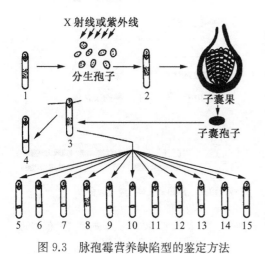

图9.3 脉孢霉营养缺陷型的鉴定方法

2. 营养缺陷型突变的鉴定

将突变型分生孢子分别接种到不同的补充培养基,每一种补充培养基中只添加一种营养成分,如一种氨基酸或一种碱基。如果在添加某种营养成分的补充培养基中能正常生长,那么被鉴定的突变型就是该营养成分缺陷型突变。例如,在添加有腺嘌呤的培养基中能正常生长,该突变型就是腺嘌呤营养缺陷型突变(图9.3)。

9.2.3 果蝇突变的检出

果蝇的体细胞中有 8 条染色体($2n=8$),正常雌果蝇的性染色体组成为 XX,正常雄果蝇性染色体组成为 XY。因为显性突变在 F_1 即可观察到,容易检出,而隐性突变只有 F_2 才能以纯合表现出来,所以需要设计一

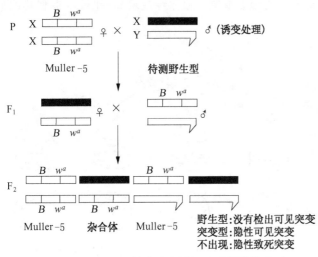

图 9.4   Muller‐5 技术检出果蝇 X 连锁隐性致死
突变或隐性可见突变

种技术路线,在控制条件下得到隐性纯合体,检出是否发生突变。

1. Muller‐5 技术检出 X 染色体上的隐性突变

该技术是 Morgan 的学生 Muller 建立的。Muller‐5 品系(Muler‐5 strain)的 X 染色体上带有 B(Bar 棒眼)和 W^a(apricot 杏色眼)基因,此外还有一些倒位。由于这些倒位的存在,抑制了雌果蝇两条 X 染色体之间的交换,使得 F_1 雌果蝇在形成配子的过程中,两条 X 染色体之间不发生重组。

检测时把 Muller‐5 品系雌果蝇同待测的雄果蝇交配,得到 F_1 后,将雌、雄果蝇做单对交配,观察 F_2 的雄果蝇性状分离和雌雄比例。在 F_2 中,如果出现 Muller‐5 雄果蝇和野生型雄果蝇,说明待测雄果蝇没有发生可见突变;如果有突变型雄果蝇出现,说明待测果蝇发生了隐性突变;如果既无野生型又无突变型,只有 Muller‐5 雄果蝇存在, F_2 中雌雄比例为 2:1,说明发生了隐性致死突变(图 9.4)。

2. 平衡致死系统检测果蝇常染色体上的隐性突变

一般情况下,常染色体上的突变只能运用分离定律,从 F_2 的性状分离情况来观察是否发生了基因突变,但果蝇第二染色体上的突变可以利用上一章介绍的平衡致死系统检出。

利用 $Cy+/+S$ 平衡致死系统检出果蝇第二染色体上的隐性突变基因时,把平衡致死系的雌果蝇与待测的雄果蝇做单对交配,在 F_1 中选取翻翅雄果蝇,再次与平衡致死系的雌果蝇做单对交配,然后在 F_2 中选择翻翅雌、雄果蝇单对交配,观察 F_3 的表型性状分离情况(图 9.5)。

在 F_3 的群体中, $Cy+/Cy+$ 纯合致死,只有翻翅杂合体和携带待测染色体的纯合个体,两者比例为 2:1。如果待测的第二染色体上没有突变, F_3 中会有 1/3 的野生型个体;如果有隐性突变,就会看到 1/3 的个体为可见隐性突变体;如果既看不到野生型个体,又不出现突变体,说明在待测的第二染色体上存在隐性致死突变基因。

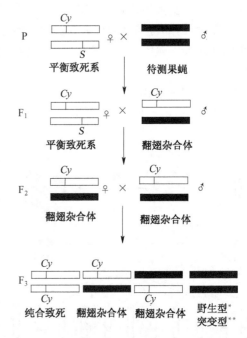

图 9.5   平衡致死系统检出果蝇第二染色体的
隐性致死或隐性突变
* 如有隐性致死突变无野生型出现;** 为隐性突变

9.3   基因突变及其分子机制

无论是自发突变还是诱发突变,不管引起突变的因素是什么,产生突变的过程有何不同,突变的结果在本质上都是一样的,由于原来正常的 DNA 结构或序列发生了改变,使得遗传信息,确切的说是顺反子内遗传密码发生改变,其后果是影响了基因的正常功能,以生物体各种性状特征、生化代谢的改变表现出来。因此了解基因突变的机制需要从 DNA 水平和蛋白质水平去分析。按照遗传的中心法则,遗传信息经 DNA 转录传递给 RNA,以 RNA 为模板翻译合成蛋白质或多肽。只要 DNA 序列改变,必将会影响 RNA 模板,最终导致蛋白质氨基酸序列的改变。

9.3.1　突变的分子基础

根据经典遗传学的基因理论,基因是一个突变单位。直到1955年,Benzer在研究 T_4 噬菌体 r II 突变型基因的精细结构时,发现基因并不是一个最小的突变单位,一个基因内包括许多可以产生表型改变的突变单位,称为突变子(muton)。随着遗传中心法则的建立、遗传密码的破译,让我们了解到一个碱基的改变就可以导致突变的产生。通过突变改变基因的信息内容方式有以下三种。

(1) 碱基替换(base substitution)　　一种碱基被另一种碱基替换。发生碱基替换时,如果嘌呤被嘌呤替代,称为转换(transition);如果嘌呤被嘧啶替代,嘧啶被嘌呤替代,则称为颠换(transversion)。

(2) 移码突变(frameshift mutation)　　在阅读框内增加或减少一个或几个碱基(改变的碱基数不是3的倍数)的改变。增加 $1\sim2$ 个碱基的改变称为插入突变(insertion mutation),减少 $1\sim2$ 个碱基的改变称为删除突变(deletion mutation)。

(3) 缺失突变(deficiency mutation)　　缺失了较大的DNA片段(缺失的片段范围可以从十几到几千个碱基)。

三种突变对遗传信息的影响各不相同。缺失突变和移码突变对遗传信息的影响较大,会严重影响基因的功能,甚至导使基因失活。假如发生移码突变,会导致阅读框架移位,在发生插入或缺少碱基位点后面的密码子全部改变,产生无功能的蛋白质。

碱基替换只改变一个碱基对、影响一个密码子,因此称为点突变。点突变对密码子的影响可分为三类:①同义突变(samesense mutation),指的是改变后的密码子仍然编码同一氨基酸的突变。由于密码子具有简并性的特点,除了色氨酸和甲硫氨酸只有一种密码子外,其他氨基酸都有两种、四种或六种密码子。例如,UUU是苯丙氨酸的密码子,改变为UUC后仍然是苯丙氨酸的密码子。②错义突变(missense mutation),指的是碱基替换使一种氨基酸的密码子改变成为另外一种氨基酸的密码子的突变。氨基酸序列的改变,对蛋白质的活性会产生各种不同程度的影响,可能使蛋白质失活、部分失活或不影响其正常功能,不影响蛋白质正常功能的错义突变又称为中性突变(neutral mutation)。由于同义突变和中性突变都不影响蛋白质功能,看不到表型效应,常常被称为无声突变(silent mutation)。③无义突变(nonsense mutation),是指编码氨基酸的密码子改变成为终止密码子的突变。如果发生无义突变,蛋白质翻译至此停止,可能产生的是无功能的蛋白质,因此无意义突变通常产生较大的表型效应。

9.3.2　自发突变的分子机制

在自然条件下发生的突变称为自发突变。突变总是在发生,即使无任何自然环境因素的影响,突变还是会自发地产生,除非让细胞或个体停止生长,或停止代谢,才可以避免突变的发生。排除自然环境中的本底辐射等诱变因素,在正常的条件下,可以由下列不同的原因引起细胞自发突变。

1. DNA复制错误

DNA复制是一个非常精确的过程,子链的合成是按Watson-Crick碱基配对原则与母链的碱基互补合成延伸。如果复制过程中发生了违反碱基配对原则的事件,真核细胞还有复制错配修复系统,而原核细胞DNA聚合酶本身就具有 $3'\rightarrow5'$ 外切酶活性,能切除复制过程中出现的错误配对的碱基,在合成DNA的同时校对可能出现的错误。这些校对或修复机制都能保证DNA严格地按照碱基配对方式复制。

虽然有各种校对修复机制,DNA复制时仍然会出现差错。引起DNA复制错误的因素有两种。第一种是由碱基的互变异构作用引起的。在碱基互变异构体之间,一种是较稳定的状态,标准的Watson-Crick配对碱基处于稳定状态。如果碱基发生了互变异构作用,就会改变配对的方式。例如,胞嘧啶环上的氮原子通常以较为稳定的氨基($-NH_2$)状态存在,这时它同鸟嘌呤配对;如果发生了互变异构作用,处于亚胺基($-NH$)状态,就可以同腺嘌呤配对(图9.6A);同样胸腺嘧啶环 C_6 上的氧原子常处于稳定的酮式($C=O$)状态,并以这种形式同腺嘌呤配对,如果转变成烯醇式($-COH$),就可以同鸟嘌呤配对(图9.6B)。

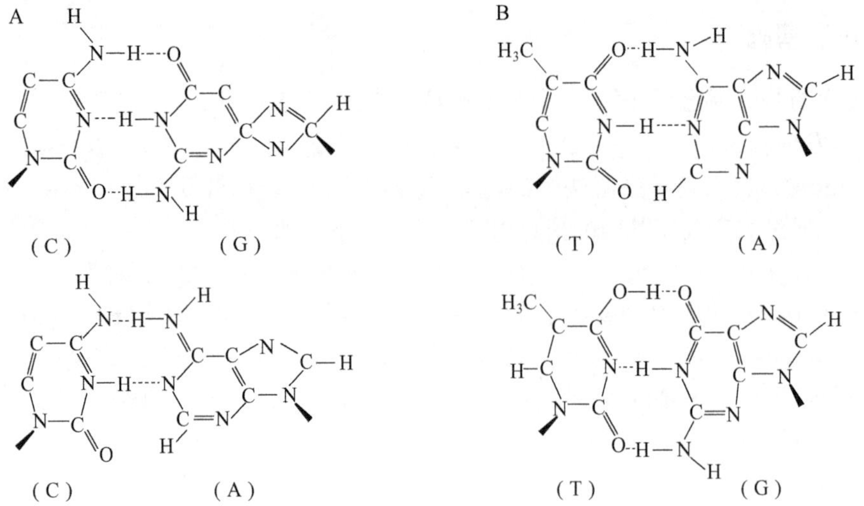

图 9.6   标准碱基配对和发生异构时错误配对

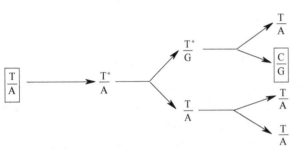

图 9.7   在 DNA 复制过程中由互变异构作用引起的突变
T* 为 T 的互变异构体

在 DNA 复制过程中,如果母链上的碱基发生了互变异构作用,就会引起新合成的子链错误地进行碱基配对,这个错配的碱基如果逃避了复制错配修复系统的修复,在以后的过程中就可能保留下来,再在下一轮 DNA 复制时,以稳定的互变异构体进行正常的碱基配对,结果就造成这个位点的碱基被改变,这个改变有可能成为可见突变(图 9.7)。

DNA 复制错误引起突变的第二种形式是移码突变。在复制过程中由于模板链环出,造成子链碱基缺失,或者由于子链环出引起其碱基增加,这样就产生了移码突变。

2. 自发的化学损伤

除 DNA 复制错误外,自发突变可能来源于在细胞正常的生理活动过程中,发生了 DNA 自发性损伤,这些损伤成为一种潜在的突变因素。DNA 自发的化学损伤包括脱嘌呤、脱氨基和碱基的氧化损伤。

(1)脱嘌呤(depurination)   嘌呤碱基连接脱氧核糖糖苷键的断裂,A 或 G 从 DNA 分子的骨架链上脱落下来,成为一个无嘌呤位点(apurinic site,AP site)。这些无嘌呤位点一般都要被 AP 内切核酸酶修复系统进行修复;如果逃脱了修复系统的修复,在下次 DNA 复制过程中作为模板链,无嘌呤位点就起不到模板指导作用,新合成的子链在这个位置上随机插入一个碱基,这样就可能导致遗传密码被改变。

(2)脱氨基(deamination)   细胞在正常生理条件下只有胞嘧啶(C)的氨基易脱落,胞嘧啶脱去氨基后转变成尿嘧啶(U)(图 9.8A)。U 不是 DNA 正常组成碱基,可以被尿苷-DNA 糖基化酶系统切除修复,如果不被修复,在下一次 DNA 复制时 U 将与 A 配对,最终导致该位点由 CG 转换成 TA。

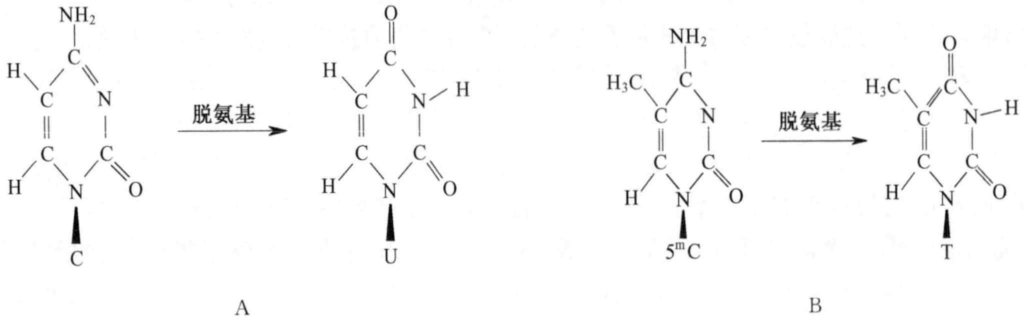

图 9.8   脱氨基

另一种更为严重的情况是 5-甲基胞嘧啶（5^{m}C）的脱氨基作用。5^{m}C 是基因组中常见的被甲基化修饰的碱基，5^{m}C 脱氨基后转变成胸腺嘧啶（T）（图 9.8B）。在 DNA 分子中，5^{m}CG 碱基对中的 5^{m}C 脱氨基后，变成了 TG 配对。由于 T 是 DNA 中正常的碱基，TG 这个异常配对的碱基对如果被修复，有 50% 的概率成为 CG，50% 的概率成为 TA，也就是说产生突变的概率达 50%。因此，基因组中的突变热点是那些富含 5^{m}C 的位点，发生突变的频率要比其他位点高得多。

（3）碱基氧化损伤　　在细胞需氧代谢过程中产生的氧化物，如超氧基（O_2^-）、过氧化氢（H_2O_2）和羟基（—OH）等，能够使碱基被氧化损伤。被氧化的碱基会产生错误配对，鸟嘌呤被氧化成为 8-氧鸟嘌呤（8-O-G 或 "GO"）后，可与 A 错配，最终导致 GC→TA。

3. 其他因素产生的自发突变

转座子和插入序列可以引起基因突变。作为可以在基因组内移动或转座的遗传功能单位，当它们从一个位点转座到另一位点，而这一位点恰好在一个基因的内部时，就可能引起基因的失活。依据失活基因的性质和功能，可能产生各种类型的突变表型，甚至是致死突变。

在遗传重组过程中，如果在含有随机重复的染色体区域发生了重复序列间错误配对，就会产生不等交换，结果是两条染色体中一条染色体产生了缺失，另一条产生了重复（在前一章已有介绍）。

9.3.3　诱发突变的分子机制

1. 辐射诱变机制

Muller 首先利用 X 射线进行人工诱导变异的研究，开创了辐射遗传学。以后又相继发现了紫外线（ultraviolet，UV）、γ 射线、α 射线、β 射线都有诱变作用。这些射线中，除了紫外线是非电离射线外，其他都能产生电离作用。

（1）紫外线的诱变作用　　紫外线诱发突变的主要原因是引起 DNA 同一条链上相邻的两个嘧啶碱基共价联结，形成嘧啶二聚体，其中以胸腺嘧啶二聚体形成的频率最高（图 9.9）。

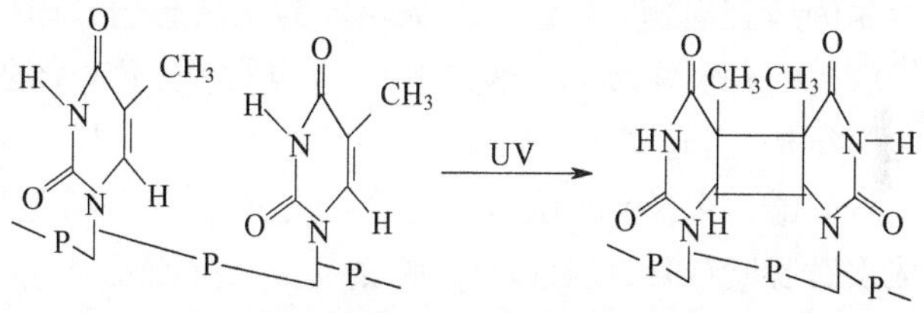

嘧啶二聚体的存在，破坏了 DNA 的模板功能，当 DNA 复制到嘧啶二聚体的位置时，嘧啶二聚体影响模板链指导互补链的合成，复制在此停止；DNA 聚合酶随后在二聚体后面继续合成互补链，留下的缺口将随机掺入一个碱基填补空隙，结果使新合成互补链的碱基序列发生了改变，从而引起突变。另外，嘧啶二聚体如果出现在基因的

图 9.9　紫外线照射形成胸腺嘧啶二聚体

内部，会影响 RNA 的转录，不能转录出完整的 mRNA，得不到完整的基因产物，使基因的功能丧失。

（2）电离辐射的诱变作用　　由于电离辐射带有较高的能量，能引起被照射物质中的原子释放电子，产生离子，还可以由此进一步产生次级电离效应，引起 DNA 损伤。因此，电离辐射能使染色体断裂、产生缺失和诱导基因突变。

2. 化学诱变的机制

辐射诱变只造成单纯的 DNA 损伤，化学诱变则是多种多样，不同类型的化学诱变剂具有不同的作用方式。根据诱发突变的机制，将化学诱变剂分为三大类。

（1）碱基类似物　　这类诱变剂的化学结构与 DNA 的碱基十分相似，在 DNA 复制中，可以取代与它结构相似的天然碱基，掺入到新合成的子链中，如果它没有被修复系统修复校正，在下一轮 DNA 复制时就可能引起错配，导致基因突变。

5-溴尿嘧啶（5-bromouracil，5-BU）和胸腺嘧啶的结构很相似，两者的差别仅在第 5 个碳原子上由溴（Br）取代了胸腺嘧啶的甲基（—CH$_3$）。5-BU 有酮式和烯醇式两种互变异构体，可分别与 A 和 G 配对（图 9.10）。在 DNA 复制时，无论 5-BU 以酮式还是烯醇式掺入新合成的子链，都可能会引起碱基的转换而导致基因突变。

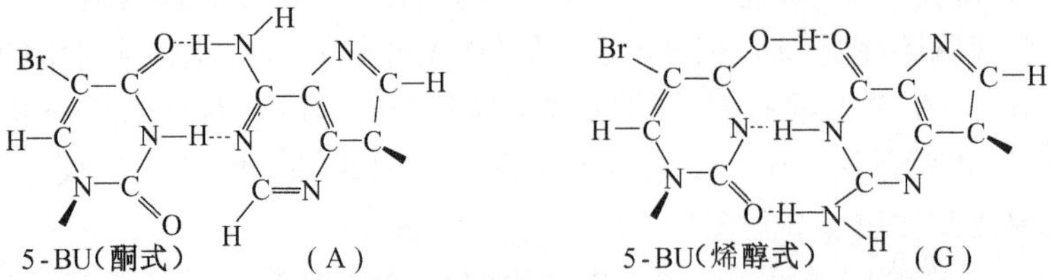

5-BU(酮式)　　(A)　　　　　　5-BU(烯醇式)　　(G)

图 9.10　5-BU 的酮式和烯醇式的结构及与 A、G 配对

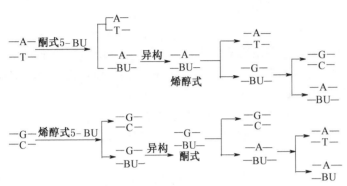

图 9.11　5-BU 在 DNA 复制中掺入导致 AT→GC 和 GC→AT 转换

当 5-BU 以酮式结构掺入 DNA 时与 A 配对,在以后的 DNA 复制过程中若发生互变异构作用,转变成为烯醇式结构,则与 G 配对,结果将形成 AT→GC 的转换;当 5-BU 以烯醇式结构掺入 DNA 时与 G 配对,以后会互变异构成较为稳定的酮式结构,在下一次 DNA 复制时,将与 A 配对,形成 GC→AT 的转换(图 9.11)。

2-氨基嘌呤是嘌呤碱基类似物,也有两种互变异构体形式,在 DNA 复制过程中可以掺入 DNA 分子,与 5-BU 有相似的诱变机制。

有的碱基类似物在临床上被用作治疗癌症和抑制病毒的药物,较为成功的代表是用齐多夫定治疗艾滋病(acquired immunodeficiency syndrome, AIDS)。艾滋病病毒是一种 RNA 逆转录病毒,侵入细胞后以其基因组 RNA 为模板逆转录合成 DNA,然后整合到宿主细胞基因组 DNA 中,再经转录扩增病毒基因组和合成病毒蛋白质,产生新的病毒。齐多夫定是病毒 RNA 向 DNA 逆转录阶段转录酶的底物,但它不是细胞 DNA 聚合酶的适宜底物,因此,齐多夫定成为艾滋病病毒选择性毒物,抑制病毒的繁殖。

(2) 碱基修饰剂　　这类诱变剂能够造成 DNA 的损伤,它通过直接地对碱基进行化学修饰,改变碱基的化学结构,引起碱基错误配对,导致基因突变。最常见的诱变剂有亚硝酸、羟胺、烷化剂等。

亚硝酸对 DNA 的损伤是通过氧化脱氨作用,将胞嘧啶(C)脱氨基转变成尿嘧啶(U)、腺嘌呤(A)脱氨基生成次黄嘌呤(H)、鸟嘌呤(G)脱氨基生成黄嘌呤(I)。DNA 分子中的 U 如果不能被修复清除,在复制时将与腺嘌呤配对,产生 CG→TA 的转换;次黄嘌呤也可以与 C 配对,导致发生 AT→GC 的转换(图 9.12A)。

羟胺特异地和胞嘧啶起反应,使胞嘧啶上的氨基氮羟基化,修饰后的胞嘧啶可与腺嘌呤配对,导致发生 CG→TA 的转换(图 9.12B)。

烷化剂是一类能够与碱基发生烷基化作用的化合物,包括芥子气(NM)、亚硝基胍(NG)以及在工业上广泛应用的甲基黄酸甲酯(MMS)、甲基黄酸乙酯(EMS)等。烷化剂给碱基添加甲基或乙基基团,被修饰后的碱基可以发生错误配对,导致基因突变。例如,MMS 使 G 第 6 位碳原子上的氧原子烷化,使 T 第 4 位碳原子上的氧原子烷化后,它们分别与 T 和 G 配对,导致原来的 GC 配对转换成 AT 配对,而原来的 AT 配对转换成 GC 配对(图 9.12C)。

(3) DNA 插入剂　　吖啶类染料是另一类重要的诱变剂,包括吖啶橙(acridine orange)、原黄素(profavine)、吖黄素(acriflavine)等。专一性地诱发移码突变是 DNA 插入剂区别于碱基类似物和烷化剂的重要特征。

这类化合物的分子中含有吖啶稠环(图 9.13),这种三环分子的大小与 DNA 的碱基对大小差不多,可以插入 DNA 分子的双链或单链的两个相邻碱基之间,在 DNA 复制时引起移码突变。DNA 复制时,如果插入剂是插在 DNA 模板链两个相邻碱基之间,在新合成的子链与插入剂相对应的位置上,就会随机插入一个碱基填补空隙,复制后新合成的子链比模板链多了一个碱基,以该链为模板,经过下轮复制,就产生了插入一个碱基的移码突变;如果插入剂插在新合成子链中取代了一个碱基,在下一轮复制前又丢失了它,那么经过下一轮复制后就会减少一个碱基,产生缺失一个碱基的移码突变。

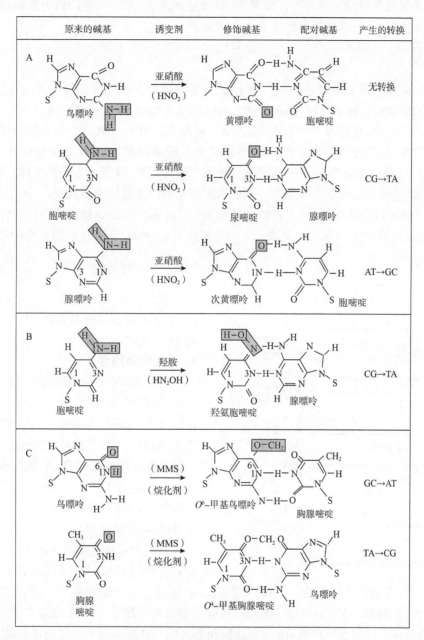

图 9.12　三种碱基修饰剂的作用

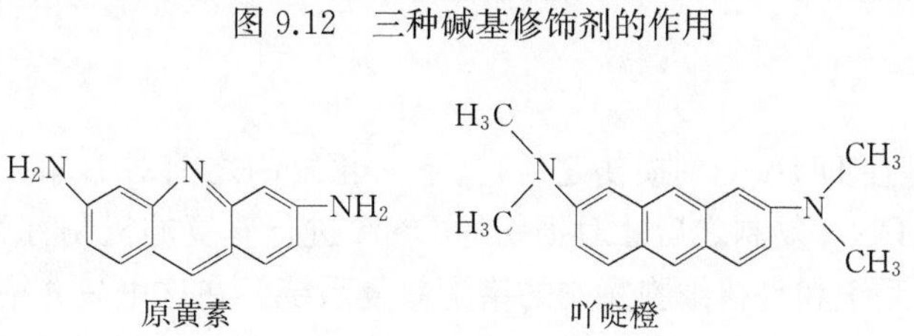

图 9.13　插入剂原黄素、吖啶橙的结构

9.4　基因突变的修复

作为遗传物质,对 DNA 分子的第一个要求就是能稳定地复制,准确地传递遗传信息。但是从上一节中我们已了解到,有许多因素可以改变 DNA 结构或者造成 DNA 的损伤,引起基因突变。事实上,各种生物的

自发突变率很低,原因是生物体或细胞自身具有各种修复机制,保持遗传物质 DNA 必需的稳定性。诸多种类的修复系统都是通过各种酶的参与进行修复,有的修复系统较为简单,有的较为复杂,需要多种酶的参与来完成。依据修复机制,可以将修复系统分为以下三大类。

9.4.1 直接修复

这是一类较为简单的修复系统,只需要一种酶的作用就可以直接完成修复。例如,原核细胞 DNA 聚合酶都具有 3′→5′ 的外切酶活性,可以将复制时掺入的错误碱基切除,降低复制错误。

在阳光下生活的生物,都躲避不了紫外线的照射,紫外线照射的后果是产生大量的嘧啶二聚体,而嘧啶二聚体又是一个非常稳定的结构,若不清除,会导致突变。所幸的是,几乎所有生物的体内都存在一种光裂解酶(photolyase),这种酶在光照条件下,可直接把嘧啶二聚体切开,恢复成正常的单体。因为光裂解酶需要借助光能完成修复,这种修复又称为光修复。其他不需要光能的修复称为暗修复。

烷化剂修饰 DNA 带来的损伤,可以被烷基转移酶(alkyltransferase)和甲基转移酶(methyltransferase)等修复,这些酶可以去掉加在 G 第 6 位氧原子上的烷基或甲基,保证了 G 与 C 的正常配对。

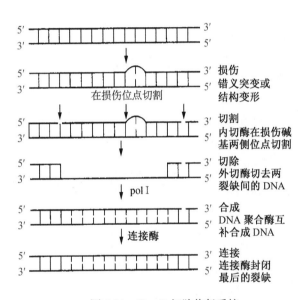

图 9.14 *E.coli* 切除修复系统

图中标注：
5′ ... 3′ / 3′ ... 5′
损伤 错义突变或结构变形
在损伤位点切割
切割 内切酶在损伤碱基两侧位点切割
切除 外切酶切去两裂缺间的 DNA
pol I
合成 DNA 聚合酶互补合成 DNA
连接酶
连接 连接酶封闭最后的裂缺

9.4.2 切除修复

这是一类有多种酶参与的较为复杂的修复系统,细胞存在多种修复系统,由它们负责对各种不同的 DNA 损伤进行修复。

1. 一般切除修复

切除修复(excision repair)可以修复由紫外线诱发形成的嘧啶二聚体等 DNA 损伤。切除修复的过程一般分为 4 个步骤:第一步由一种修复内切酶识别 DNA 损伤的部分,并在损伤碱基两侧切割;第二步由外切酶切除带有损伤碱基的 DNA;第三步由 DNA 聚合酶填补切去损伤的碱基后所留下的空隙;第四步由连接酶连接缺口,恢复完整的双链 DNA 状态(图 9.14)。

2. 特殊切除修复途径

这类修复机制修复细胞 DNA 的自发损伤,保证 DNA 分子的稳定性。DNA 分子脱嘌呤、脱嘧啶的位点,称为 AP 位点,假如没有修复,在下一轮复制时,AP 位点上会被随机插入一个碱基,这样可能产生突变。对于 AP 位点,细胞专门有 AP 内切核酸酶修复途径来修复。此外,由 C 脱氨基产生的 U 和由 A 脱氢产生的 H 可以被糖基化酶修复途径修复,而 G 氧化损伤形成的 GO 则可由 GO 系统来修复。

9.4.3 复制后修复

前面的各种修复途径是在 DNA 受到损伤之后,在下一轮复制之前对 DNA 进行修复。在 DNA 受到损伤后,并且在发生或经过了 DNA 复制之后才对损伤的 DNA 进行修复的机制称为复制后修复。这类修复途径包括重组修复、SOS 修复系统和真核细胞复制的错配修复系统。在这里只介绍重组修复。

重组修复(recombination repair)是指双链 DNA 分子中,如果有一条单链受到损伤,复制时受损伤的部位模板功能丧失,新合成的子链在相应位点留下空缺;而另一条没有受到损伤的单链模板功能正常,正常进行复制。重组修复时,留下空缺的子链将与正常复制且已分离的 DNA 分子上的同源片段发生重组,填补其空缺,经过连接产生完整的 DNA 分子。重组修复的作用是使受到损伤的 DNA 分子,原本不能复制出完整的子代 DNA 分子,经过重组后产生了完整的 DNA 分子。修复完成后并没有清除 DNA 分子上的损伤,这是重组修复的一个特征。

以嘧啶二聚体的修复为例,在双链 DNA 分子中,一条单链上存在一个嘧啶二聚体,当 DNA 复制到二聚体时,由于这个位点模板功能已破坏,DNA 聚合酶越过二聚体重新开始合成。这样在新合成的子链上留下了一个空缺,而另一条没有受损伤的单链能够合成正常的互补链。带有空缺的单链与另一正常双链中同源片段重组,带有空缺的子链与正常单链组成双链,空缺经过合成填补,再连接缺口,形成完整的 DNA 分子,完成重组修复过程(图 9.15)。

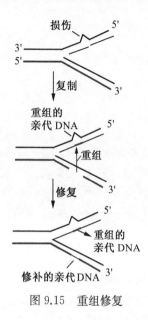

图 9.15　重组修复

思　考　题

1. 为什么说基因突变大多是有害的?

2. 什么是诱变剂? 化学诱变剂有哪几种类型?

3. 利用平衡致死系统检测果蝇 2 号染色体上的隐性突变,在 F_1 和 F_2 中都是挑选翻翅个体做单对交配,能不能挑选星状眼个体替代翻翅个体来检出突变?

4. 试解释为什么真核生物自发突变率高于原核生物自发突变率。

5. 野生型雄果蝇与一个对白眼基因是纯合的雌果蝇杂交,后代中发现有一只雌果蝇具有白眼表型,请你设计实验证明这个结果是由于一个点突变引起的,还是由于缺失造成的。

6. 为什么说移码突变对蛋白质正常功能的影响比错义突变大?

7. 由吖啶染料诱导产生的突变能否用烷化剂诱导回复突变?

8. 什么是突变热点? 解释形成突变热点的原因。

9. 假若看到这样的广告词"×××核酸修复您的基因",你如何从专业的角度作出评价?

推 荐 参 考 书

1. 戴灼华,王亚馥,2016.遗传学.3 版.北京:高等教育出版社.

2. 贺竹梅,2017.现代遗传学教程:从基因到表型的剖析.3 版.北京:高等教育出版社.

3. Hartwell L H, Goldberg M L, Fischer J A, et al., 2018. Genetics: From Genes to Genomes. 6th Edition. New York: McGraw-Hill Education.

4. Klug W S, Cummings M R, Spencer C A, et al., 2017. Essentials of Genetics, 9th Edition. Essex: Pearson Education Limited.

5. Krebs J E, Goldstein E S, Kilpatrick S T, 2018. Lewin's Genes XII. Burlington: Jones & Bartlett Learning.

6. Snustad P, Simmons M J, 2015. Principles of Genetics, 7th Edition. New York: John Wiley & Sons, Inc.

第 **10** 章　表观遗传学

提　要

表观遗传学(epigenetics)是 20 世纪 80 年代逐渐兴起的一门遗传学分支学科。本章主要介绍表观遗传现象的发现、表观遗传机制，以及常见的表观遗传现象及其调控。表观遗传机制主要包括 DNA 甲基化、组蛋白修饰、染色质重塑，以及非编码 RNA 的调控等。常见的表观遗传现象主要包括 X 染色体失活、基因组印记、副突变、基因沉默等。通过本章的学习对于理解许多与经典遗传学法则不相符的生命现象具有重要意义。

为何在个体发育过程中具有相同基因组的细胞可以有不同的表型，而且分化的细胞一旦形成，这种细胞特征可以遗传给子代细胞？为何同卵双胞胎在表型和疾病易感性方面存在差异？由于单独个体或同卵双胞胎具有相同的 DNA 序列，这些问题似乎不能用经典的孟德尔遗传学来解释。表观遗传学将解答这些令人困惑的问题。

10.1　表观遗传学概述

迄今，人类及许多模式生物基因组测序工作已逐步完成，多物种的基因组图谱的构建开启了人们认识生命的新窗口。经典的孟德尔遗传学认为等位基因的差别导致了表型特征差异，如豌豆的高茎和矮茎、圆粒和皱粒等。但随着研究的深入，人们发现许多遗传现象并不能用经典遗传、核外遗传或母性影响来解释，如 X 染色体的随机失活、胚胎生长的异质性等。表观遗传学正是在研究许多不能用经典遗传学来解释的现象中逐步发展起来的。

表观遗传学的诞生和发展与发育研究和进化研究有着密切的关系。1942 年，生物学家 Waddington 首先提出了"epigenetics"一词，并将其定义为研究基因与决定表型的基因产物之间的因果关系的学科。表观遗传学涵盖了从遗传物质到个体发育成形的所有调控过程。随着科学的发展，人们逐渐认识到细胞特异性和发育进程其实是受某些信号调控的，而这些信号并不源自 DNA 序列的改变。现在"epigenetics"一词被重新定义，并且有许多不同的版本。其中一个比较受到广泛认可的定义为"表观遗传学是研究在基因 DNA 序列不发生改变的情况下，基因表达了可遗传的变化从而造成可遗传的表型改变的遗传学分支学科"。表观遗传学与经典遗传学不同，经典遗传学主要研究基于基因序列改变所导致的基因表达的变化，而表观遗传学则是研究基于非基因序列改变所导致的基因表达的变化。

在生物个体中，基因本身并不决定生命体的细胞类型，细胞类型由基因表达模式决定。在细胞分裂过程中，传递并维持具有细胞特异性的基因表达模式对于生命体保持正常的结构和功能非常重要。而基因表达模式又是由表观遗传修饰决定，基因表达模式在细胞世代间的传递并不依赖于细胞核内的 DNA 信息。在很多年里，表观遗传信息的继承被认为只局限于细胞分裂中。然而，如果表观遗传改变发生在精子或卵子中，那么某些表观遗传改变就能传递给下一代。现在的研究表明，在植物、酵母、果蝇、小鼠及人类中，这种表观遗传改变能在生命体的世代间传递。

环境、营养、健康等都能引起表观遗传改变，同样，表观遗传改变可能导致一些代谢疾病，如肥胖、糖尿病、心血管疾病、精神健康障碍等的发生。

表观遗传的特点主要包括：① 可遗传性，即通过有丝分裂或减数分裂，表观遗传引起的改变能在细胞或个体世代间遗传。② 可逆性，表观遗传引起的基因表达改变是可逆的。③ 表观遗传中，DNA 序列不发生改变。

表观遗传学研究表观遗传现象的建立和维持机制，主要包括两方面内容：一是基因选择性转录表达的调控，包括 DNA 甲基化、组蛋白修饰、染色质重塑等；二是基因转录后的调控，包括基因组中非编码 RNA 的调控、内含子及核糖开关等。

10.2　表观遗传机制

表观遗传机制主要包括 DNA 甲基化、组蛋白修饰、染色质重塑、非编码 RNA 的调控等。

10.2.1　DNA 甲基化

DNA 甲基化是最早被发现的表观遗传修饰途径之一。DNA 甲基化能在不改变 DNA 序列的前提下，改变基因的表达。DNA 甲基化指在甲基转移酶的催化下，基因组 DNA 上的胞嘧啶第 5 个碳原子被选择性地添加甲基，形成 5-甲基胞嘧啶（5-^{m}C）（图 10.1），这常见于基因组的 5′-CpG-3′ 序列。DNA 甲基化的主要形式是 5-甲基胞嘧啶（5-^{m}C），但也可以通过将甲基添加到腺嘌呤或鸟嘌呤上，形成少量的 N6-甲基腺嘌呤（N6-^{m}A）及 7-甲基鸟嘌呤（7-^{m}G）。

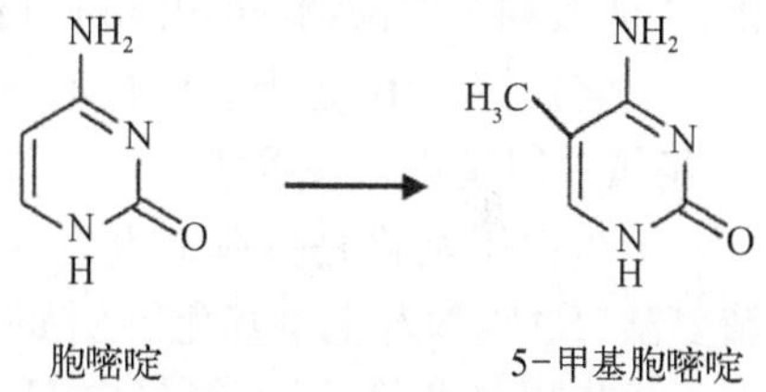

图 10.1　5-甲基胞嘧啶的形成

在哺乳动物基因组中，5-甲基胞嘧啶占胞嘧啶总量的 $2\% \sim 7\%$。约有 70% 的 5-甲基胞嘧啶存在于 CpG 二核苷酸对中。在结构基因的 5′ 端非编码区，某些区域 CpG 二核苷酸对成簇存在，形成 CpG 岛（CpG island）。如果基因启动子区所含 CpG 岛中的胞嘧啶被甲基化，形成 5-甲基胞嘧啶，就会阻碍转录因子与 DNA 的结合，从而引起基因沉默。在正常细胞中，大多数基因的 CpG 岛处于非甲基化状态，使结构基因能行使正常的功能。在人类肿瘤中，应该非甲基化的 CpG 岛的高甲基化和抑癌基因启动子区的高甲基化是普遍存在的现象。1978 年，Bird 等科学家利用甲基化敏感的限制性内切酶研究内源 CpG 位点的甲基化状态，发现内源 CpG 位点要么完全非甲基化，要么完全甲基化。

DNA 甲基化需要 DNA 甲基转移酶的作用。动物中 DNA 甲基转移酶主要有两类：第一类是维持性 DNA 甲基转移酶，如 DNMT1，其作用是将仅有一条链甲基化的 DNA 双链完全甲基化。在 DNA 复制过程中，模板 DNA 链的 CpG 上存在特定的甲基化模式，通过半保留复制合成新链后，新合成链上会存在与模板链相对应的 CpG 位点，DNA 甲基转移酶 DNMT1 会识别新合成的 DNA 双链上的半甲基化位点并使之完全甲基化。因此，半保留复制后 DNA 甲基化标志仍得以传递（图 10.2）。第二类是从头甲基转移酶，如 DNMT3a、DNMT3b，它们可以使非甲基化的 CpG 半甲基化，进而实现全甲基化。

已经被甲基化的 DNA 可以被去甲基化，去甲基化往往与一个沉默基因的重新激活相关。对原癌基因来说，DNA 去甲基化可以导致原癌基因的激活，从而导致肿瘤的发生。如果在基因组水平上大量的 DNA 处于低甲基化状态，则会使细胞容易出现染色体易位和非整倍体化，导致肿瘤的发生。

DNA 去甲基化主要有以下两条途径：一是被动途径，即核因子 NF 黏附甲基化的 DNA，使附近的 DNA 不能被完全甲基化，进而阻断 DNMT1 的甲基化作用。二是主动途径，即通过去甲基化酶的作用，将 DNA 上的甲基基团移除。

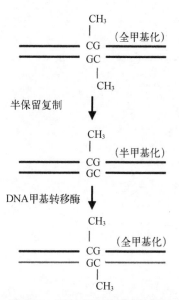

图 10.2　DNA 甲基化模式的保留

虽然 DNA 的甲基化模式可以通过半保留复制在细胞分裂中传递,一旦建立,大多数情况下是不变的,且具有单一方向性,这种特性可使分化的细胞不会重新变成干细胞或转变成其他类型的细胞,但它的不变也是相对的。生命体一生中都发生着 DNA 甲基化模式的改变。在受精卵最初的几次卵裂中,去甲基化酶几乎清除了所有 DNA 上从亲代遗传下来的甲基化标志。随后在着床期,通过甲基化酶的作用,整个基因组建立了新的甲基化模式。环境、营养变化也能导致 DNA 甲基化模式的改变。例如,食物中的叶酸、甲硫氨酸、胆碱,是生物体外源甲基的主要来源,如果摄入则能引发甲基化反应。在细胞老化或肿瘤恶性转化中,DNA 甲基化模式也会改变。

10.2.2　组蛋白修饰

在真核细胞核中,四种组蛋白 H2A、H2B、H3、H4 与缠绕组蛋白的 DNA 共同组成了核小体,是染色质的主要结构元件。每个组蛋白的 N 端都有一小段伸出核小体外,像一条尾巴。这些尾巴能与其他调节蛋白和 DNA 作用,且富含赖氨酸,有高度精细的可变区,能被进一步修饰。组蛋白经各种修饰后会发生改变,从而提供一种识别标志,被称为组蛋白密码(histone code)。

组蛋白修饰包括组蛋白的甲基化与去甲基化、乙酰化与去乙酰化、磷酸化与去磷酸化、泛素化与去泛素化、小泛素相关修饰物(small upbiquitin related modifier, SUMO)化等。不同修饰之间往往通过协同或拮抗来共同发挥作用,加上它们在不同时间、空间上的组合,为动态调控基因的生物学功能提供了重要途径。

1. 组蛋白甲基化与去甲基化

组蛋白甲基化是指在组蛋白甲基转移酶的催化下,组蛋白 H2A、H2B、H3 和 H4 的 N 端赖氨酸(K)或精氨酸(R)残基发生甲基化。例如,组蛋白 H3 的 N 端有 K4、K9、K27、K36、K79、R2、R8、R17 和 R26 位点可发生甲基化修饰,而组蛋白 H4 的 N 端有 K20 和 R3 位点可发生甲基化修饰(图 10.3)。根据每一位点甲基化数目的不同,组蛋白甲基化又可分为一甲基化(me1)、二甲基化(me2,对称或非对称)和三甲基化(me3)。组蛋白甲基化既可增强也可抑制基因表达。如果在 H3K4、H3K36 位点发生二甲基化或三甲基化,在 H3K27 位点发生一甲基化,一般能活化基因转录。如果在 H3K9、H3K27 位点发生二甲基化或三甲基化,一般抑制基因转录。

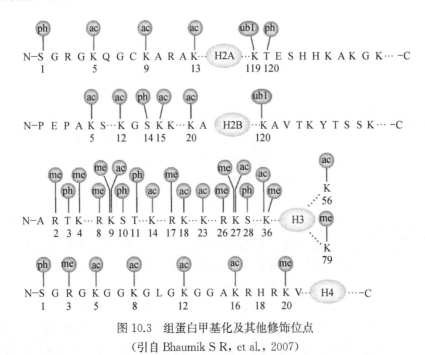

图 10.3　组蛋白甲基化及其他修饰位点

(引自 Bhaumik S R, et al., 2007)

组蛋白甲基化是一个很复杂的过程,需要许多不同特异性的组蛋白甲基化酶催化。催化精氨酸甲基化的酶被称为蛋白质精氨酸甲基转移酶(PRMT)家族,包括 PRMT1、PRMT3、PRMT4、PRMT5 等。催化赖氨酸甲基化的酶被称为组蛋白赖氨酸甲基转移酶（HKMT），主要为含 SET 结构域的家族，包括 SUV39H1、SUV39H2、SET1、SET2、SET9、ASH1 等，但最近发现的 Dot1 缺乏特征性的 SET 结构域。在小鼠中，SUV39H1 和 SUV39H2 两个组蛋白甲基化酶对异染色质的形成非常重要，如果发生突变，则小鼠细胞中 H3K9 的甲基化会减少 1/2，小鼠有丝分裂中染色体的分离发生缺陷，小鼠生长缓慢。

组蛋白甲基化修饰可被组蛋白去甲基化酶逆转。近年来已经发现了许多组蛋白去甲基化酶。它们可被分为两类：第一类包含两个酶，LSD1 和 LSD2，它们通过 FAD 依赖的氧化反应去除甲基团；第二类包含了许多含有 JMJC 结构域的酶，它们以 Fe（II）和 α-酮戊二酸为辅助因子，通过羟基化作用去除甲基基团，如 JHDM1a、JHDM1b、JMJD1a、JMJD1c、JMJD2a、JMJD2b、JMJD3、JMJD4、JMJD5、JARID1a、PHF2、PHF8 等。

2. 组蛋白乙酰化与去乙酰化

组蛋白乙酰化是指在组蛋白乙酰转移酶（HAT）的催化下，将乙酰辅酶 A 的乙酰基转移到组蛋白氨基末端特定的赖氨酸残基上。

组蛋白乙酰化有利于 DNA 与组蛋白的解离，使各种转录因子和协同转录因子能特异性地与 DNA 结合位点结合，激活基因转录。其原因可能是乙酰基本身带有负电荷，能中和组蛋白的正电荷，从而减少带负电的 DNA 与组蛋白的结合。

组蛋白乙酰化可被组蛋白去乙酰化酶（HDAC）逆转。HDAC 使组蛋白去乙酰化，去乙酰化后的组蛋白与带负电荷的 DNA 紧密结合，染色质致密卷曲，抑制基因转录。在癌细胞中，HDAC 的过度表达导致组蛋白去乙酰化作用增强，不利于一些肿瘤抑制基因的表达。而一些组蛋白去乙酰化酶抑制剂（HDACi）则可通过提高特定区域组蛋白的乙酰化，调控细胞分化和凋亡，成为一类有效的抗肿瘤药物。

3. 组蛋白磷酸化与去磷酸化

组蛋白磷酸化是指在磷酸激酶的作用下，将磷酸基团添加到组蛋白特定残基上。组蛋白磷酸化在 DNA 损伤修复、转录、细胞分裂、凋亡中的染色质凝集等过程中发挥着重要作用。由于磷酸基团带有负电荷，将它加到组蛋白尾部后能中和组蛋白的正电荷，使组蛋白与 DNA 的亲和性降低。

组蛋白 H2AX 的磷酸化对 DNA 损伤应答非常重要。在哺乳动物细胞中，这种磷酸化发生在 H2AX 的 S139 上，而在酵母中，这种磷酸化发生在 H2AX 的 S129 上。

组蛋白磷酸化对转录非常重要。组蛋白 H3 的 S10 和 S28 磷酸化，H2B 的 S32 磷酸化与表皮生长因子相关基因的转录有关。组蛋白 H3 的 S10 磷酸化，H2B 的 S32 磷酸化与原癌基因 *c-fos*、*c-jun*、*c-myc* 表达相关。组蛋白 H3 的 T6 和 T11 磷酸化与应答雄激素刺激的转录调控有关。组蛋白磷酸化还通过增加组蛋白乙酰化而增加转录。

在真核生物中，组蛋白 H3 磷酸化对有丝分裂和减数分裂中的染色质凝集非常重要，其磷酸化位点包括 T3、S10、T11、S28。

组蛋白磷酸化可被去磷酸化作用逆转。组蛋白去磷酸化是指在磷酸酶的作用下，将组蛋白残基上的磷酸基团去除。在减数分裂或有丝分裂即将结束的时候，组蛋白 H3 会普遍发生去磷酸化。

4. 组蛋白泛素化与去泛素化

泛素（ubiquitin）是一类在真核生物中高度保守的低分子质量蛋白质，由 76 个氨基酸组成，分子质量大约为 8.5 kDa。泛素化是指泛素分子在一系列泛素化修饰酶（泛素激活酶 E1、泛素结合酶 E2 和泛素连接酶 E3）的作用下，对靶蛋白进行特异性修饰的过程。泛素化是特异性地降解蛋白质的重要途径，在蛋白质代谢、功能调节中都起着十分重要的作用，参与了细胞增殖、分化、凋亡、免疫反应等一系列生命活动的调控。2004 年，Hershko、Ciechanover 和 Rose 三位科学家因发现泛素化调控蛋白质降解过程而获得了该年的诺贝尔化学奖。

泛素化修饰过程如下：首先，泛素激活酶 E1 水解 ATP 并产生一个腺苷酸化的泛素分子，此腺苷酸化的泛素分子被连接到 E1 活性中心的半胱氨酸残基上。其次，E1 将被腺苷酸化的泛素分子转移到泛素结合酶 E2 上。最后，泛素连接酶 E3 识别特定的需要被泛素化的靶蛋白并催化泛素分子从 E2 上转移到靶蛋白上，使泛素和特异性的底物相连。根据 E3 与靶蛋白的相对比例可以将靶蛋白进行单泛素化修饰和多聚泛素化修饰。

由于细胞中存在大量不同的 E3 蛋白,使泛素化修饰可作用于大量的靶蛋白。泛素化的靶蛋白可以被蛋白酶体降解为若干肽段。泛素-蛋白酶体途径是较普遍的一种内源蛋白降解方式。但是后来的科学研究发现,并非所有泛素化修饰都会导致靶蛋白降解,有些泛素化能导致其他的生物学效应。

组蛋白泛素化是指将激活的泛素羧基末端与组蛋白亚基多肽链 N 端的赖氨酸残基相结合的过程。组蛋白既可以被单泛素化修饰,也可以被多泛素化修饰,组蛋白泛素化修饰大多发生于 H2A、H2B,仅在大鼠睾丸的变态精子中发现了泛素化的 H3。H2A 上的泛素化位点高度保守,在 K199 赖氨酸残基上。H2A K199 的单泛素化修饰能改变核小体的结构。H2B 泛素化位点有哺乳动物的 K120 位点和芽殖酵母的 K123 位点。H2A 泛素化能抑制 H3K4 的二甲基化和三甲基化,而在哺乳动物中 H2B 泛素化是 H3K4 甲基化的前提。

组蛋白泛素化后,泛素部分可被去泛素化酶去除。去泛素化酶可分为两个家族:泛素羧基端水解酶家族 UCH 和泛素特异性加工蛋白酶家族 UBP。

5. SUMO 化

SUMO 分子是一种结构上与泛素十分相似的分子。因此,SUMO 化也被称作类泛素化,指 SUMO 共价结合于靶蛋白的赖氨酸残基上。

SUMO 化与泛素化过程相似,但功能却不同。SUMO 化主要参与蛋白质的翻译后修饰,介导靶分子定位、稳定性和功能调节,从而调控生物节律、离子通道、线粒体分裂、DNA 损伤修复等。SUMO 在哺乳动物中主要有 SUMO-1、SUMO-2、SUMO-3 和 SUMO-4 四个成员。靶蛋白在多数情况下发生的是单 SUMO 化修饰,但也可以发生多聚 SUMO 化修饰。多聚 SUMO 化修饰的靶蛋白可以进一步被泛素化,从而导致靶蛋白的降解。

在核心组蛋白中,只有组蛋白 H4 可以被有效 SUMO 化,而其他组蛋白的 SUMO 化程度都很低。组蛋白 H4 的 SUMO 化修饰可以招募 HDAC,通过组蛋白去乙酰化活性,抑制基因的转录表达。这种组蛋白的 SUMO 化修饰对基因转录的调控作用可以影响肿瘤的发生和发展。

10.2.3　染色质重塑

染色质重塑是指染色质结构的变化,主要涉及核小体的置换或重新排列,改变了核小体在基因启动序列区域的排列,增加了基因转录装置和启动序列的可接近性。它是由染色质重塑因子介导的一系列以染色质上核小体变化为基本特征的生物学过程。组蛋白尾巴的化学修饰(乙酰化、甲基化及磷酸化等)可以改变染色质结构,尤其是对组蛋白 H3 和 H4 的修饰,通过修饰直接影响核小体的结构,并为其他蛋白质提供与 DNA 作用的结合位点,从而影响邻近基因的活性。染色质重塑修饰方式主要包括两种:一种是含有组蛋白乙酰转移酶和脱乙酰酶的化学修饰;另一种是依赖 ATP 水解释放能量解开组蛋白与 DNA 的结合,使转录得以进行。

10.2.4　非编码 RNA 的调控

非编码 RNA 是指能被转录却不能被翻译为蛋白质的功能性 RNA 分子。常见的具有调控作用的非编码 RNA 主要包括小干扰 RNA、miRNA、长链非编码 RNA 等。非编码 RNA 的调控在表观遗传中扮演了重要的角色。非编码 RNA 与基因相互作用,能上调或下调基因的表达,指导甲基化,阻碍蛋白质的翻译等。在近年的研究中处于非常火热的领域。

1. 小干扰 RNA

小干扰 RNA(small interfering RNA,siRNA)是一种小 RNA 分子,大小为 21～23 nt,其来源于长的双链 RNA 分子,由 Dicer 酶剪切形成小双链 RNA 分子。形成 siRNA 的长双链 RNA 分子可以来源于 RNA 病毒入侵、基因组中反向重复序列转录、转座子转录等。这些长双链 RNA 分子与属于 RNase Ⅲ 核酶家族的 Dicer 酶结合,被 Dicer 酶剪切形成 21～23 nt 及 3′端突出的小双链 RNA 分子,即 siRNA。siRNA 与其他蛋白质形成 RNA 诱导沉默复合物(RNA-induced silence complex，RISC)并解旋成单链，引导 RISC 结合到与单链互补的靶 mRNA 上，降解靶 mRNA。

所谓的 RNA 干扰(RNA interference，RNAi)就是指这种由双链 RNA 诱发的基因沉默现象。1990 年，Jorgensen 在研究花青素合成速度时发现了 RNAi 现象。1992 年，Romano 和 Macino 在研究粗糙链孢霉时也发现导入的外源基因可以抑制具有同源性的内源基因的表达。1998 年，Fire 等在研究秀丽隐杆线虫时发现加入双链 RNA 比加入正义或反义 RNA 能得到更好的对目标基因的抑制效果。2006 年，Fire 和 Mello 由于其在 RNAi 机制研究中的贡献获得了诺贝尔生理学或医学奖。

RNAi 现象在生物中普遍存在，在真菌、水稻、果蝇、拟南芥、锥虫、水螅、涡虫、斑马鱼、小鼠、人等多种真核生物中都发现了 RNAi 现象。其在植物和线虫中具有传递性，可在细胞间传递。siRNA 诱导的基因沉默可抑制细胞内的转座子活性和病毒感染，是转录后调控的重要方式。

2. miRNA

miRNA(micro RNA)是一类内源性的具有调控功能的非编码小 RNA 分子，大小为 20~25 nt，由真核生物基因组编码。成熟的 miRNA 是由含有茎环结构的 miRNA 前体，经过 Dicer 酶加工形成。

miRNA 与不完全互补的靶 mRNA 结合，能抑制其翻译。如果 miRNA 与靶 mRNA 位点完全互补，则引起靶 mRNA 的降解。

miRNA 对生长发育、疾病形成非常重要。miRNA 参与细胞的增殖、分化、凋亡等。60%的人类蛋白质编码基因受 miRNA 调控。例如，在哺乳动物中，miR-181 促进 B 细胞分化，miR-196 参与四肢形成。在斑马鱼中，miR-430 参与大脑发育。在结肠癌中，miR-143 和 miR-145 的表达明显下调。在肺癌患者中，miRNA let-7 的表达显著降低。

3. 长链非编码 RNA

长链非编码 RNA(long non-coding RNA，lncRNA)是一类转录本长度超过 200 nt 的 RNA 分子，无或很少有蛋白质编码功能，在大部分真核生物基因组中被转录。根据在基因组上它们相对于蛋白质编码基因的位置，可以分为五种类型：① 正义(sense)；② 反义(antisense)；③ 双向的(bidirectional)；④ 基因内的(intronic)；⑤ 基因间的(intergenic)。在哺乳动物基因中，大约 1%的序列编码蛋白质，而有 4%~9%的序列转录成 lncRNA。

现有的研究表明，长链非编码 RNA 在表观遗传中发挥重要作用。长链非编码 RNA 能招募染色质重塑复合体到特定位点从而导致相关基因的表达沉默。例如，Xist 这个长链非编码 RNA 就能通过招募染色质重塑复合物导致 X 染色体的失活。长链非编码 RNA 能作为 miRNA、piRNA 的前体分子转录。长链非编码 RNA 能通过与特异 mRNA 结合形成双链，在 Dicer 酶的作用下，产生 siRNA，调控基因的表达。长链非编码 RNA 的调控作用在细胞分化、生长发育、进化、疾病中发挥着重要功能。

10.3　常见的表观遗传现象及其调控

在各种生物中，常见的表观遗传现象有很多，包括 X 染色体失活、基因组印记、副突变、基因沉默等。

10.3.1　X 染色体失活

在第 3 章中提到，X 染色体的剂量补偿效应在人类中表现为女性的一条 X 染色体随机失活。这就使男性和女性细胞里，由 X 染色体基因编码的基因产物在数量上基本相等。

在早期受精卵中，女性的两条 X 染色体都是活化的。到了人类胚胎发育的第 16 天(囊胚期)，女性的其中一条 X 染色体就会随机失活。然而，X 染色体失活是部分片段的失活，还存在其他片段没有失去活性，如 *Mic2*、*Zfx*、*Sts*、*Xist* 等基因就能逃避失活。在人类 X 染色体上大概有 15%的基因能逃避失活。

近期的科学研究表明，女性的 X 染色体失活是从失活中心(X inactivation center，XIC)开始的，并双向传播至整条 X 染色体。XIC 的位置在 X 染色体长臂靠近着丝粒的部位(Xq13)，包含有一个 *Xist* 基因。

此基因的转录物是一个长链非编码 RNA,具有顺式结合的特点,能从转录位点沿整条 X 染色体积累。

细胞在选择哪条 X 染色体失活的问题上采用"蛋白栓"机制。在选择哪条 X 染色体失活的时刻,两条 X 染色体紧密接触,组成蛋白栓的物质在两个 *Xist* 基因处聚集。其中一个有优势的蛋白栓将两个蛋白栓聚集在一起变成一个蛋白栓,继而关闭其所在 X 染色体上的 *Xist* 基因,于是这条 X 染色体保持活性。而在将要被失活的 X 染色体上,稳定转录的 *Xist* RNA 能招募染色质修饰复合物启动 X 染色体沉默,随后引发其他的表观遗传修饰,如 DNA 甲基化、组蛋白修饰等,进一步维持其稳定的异染色质结构(图 10.4)。

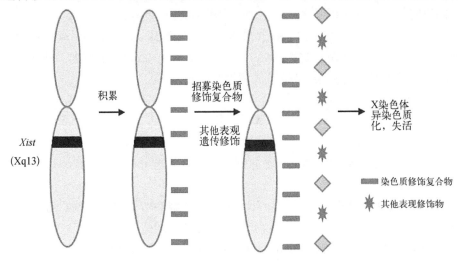

图 10.4　人类的 X 染色体失活机制模式图

10.3.2　基因组印记

基因组印记又称遗传印记或亲代印记,指等位基因在来源不同时表达不同的现象。来自双亲的基因,有些只有父源的基因有转录活性,而有些则只有母源的基因有活性。其产生原因可能是由于亲代的生殖细胞在分化过程中其遗传物质受到了不同的表观遗传修饰,如 DNA 甲基化修饰、组蛋白修饰、非编码 RNA 的调控等,导致了基因的沉默或转录。基因组印记现象在哺乳类动物、昆虫、植物中都有发现。在人类基因组中,印记基因只占少数,不超过 5%。

例如,胰岛素样生长因子 2(IGF2)基因,其在细胞分化、增殖、生长发育中有重要作用,能促进肿瘤细胞的增殖。IGF2 只有父源的等位基因表达,而母源的等位基因不表达。在小鼠实验中,当将人工突变过的 IGF2 基因由父系传递时,小鼠发育迟缓,而由母系传递时则小鼠生长发育正常。

10.3.3　副突变

副突变是指一个单一位点的两个等位基因的相互作用,其中一个等位基因可以使另一个同源的等位基因的转录产生可遗传的变化。

20 世纪 50 年代,Brink 在玉米中首次发现了副突变现象,而后在其他植物、动物、真菌中也发现副突变现象。例如,在对小鼠 *Kit* 基因的研究中也发现了副突变现象。*Kit* 是酪氨酸激酶受体基因,在小鼠黑色素形成过程中有重要作用。野生型 *Kit* 的老鼠(+/+)尾部呈灰色,而 *Kit* 突变体老鼠由于在正常 *Kit* 基因中插入了一个 3 kb 的 *LacZ-neo* 片段,不能产生 Kit 蛋白,其纯合子(*tm1Alf/tm1Alf*)致死,杂合子(*tm1Alf/+*)呈现白足,尾尖呈白色。按孟德尔遗传理论,杂合子含有一个有效的 *Kit* 野生型等位基因,应该能够产生酪氨酸激酶受体,合成黑色素。但是事实上杂合子却出现白尾尖和白足。其原因是突变的 *Kit tm1Alf* 表达转录异常小 RNA,无 3' 端 poly(A),能与正常的 *Kit* mRNA 配对,使其降解,小鼠无法形成黑色素。这种小 RNA 能包裹在精子中传递到下一代,因此即使杂合子的下一代基因型为野生型,也会有白尾尖小鼠表型出现。

10.3.4　表观遗传与癌症

人们逐渐认识到几乎所有癌症都是由表观遗传异常与基因改变共同引起的。表观遗传作为一种非突变因素,它对癌症的影响可以概括为整体上影响染色体的包装,局部上影响与癌症发生相关的重要基因的转录。

与癌症发生发展相关的表观遗传学改变主要有 DNA 甲基化和组蛋白修饰等。例如,O^6-甲基鸟嘌呤-DNA 甲基转移酶(O^6-methyl-guanine-DNA-methy-transferase,MGMT)是一种直接的 DNA 修复酶。如果控制该酶的基因在直肠癌形成早期发生了高甲基化,导致该基因沉默,使基因组中鸟嘌呤的甲基化更容易被保留下来,造成 G→A 的突变,从而诱发直肠癌。

组蛋白的乙酰化影响着抑癌基因的转录。在胃癌组织标本中发现组蛋白 H3 去乙酰化与一些抑癌基因表达抑制有关,如 *p21*(*WAF1/CIP1*)基因。在对胃癌细胞株的实验中发现,经组蛋白去乙酰化酶抑制剂 trichostatin A 处理后,胃癌细胞组蛋白乙酰化水平升高,诱导 p21(WAF1/CIP1)表达上调。

目前,DNA 去甲基化试剂和组蛋白去乙酰化酶抑制剂是癌症研究中最常用的表观遗传学药物。表观遗传学研究的不断深入,也为癌症的治疗提供了新的思路和方法。

思　考　题

1. 名词解释

　DNA 甲基化　组蛋白甲基化　siRNA　miRNA　基因组印记　副突变　染色质重塑

2. 简述组蛋白修饰的主要类型。

3. 比较 siRNA 和 miRNA 的表观遗传调控机制。

4. 举例说明一些表观遗传现象,并简述其内在机制。

推 荐 参 考 书

1. 薛京伦,2006.表观遗传学:原理、技术与实践.上海:上海科学技术出版社.

2. 薛开先,2011.肿瘤表遗传学.北京:科学出版社.

3. Allis C D, Caparros M L, Jenuwein T, et al., 2015. Epigenetics. 2nd Edi. New York: Cold Spring Harbor Laboratory Press.

4. Lucchesi J C, 2019. Epigenetics, Nuclear Organization & Gene Function. Oxford: Oxford University Press.

5. Krebs J E, Goldstein E S, Kilpatrick S T, 2018. Lewin's Genes XII. Burlington: Jones & Bartlett Learning.

第 11 章   细胞质遗传

提要

本章主要介绍细胞质遗传的概念和特点;母系遗传与母性影响的比较;细胞器基因组和一些非细胞质组分遗传因子的特点;细胞质基因的特征及其与核基因的关系;植物雄性不育的遗传决定类型及在农业生产实践中的应用价值。

遗传学是基于孟德尔遗传定律发展起来的一门学科。Morgan 的基因论说明了基因直线排列在染色体上。以前所学习的生物性状的遗传都是由细胞核内染色体上的基因控制的,属于细胞核基因遗传,即核遗传(nuclear inheritance)。由于核基因的遗传服从孟德尔定律,又称为孟德尔遗传(Mendelian inheritance)。然而,并非所有生物性状的遗传都是由核基因决定的,早在 1909 年,Correns 就发现了不符合孟德尔定律的例外,即细胞核外也存在有遗传物质的现象。只是在 1944 年核酸被证明是遗传物质之后,随着分子生物学研究技术手段和水平的提高,于 1963～1964 年获得了线粒体和叶绿体中存在 DNA 的直接证据之后,核外遗传的本质及其特点才被逐步了解。

11.1 细胞质遗传的概念和特点

11.1.1 细胞质遗传的概念

遗传学上将真核细胞核内染色体所携带基因的遗传称为核遗传,将细胞质内基因的遗传称为细胞质遗传(cytoplasmic inheritance)。细胞质基因存在于染色体之外,又称为核外遗传(extranuclear inheritance)或染色体外遗传(extrachromosomal inheritance)。

依据细胞的生物学功能划分,可将细胞质基因分为两类:一类是细胞维持正常生命活动不可缺少的细胞质基因,它们通常是细胞器的遗传组分,如线粒体基因组(mtDNA)和叶绿体基因组(cpDNA)。线粒体是动植物细胞不可缺少的细胞器,叶绿体也是绿色植物细胞不可缺少的细胞器,这些细胞器基因组携带的基因统称细胞质基因组(plasmon)。另一类是细胞非必需组分,它们或是真核细胞的内共生体,如草履虫细胞内的卡巴粒,酵母细胞内的 2μ 质粒,果蝇细胞内的 σ(sigma)粒子;或是原核细胞内的各种质粒(如 $E.coli$ 的 F 因子)。所有这些遗传组分均可以被赋予细胞某种特有的性状或特征。

11.1.2 细胞质遗传的特点

细胞质基因位于细胞器内、细胞质内的内共生体或质粒上,不像核基因通过染色体复制并经过有丝分裂(减数分裂)传递给子细胞,其遗传规律不同于核基因的遗传,而是以无规则的随机方式传递,后代的性状不表现一定的分离比,所以细胞质遗传也被称为非孟德尔遗传(non-Mendelian inheritance)。

考察真核生物有性生殖过程便可知道,参与授精的雌配子——卵细胞体积大且细胞质内容丰富,而雄配子——精子细胞高度特化,细胞质内容较少;精卵结合形成二倍体细胞时,两者对核基因的贡献相等,细胞质则主要由卵细胞提供。大多数物种中,卵细胞是细胞器如线粒体、叶绿体等的唯一供体,这种特点决定了细胞质遗传的特征。

1) 正交和反交子代的表型不一致，F_1 通常只表现母方性状，此时细胞质遗传可称为母系遗传(maternal inheritance)。除伴性遗传、完全连锁遗传及本章最后介绍的母性影响外，由核基因决定的性状在正交和反交中 F_1 表型一致，利用这种差别可以鉴别某一性状是受核基因控制还是由细胞质基因决定。

2) 不出现孟德尔遗传的分离比。因为细胞器或细胞质内其他组分的 DNA，不通过有丝分裂(或减数分裂)平均分配给子代细胞，杂交后代表现为非孟德尔遗传，不会出现一定的分离比。

3) 通过连续与父本回交虽能将母方的核基因几乎全部置换，甚至运用核移植技术将母本核基因全部置换，但母本细胞质基因及其所控制的性状不会消失。

4) 具有细胞质异质性与细胞质分离和重组。同一细胞内含有不同基因型细胞器(如线粒体或叶绿体)的现象称为细胞质异质性。这类细胞在分裂过程中，细胞器无规则地随机分离，子代细胞获得不同基因型细胞器，或获得不同基因型细胞器的比例发生改变，导致细胞或个体间的表型有差异，这种不同基因型细胞器的分配过程称为细胞质分离和重组。

这里需要指出的是，如果有性生殖生物的两性配子为同型配子(均含足够多的细胞质)，细胞质遗传就不具备上述"母性遗传"的条件，而呈现"两性遗传"。

11.2　细胞器基因组的遗传

11.2.1　叶绿体的遗传

叶绿体是植物细胞中一个非常重要的细胞器，是细胞光合作用的场所。细胞内叶绿体的数目因物种、细胞类型和生理状态而异，多数情况下，一个叶肉细胞中有几十个到一百个左右的叶绿体，但藻类往往只有一个大的叶绿体。个体发育过程中，叶绿体由前质体(proplasid)分化形成，在光照条件下，类囊体发育、叶绿素合成，最后转变为成熟的叶绿体。

1. 紫茉莉花斑叶色的遗传

德国植物学家 Correns 是重新发现孟德尔定律的三位学者之一，他通过对紫茉莉(*Mirabilis jalapa*)绿白斑的遗传研究，于 1909 年首次报道了非孟德尔遗传的现象。

紫茉莉中有这样一种品系，在同一个植株上，有些枝条上的茎叶长出绿白相间的花斑。以不同表型枝条上的花朵相互授粉结实后，其后代的表型完全取决于结种子的枝条(♀)，与其提供花粉的父本枝条表型无关(表 11.1)。

表 11.1　紫茉莉花斑植株杂交的结果

母本枝条表型	父本枝条表型	杂交后代的表型
白色	白色 绿色 花斑	白色
绿色	白色 绿色 花斑	绿色
花斑	白色 绿色 花斑	白色、绿色、花斑

表 11.1 中结果显示，不管授粉父本枝条表型如何，F_1 只表现出母本的性状，正交、反交结果不一样，表现出细胞质遗传的典型特征。用显微镜检查可以看到，绿色叶或花斑叶的绿色部分的细胞中含有正常的叶绿体，白色叶或花斑叶的白色部分细胞中缺乏叶绿体，只存在白色体(leukoplasts)。白色体的产生是由于叶绿体基因发生了突变，是前质体向叶绿体发育过程受阻的结果。花斑母本枝条的后代表型为花斑可以这样理

解：花斑枝条细胞内含有正常 cpDNA 和发生基因突变的 cpDNA,在生长发育过程中,发生了细胞质分离和重组,有的子细胞接受了携带正常 cpDNA 的质体,有的子细胞只接受了携带突变的 cpDNA 质体,有些两者都接受了,最终表现出茎与叶片绿白相间的性状。

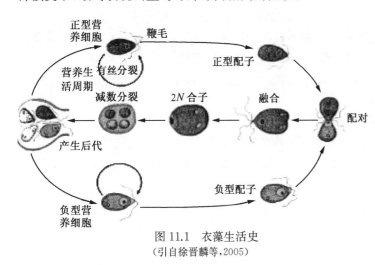

图 11.1　衣藻生活史
(引自徐晋麟等,2005)

2. 衣藻的抗药性遗传

衣藻(*Chlamydomonas*)是一种能游动的单倍体单细胞绿色藻类,有无性繁殖和接合生殖两种繁殖方式(图 11.1),由于它只有一个大的叶绿体,因此是作为叶绿体遗传研究的好材料。接合生殖的衣藻细胞有两种交配类型(mating type),称为正接合型(mt^+)和负接合型(mt^-),受一对等位基因控制。

1954 年,Sager 首次报道了衣藻细胞质突变——抗链霉素突变(str^r)的遗传:接合生殖后代的抗药性表型总是与正接合型(mt^+)亲代的表型一样,表型为单亲遗传(uniparental inheritance),而控制接合型基因

mt 在杂交后代中正常分离。即使用 $str^s mt^-$ 型与 $str^s mt^+$ 型连续回交,后代链霉素抗性仍保持不变(图 11.2)。

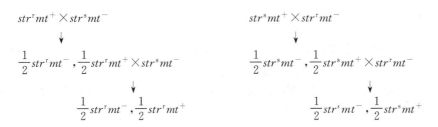

图 11.2　衣藻抗链霉素的遗传

衣藻的链霉素抗性遗传呈现典型的细胞质遗传特征,造成单亲遗传的原因是 mt^- 型细胞的叶绿体在接合中丢失,只有 mt^+ 型细胞的叶绿体保留下来。1962 年,Gillham 和 Levin 等利用带有不同限制性酶切位点 cpDNA 的品系,从杂交后代提取 cpDNA,分析其限制性酶切电泳图谱,证明链霉素抗性突变是通过叶绿体遗传的。

11.2.2　线粒体的遗传

线粒体是真核细胞重要的细胞器,除成熟的红细胞以外,普遍存在于真核细胞中。线粒体有多种功能,是细胞进行呼吸作用的主要场所,重要的代谢中心之一。一旦线粒体基因突变,必定会影响细胞、组织、器官或机体正常生理功能。细胞或机体的某些变异特征与线粒体有着密切的关系。

1. 酵母小菌落突变

啤酒酵母(*Saccharomyces cerevisiae*)是一种子囊菌,可以通过出芽进行无性繁殖,也可以通过不同交配型的单倍体细胞融合进行有性繁殖,两类不同交配型 A 和交配型 a 由一对等位基因 A/a 控制。两个不同交配型细胞融合后,经过减数分裂产生 4 个单倍体子囊孢子,这些子囊孢子分离后,能单独培养作遗传分析。20 世纪 40 年代后期,法国学者 Ephrussi 等发现,在无性繁殖的酵母群体中,绝大部分细胞所形成的菌落大小相近,但有 1%～2%菌落的直径只有正常菌落 1/3～1/2,称为小菌落(petite colony)。小菌落内的细胞培养再形成的菌落仍为小菌落,也就是说小菌落的特征能稳定地遗传:

大菌落——大菌落＋小菌落(1%～2%)

小菌落——小菌落

对小菌落作遗传分析后,Ephrussi 等将它们分为三种类型。

(1) 分离型小菌落(segregation petites) 这类小菌落内的细胞与正常菌落细胞杂交后,二倍体合子经减数分裂,后代小菌落和大菌落以 2∶2 的比率分离,这种典型的孟德尔式分离表明这类小菌落是由核基因突变所致。

(2) 中性小菌落(neutral petites) 这类小菌落与正常菌落的细胞杂交,产生正常二倍体合子(A/a),减数分裂的四分体分别培养均形成正常的大菌落,而控制交配型的等位基因 A/a 正常分离,因此这类小菌落特征是受细胞质基因控制的。小菌落细胞在杂交过程中获得了正常的细胞质基因,减数分裂的四分体均形成正常的大菌落(图 11.3)。

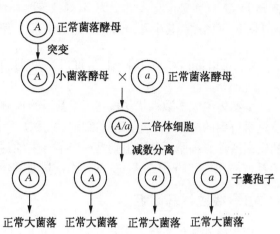

图 11.3 正常菌落酵母与小菌落酵母的杂交

(3) 抑制性小菌落(suppressive petites) 来自这类小菌落的细胞与正常大菌落的细胞杂交的后代子囊孢子中,一部分长成小菌落,一些长成正常大菌落,大、小菌落分离的比例不定,变化幅度很大,为 1%~99%,具有菌落特异性。

小菌落中的细胞大小与正常菌落中的细胞并无差异,只是由于细胞生长分裂缓慢,导致形成的菌落变小。线粒体 DNA 分析结果表明:中性小菌落的细胞中缺乏 mtDNA,抑制性小菌落细胞内的 mtDNA 存在缺失和重复双重变异。缺乏线粒体的细胞只能通过糖酵解途径进行能量代谢,这种低水平的能量代谢致使细胞生长、分裂缓慢;线粒体 DNA 基因的突变同样也会影响线粒体的功能,降低细胞代谢,形成小菌落。

2. 人类线粒体疾病的遗传

人类的线粒体通常呈现典型的母系遗传,因而只有女性才会传递线粒体疾病。线粒体是重要的能量代谢细胞器,心肌、骨骼肌、中枢神经的生理活动能量消耗大,对氧化磷酸化的依赖性强,因此,线粒体病多见于肌病、脑病,视觉和听力受损亦常常与线粒体有关。线粒体病的另一特点是同一家系中不同患者间表现的症状也有差异。这是因为线粒体基因组存在异质性,线粒体在细胞分裂时发生无序性分离,使患者个体之间各组织细胞携带 mtDNA 突变的线粒体比例有所不同,表现出的症状也有差异。

图 11.4 是牟奕等在江苏省淮阴地区发现的一个非综合征性耳聋母系遗传大家系中的核心家系图,该核心家系包括 4 代 60 人,其中母系遗传耳聋患者 20 人(除Ⅲ₁₂为中耳炎后耳聋,其余全部为非综合征性耳聋)。在系谱中可以看到,第一代母亲为患者,第二代子女全部是患者;第二代女儿所生的子女全部是患者,第二代

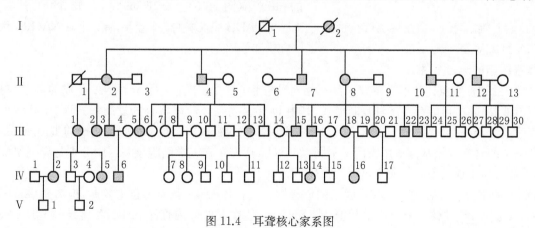

图 11.4 耳聋核心家系图

(引自刘祖洞等,2013)

Ⅰ～Ⅴ代表世代数;1～30 代表各世代中成员的序号

儿子的子女除Ⅲ₁₂外全部正常;表现出典型的母系遗传特征。该家系患者之间的听力损失程度存在差异,多数表现为重度进行性耳聋,只有少数患者具有中度非进行性耳聋,另外患者的症状间差异也符合线粒体病的特征。对 mtDNA 1 555 位点 PCR 扩增和酶切结果分析表明:正常个体 mtDNA 1 555 位点含有限制酶 AlW-26I 切割识别位点 GAGA(1 555)C,使用 AlW-26I 消化后,PCR 扩增产物可见两条带,分别为460 bp、118 bp;患者 mtDNA 的 1 555 处 A 突变为 G,导致该酶切位点消失。患者Ⅲ₁₂为中耳炎后耳聋,酶切结果表现 460 bp 和 118 bp 两条带,其中Ⅱ₅mtDNA 酶切结果也表现为 460 bp 和 118 bp 两条带。

11.3　细胞核基因和细胞质基因的关系

生物体绝大多数性状受核基因组基因的控制,核基因组是自主性基因组,即使缺乏细胞质基因,如上一节里所讲到的酵母中性小菌落的细胞,虽然缺乏线粒体,只要核基因组基因的功能正常,细胞仍然维持基本的生命活动。细胞器基因组则是一个半自主性的相对独立遗传系统。为了充分理解核、质两种遗传系统的关系,首先要了解 mtDNA、cpDNA 的结构及其功能。

11.3.1　线粒体基因组

作为核外遗传系统,mtDNA 能自主复制,并且携带有线粒体的 rRNA、tRNA 基因及编码部分线粒体蛋白质的基因,能在线粒体中合成这些蛋白质。mtDNA 的复制、转录及蛋白质合成均有其自身的特点,既与真核基因组系统有所不同,又有别于原核细胞。虽然如此,mtDNA 没有足够的编码信息来支持线粒体自身复制所需,离开核基因组的支持,不能独立增殖,因此说线粒体是具有半自主性的核外遗传系统。

1. 线粒体基因组的一般特征

真核细胞中的 mtDNA 绝大多数是一种裸露的双链环状分子,在一个线粒体内,存在一至多个 DNA 拷贝。各个物种 mtDNA 的大小不一,通常动物为 14～39 kb,真菌类为 17～176 kb,植物的 mtDNA 则比动物 mtDNA 大 15～150 倍,大小为 200～2 500 kb。从已测得的几种脊椎动物 mtDNA 全序列来看,mtDNA 具有共同的结构特征:① 基因数目和排列顺序相同;② 绝大多数核苷酸用于编码序列,其余主要用作调控序列;③ 某些遗传密码的含义不同于核基因;④ 存在一个与复制起始有关的 D 环控制区。例如,人类的 mtDNA(图 11.5)全长 16 569 bp,有 13 个蛋白质编码基因,

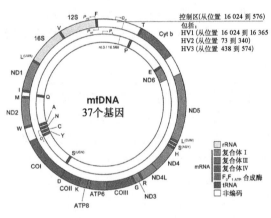

图 11.5　人类线粒体 DNA 的基因图
(引自张飞雄,2016)

图 11.5 彩图

包括细胞色素 b 氧化酶的 3 个亚基,ATP 酶的 2 个亚基及 NADH 脱氢酶的 7 个亚基,有 2 个 rRNA(16 s 和 12 s)和 22 个 tRNA 的基因。

2. 线粒体基因组的半自主性

mtDNA 的结构特点让我们了解到它具有相对独立性,主要表现在:① mtDNA 合成的调节与核 DNA 合成的调节彼此独立,可能存在多种复制形式,其中 D 环复制是线粒体特有的复制形式;② mtDNA 有自己独立的表达系统,自己编码两种 rRNA,22～24 种 tRNA,在线粒体内合成 mtDNA 编码的蛋白质;③ 线粒体中有些密码子的含义与核基因通用密码子不同,如 AUA、UUA 在人类细胞核基因中分别是异亮氨酸和终止密码子,在线粒体中成为甲硫氨酸和色氨酸密码子。

mtDNA 的半自主性表现其对核基因组的依赖性。线粒体 DNA 虽能够自主复制,但需要核基因组为其编码 DNA 复制酶;线粒体虽有自己的核糖体、tRNA,并能在线粒体内翻译 mtDNA 转录的 mRNA,但线粒体的核糖体蛋白质由核基因组为其编码;线粒体膜蛋白除有限的十多种由 mtDNA 编码外,其余的都需要从核基因组中转录,在细胞质里合成后再转运到线粒体中。由此可见,线粒体的自主性十分有限,无论是其遗传系统,还是构成其结构组分的蛋白质,都离不开核基因组。

11.3.2　叶绿体基因组

1. 叶绿体基因组的一般特征

cpDNA 是一个裸露的环状双链分子,一个叶绿体中含有的 DNA 分子拷贝数随着物种的不同而异,通常都是多拷贝的。大多数植物 cpDNA 序列中包含两个反向重复序列(IR_A,IR_B),它们被两段大小不等的非重复序列(SSC,LSG)隔开。

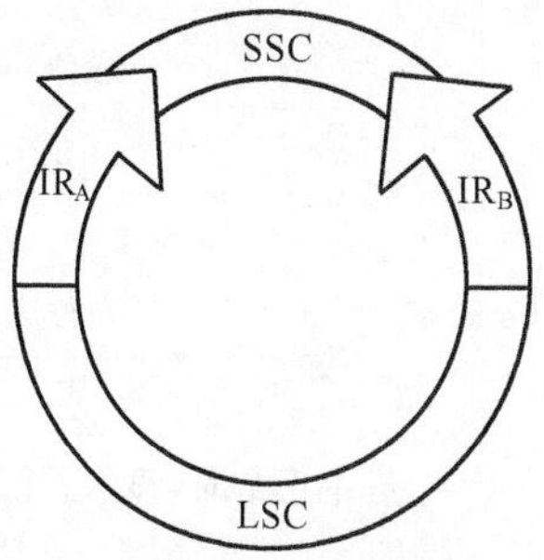

与 mtDNA 相比,叶绿体的基因组要大得多,其大小一般为 120~217 kb,除了有编码 30 个 tRNA 基因,23S、4.5S、5S 和 16S rRNA 基因外,基因组还编码部分叶绿体蛋白质,包括部分叶绿体的核糖体蛋白质亚基、叶绿体 RNA 聚合酶几个亚基,30 多种类囊体蛋白质,其中包括有 PS I 和 PS II 系统中的几个蛋白质、ATP 酶的亚基,以及 1,5-二磷酸核酮糖酸化酶(RuBP 酶)的大亚基等。

图 11.6　叶绿体基因组结构图
(引自徐晋麟等,2011)

2. 叶绿体基因组的半自主性

对于自养型的绿色植物,叶绿体是其不可缺少的细胞器,cpDNA 能自主复制,编码其核糖体 RNA 及 tRNA,有独立的表达系统。尽管如此,它仍然不能编码自身 DNA 复制、RNA 转录和蛋白质翻译过程所需全部的蛋白质因子和酶,不能编码类囊体所有的结构蛋白质和酶系,膜脂代谢所需的酶系,仍需要核基因组功能的支持。

综上所述,线粒体、叶绿体的发育增殖要受到自身基因组和核基因组的双重控制,核基因组是一个对细胞质基因组起支持作用的自主性遗传系统,对细胞质基因组有着主导作用,mtDNA 和 cpDNA 是一个相对独立的半自主性遗传系统,无论是 mtDNA、cpDNA 的基因发生改变,还是核基因组中与之相关的基因突变,都会影响细胞质基因组的正常功能,从而可使细胞或个体的某种性状特征发生改变,使得这类性状的遗传表现出细胞质遗传的特征。

由于真核细胞存在着细胞核和细胞质两类遗传系统,生物体性状既可以单纯由核基因控制,又可以由细胞质基因控制,而且某些性状还同时受核基因和细胞质基因的影响。

11.3.3　玉米埃型条斑的遗传

玉米叶片的埃型条斑(striped iojap trait)是一个与细胞质基因和核基因都相关的性状。引起叶片条斑的基因 iojap(ij)位于玉米核基因组的第 7 连续群,隐性纯合体(ijij)玉米植株表现出茎叶产生白绿相间的特征性条斑,或者是白化苗。以正常绿色植株(IjIj)作母本,用埃型条斑植株(ijij)作父本杂交时,F_1 为绿色植株,F_2 绿色植株和埃型条斑植株出现 3:1 的分离比,埃型条斑性状表现为孟德尔遗传;埃型条斑植株自交,或以埃型条斑植株作母本,以纯合的绿色植株(IjIj)作父本,后代表现出三种表型:正常绿色、埃型条斑和白化植株,以其中的埃型条斑植株作母本,与正常父本回交,回交一代仍然现出绿色、埃型条斑和白化三种植株(图 11.7)。

杂交结果说明,埃型条斑起源于核基因突变,只要该基因隐性纯合(ijij)即表现出条斑性状,该性状受到核基因的控制。另一方面,一旦在隐性纯合体(ijij)植株中埃型条斑性状形成,就可以由母本遗传下去,无论是子一代的杂合体(Ijij),还是回交一代的杂合体(Ijij)或纯合体(IjIj),都出现正常绿色、埃型条斑和白化三种植株表型,而与核基因(ij)无关,表现出细胞质遗传的典型特点。

在玉米埃型条斑形成的过程中,核基因起主导作用,核基因隐性突变纯合后使叶绿体基因发生变异,植株表现出埃型条斑性状。所以,当用正常纯合体植株(IjIj)作母本,用埃型条斑植株作父本(ijij)时,埃型条斑性状表现出孟德尔遗传。反过来,用埃型条斑性状植株作母本,该性状可连续遗传下来,表现出细胞质基因遗传的自主性。细胞质分离和重组的发生,使埃型条斑植株产生正常绿色、埃型条斑、白化三种植株。此外,后面将要学习的草履虫放毒型遗传和核质互作型植物雄性不育遗传,都能看到细胞核、细胞质基因共同影响同一性状。

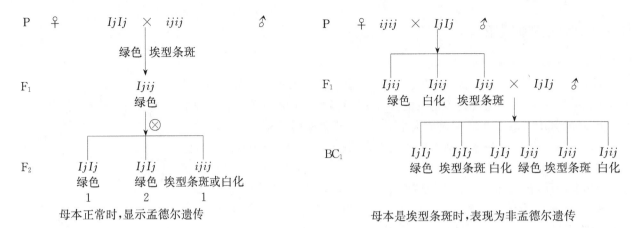

图 11.7　玉米埃型条斑的遗传

11.4　非细胞质组分的遗传因子

　　真核细胞里除了有线粒体、叶绿体这些细胞质组分外,还存在有非细胞质组分的遗传因子。原核细胞中除了核基因组之外,同样也有非核基因组的遗传因子。这些核外遗传因子可以是质粒(如 E.coli 的 F 因子、抗药因子、酵母细胞中的 2μ 质粒)、病毒,也可以是其他的遗传颗粒或侵染微生物。它们能自主复制或在宿主细胞核基因组控制下复制,通过细胞质传递。因此,这些核外基因赋予宿主表型特征也是通过细胞质传递的。

11.4.1　草履虫放毒型遗传

　　草履虫(Paramecium aurelia)是一种二倍体原生动物,每个细胞中有 1 个大核,2 个小核。大核是营养核,核基因组部分缺失,保留部分经多次复制为多倍性;小核是含有 2 个完整染色体组的生殖核。草履虫有无性生殖和有性生殖两种基本繁殖方式,无性繁殖时通过细胞分裂由 1 个个体产生 2 个新个体。有性生殖则可以通过接合生殖和自体受精两种方式实现。接合生殖过程中,2 个不同接合型的细胞相互接触,每个细胞的小核进行减数分裂,形成 8 个单倍体小核,其中 7 个退化,剩下 1 个进行一次有丝分裂,产生 2 个单倍体小核,同时大核(营养核)解体。接下来 2 个接触的细胞相互交换小核,实现遗传物质的交换。交换后,细胞中 2 个小核融合成为二倍体核,这个二倍体核经过两次有丝分裂产生 4 个二倍体核,其中的两个再融合,发育成为大核,余下 2 个小核成为生殖核。在自体受精过程中,2 个小核经减数分裂形成 8 个单倍体核,7 个退化,只留下 1 个小核,这个小核经过有丝分裂后合并,再形成 1 个二倍体核,然后继续经有丝分裂和核合并,最终成为 1 个大核和 2 个小核的细胞(图 11.8A)。接合生殖过程中,如果接合时间长,超过交换小核所需的时间,会发生细胞质交换,如果接合时间短,不发生细胞质交换;接合生殖可以产生杂合体,而自体受精则只产生纯合体。基因型杂合的群体在自体受精生殖时将发生 1∶1 的基因型分离比(图 11.8B)。

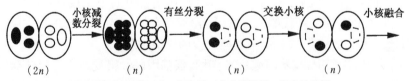

减数分裂后7个小核退化,保留的1个小核进行一次有丝分裂

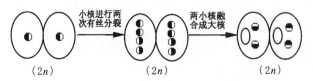

A. 草履虫接合生殖形成杂合体的过程

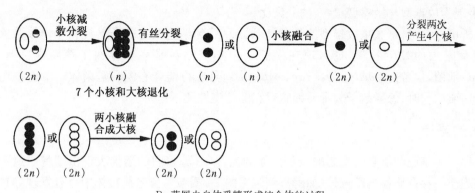

B. 草履虫自体受精形成纯合体的过程

图 11.8　草履虫的接合生殖与自体受精

　　1943 年,Sonneborn 发现有一个草履虫品系能释放一种草履虫素(paramecin)的物质,这种物质对自己无害,但对敏感型的草履虫却有毒杀作用。通过接合生殖做遗传分析,了解到草履虫素是由一种称为卡巴粒(Kappa particle,k)的细胞质因子产生的。放毒型草履虫细胞质中存在卡巴粒,敏感型的细胞质中不存在卡巴粒;卡巴粒在细胞里的稳定繁殖还需要显性核基因(K)的存在,当该基因为隐性纯合状态(kk)时,卡巴粒不能繁殖。因此只有核基因 K/K 或 K/k +卡巴粒这两个条件同时具备的品系为放毒型,其他类型组合均为敏感型。

　　用 K/K +卡巴粒品系与 k/k 敏感型做接合生殖实验,接合生殖的后代自体受精繁殖。如果接合时间长,最终出现 1 : 1 的放毒型与敏感型分离比(图 11.9A);如果接合时间短,最终产生 1 : 3 的放毒型与敏感型分离比(图 11.9B)。

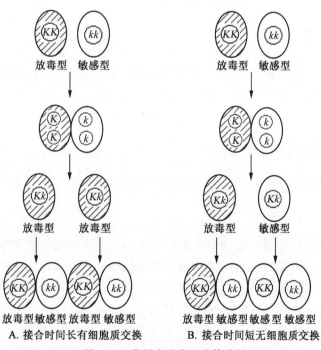

A. 接合时间长有细胞质交换　　　　B. 接合时间短无细胞质交换

图 11.9　草履虫放毒型遗传分析

　　出现不同的分离比,取决于接合时间的长短。接合时间长,在交换小核的同时,还发生细胞质的交换,细胞质内的遗传因子也发生交换,其后代都有显性核基因(Kk)和卡巴粒,表现为放毒型,经自体受精后,核基因型成为 KK 和 kk,kk 个体细胞质里卡巴粒不能稳定保持和繁殖,经过连续繁殖后,卡巴粒不断减少而消失,使放毒型成为敏感型,这样就产生放毒型与敏感型 1 : 1 的分离比;接合时间短,没有发生细胞质交换,放毒型的亲代经自体受精后,其后代最终形成放毒型与敏感型 1 : 1 的分离比,而敏感型亲代的后代仍为敏感型,群体最终表现为放毒型与敏感型1∶3的分离比。

由以上分析可以看出,草履虫放毒型遗传的性状同时受到细胞质里的卡巴粒和显性核基因 K 的控制。通过对放毒型草履虫的微生物学研究,现在人们认识到卡巴粒是一种存在于草履虫细胞内的内共生(endosymbiont)细菌,学名为 *Caedobacter taeniospiralis*,其中可能会有温和噬菌体。卡巴粒在合成毒杀敏感型草履虫蛋白质的同时,怎样赋予放毒型细胞对它的免疫性还不清楚。

11.4.2 质粒的遗传

质粒是指存在于细胞中能自主复制的染色体外的遗传单位,它们的遗传表现出细胞质遗传的特征。真核细胞中除细胞质中存在质粒的踪迹外(如酵母细胞中的 2μ 质粒),玉米线粒体中也有发现导致其雄性不育株的S1、S2质粒。质粒在原核细胞中则普遍存在,它们都是独立于核基因组的环状双链 DNA 分子。有些质粒还能够整合到宿主细胞的染色体 DNA 中,随着宿主细胞染色体的复制而复制,具有这特征的质粒又称为附加体(episome),这种质粒能促进宿主细胞向受体细胞转移其遗传物质,本书第 5 章所介绍的 *E.coli* 的 F 因子就是一个典型的代表。

11.4.3 细胞质遗传资源的重要价值

质粒能够促进供体和受体间遗传物质的转移,实现重组(如 F 因子),或赋予宿主抵御逆境(药物抗性因子 R 因子)等,这种特性被广泛地应用于科学研究和生产实践中。利用质粒能独立于核基因组自主复制的特点,经过改造,重新构建的人工质粒用作各种特殊用途的载体,由它们携带的目的基因经转化获得生产上所需的各类工程菌。噬菌体和病毒这些侵染性核外遗传因子同样在基因工程或作为基因治疗所需的外源基因载体方面发挥重要作用。

11.5 植物雄性不育

雄性不育(male sterility)是植物界存在的一个较为普遍的现象,它是指植物在生长发育过程中,雌蕊正常发育,雄蕊发育不正常,花粉败育的现象。雄性不育虽然对植物自身的繁殖不利,但只要提供外源花粉就可使之结实,作物育种学家巧妙地利用雄性不育来生产杂交种子,将杂种优势成功地应用于生产实践。

11.5.1 雄性不育的遗传决定类型

根据雄性不育的遗传机制,可将其分为核基因决定型、细胞质基因决定型、核基因和细胞质基因共同作用决定型。

1. 核不育型

核不育型是指由核内染色体基因决定的雄性不育的类型。现有的核不育类型多数为自然发生的变异株,在水稻、小麦、玉米、谷子、番茄等作物中均有发现。这类雄性不育大多为隐性基因决定,只有少数为显性基因决定。对于隐性基因(*msms*)决定的雄性不育植株来说,正常可育植株(*MSMS*)为其授粉后,杂种一代(*MSms*)花粉可育,正常结实,F₂ 发生分离(*MSMS*,*MSms*,*msms*),雄性不育种子(*msms*)混杂在其中无法分离,不育系难以保持,因此不便于在生产上应用;由显性基因决定的雄性不育,杂种仍为雄性不育,杂种优势不能在生产上得到应用。近年发现了由环境条件控制的雄性核不育类型,如湖北光敏感雄性核不育水稻,山西太谷雄性核不育小麦。这类雄性核不育受光温条件控制,在一定的光照长度和温度条件下,花粉败育,其他的光照和温度条件下花粉发育正常,植株自交结实。这类核不育的发现使核不育类型得以成功地在生产中应用。但由于天气变化不可预测性,使其在生产应用中存在一定的风险。

2. 核质互作雄性不育型和细胞质雄性不育型

核质互作型雄性不育是由细胞质遗传因子和核基因互相作用共同决定花粉育性的一种类型。这类雄性不育植株的细胞质中存在使花粉败育的遗传因子,大多数正常的品种与之杂交,杂交后代仍为雄性不育,只有极少数品种携带一种特殊的基因——恢复基因,这样的品种与之杂交后,杂种植株的花粉正常可育。因此这类雄性不育植株的花粉是正常还是败育是由细胞质基因和细胞核基因组合形式决定的。

细胞质雄性不育型决定花粉败育的基因在细胞质中,用任何正常品种与其杂交,F_1 均为雄性不育,即使通过连续回交,仍保持雄性不育特征,这类雄性不育类型也可以将其看作没有找到相应的恢复基因的核质互作雄性不育型。由于使花粉败育的细胞质因子是母系遗传,总是留在不育植株及其后代细胞质中,核质互作雄性不育和单纯的细胞质雄性不育这两类雄性不育类型又统称为细胞质雄性不育(cytoplasmic male sterility,CMS)。

11.5.2　植物雄性不育的利用

核质互作雄性不育因其特殊的遗传决定机制,性状遗传稳定且不受环境的影响,适宜在生产实践上应用。禾谷类作物中通过实行"两区三系"(或称"三系配套")制,实现了不育系繁殖、杂交制种生产,首先成功地利用核质互作雄性不育,将其产生的杂种优势应用于生产。所谓"三系"是指不育系、保持系和恢复系,"两区"系指不育系和保持系隔离区、不育系和恢复系隔离区。"两区"中前者是为繁殖不育系专设的隔离区,后者是为杂交制种,即生产具有杂种优势的杂交种子设立的隔离区。

1. 不育系

不育系细胞质中存在不育基因(S),细胞核内没有相应的显性恢复基因($RfRf$),只有隐性等位基因($rfrf$),细胞质和细胞核基因的组合为 $S(rfrf)$。为满足不育系的繁殖并且还要保持雄性不育特征的需要,用保持系与不育系杂交,保持系为其提供花粉,不育系被授粉结实,但未获得恢复基因,仍为雄性不育。不育系是同保持系经连续回交进行核代换后获得的,因此不育系与保持系的核基因组一致,这样保证了不育系的遗传稳定性(图 11.10)。

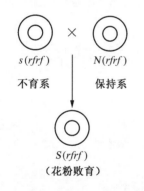

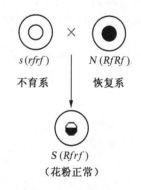

$s(rfrf)$　　　$N(rfrf)$
不育系　　　保持系

$s(rfrf)$　　　$N(RfRf)$
不育系　　　恢复系

$S(rfrf)$
(花粉败育)

$S(Rfrf)$
(花粉正常)

　　　图 11.10　不育系与保持系的繁殖　　　　图 11.11　杂交制种与恢复系繁殖

2. 保持系

所谓保持系是与不育系杂交后,仍能保持不育系雄性不育特征的品系。保持系细胞质基因正常(N),核基因组没有恢复基因($RfRf$),细胞质和细胞核基因的组合为 $N(rfrf)$(图 11.10)。保持系的花粉正常,自交结实。对不育系而言,大多数自交结实的品系都可作为它的保持系,对某一特定的不育系,它只有一个对应的保持系,两者的核基因组完全一致。

3. 恢复系

恢复系是指同不育系杂交后能使 F_1 花粉恢复正常可育的品系。恢复系核基因组中具有恢复基因($RfRf$),细胞质基因正常(N),细胞质基因和细胞核基因组合为 $N(RfRf)$ 或 $S(RfRf)$(图 11.11)。恢复基因对细胞质雄性不育基因显性,恢复系与不育系杂交后,杂种 F_1 核质基因的组合是$S(Rfrf)$,花粉正常可育,可作为用于生产的种子。

我国的杂交水稻就是成功地利用水稻核质互作型雄性不育,采用"两区三系"制耕作方法获得的,从而实现了水稻杂种优势的利用,为我国乃至世界的粮食生产做出了巨大的贡献。

11.6　母性影响

母性影响(maternal influence)又称母性效应(maternal effect),它是指子代的表型不受自身基因型控制,而受母亲基因型的影响,其表型同母亲核基因型控制的预期表型相同的现象。母性影响的性状虽然由核基因型控制,由于杂交后代表型受控于母亲,表现出类似细胞质遗传的特点,因此将母性影响列入这一章,以便于在理解细胞质遗传和母性影响遗传控制本质的基础上,正确区别两类遗传的特征。

细胞质遗传决定的性状在遗传过程中通常表现出连续性、稳定性、不分离,并且后代的表型总和母亲一样的特点。母性影响的性状,虽然正反交结果不一样,子代的表型与母本基因型所控制的表型一致,但是它是由核基因控制的性状,终究会表现出孟德尔遗传的特点。短暂的母性影响,只能影响子代早期生长发育阶段,最终还是要表现出核基因控制性状的特点;而持久的母性影响会影响个体整个世代的表型,但在随后的世代中,还是会出现孟德尔分离比。

11.6.1　短暂的母性影响

欧洲麦粉蛾(*Ephestia kuehuniella*)野生型幼虫的皮肤为红色,成虫复眼为深褐色。有一种突变品系,幼虫皮肤无色,成虫复眼为红色。用野生型与突变体杂交时,无论哪一种作母本,子代皮肤都是有色的,成虫复眼为深褐色,表明幼虫皮肤有色和成虫复眼褐色为显性。当子代杂合体与隐性纯合体(无色个体)作正、反交时,成虫深褐色眼和红色眼出现1∶1的分离比,说明这是由一个基因位点突变引起的,但幼虫皮肤的颜色在正交和反交之间,结果表现不同。用 *Aa* 代表杂合有色个体,*aa* 代表无色个体,若以 *aa* 个体为母本,后代幼虫皮肤一半为无色,一半为红色,成虫眼色一半为红色,一半为深褐色,符合一对因子的测交分离比(图11.12A);若以杂合体 *Aa* 为母本,则后代幼虫皮肤全部有色,只表现出母亲基因型控制的性状,到成虫阶段眼色还是出现了红色和褐色1∶1的测交分离比(图11.12B)。

图 11.12　麦粉蛾色素遗传的母性影响

为什么后一种组合的后代幼虫皮肤全为有色呢? 经分析发现,突变型个体缺乏犬尿素,而犬尿素是合成色素的前体物质,因此色素的合成代谢受阻。以 *Aa* 个体为母体,其受精卵中储存了足量的犬尿素,子代个体的基因型无论是 *Aa* 还是 *aa*,幼虫阶段都能以卵细胞传递下来的犬尿素合成色素,所以两种基因型个体皮肤都是有色;到成虫阶段,基因型 *aa* 个体犬尿素已消耗,色素不能继续形成,眼色又表现为突变型的红色,基因型 *Aa* 个体则仍为野生型表型。由此可以看到麦粉蛾的母性影响是通过卵细胞传递母体的基因产物,这些物质是作为子代个体发育所需的代谢中间产物,它们存在与否将影响子代的表型,母体基因产物一旦消耗完毕,其影响就结束,因此它只能影响子代早期发育阶段的表型。

11.6.2　持久的母性影响

椎实螺(*Limnaen peregra*)是一种雌雄同体的软体动物,群体饲养繁殖时一般进行异体受精繁殖,每一个体各自产生卵子,个体间相互交换精子受精,单个饲养时采用自体受精的方式繁殖。椎实螺外壳旋转方向有右旋(dextral)和左旋(sinistral)两种,受一对核基因控制,右旋(*D*)对左旋(*d*)显性。椎实螺外壳旋转方向取决于母体的基因型,而不是由个体子代自身基因型决定的。

用右旋雌体与左旋雄体杂交,F₁全部是右旋,F₁自体受精繁殖,F₂全部表现为右旋,这样的结果似乎符合细胞质遗传的特征;用左旋雌体与右旋雄体杂交,F₁表型全部与母方相同,均为左旋,表现出类似细胞质遗传的特征,但自体受精后F₂全部为右旋,与细胞质遗传的连续性相违背,不能用细胞质遗传来解释。继续观察F₃,两种杂交组合的F₃都出现了右旋与左旋3:1的孟德尔分离比(图11.13)。

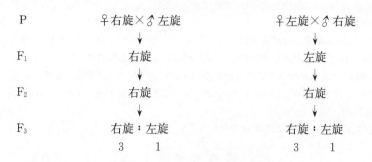

图 11.13　椎实螺外壳旋向的遗传

如何解释椎实螺外壳旋转方向所表现出特殊遗传现象呢? 假定该性状是受母亲基因型控制的,且右旋对左旋为显性,就可圆满地解释上面的杂交实验结果:在正交中,母方为右旋,右旋为显性,记为 DD,父方为左旋,左旋为隐性,记为 dd,F₁基因型为 Dd,表型为右旋,F₂表型受母亲基因型影响,全部为右旋;反交中,母方为左旋(dd),父方为右旋(DD),F₁的表型受母亲基因型影响,全部为左旋,但F₁都是杂合体 Dd,携带有显性基因 D,所以F₂的表型全为右旋。F₂的表型虽然一致,按照孟德尔定律,F₂的基因型一定发生了分离,F₂自交繁殖,在F₃群体中,出现右旋与左旋3:1的分离比,这样的分离比正是F₂基因型的比例($1DD+2Dd$):$1dd$ 的反映。由此可以确定椎实螺外壳旋转方向是受母亲基因型影响,受一对基因控制,右旋为显性性状,左旋为隐性性状(图11.14)。

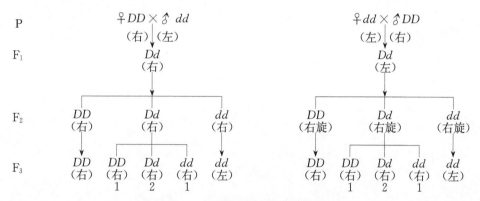

图 11.14　椎实螺外壳旋向的遗传

在孟德尔遗传中,F₂因基因型分离而出现一定的表型分离比。椎实螺的表型因为是受母亲基因型的控制,而不是由自身基因型决定的,所以应该在F₂看到正常的孟德尔分离比没有出现,而是延迟一代出现,在F₃出现孟德尔分离比。需要补充说明的是,母亲影响子代表型,使其与母亲的表型相同,因为作杂交的亲本都是纯合体,其基因型和表型一致。而F₂和F₃的情况与F₁不相同,表型和基因型可以是不一致的,所以就出现了F₃的表型和母亲(F₂)的表型不相同的现象。

椎实螺外壳旋转方向是如何受母亲基因控制的呢? 究其原因,是受精卵最初卵裂方式影响的结果。椎实螺受精卵是螺旋式卵裂,未来发育的外壳旋转方向取决于最初的两次卵裂中纺锤体的方向,而纺锤体的方向取决于卵细胞质的特性,卵细胞质的特性又受母体基因型的影响。很显然是母体的基因型决定了子代外壳的旋转方向。外壳的旋向一旦确定,就终身维持不变,所以椎实螺外壳旋转方向的遗传属于持久的母性影响。

思 考 题

1. 细胞质基因和细胞核基因有何相同点,又有何不同之处?

2. 为什么说细胞器基因组是半自主性基因组,能否像离体培养细胞那样,将线粒体和叶绿体从细胞中分离出来独立培养?

3. 有人说细胞质基因组是一个独立的遗传系统,受其控制的性状不受核基因的影响,你认为这种观点是否正确?

4. 母性影响和细胞质遗传有何不同?

5. 由核基因控制的性状,正交和反交的结果总是相同的吗?

6. 如果某一遗传的正反交结果不一样,你怎样确定它是属于母性影响、细胞质遗传,还是伴性遗传?

7. 用一个分离型小菌落酵母细胞同一个中性小菌落酵母细胞杂交,杂交后的二倍体细胞形成的菌落表型如何?

8. 现有两个玉米雄性不育品系,一个为细胞质雄性不育,另一个为细胞核雄性不育,如何才能将这两个不育系区分开?

9. 为什么说椎实螺外壳旋转方向右旋对左旋显性?

10. 用左旋作雌体,与右旋雄体作杂交,预期 F_3 中右旋和左旋的比例为多少?

推 荐 参 考 书

1. 戴灼华,王亚馥,2016.遗传学.3 版.北京:高等教育出版社.

2. 徐晋麟,徐沁,陈淳,2011.现代遗传学原理.3 版.北京:科学出版社.

3. Griffiths A J F, Doebley J, Peichel C, et al., 2019. Introduction to Genetic Analysis. 12th Edition. New York: Macmillan Higher Education.

4. Hartl D L, 2020. Essential Genetics and Genomics. 7th Edition. Burlington: Jones & Bartlett Learning.

5. Klug W S, Cummings M R, Spencer C A, et al., 2017. Essentials of Genetics. 9th Edition. Essex: Pearson Education Limited.

6. Snustad P, Simmons M J, 2015. Principles of Genetics. 7th Edition. New York: John Wiley & Sons, Inc.

第12章　数量性状的遗传

提　要

本章主要介绍数量性状遗传的特点，包括数量性状的基本特征、数量性状与质量性状的关系、多基因假说和基因的数量效应。数量性状遗传的统计分析方法，主要包括平均数和方差分析。数量性状遗传力及其估算，主要包括基因型值及其构成、群体平均数、群体方差的组成及遗传力的估算方法。交配的遗传分析，主要包括近交的概念、遗传效应、近交系数的计算和杂种优势假说等。

前面各章所讨论的能够遗传的性状彼此差异明显，一般没有中间过渡类型，在群体中显现不连续变异，遵循孟德尔遗传定律。这类性状称为质量性状（qualitative trait）。

本章将讨论另一类可遗传的性状，这类性状在群体中的变异不容易区分为少数截然不同的组别，其间有一系列的过渡类型，彼此间的差别仅表现在数量上的不同，没有质的区别。这类性状称为数量性状（quantitative trait）。动植物的经济性状大多数是数量性状。例如，农作物的产量、品质，畜牧业的肉产量、泌乳量，家禽类的产卵量等，人的许多性状如身高、体重、体形，还有一些广泛而且严重影响人类健康的疾病如高血压、糖尿病、冠心病、精神病等也属于数量性状。数量性状的遗传比质量性状的要复杂得多，每个性状由多对基因控制，数量性状的表现受环境条件的影响。最后表现的数量遗传性状是基因型和环境互相作用的结果。同一数量性状在不同的环境中的表现是不一样的，不同的数量性状受环境的影响也不同。因此，对数量性状遗传的研究，要特别注意环境的影响。

12.1　数量性状遗传的特点

由于数量性状在个体间的差异往往是量上的不同，且又受环境的影响，所以表现出连续变异的特点。个体表现的性状不能简单地归类，因而不能统计各类之间的比例。为了研究数量性状的遗传规律，首先应该了解数量性状的特征。

12.1.1　数量性状的基本特征

个体间在某一个数量性状上的表现往往是量上的区别，所以其表型只能用度量的方法加以确定。将群体中所有个体的度量结果归纳起来，数量性状的表现呈现连续性。由于数量性状的表型同时受基因型和环境的影响，而且不同的环境对同一基因型的影响也不同，所以每一种表型不代表一种特定的基因型。由于每种数量性状受到许多基因座的影响，因此，其中任何一个基因座中等位基因的不同都可使其表型发生改变。

数量性状呈现连续变异，作成数学图形来表示的话，图形非常近似正态分布（normal distribution）。

为了了解数量性状的正态分布，用一个数量性状的例子表示，见图 12.1。性状的变异可通过度量值的频数分布图表示出

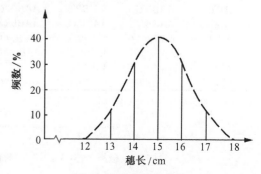

图 12.1　穗长分布曲线

来。将度量值划分为等距的组表示于横轴,每组内的个体频数表示于纵轴,这样只能得到直方图。随着逐步缩小组距,增加度量个体的数量,直方图最终将变成一条光滑的曲线,这条曲线就是近似正态分布曲线。

这里讲数量性状的图形近似正态分布曲线是指一般而言,这同决定数量性状基因座的数目和基因座的多态性有关。与数量性状表现有关的基因座的数目越多,每一个基因座的多态性越丰富时,数量性状表现的分布越接近正态曲线。环境条件的作用将影响频数分布曲线的形状。

如前所述,数量性状的表现是遗传基础和环境相互作用的结果。在群体中呈正态分布。因此数量性状的遗传特点如下。

1)两个纯合亲本杂交,F_1 表型一般呈现双亲的中间型,但由于环境的影响,有时也可能倾向于其中的一个亲本。

2)F_2 的表型平均值大体上与 F_1 相近,但变异程度比 F_1 要更为广泛。由于 F_2 分离群体内各种不同的表型之间既有量的区别,也有质的差异,因而不能求出简单的分离比例。

3)当杂交的双亲不是极端类型时,杂交后代中可能分离出高于高值亲本或低于低值亲本的类型,我们将这种杂交后代的分离超越双亲范围的现象称为超亲遗传(transgressive inheritance)。这种现象的表现除了基因的分离和自由组合对性状的表型产生作用外,还存在环境因素的影响。

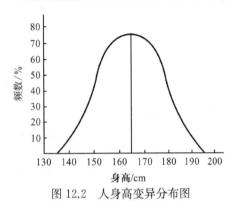

图 12.2　人身高变异分布图

例如,人的身高就是一个数量性状,在一个群体中的分布近似呈现一个正态分布,大部分人接近于平均数(165 cm),极高和极矮的个体只占少数(图 12.2)。

假设三对基因(AA'、BB'、CC')影响人的身高,A、B、C 三个基因各使人的身高在平均数的基础上增加 5 cm,它们的等位基因 A'、B'、C' 各使人的身高在平均数的基础上减少 5 cm。假如基因型为 $AABBCC$ 的身材极高的个体与基因型为 $A'A'B'B'C'C'$ 身材极矮的个体婚配,子代都将具有杂合的基因型 $AA'BB'CC'$,而且为中等身材。由于环境的影响结果,F_1 个体间在身高上仍会有一些差异。F_1 个体间如果进行婚配,F_2 中大部分个体仍将具有中等身材,但是变异范围广泛,将可能出现一些身材极高和极低的个体。这些变异既受三对基因分离和自由组合的影响,又受环境因素的作用,因此 F_2 身材高矮的表现需要考虑环境的变化。

下面用遗传图解(图 12.3)加以说明。

P　　　极高个体 $AABBCC$　　　极矮个体 $A'A'B'B'C'C'$

F_1　　　中等身高 $AA'BB'CC'$

③ ＼ ① ②	ABC	A'BC	AB'C	ABC'	A'B'C	AB'C'	A'BC'	A'B'C'
ABC	AABBCC	AA'BBCC	AABB'CC	AABBCC'	AA'BB'CC	AABB'CC'	AA'BBCC'	AA'BB'CC'
A'BC	AA'BBCC	A'A'BBCC	AA'BB'CC	AA'BBCC'	A'A'BB'CC	AA'BB'CC'	A'A'BBCC'	A'A'BB'CC'
AB'C	AABB'CC	AA'BB'CC	AAB'B'CC	AABB'CC'	AA'B'B'CC	AAB'B'CC'	AA'BB'CC'	AA'B'B'CC'
ABC'	AABBCC'	AA'BBCC'	AABB'CC'	AABBC'C'	AA'BB'CC'	AABB'C'C'	AA'BBC'C'	AA'BB'C'C'
A'B'C	AA'BB'CC	A'A'BB'CC	AA'B'B'CC	AA'BB'CC'	A'A'B'B'CC	AA'B'B'CC'	A'A'BB'CC'	A'A'B'B'CC'
AB'C'	AABB'CC'	AA'BB'CC'	AAB'B'CC'	AABB'C'C'	AA'B'B'CC'	AAB'B'C'C'	AA'BB'C'C'	AA'B'B'C'C'
A'BC'	AA'BBCC'	A'A'BBCC'	AA'BB'CC'	AA'BBC'C'	A'A'BB'CC'	AA'BB'C'C'	A'A'BBC'C'	A'A'BB'C'C'
A'B'C'	AA'BB'CC'	A'A'BB'CC'	AA'B'B'CC'	AA'BB'C'C'	A'A'B'B'CC'	AA'B'B'C'C'	A'A'BB'C'C'	A'A'B'B'C'C'

①:雌配子;②:F_2;③:雄配子

总计	0	1	2	3	4	5	6
	1	6	15	20	15	6	1

图 12.3　极高个体($AABBCC$)与极矮个体($A'A'B'B'C'C'$)杂交后 F_2 身材高矮的变化情况

将图 12.3 中 F₂ 的变异分布绘成柱形图和曲线图,可以看到它近似于正态分布(图 12.4)。

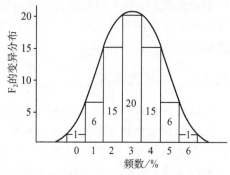

图 12.4　根据图 12.3 子 2 代的变异分布
绘成的柱形图和曲线图

12.1.2　数量性状与质量性状的关系

1. 数量性状与质量性状的联系

生物体的性状分成数量性状和质量性状,两者既有区别也有联系。联系表现如下:

1) 控制性状的基因都位于染色体上,都遵循孟德尔遗传定律。

2) 某些性状既有数量性状特点,又有质量性状特点,因区分着眼点不同而异。例如,小麦粒色,红粒对白粒为 3∶1 或 15∶1,当对红粒进行更仔细的观察时,则可以发现颜色之间存在量的差别,红色由深到浅存在几种程度,而且色调与基因数之间呈现剂量效应。

3) 同一性状因杂交亲本类型或有差异的基因数不同,可能表现为数量性状或质量性状。例如,豌豆株高,一般情况下它表现为数量性状。但在矮生型(30 cm 左右)与高秆型(200 cm 左右)杂交的情况下,F₂ 却出现差别明显的高∶矮为 3∶1 的比例,表现为质量性状的特点。

4) 某些基因可能同时影响数量性状与质量性状,或者对某一性状起主效基因(major genes)的作用而对另一性状起微效基因(minor genes)的作用。例如,在三叶草中,两种独立的显性基因互作产生叶斑,这与正常绿叶有质的区别;但是,这两种显性基因的不同剂量又影响叶片数的不同,叶片数显然是数量性状。

2. 数量性状与质量性状的区别

数量性状与质量性状之间还存在明显的区别,主要表现如下。

(1) 变异的表现　　质量性状的差别非常明显,是“非此即彼”的关系,彼此之间的差异是质的差异。而数量性状的差别是连续的,这种差别只表现在量的多少或大小上,也就是说彼此之间的差异是量的差异。

(2) 环境因素对性状表现的影响　　一般而言,环境因素对质量性状的影响很小,甚至不起作用。但环境因素对数量性状的影响却很大。由于不同环境对不同数量性状的影响不同,数量性状在个体间的差异,既包含遗传上的差异,又包含环境影响造成的差异。这两种差异混在一起,不易区分。

(3) 控制性状的基因数目　　质量性状由单个或少数几个基因控制。而数量性状则由多个基因控制,这些基因作用的大小可能不同,作用大的基因称为主基因,但其作用是可以累加的。目前,将控制数量性状的这些基因座称为数量性状基因座(quantitative trait locus,QTL)。

(4) 杂种后代的性状表现　　质量性状的杂种一代表现亲本中的显性性状(完全显性时),杂种二代的表现可直接用孟德尔定律来分析。数量性状的杂种一代往往表现出两个亲本的中间类型,杂种二代呈现连续分布。

数量性状与质量性状虽有明显的区别,但并非截然分开,它们在一定条件下彼此相关。现实中有些性状它们的遗传基础是多基因的,但表型却是非连续的,与人类健康有关的一些疾病的表现常如此。这些性状一般称为阈性状。这些性状有两个分布,一个是造成这类性状的某些物质的浓度或发育过程的速度的潜在连续分布,一般为正态分布;另一个是表型的间断分布。在人类许多多基因病中,由多基因基础决定的发生某种多基因病风险的高低,称为易感性(susceptibility)。遗传基础和环境相互作用决定是否易于患病,则称为易患性(liability)。易患性的变异呈连续变异,即正态分布。大部分个体的易患性都接近平均值,易患性低(抗病力强)和易患性高(抗病力低)的个体数量都很少(图 12.5)。

如果一个个体的易患性高达一定水平,即达到一个限度就能发病,这个限度称为阈值(threshold)。阈值代表在

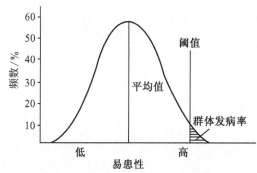

图 12.5　群体易患性变异分布图

一定环境条件下,发病所必需的、最低的易感基因的数量。阈值的存在,将群体的表型区分为不连续的两种相对性状:正常人和患者。上述内容即为阈值学说(threshold theory),它解释了连续分布的遗传易患性存在的不连续的性状或疾病。目前还无法证明阈值的合理性,但此学说确实对一些多基因遗传病进行了解释。

12.1.3　多基因假说

数量性状既然不能简单地用孟德尔定律解释,那么它们的遗传是否有规律可循呢?目前用多基因假说来解释数量性状遗传的机制。多基因假说是依据实验结果提出的。Nilsson-Ehle 于 1909 年用红粒和白粒小麦进行杂交,发现 F_1 都表现为红粒,但颜色不如亲本那么深。不同杂交组合的 F_2,分离比不同,有的红:白为 3:1,有的为 15:1,还有的为 63:1。麦粒红色的程度也存在差异。经过研究分析发现控制小麦籽粒颜色的共有三个基因座,每个各有一对等位基因,即 R_1r_1、R_2r_2 和 R_3r_3,其中每个显性基因都能使麦粒表现红色,且程度相同。当两个或多个显性基因同时存在时,由于重叠作用而使红色加深,即由于显性基因个数的不同,使得籽粒红色程度也不一样。当基因型为隐性纯合时(r_1r_1、r_2r_2、r_3r_3),则表现为白粒。

通过对不同组合亲本、F_1 和 F_2 的红粒仔细观察,发现 F_2 红与白的分离比为 3:1 时的红粒亲本比分离比为 15:1 的红粒亲本红色浅,分离比为 63:1 的红粒亲本红色最深。各组合 F_1 的红色都不如各自红粒亲本的颜色深。而且各组合 F_1 的籽粒红色程度也不同,红白比例越大的,F_1 颜色越深。各组合 F_2 的红粒个体,颜色深浅程度也不同,红白比例越大的,F_2 红色程度的差异也越大。

下面用图 12.6 来解释红白分离比的差异和红色籽粒程度上的差异。

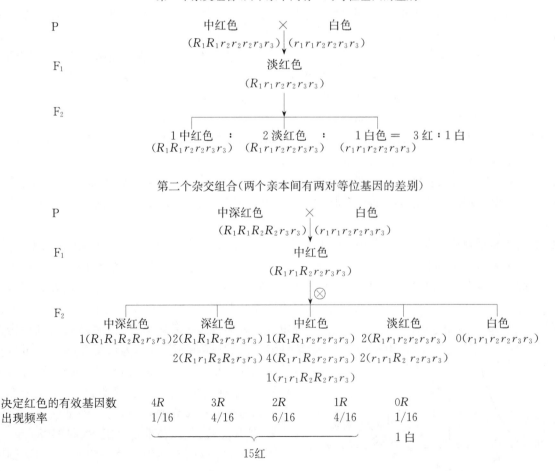

第一个杂交组合(两个亲本间有一对等位基因的差别)

P　　　　　　中红色　　　×　　　白色
　　　　　$(R_1R_1r_2r_2r_3r_3)$　　　$(r_1r_1r_2r_2r_3r_3)$

F_1　　　　　　　　淡红色
　　　　　　　　$(R_1r_1r_2r_2r_3r_3)$

F_2

1中红色　　:　　2淡红色　　:　　1白色 ＝　3红:1白
$(R_1R_1r_2r_2r_3r_3)$　$(R_1r_1r_2r_2r_3r_3)$　$(r_1r_1r_2r_2r_3r_3)$

第二个杂交组合(两个亲本间有两对等位基因的差别)

P　　　　　　中深红色　　　×　　　白色
　　　　　$(R_1R_1R_2R_2r_3r_3)$　　　$(r_1r_1r_2r_2r_3r_3)$

F_1　　　　　　　　中红色
　　　　　　　　$(R_1r_1R_2r_2r_3r_3)$

F_2

中深红色　　　　深红色　　　　中红色　　　　淡红色　　　　白色
$1(R_1R_1R_2R_2r_3r_3)$　$2(R_1R_1R_2r_2r_3r_3)$　$1(R_1R_1r_2r_2r_3r_3)$　$2(R_1r_1r_2r_2r_3r_3)$　$0(r_1r_1r_2r_2r_2r_3r_3)$
　　　　　　$2(R_1r_1R_2R_2r_3r_3)$　$4(R_1r_1R_2r_2r_3r_3)$　$2(r_1r_1R_2r_2r_3r_3)$
　　　　　　　　　　$1(r_1r_1R_2R_2r_3r_3)$

决定红色的有效基因数	$4R$	$3R$	$2R$	$1R$	$0R$
出现频率	1/16	4/16	6/16	4/16	1/16

　　　　　　　　　　　　　　　　　　　　　　　1白

15红

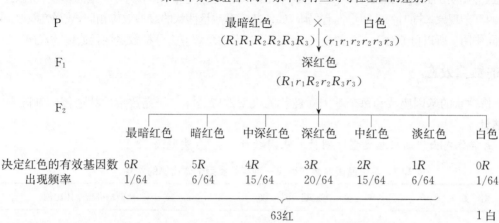

图 12.6　三个杂交组合产生 F_2 各表型的比例

当红白分离比为 $3:1$ 时,两个亲本间只有一对等位基因的差别,即一个白色亲本和一个只带有一对显性基因(R_1R_1 或 R_2R_2 或 R_3R_3)的红色亲本。

从上述例子可以看出,包含不同显性基因数目的各种 F_2 类型的分离比例,相当于二项式 $(p+q)^n$ 展开时的各项系数,其通项公式是 $C_n^r p^r q^{n-r}$。n 代表涉及的等位基因数目。上述例子分别为 2、4 和 6。r 代表每项中显性基因个数,例子中分别为 1、2、3、4、5 和 6。p 和 q 分别代表每对等位基因中显性和隐性基因可能出现的概率。例子中 R_1、R_2 和 R_3 的概率 $=p$,r_1、r_2 和 r_3 的概率 $=q$,且 $p=q=0.5=1/2$。

红白分离比为 $3:1$ 时,涉及 1 个基因座 2 个等位基因。分离比为 $15:1$ 涉及 4 个等位基因。分离比为 $63:1$ 涉及 6 个等位基因。它们各类 F_2 表型比例分别为 $(1/2+1/2)^2$,$(1/2+1/2)^4$ 和 $(1/2+1/2)^6$ 的二项式展开的各项系数,可用公式 $C_n^r=\dfrac{n!}{r!\,(n-r)!}$ 分别求出。式中 C 代表组合数,即各项的系数,$n!$、$r!$、$(n-r)!$ 分别代表相应的阶乘。$(1/2+1/2)^2$、$(1/2+1/2)^4$ 和 $(1/2+1/2)^6$ 相应的展开式系数则为

$$(1/2+1/2)^2=1/4+2/4+1/4$$

其中所含显性基因的个数为　　　　　　　　　　2　　　1　　　0

$$(1/2+1/2)^4=1/16+4/16+6/16+4/16+1/16$$

其中所含显性基因的个数为　　　　　　4　　　3　　　2　　　1　　　0

$$(1/2+1/2)^6=1/64+6/64+15/64+20/64+15/64+6/64+1/64$$

其中所含显性基因的个数为　　　6　　　5　　　4　　　3　　　2　　　1　　　0

由此可以确定小麦粒色的遗传完全符合二项式展开的数量关系。同时也说明数量性状遗传也是由基因控制的。当涉及的等位基因数越多时,F_2 出现的类型数也越多,所以 F_2 类型数的多少直接由基因数的多少决定。各基因的活动依然符合遗传规律,只是涉及的基因数目多时,表现的分离更复杂而已。

根据对小麦粒色的遗传分析,Nilsson-Ehle 提出了著名的多基因假说。经过后来的进一步发展,奠定了关于数量性状遗传的重要理论——多基因体系(polygenic system),其要点如下:

1) 数量性状受到许多独立遗传的基因共同作用,每个基因的表型效应微小,但其遗传方式仍然符合孟德尔遗传定律。

2) 等位基因间通常无显隐关系。

3) 各基因的效应相等,作用可以累加,并呈现剂量效应。

4) 各基因对外界环境敏感,其表型效应易受环境的影响。

5) 有些数量性状受少数几对主基因的支配,还受到一些微效基因的修饰。

由于涉及基因数目多,每个基因作用小,且可以累加,加上修饰基因的修饰作用和环境的影响,数量性状表现连续变异。

多基因假说虽然阐明了数量性状遗传的某些现象,但由于无法区分基因和环境对表型的影响,所以还不能完全解释数量性状的复杂现象。同时一些假定也有局限,如各基因对数量性状的表型效应相同,数量性状受到许多独立遗传的基因共同作用。所以目前对于许多数量性状都是从基因的总效应去分析数量性状遗传的规律。

12.1.4 基因的数量效应

确定控制数量性状的基因座数和每个基因对性状的表型效应是深入研究数量性状遗传的基础。

1. 基因数目的估计

(1) 根据分离群体内出现的极端类型比例估算基因数目　　方法见表12.1。

表 12.1　等位基因对数与后代一种极端类型个体比例的关系

基 因 对 数	分 离 基 因 数	极端类型个体比例
1	2	$\frac{1}{4}=\left(\frac{1}{4}\right)^1$
2	4	$\frac{1}{16}=\left(\frac{1}{4}\right)^2$
3	6	$\frac{1}{64}=\left(\frac{1}{4}\right)^3$
4	8	$\frac{1}{256}=\left(\frac{1}{4}\right)^4$
⋮	⋮	⋮
n	2n	$\left(\frac{1}{4}\right)^n$ 或 $\left(\frac{1}{2}\right)^{2n}$

根据表中的公式,可由分离群体中出现的极端类型个体的比例,求出分离基因数或涉及的基因座个数。例如,在某个小麦杂种 F₂ 群体中发现最早熟的类型占总数的 1/256。那么由上表可以估算出控制成熟期遗传的基因对数是 4 对,相应的分离基因数应该是 8 个。

(2) 估计最低限度的基因对数　　在实际应用中,由于影响数量性状的基因数目很多,且受环境影响,不易确切获得极端类型,所以表12.1的方法有很大的局限性。可用下面公式计算最低限度的基因对数。

$$n=\frac{(\overline{P_1}-\overline{P_2})^2}{8(V_{F_2}-V_{F_1})} \tag{12-1}$$

式中,n 为基因对数,$\overline{P_1}$、$\overline{P_2}$ 分别为两亲本的平均值,V_{F_1} 为 F₁ 的表型方差,V_{F_2} 为 F₂ 的表型方差。

例如,有人为了估算控制玉米果穗长度的基因对数得到下列数据:

爆粒玉米穗长的平均数＝6.632
甜玉米穗长的平均数＝16.802
两者杂交,F₁ 穗长的方差＝2.309
F₂ 穗长的方差＝5.074

代入公式(12-1),得

$$n=(16.802-6.632)^2/[8\times(5.074-2.309)]=4.6758\approx5$$

由估算结果可知,上述玉米果穗长度的遗传最低限度涉及 5 对基因,即 10 个基因在起作用。

最低限度基因对数的估算法虽然考虑到数量性状的连续变异特点和力求排除环境的影响,但也存在估算不准确的问题。

2. 多基因的表型效应估计

确定了影响数量性状的基因数目,就可以研究微效基因的表型效应了。效应是可以累加的,累加方式基本上分成两类:一是算术级累加,也称累加作用;二是几何级累加,也称倍加作用。

（1）累加作用（cumulative effect）　　每个有效基因的作用是由固定数值与基本数值的加减关系所决定的。

例如，某一植株的株高由两个基因座所控制。高秆亲本的基因型为$AABB$，表型值为 16.8 cm。矮秆亲本的基因型为$aabb$，表型值为 6.6 cm。若基因的作用为累加形式，则每个有效基因的效应可按下述方式计算：已知矮秆亲本不包含有效基因，因而它的高度可以看作个体表型值的基本值。双亲之差为 16.8 － 6.6 ＝10.2（cm）。这个差值是 4 个有效基因作用累加起来的，因而每个有效基因对表型的作用则是 10.2/4 ＝ 2.55（cm）。当个体具有一个有效基因时，株高为 6.6 ＋2.55＝9.15（cm）。有两个有效基因时，株高为 6.6 ＋ 2×2.55＝11.7（cm）。依此类推，下面用图解来说明杂种后代的表现：

$$P\qquad AABB(16.8\ cm)\times aabb(6.6\ cm)$$
$$\downarrow$$
$$F_1\qquad AaBb[6.6+2\times2.55=11.7\ (cm)]$$
$$\downarrow\otimes$$
$$F_2\ 的基因型和表型$$

	1aabb	2Aabb 2aaBb	1AAbb 4AaBb 1aaBB	2AaBB 2AABb	1AABB
频　数	1	4	6	4	1
F_2 有效基因数	0	1	2	3	4
累加值	6.6＋0	6.6＋1×2.55	6.6＋2×2.55	6.6＋3×2.25	6.6＋4×2.55
表型值/cm	6.60	9.15	11.70	14.25	16.80

这种基因累加作用的假说虽然较易理解，并解释了一些数量性状的遗传，但并不完善，许多现象还不能单独用它进行圆满的说明。

（2）倍加作用（product effect）　　每个有效基因的作用是按固定数值与基本值的乘除关系来决定的。

假定高秆亲本的基因型为$AABB$，表型值为 80 cm。矮秆亲本的基因型为$aabb$，表型值为 20 cm。F_1 基因型是$AaBb$，其株高是双亲几何平均数，即对双亲株高求积再开平方＝$\sqrt{80\times20}=40$（cm）。F_1 的株高除包含两个有效基因的作用外还包含每个个体的基本值。因此，可用下式求出在倍加作用下每个有效基因的效应值。

$$效应值＝\sqrt[n]{F_1\ 的表型值/基本值} \tag{12-2}$$

式中，n 为 F_1 中有效基因的个数。

本例 F_1 表型值＝40 cm，基本值＝20 cm，F_1 中包含两个有效基因。

$$效应值＝\sqrt{40/20}=1.414$$

下面也用图解来加以说明：

$$P\qquad AABB(80\ cm)\quad\times\quad aabb(20\ cm)$$
$$\downarrow$$
$$F_1\qquad AaBb(40\ cm)$$
$$\downarrow\otimes$$
$$F_2\ 具体的表现$$

基　因　型	频　数	有效基因数	累　积　值	表型值/cm
1aabb	1	0	20×1.414^0	20.0
2Aabb＋2aaBb	4	1	20×1.414^1	28.3
4AaBb＋1AAbb＋1aaBB	6	2	20×1.414^2	40.0
2AaBB＋2AABb	4	3	20×1.414^3	56.6
1AABB	1	4	20×1.414^4	80.0

对基因作用的两种形式而言,倍加作用可能比累加作用要多些,有时可能两种形式同时起作用,不过究竟属于哪种形式要看具体性状而定。举例涉及的基因对数较少,没有考虑环境影响,亲本都是极端类型等因素,因此实际情况是很复杂的。

12.2 数量性状遗传的统计分析

由于数量性状与质量性状存在很大的差别,针对数量性状遗传的研究就不能简单地按照质量性状的方式来进行。进行数量性状遗传的研究必须要注意两个问题:① 研究的单位从个体扩大到群体,即只有对大量个体组成的群体进行研究分析,才能获得其遗传规律和动态;② 要对连续变异的数量性状的遗传进行研究,就必须运用数理统计的方法。这里只简单地介绍一些常用的统计学基本参数的概念和计算方法。

12.2.1 平均数

平均数(mean)是某一性状的 n 个观测值的平均,表示对这个数量性状样本观测值集中程度的度量。一般包括算术平均数和加权平均数。

(1) 算术平均数 (arithmetic mean)   指将所有观测值相加,除以观测值的个数得到的商,简称平均数,用 $\bar{x}$ 表示。其中样本平均数记为

$$\bar{x} = \frac{x_1 + x_2 + \cdots + x_n}{n} = \frac{\sum_{i=1}^{n} x_i}{n} \tag{12-3}$$

例:猪的体重是个变量,即数量性状。现有 5 头猪的体重(kg)分别为: $x_1 = 70, x_2 = 72, x_3 = 80, x_4 = 83, x_5 = 88$,问 5 头猪的平均数是多少?

$$\bar{x} = (70 + 72 + 80 + 83 + 88)/5 = 78.6 (\text{kg})$$

(2) 加权平均数 (weighted mean)   当观测值很多时,每个观测值可能出现多次。这时观测值求和的方法可以由加法变为乘法,即用观测值乘以其出现的次数,而后再相加,除以观测值的总个数得到的商,即加权平均数。公式为

$$\bar{x} = \frac{\sum_{i=1}^{k} (fx)_i}{n} \tag{12-4}$$

式中, x_i 为各观察值, f_i 为第 i 个观察值的个数, k 为组数, n 为总个数。

例:观测 57 个玉米果穗长度,即 $n = 57$,其中 4 个为 5 cm,21 个为 6 cm,24 个为 7 cm,8 个为 8 cm。

$$\bar{x} = (5 \times 4 + 6 \times 21 + 7 \times 24 + 8 \times 8)/(4 + 21 + 24 + 8) = 6.63 (\text{cm})$$

12.2.2 方差分析

仅通过平均数还不足以了解数量性状的全貌。因为平均数仅反映群体的平均表现,并不能反映群体内的变异情况,如观测值与平均数之间的变异程度,观测值之间的变异程度。前面已讲数量性状在 F_1 和 F_2 之间的平均数基本相等,但变异情况 F_2 远远大于 F_1。

方差(variance)记作 V ,可以表示群体内的变异程度。方差数值大,群体变异程度则大;方差数值小,变异程度则小。方差计算公式如下:

$$V = \frac{\sum_{i=1}^{n} (x_i - \bar{x})^2}{n - 1} \tag{12-5}$$

上式可由以下恒等式给出：

$$V = \dfrac{\sum\limits_{i=1}^{n} x_i^2 - \dfrac{\left(\sum\limits_{i=1}^{n} x\right)^2}{n}}{n-1} \qquad (12-6)$$

以 12.2.1 中猪的体重为例：

$$V = [(70-78.6)^2 + (72-78.6)^2 + (80-78.6)^2 + (83-78.6)^2 + (88-78.6)^2]/(5-1)$$

$$= [(70^2 + 72^2 + 80^2 + 83^2 + 88^2) - (70+72+80+83+88)^2/5]/(5-1)$$

$$= 56.8$$

当 n 很大时，方差的公式为

$$V = \dfrac{\sum\limits_{i=1}^{k} f_i (x_i - \bar{x})^2}{n-1} = \dfrac{\sum\limits_{i=1}^{n} f_i x_i^2 - \left(\sum\limits_{i=1}^{n} f_i x_i\right)^2}{n-1} \qquad (12-7)$$

以 12.2.1 中玉米果穗长度为例：

$$V = [4(5-6.63)^2 + 21(6-6.63)^2 + 24(7-6.63)^2 + 8(8-6.63)^2]/(57-1)$$

$$= [(4 \times 5^2 + 21 \times 6^2 + 24 \times 7^2 + 8 \times 8^2) - (5 \times 4 + 6 \times 21 + 7 \times 24 + 8 \times 8)^2/57]/(57-1)$$

$$= 0.665$$

由于方差的单位失去了物理意义，通常也用标准差来表示群体的变异程度。标准差（standard deviation）记作 S，等于方差的算术平方根。标准差大，群体变异则大；反之，则小。

$$S = \sqrt{V} \qquad (12-8)$$

已知：猪体重的方差 $=56.8$，则标准差为：$S = \sqrt{56.8} = 7.54$。

玉米果穗长度的标准差为：$S = \sqrt{0.665} = 0.81$。

由于标准差是方差的算术平方根，所以标准差的单位与观测值的单位一致。平均数与标准差配合起来，能较全面地反映群体数量性状的特点。表现方法为 $\bar{x} \pm S$。

如玉米果穗长度这个数量性状的特点可写成：$\bar{x} \pm S = 6.63 \pm 0.815$。

12.3　遗传力及其估算

由于数量性状是连续变异的，它的表现受到遗传和环境的共同影响。目前还无法区分两者的作用大小，因此只能在整体上分析数量性状在群体中的表现，然后用统计方法获得一些参数，利用这些参数对数量性状的遗传加以说明，了解其遗传特性。遗传力就是一个特别重要的参数。为了更深刻地理解遗传力，还需要了解以下一些基础知识。

12.3.1　基因型值及其构成

为了具体衡量数量性状在群体中的表现，必须要有一个个体的数值概念，即该个体的表型值，也称观测值。它是指对一个个体，在某个数量性状上进行度量所得到的数值。如前面介绍的猪的体重 72 kg 就是一头猪在体重这个数量性状上的度量值，即它的表型值。

根据基因型与环境共同作用产生数量性状表型这一原理，表型值可以分解为基因型值和环境效应两个部分，用符号表示则有：$P = G + E$，其中 $P =$ 表型值，$G =$ 基因型值，$E =$ 环境效应。

基因型值指特定基因型个体性状表现的一定数值。

环境效应指除基因型外环境对个体性状表现的作用。

如果个体所遇到的环境差异完全是随机的,作用既有正作用也有反作用且正负值相互抵消,则群体内的总环境效应就等于零($\sum E = 0$),对全部个体 N 所构成的群体而言,$\sum P = \sum G + \sum E$,共同除以 N 求平均数,则有:

$$\frac{\sum P}{N} = \frac{\sum G}{N} + \frac{\sum E}{N},$$

(12-9)

即 P 的平均值=G 的平均值。这时平均表型值等于平均基因型值。所以大群体内根据表型值求得的群体平均值,就可以认为是群体的平均基因型值,它表示数量性状群体的遗传水平。

基因型值是可遗传部分,考虑到构成基因型的各基因的关系及其相互作用,它可进一步分割为三个组成部分。

(1) 基因的累加作用(additive effect) 记作 A,指基因型内所含的基因平均效应的总和。由于它是按基因效应累加的数值,在上下代间可以固定遗传,因而直接关系到育种改良的成效,故又称育种值(breeding value)。

(2) 显性离差(dominance deviation) 记作 D,指基因型值与其育种值之差。就其来源,它属于基因座内等位基因相互作用引起的偏差。对于群体内的单一基因座来说,$G = A + D$,由于显性离差产生于基因座内互作,与等位基因间的显性程度有关。如果显性效应不存在,则基因型值等于育种值。随着基因传递过程中的分离和重组,基因间的关系发生改变,所以显性离差被认为是能遗传而不能被固定的遗传因素。

(3) 上位效应/偏差(epistatic deviation) 记作 I,指非等位基因之间的互相作用所产生的偏差。假定有两个基因座,若 G_A 为其中一个的基因型值,G_B 为另一个的基因型值,则个体的基因型值为:$G = G_A + G_B + I_{AB}$,式中 I_{AB} 表示两个基因座相互作用对基因型值产生的效应,若 $I_{AB} = 0$,则说明它们之间无相互作用。

当基因座超过两个时,上位互作很复杂,加上其他效应,这样在统计分析中往往进行综合效应分析,由此个体某性状的基因型值可以分剖为:$G = A + D + I$,其中 A 为育种值总和,D 为显性离差总和,I 为上位效应总和。

12.3.2 群体方差的理论组成

鉴于数量性状表现连续变异,因此常用方差来度量群体内个体间的表型差异。由于表型值 $P = G + E$,表型方差值 V_P 也可以剖分为遗传方差 V_G 和环境方差 V_E。假定基因型与环境独立无关,即两者之间的协方差为零时,$V_P = V_G + V_E$。又因 $G = A + D + I$,故 V_G 又可进一步分剖。若 A、D 和 I 彼此独立无关,则 $V_G = V_A + V_D + V_I$。V_A=加性方差,V_D=显性方差,V_I=上位方差。

群体类型不同,其方差组成也不同。单一基因型构成的群体,如纯合亲本和相应的杂种 F_1 等,因群体内个体间基因型相同,$V_G = 0$,它们的 $V_P = V_E$,因此可作为环境方差的估值。从 F_2 开始,杂种世代群体内包含有大量的遗传变异,由于它们都要受到环境的影响,这样它们的 $V_P = V_G + V_E$。

假设不同基因座之间没有互作时,F_2 群体表型方差还可表示为

$$V_{F_2} = V_G + V_E = (1/2)V_A + (1/4)V_D + V_E$$

(12-10)

F_3 群体表型方差可表示为

$$V_{F_3} = V_G + V_E = (3/4)V_A + (3/16)V_D + V_E$$

(12-11)

同年种植 P_1、P_2、F_1、F_2、F_3,分别求出它们各自的表型方差,根据这些群体表型方差的组成,求出 V_A 的公式为

$$V_A = \frac{2(4V_{F_3} - 3V_{F_2} - V_E)}{3}$$

(12-12)

12.3.3　遗传力及估算方法

1. 概念与类别

对数量性状来说,排除环境影响,确定基因型对其表型的真实作用是非常重要的。目前可用遗传力(heritability)来表示,记作 h^2,它是指数量性状遗传中,遗传因素所起作用程度的大小。应注意遗传力是一个群体概念,不能用于个体。

遗传力可以根据实验数据估算。依遗传方差的构成不同,遗传力又可分为广义(broad-sense)与狭义(narrow-sense)两种。广义遗传力记作 h_b^2,它是指遗传变异占表型变异的百分数;狭义遗传力记作 h_n^2,则是指加性遗传变异占表型变异的百分数,即扣除环境影响、显性离差及上位作用后,能固定遗传的变异占表型变异的百分数。狭义遗传力比广义遗传力更为确切可靠。

已知 $V_P = V_G + V_E$,$V_G = V_A + V_D + V_I$,则广义遗传力为

$$h_b^2 = V_G/V_P \times 100\% = (V_P - V_E)/V_P \times 100\% \tag{12-13}$$

狭义遗传力为

$$h_n^2 = V_A/V_P \times 100\% \tag{12-14}$$

2. 遗传力的意义和性质

遗传力的重要意义之一,就在于它能反映群体内数量性状的遗传变异情况,从而可以判断某数量性状遗传给下一代时,环境因素影响的程度,这样在下一代中进行选择时,可以判断选择效果的好坏。遗传力高说明数量性状的变异主要是遗传变异,对这种性状进行选择效果好,反之则相反。此外,在育种值估计、选择反应预测、选择方法比较及育种规划决策等中均有十分重要的作用。

根据大量的研究结果,一般认为遗传力有以下一些特点:

1) 变异系数小,受环境影响小的性状,遗传力较高,反之则较低。

2) 与自然适应性无关的性状,遗传力高,反之则较低。

3) 亲本差距大,则杂种后代遗传变异丰富,求得的遗传力估值较高。

以上三点在估算遗传力和应用遗传力时应予以注意。

12.4　交配遗传分析

交配是动植物有性生殖过程中的一个重要环节。根据个体亲缘关系和遗传组成的不同,可将交配基本分为近交(inbreeding)(也称为近亲繁殖)和杂交(cross)。一般说来,近交是指血缘或亲缘关系较近个体间的交配;杂交则是指血缘或亲缘关系较远个体间的交配。两者之间没有绝对分开的界限。

12.4.1　近交的遗传效应

根据亲缘关系的远近程度,近交一般可分为:全同胞交配(full-sib,同父同母的兄妹间交配);半同胞交配(half-sib,包括同父异母或同母异父的兄妹间交配);亲表兄妹、堂兄妹间的交配(first cousins,包括姑表、姨表、堂兄妹间的交配);植物或雌雄同体动物的自交(self-fertilization),这是近交的极端类型;回交(back-crossing)也称为亲子交配(指包括亲本之一与杂种后代个体间的交配)。

近交的遗传效应主要表现为使遗传组成纯合、不良隐性性状表现等。下面根据不同的近交方式举例说明。

1. 自交的遗传效应

现以一对等位基因 Aa 为例说明自交时遗传组成的纯合过程。假设每个基因的频率都为 0.5;群体中有三种基因型即 AA、aa、Aa,每种基因型的频率依次为 0.25、0.25、0.5。如果自交,只能有三种交配类型:$AA \times AA$、$aa \times aa$、$Aa \times Aa$;第一、二两种交配类型产生的子代全部都是与亲本相同的纯合体;第三种交配类型属于杂合体间的交配,后代还是三种基因型 AA、aa、Aa,此后代中,每种基因型的频率还是依次为 0.25、

0.25、0.5。经过一代自交,整个群体中杂合体的频率减少一半。

　　当群体都是杂合体,且该群体中的个体连续自交,则其后代群体中杂合子的比例逐代减少,纯合子比例相应增加,从而导致遗传组成纯合化。在一对等位基因情况下,自交代数与杂合子比例的关系表现为

$$杂合子的比例 = \left(\frac{1}{2}\right)^n \qquad (12-15)$$

式中,n 为自交代数。

　　自交后代群体中杂合子的减少除与自交代数有关外,还与杂合的基因座位数有关。当群体所有个体都有相同的多对基因杂合时,该群体中的个体连续自交,自交代数和杂合基因对数与杂合子比例的关系表现为

$$杂合子的比例 = 1 - \left[1 - \left(\frac{1}{2}\right)^n\right]^r \qquad (12-16)$$

式中,n 为自交代数,r 为基因座位数。

　　上述公式的应用条件是有关的基因座是独立遗传的,而且各种基因型后代的繁殖能力相同。

　　杂合体通过自交可导致等位基因的纯合,使隐性性状得以表现出来。例如,玉米自交后代常出现白化苗、黄绿苗、矮生植株等畸形症状,所以异花授粉植物通过自交会引起后代的近交衰退。在高等动物及人类中,近亲繁殖也会产生这一效应,这点要特别注意。但自花授粉植物如小麦、水稻、马铃薯和烟草等,在长期进化过程中的自然选择作用下,逐渐消除了自交的不利影响,成为具有较强生活力和适应能力的稳定类型。

2. 回交的遗传效应

　　连续回交即 A×B→F$_1$,F$_1$×A→BC$_1$,BC$_1$×A→BC$_2$……其中 BC$_1$ 表示第一代回交后代,BC$_2$ 表示第二代回交后代等。回交过程中的 A 亲本叫作轮回亲本,B 亲本叫作非轮回亲本。

　　连续回交可使后代的基因型逐代增加轮回亲本的基因成分,逐代减少非轮回亲本的基因成分。从而使轮回亲本的遗传组成逐渐替换后代中的非轮回亲本的遗传组成,导致后代群体的性状逐渐趋近于轮回亲本。轮回亲本与非轮回亲本杂交后,两者的核基因在 F$_1$ 中各占 1/2;回交一次后,在回交一代(BC$_1$)中,非轮回亲本的核基因减少了其 1/2,即变为 1/4,轮回亲本核基因则增加了其 1/4,即变为 3/4;依此类推,可得到回交代数与回交后代中非轮回亲本的核基因所占比例和轮回亲本的核基因所占比例:

$$非轮回亲本的核基因所占比例 = \left(\frac{1}{2}\right)^{n+1} \qquad (12-17)$$

$$轮回亲本的核基因所占比例 = 1 - \left(\frac{1}{2}\right)^{n+1} \qquad (12-18)$$

式中,n 为回交的代数。

12.4.2　近交系数

　　为了能够确切地理解近交的概念和遗传效应,需要用一个数量指标来表示近交的程度,即近交系数。一个个体的一个基因座中,根据功能和血缘,可将两个相同的等位基因分为功能相同的纯合子和血缘相同的纯合子。所谓血缘相同的纯合子是指两个等位基因是由同一个祖先基因通过复制而传递下来的。

　　近交系数(coefficient of inbreeding)是指一个个体任何基因座上的两个等位基因属于血缘相同的概率,用 F 表示。当 $F_A = 0$ 时,表示个体 A 的双亲无亲缘关系。

　　近交系数的应用不仅只限于个体上,也可在群体上应用。群体上的近交系数是指从一个群体中随机抽取两个等位基因在血缘上相同的概率。

1. 个体水平上近交系数的计算

　　个体水平上近交系数的计算一般采用通径法,即将包括某个体的双亲与共同祖先在内的系谱图转化成

通径图,而后按照具体公式计算就可得到个体的近交系数。

　　所谓通径图是应用数学中的一个概念,它能最方便最明显地反映出变量之间的相互关系。通径图由变量、箭头和数字组成。确定通径图的过程包括:确定变量的个数;确定两两变量之间是否存在关系;存在关系,是相关关系还是回归关系(因果关系);是相关关系,用双箭头连接两个变量,是回归关系,用单箭头连接两个变量,箭头的起点为原因变量,箭头的终点为结果变量,每个箭头表示一个通径(path);计算变量之间关系的大小,其中计算单箭头变量之间关系大小的数值为通径系数(path coefficient)。由一条或一条以上的通径所组成的完整的通道称为通径链。图 12.7 为一个通径图。

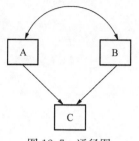

图 12.7　通径图

　　图中 A、B、C 为三个变量,A 和 B 之间为相关关系,A 和 B 分别与 C 为因果关系。

　　用系谱图转化成的通径图与上述通径图有区别。区别表现在图中的变量被系谱中有血缘关系的个体所取代;个体之间的关系是确切的血缘关系;任何两个个体之间的关系都是亲子关系(因果关系);所有通径系数都相等。

　　将系谱图转化成的通径图是由系谱中有血缘关系的每一个个体和根据个体之间的血缘关系构成的;亲子之间用单箭头连接,即用→表示某一亲代与其一个后代的血缘关系,起点为亲代,箭头指向后代;一个单箭头也叫一条通径,所有通径的通径系数都等于1/2。

　　现以一个近亲婚配的系谱为例,说明系谱图(图 12.8)转化成通径图(图 12.9)的过程。

　　先将系谱中无血缘关系的个体(F,M,N)去掉,然后将系谱中的连线,根据血缘关系用单箭头替代,无血缘关系的双亲之间的连线去掉,这样就将系谱图转化成了通径图 12.9。

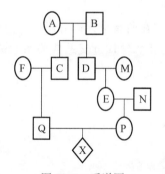

图 12.8　系谱图

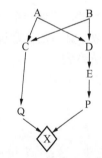

图 12.9　转化后的通径图

　　计算个体 X 的近交系数的公式为

$$F_X = \sum \left(\frac{1}{2}\right)^{n+1} (1 + F_I) \tag{12-19}$$

式中,n 为一条通径链上的箭头数;F_I 为任一共同祖先 I 的近交系数。

　　计算由系谱图转化成通径图中,个体 X 的近交系数的步骤包括:

　　第一步:确定共同祖先的个数和它们的近交系数。共同祖先可能有若干个;它们的近交系数可能相同,也可能不同。

　　第二步:找出通径图中所有共同祖先与个体 X 双亲所构成的通径链。因为个体 X 成为血缘相同的纯合子,只有两个等位基因来源于同一个共同祖先并通过个体 X 的双亲传递给它才有可能。确定通径链的方法是:由共同祖先开始,沿着由它发出两个箭头的不同方向,分别到达个体 X 的两个亲本,即为一条通径链;注意箭头的方向不能错。一般说来,每个通径图中可能有若干个通径链;每个共同祖先也可产生若干个通径链。

　　第三步:计数每一条通径链中所含的箭头数。

第四步：将上面确定的数值(箭头数)代入公式(12-19)，就可得到个体 X 的近交系数。

现以下面的通径图为例，说明近交系数的计算。

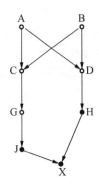

个体 X 的双亲(J、H)分别有两个共同祖先，即 A 和 B。A 和 B 个体没有共同祖先，因此 F_A 和 F_B 都等于零。

每个共同祖先只产生一条通径链；其中共同祖先 A 产生的通径链是 J←G←C←A→D→H，共同祖先 B 产生的通径链是 J←G←C←B→D→H。

两条链中的箭头数都是 5。

$$F_X = \sum \left(\frac{1}{2}\right)^{n+1}(1+F_I) = \left(\frac{1}{2}\right)^{5+1}(1+F_A) + \left(\frac{1}{2}\right)^{5+1}(1+F_B)$$

$$= \left(\frac{1}{2}\right)^{5+1} + \left(\frac{1}{2}\right)^{5+1} = \left(\frac{1}{2}\right)^{5} = \frac{1}{32}$$

2. 群体水平上近交系数的计算

计算连续进行近交其各世代的近交系数时，一般假定在所有世代都应用同一近亲交配，且同一世代的所有个体都具有同一近交系数。计算的实际过程是先推出相邻世代近交系数关系的递推方程；然后，根据推导的方程求出所需世代的近交系数。

连续自交过程中任一世代近交系数的递推方程为

$$F_t = 1 - \left(\frac{1}{2}\right)^{t}(1-F_0) \qquad (12-20)$$

式中，F_t 为自交 t 世代的近交系数；F_0 为初始世代的近交系数。

从公式可以看出，自交导致群体近交系数迅速增加。当 $F_0 = 0$ 时，$F_1 = 1/2$，$F_2 = 3/4$，$F_3 = 7/8$，…。只需要几代，整个群体几乎都是由血缘相同的纯合子组成。

连续回交过程中任一世代近交系数的递推方程为

$$F_t = \frac{1}{4}(1+F_A+2F_{t-1}) \qquad (12-21)$$

式中，F_t 为回交 t 世代的近交系数；F_A 为重复回交，即轮回个体 A 的近交系数。

当 $F_A = 0$ 时，$F_1 = 1/4$，$F_2 = 3/8$，$F_3 = 7/16$，…。

12.4.3　杂种优势假说

杂交除涉及血缘关系不同外，还与遗传组成不同有关。通过杂交可以恢复因近交而引起的近交衰退，这种现象叫作杂种优势(heterosis, hybrid vigor)，即杂交子代在生长、成活、繁殖等能力或生产性能等方面优于双亲平均值的现象。关于杂种优势的遗传机制认识还不太清楚，目前有两种理论解释杂种优势形成的机制。

显性学说(dominance hypothesis)也称"显性基因互补说"，其基本论点就是，如果杂交亲本的基因频率和显性程度有差异,杂交子代就将表现杂种优势。不同的近交系可以在不同的基因座位上具有不利的纯合隐性基因。当两个近交系杂交得到杂种 F_1 时,杂合座位上的显性基因就会掩盖其相对的隐性基因的作用,从而使 F_1 表现最强的生活力,即:

$$\frac{A\,b\,C\,D}{A\,b\,C\,D} \times \frac{a\,B\,c\,d}{a\,B\,c\,d}$$

$$\downarrow$$

$$\frac{A\,b\,C\,D}{a\,B\,c\,d}$$

　　超显性学说(overdominance hypothesis)也称"等位基因互作学说"或"杂合性学说",其中心意思是说杂合性本身就是产生杂种优势的原因,即杂合等位基因 (A_1A_2) 的两个成员在生理、生化反应能力以及适应性等方面,均优于任何一种纯合类型(A_1A_1 或 A_2A_2),这种杂合等位基因不论是显性基因还是隐性基因,都表现出优势。

　　上述两个有关杂种优势学说的根本差别在于:显性学说认为杂种生活力来自有利的显性基因;而超显性学说认为由于等位基因互作,杂合子比纯合子生命力强。目前,对于上述两种学说还难以通过精确的实验直接进行检验或判断。但是,一些实验结果证明,二者在分析及利用杂种优势方面都有意义,二者是相辅相成的。

思　考　题

1. 举例说明数量性状的遗传特点。

2. 简述多基因假说的内容及其意义。

3. 举例说明决定数量性状基因的作用方式。

4. 群体的方差由哪几部分组成?

5. 简述估算遗传力的方法和原理。

6. 近交有哪些遗传学特点?

7. 简述杂种优势假说及其意义。

8. 如何解释近交衰退现象?

推 荐 参 考 书

1. 李璞,2004. 医学遗传学.2 版. 北京:中国协和医科大学出版社.

2. 盛志廉,陈瑶生,1999. 数量遗传学. 北京:科学出版社.

3. 赵寿元,乔守怡,2008. 现代遗传学.2 版. 北京:高等教育出版社.

4. 孙祎振,郭蓓,于同泉,等,2011.数量遗传学.北京:中国农业科学技术出版社.

5. Klug W S, Cummings M R, Spencer C A, et al., 2017. Essentials of Genetics.9th Edition. Essex:Pearson Education Limited.

第13章 基因调控与发育

提 要

　　基因的发现使经典遗传学进入了一个前所未有的、繁荣的分子遗传学时期。发育作为现代遗传学的重要领域,随着分子生物学的进展,发育遗传的研究工作日新月异。为阐述基因及其表达调控在发育过程中的关键作用,本章首先介绍了现代发育生物学使用的三大主要模式动物:秀丽隐杆线虫、果蝇和小鼠。然后以这些模式动物经典的和最新的基因调控研究结果为依据,对发育遗传中的重要生命现象,如细胞的生长和体形的大小、性别决定、视觉与眼的发育、肌肉发育、发生和进化,以及发育和衰老等进行介绍和探讨。本章以哺乳模式动物小鼠为例,较为具体地阐述特定的基因在囊胚发育、囊腔形成中的作用,重点介绍早期胚胎细胞分化的分子机制。另外,还简要介绍胚胎干细胞和细胞再编程。

　　近年来,现代分子生物学研究取得了长足发展。随着现代细胞生物学、发育遗传学的飞速发展,许多分子生物学的基本概念不断在细胞和生物个体的发育分化水平上得到验证和细化,很多概念不断地被充实至精准。自 1953 年 Watson 和 Crick 发现 DNA 分子的双螺旋结构以来,中心法则得到修正并日趋完善,使分子水平的体外研究工作逐渐进入体内细胞这一生命的最小单元中来,并且正在向器官和组织构建的动态发育生物学水平发展,进而最终将揭示介导生命个体遗传发育过程的分子机制。基因及基因相关概念扩充发展的实际,也正好反映了以上发展趋势。

　　最早的基因概念认为,一个基因表达一个蛋白质功能单位,但随后,生物学家们就发现"一基因一蛋白质"并不能完全代表细胞内的实际情况,因为许多功能单位复合体多由几个蛋白质亚基构成,因此他们提出了一个基因仅表达一个蛋白质复合体中一个亚基的概念。而现在提出的"一个基因表达一个肽"乃至"一个基因表达多个肽"的概念也使基因的概念更加准确。多年以来,基因在生物个体发育遗传上的功能多来源于人们基于细胞研究发现而给出的推论,但缺乏分子生物化学的数据支持。然而,通过"功能获得"(gain of function)和"功能丧失"(loss of function)技术在模式动物上的成功应用,真正打开了研究遗传发育过程分子机制的大门。本章着重介绍基因和基因调控机制,以及它们与模式动物发育的相关性。

13.1 基因调控研究的主要模式动物

13.1.1 秀丽隐杆线虫

　　秀丽隐杆线虫(*Caenorhabditis elegans*)作为一种在医学生物学界被广泛使用的模式动物,为生命科学及人类健康做出了不朽的贡献。许多基础理论和临床应用领域的重大发现都是以秀丽隐杆线虫为对象研究获得的。2002 年,Brenner、Horvitz 和 Sulston 凭借在组织器官发育及细胞程序性死亡的遗传调节方面的发现获得了诺贝尔生理学或医学奖,而这个研究成果离不开最早在线虫里的原始发现。Fire 和 Mello 发现在给秀丽隐杆线虫施以长度为 22~24 bp 的基因特异性寡核苷酸(oligo)时,靶向基因的 mRNA 产物会被降解,相应蛋白质的表达受到抑制。凭借此发现,他们也获得了 2006 年诺贝尔生理学或医学奖。另外,RNAi 导致基因沉默(gene silencing)的发现也意外地证明了当时"只有反义 RNA 才能特异性降低相应基因表达"

这一观点,随后科研人员进行了广泛深入的研究,进一步促进了这一发现在基础研究和临床应用领域的突破。从发现该现象到广泛应用,短短不到 10 年的时间,却使得这两位发现者获得了医学生命科学领域的最高成就奖。

　　秀丽隐杆线虫是一种可在实验室培养皿中培养,既可大量繁殖也可单一挑出"克隆"培养的独立繁衍、生存的模式动物。由于其个体小,成体仅 1.5 mm,而且为雌雄同体(hermaphrodite),单性生殖和异性生殖两种繁殖方式均可进行,成为独具特色的模式动物。常见的生活群体中,占 0.2% 的雄性在平均 20 ℃ 的生活环境下,3.5 天即可"轮回"一个生命周期;线虫的生殖能力极强,一只线虫的平均产卵量为 300～400 个,最高可达 1 400 个,为十分理想的遗传学研究材料。特别对于功能不明的基因初期研究阶段,以线虫为实验材料对初步判定该基因编码蛋白质的功能方面具有很大的优势,它既使得研究者不再单一地在细胞水平上进行功能研究,又比直接使用小鼠等模式动物节省很多时间和费用。作为基因调控研究领域的模式动物,秀丽隐杆线虫还有一个最大优势——基因操作简单,如浸泡法和食物饲料喂食这两种常用的转基因方法都十分便利且高效。

13.1.2　果蝇

　　Morgan 以黑腹果蝇(俗称 fruit fly 或 vinegar fly)为模式动物,通过白眼果蝇下一代的眼色发现了伴性遗传现象、基因连锁现象和基因互换规律等,这些发现奠定了遗传学的基础。果蝇身体结构复杂,被广泛用于发现参与组织器官形成、嗅觉、视觉、记忆及性取向等生物学过程的调控基因,揭示多种人类疾病发生发展的遗传机制。1933 年,Morgan 因根据对白眼果蝇的研究发现,总结出遗传学第三定律(基因的连锁和交换定律)而获得诺贝尔生理学或医学奖。随后,Morgan 的学生 Muller 发现,X 射线诱变能使果蝇的突变率提高 150 倍,这为研究基因功能提供了极佳的技术手段。Muller 因此获得了"果蝇的突变大师"称号,并于 1946 年获诺贝尔奖。随后美国的 Lewis、Wieschaus 和德国的 Nusslein-Volhard 三位遗传学家在果蝇中揭开同源基因与胚胎发育的相关性,发现了与胚胎发育相关的 5 000 个重要基因和 139 个必要基因,这些基因的时空及组织特异性表达决定了果蝇的身体构造,从而获得 1995 年诺贝尔生理学或医学奖。2004 年,美国科学家 Axel 和 Buck 因发现果蝇嗅觉功能在大脑中有特定区域,以及他们在气味受体和嗅觉系统的构建机制上的杰出研究而获得当年的诺贝尔生理学或医学奖。2017 年,美国科学家 Hall、Rosbash 和 Young 因以果蝇为对象,发现了调控昼夜节律的分子机制而获得诺贝尔生理学或医学奖。

　　果蝇为果蝇科（Drosophilidae）果蝇属(*Drosophila*)昆虫。该属中大部分果蝇物种都是以腐烂的水果或植物体上生长的酵母为食,非常易于培养,特别是黑腹果蝇(*Drosophila melanogaster*),有利于在实验室开展研究。果蝇在发育的各个时期形态区别分明,是研究组织器官形成的好材料(图 13.1)。在室温下,果蝇的生活史不到 2 周,这一点对科研工作开展非常有利。果蝇眼睛颜色的突变、翅膀形状的变化、身体形状和颜色的突变,以及头部形态突变体,如无眼(eyeless)和触角腿(antenna-leg)等特点,对生物学家发掘与人类发育和疾病发生相关的代谢途径和相关基因具有重大的意义。

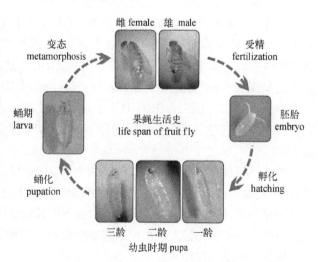

图 13.1　果蝇的生活史(张晓飞提供)
雌雄配子受精后由胚胎发育到成虫,经历了孵化、蛹化到变态的过程

13.1.3　小鼠

　　小鼠是目前最为常用的哺乳类模式动物,由于其与人类同为哺乳动物且具有繁育周期短等特点,被广泛应用于生物医学研究的各个领域。

在标准的人工饲养情况下,小鼠是一年四季都能够正常繁殖的饲养动物,它的平均寿命为1.5~2年。小鼠的繁殖周期特点使得它非常适合作为实验动物,这些特点包括:性成熟周期短,通常出生后3周就已经性成熟;母鼠妊娠周期短,通常21天即完成一个由受精到小鼠出生的过程;每次妊娠一只母鼠可以生产8~12只小鼠等。同时,以小鼠为模式动物的研究能够在较短时间内获得较多实验数据,而且易于进行"功能获得"和"功能丧失"等基因操作处理。基因特异性的同源整合原理的发现和技术应用的成功,使兴趣基因的敲除或敲入等修饰成为现实,因此这项研究成果的三位发现者Capecchi、Evans和Smithies在2007年获得了诺贝尔生理学或医学奖。近几年来,基因编辑技术的发现大大提高了小鼠基因靶向技术的效率,从而使得小鼠作为模式动物的应用前景更加广泛。

当然,模式动物小鼠在人类疾病研究的应用上,特别是在人类罕见的疾病,如免疫缺陷性疾病应用上受到了一些限制,因为像艾滋病这类疾病主要是以灵长类为病毒携带者或感染者,所以到目前为止,还没有以小鼠(包括基因修饰的小鼠)作为实验动物的相关疾病研究报道。

13.2 细胞分化与发育调节

13.2.1 秀丽隐杆线虫的发育基因

秀丽隐杆线虫是人类完成的第一个基因组全序列测序的模式动物。秀丽隐杆线虫有6对染色体,其中5对常染色体,1对性染色体。到目前为止,发现该生物具有19 735个编码基因,加上2 685个可变剪切形式(alternative splice form),这些基因可能产生22 269个特异的肽序列和1 000个以上的非编码RNA产物。尽管这些基因的功能尚未得到全面的解析,但是科研人员通过RNA沉默、基因敲除、蛋白质-蛋白质相互作用等研究方法已经揭示了部分基因在许多生命现象中的发育遗传分子机制。

1. 基因调控细胞生长与个体大小

不同物种的体长大小在生物界差异极大,有大到近200 kg的水生动物蓝鲸,也有小到仅有百余微米的昆虫柄翅小蜂。那么,决定这些差异的分子机制是什么呢?这是长期吸引广大民众及生物学工作者的有趣问题。虽然离揭开其相关分子机制还有很长的路要走,但这几年通过以秀丽隐杆线虫为模式动物的研究成果已经使这一古老问题的答案初见端倪。

在秀丽隐杆线虫中,DBL-1基因与TGF-β代谢途径相互作用控制线虫虫体的大小。DBL-1基因突变体Sma会导致秀丽隐杆线虫体形明显变小,该基因的突变不是通过调节细胞分裂速度,而是通过改变细胞个体体积的生长来实现的。RNAi介导的DBL-1基因表达抑制进一步证实了这一结果:DBL-1表达抑制的线虫呈现和Sma突变体相似的表型。进一步,DBL-1基因的突变导致线虫虫体大小的变化在细胞水平也得到了证实。DBL-1作为TGF-β超基因家族(superfamily)的配体,它的大量表达不仅会导致线虫皮下合胞体细胞的生长(而不是促进细胞增殖),而且会刺激来自神经元和性腺的信号系统,导致体形的增大。

当然,从目前的科研进展来看,动物个体大小的差异不是一个基因一个代谢途径就可以控制的生物过程,许多其他的基因及它们的调节系统都会参与该生物学过程的调控。例如,细胞的大量繁殖也会使器官及个体明显增大,依此类推,那些同时关联细胞生长和细胞繁殖的途径或生物体内多个代谢途径的综合效应毫无疑问地会在个体体形大小决定中起重要作用。因而,未来需要更加深入研究来全面解析基因如何调控动物个体的大小这一问题。

2. 基因调控发育与衰老

发育与衰老是当前生物学及医学各个领域非常引人注目的一个研究方向,也是大众兴趣与分子生物学研究的一个重要结合点。那么,什么遗传机制能保障人类的发育生长没有偏差,并且在保持正常生理过程的前提下尽量延缓机体衰老,最终使人类的寿命得以最大限度地延长,这是生物医学领域持续探讨的重大课题之一。以秀丽隐杆线虫为材料的细胞遗传学研究结果,为这一问题的解答提供了很有价值的信息。

胰岛素和类胰岛素生长因子-1(insulin and insulin-like growth factor-1, IGF-1)在秀丽隐杆线虫的最早研究中即被发现与幼虫的发育和成虫的老化关联密切。近些年的研究结果证实,胰岛素和 IGF-1 信号系统(insulin/IGF-1 signaling, IIS)是通过细胞膜表面具有内源性酪氨酸(intrinsic tyrosine)激酶活性的跨膜受体来调节细胞的生物学效应。IIS 的效应需要磷酸化激活的胰岛素/IGF-1 受体复合体,启动下游的复合体组分如 PI3K/Akt 激酶、Ras/MAPK 蛋白激酶及 mTOR 等完成。

秀丽隐杆线虫的发育受到 IIS 的精细调节。在食物充足的条件下,野生型线虫在 25 ℃培养环境中能够发育成正常繁育的成体,在 27 ℃时则会有少量的虫体停止发育;而较低 IIS 调节水平的突变体在同样的生活环境下,无论是 25 ℃还是 27 ℃,都会出现大量的发育停止现象。例如,IGF 的受体 DAF-2 的缺失,PI3K、AGE-1 的缺失,以及 Akt-1 和 Akt-2 激酶的双缺失,都会导致发育的停滞现象;另外,DAF-2/lGF 受体的突变,会导致秀丽隐杆线虫的发育明显迟缓。

秀丽隐杆线虫的寿命也与 IIS 有密切的关系。虽然 DAF-2/IGF 受体的突变体,以及它们下游的 AGE-1、PI3K 在发育中会出现上述停滞现象,但是幼虫期以后的线虫寿命却会大幅度增长。DAF-2/IGF 受体的RNAi 特异性干扰实验也证实了以上现象。来自 DAF-2/IGF 受体杂合子母体线虫的纯合子后代,寿命大大长于杂合子后代;来自非母体的纯合子除了表现出严重的发育迟缓外,纯合子后代的寿命可以延长 10 余倍。

虽然,在秀丽隐杆线虫中目前尚不能揭示寿命的延长一定伴随发育迟缓,胰岛素和 IGF-1 信号系统也不一定是延缓老化的唯一细胞遗传学机制,但它的抑制缺失延长了生命是不可忽视的科学现象。

3. 基因调控器官发生与进化

研究表明,系统进化自生命科学开始存在以来,就备受生物学家和生命科学爱好者的关注,是经典而前沿的研究方向。从线虫类各个进化节点上相邻的生物之间所具有的保守基因的相关性可以追溯它们进化起源关系。例如,秀丽隐杆线虫与其他线虫在器官发生与进化上的关系,依照现代分子生物学的原则可以对各类相邻的生物起源进行进化的精确定位。

秀丽隐杆线虫阴门的发育是一个需要 EGF/Ras、Notch 和 Wnt 三个调节代谢途径来共同完成的发育过程。由 EGF 信号系统编码的来自锚定细胞(anchor cell)的 lin-3 基因对该发育过程有着非常重要的作用,它编码的蛋白质决定着在该发育过程中锚定细胞的命运,而该蛋白质的表达量则是其中的关键,LIN-3 表达水平的升高会引导细胞与外界融合形成子宫的通道。以上相关联的三个调节代谢途径组分表达水平的变化都可能改变阴门发生的具体方向。在不同线虫的种类中,阴门发生的特异性是确定种间进化关系的重要指标,因而 EGF/Ras、Notch 和 Wnt 三个代谢途径的表达量可能作为精确定位的分子生物学指标。

13.2.2　果蝇的发育基因

果蝇的基因组在 2000 年就已经测序完成,它有 4 对染色体,包含 3 对常染色体和 1 对性染色体。其染色体及线粒体基因组编码至少 15 682 个基因,大约 60%以上的基因组序列为非编码区。作为一种进化地位很高的昆虫类代表性动物,果蝇的基因组与人类的非常相似,半数以上的果蝇蛋白质编码基因在哺乳动物基因组中都有相对应的同源体,70%以上的人类疾病相关基因在果蝇的基因组中都能找到类似基因,许多非常重要的哺乳动物细胞基本遗传信号系统及代谢途径都是在果蝇中发现的。由于果蝇细胞许多基本的分子生物学过程都与人类和其他哺乳类动物高度相似,因此它被广泛地应用于人类疾病分子机制的研究,以及药物作用的细胞遗传机制的初步确证。

1. 性别决定的基因调节

性别决定是一个经典而崭新的课题,从生物学史上看,这个课题的纵向研究必然会随着科学探索的深入而加深人们的认知,随着生物医学研究从细胞显微结构水平扩展到分子水平,性别决定的基因本质也逐渐清晰。然而,近 10 多年来,随着宗教环境的宽松和人类理念上的宽容,人类同性性行为认知的公开化,以及在西方发达国家同性婚姻的逐步合法化,使性别概念的内涵有了更多的变化。

果蝇生物学性别(biological sex)是由 X 染色体和常染色体(套数)的比率(X/A)来决定的,这种性别决定体系与哺乳类动物包括人类相比不甚相同。虽然果蝇 Y 染色体上有至少 15 个基因与雄性功能有关,但通常认为 Y 染色体不参与性别的决定。在三倍体中,有三条 X 染色体,与三套常染色体对应,X/A 为 1∶1,这个比率使得雌性特异的转录体系启动,决定个体为雌性。二倍体中,X 染色体有一条,常染色体有两条,X/A 为 1∶2,个体为雄性。因而,XX、XXY、XXYY 等均为雌性,XY 和 XO 则为雄性。然而,由于果蝇的每条 X 染色体都会保持它的活性并且因为剂量补偿效应,只有含两条 X 染色体的个体可以存活,XXXX/AAAA、XXXX/AAA、XXX/AAA 和 XXX/AA 等其他比率的个体都不会存活下来,而且 X/AA 是不育的雄性。该部分内容在第 3 章已有比较详细的介绍。

目前,虽然补偿效应相关基因,如 *Sxl*、*tra*、*tra-2*、*dsx* 和 *fru Pl* 决定果蝇性别的理论已被广泛接受,但近期的研究工作发现,其他基因也与果蝇生物学性别的决定有着密切关系。组织基因组性别相关分析表明,基因间非编码 RNA(intergenic non-coding RNA,incRNA)与雄性减数分裂所致的性染色体失活,以及性别排斥 incRNA(male-biased incRNA)都有明显的相关性。虽然,incRNA 和减数分裂所致的性染色体失活在细胞遗传水平上尚缺乏确凿的分子生物学证据,但该发现对进化过程中生物性别染色体的形成和发展有着明确的指导意义。近年来人们发现蜂类的性别决定与其母系 TRA 蛋白(transformer protein)的基因组印记(genomic imprinting)相关,这些蛋白质在早期胚胎发育过程中的甲基化修饰对性别特异的转录体系启动有重要的调控作用,因而人们推测这一调控机制很可能也参与果蝇的性别决定。

2. 视觉基因与眼的发育

不同于哺乳动物,果蝇的眼睛为复眼,由 779 个单眼眼单位构成,每个眼单位主要包括 R1～R8 的 8 个光受体细胞和 12 个其他细胞,它们由分别表达不同视紫红质(Rh, Rhodopsin)的 Rh1～Rh8 组合来吸收不同波长的光波。果蝇复眼功能在昆虫中相对发达。尽管这些复眼的空间分辨率没有哺乳动物的高,但由于它们特殊的结构特征,其瞬时分辨率比人类的眼睛高出 10 余倍。

果蝇成体的复眼结构高度有序,由 20 个细胞构成的每一个单眼都有特定的方向,显示出特定的极性,这种高度有序的极性是在胚胎发育中逐渐形成的,其中单眼眼单位的旋转运动和迁移运动的完成是眼睛发育成熟的一个重要标志。最早发现 nemo 基因突变会影响眼单位的旋转运动,导致旋转运动不能有效完成,而停止在应该完成角度的 1/2。随后,利用基因敲除技术,人们发现,hedgehog 信号通路控制着这个眼单位发育的重要环节。如果抑制 hedgehog 信号通路的两个重要蛋白质成员,果蝇复眼发育盘就不能正常迁移,无论是 cAMP 依赖性蛋白激酶 A(cAMP-dependent protein kinase A,*pka-Cl*)基因的突变体,还是 TGF-β 的同源蛋白(decapentaplegic,DPP)的基因突变体,都会导致迁移运动混乱,甚至不能发育到旋转运动的时期。

近期的研究报道揭示了 Nemo 激酶能调节眼单位旋转运动的原因:Nemo 激酶对 β-catenin 进行磷酸化,进而作用于平面细胞极性(planar cell polarity,PCP)信号系统,与 PCP-因子复合物和 E-cadherin/β-catenin 复合物共同作用,从而启动眼单位的旋转运动。

3. 肌肉发育中的基因调节

作为一种飞行的昆虫,果蝇肌肉的发育形成非常关键。它的体节肌肉来源于其祖细胞(progenitor cell),这些祖细胞首先发育成肌肉始建细胞(muscle founder cell),转录因子 *Kruppel*、*S59*、*twist*、*hibris* 和 *apterous* 等在此发育过程得以激活表达。科研人员通过 cDNA 微阵列技术已确定了 80 余种基因参与该过程。30 个体壁肌肉各由单一始建细胞形成,这些体壁肌肉通过始建细胞的特异化、肌纤维细胞的融合和肌肉结构模式化等来形成体节肌肉。

在果蝇胚胎肌肉发生过程中,始建细胞和融合肌纤维细胞中的两个重要信号调节系统,Ras 和 Notch 信号途径,起着不可替代的作用。研究表明,这两个途径在这两种细胞的分化过程中均呈现高表达,更有趣的是 Ras 和 Notch 信号的激活程度比值似乎更为重要。对 Toll1[10b] 突变体果蝇进行微阵列检测发现,Notch 信号通路受 Ras 调节信号的轻度抑制而能够被 Notch 信号激活。原位杂交和 RNA 表达分析表明,*hibris* 基因的表达水平随着 Notch 信号系统的激活而提高两倍,相反,其表达水平在 Ras 信号激活的情况之下下调 80%。该实验结果表明,Ras 和 Notch 信号系统的双调节体系在体节肌肉发育中起着关键作用。

hbris 基因的另外一个名称是 *heartLess*,顾名思义,它的缺失会导致心脏消失,该现象也明显表明,Ras 和 Notch 信号系统的双调节体系同样也可能参与心肌细胞的发育过程。另外,还有一个代谢调节途径控制

着果蝇翼心（wing heart）的正常发育，那就是 HLH 转录因子信号系统（helix-loop-helix transcription factor）。HLH 在翼心发育、心脏中胚层的发育包括心上皮的形成、肌细胞的模式形成，以及极性化的平行定向分布中都起调节作用。HLH 的重要组分 *Hand* 基因的表达若受到抑制，就会导致成熟器官中肌细胞数量的大幅减少，进而导致翼心失去功能。

4. 基因调节与发育和衰老

前面提到过 IIS 与秀丽隐杆线虫幼虫的发育和成虫的老化有着密切的关系。同样，IIS 调节系统对果蝇的发育和衰老也有类似的作用。IIS 复合体组分的变化，如 PI3K/Akt 激酶，Ras/MAPK 蛋白激酶及 mTOR 的改变同样也都会造成果蝇的发育滞后，以及寿命的显著延长。不过，目前尚未证明在秀丽隐杆线虫和果蝇寿命显著延长的同时，其细胞正常的生理功能是否保持着完全正常的状况。也就是说 IIS 延缓衰老、增长寿命的结果有可能是以牺牲正常发育及生长速度为代价的，因此，这种寿命的延长似乎不值得借鉴。

13.2.3　小鼠发育的基因调控体系

小鼠与人类极为相似，它的细胞遗传及其发育调控机制基本上可以反映人类的发育情况，因此对小鼠发育的分子生物学研究就相当于对人类发育进行了"全程监控"。正如前文所述，作为最为常用的实验模式动物，小鼠对研究人类正常生理状态下发育遗传的分子调控机制，以及人类疾病的发生发展特性都有极其重大的意义。依据这些研究结果进行相关人类疾病治疗药物的筛选，利用基因修饰的小鼠来评判候选药物的治疗效果等，都是发育遗传学研究成果对人类健康的直接贡献。

近年来，若干技术的飞速发展和应用有望推动人类发育遗传学的研究步伐。人类干细胞包括胚胎干细胞（embryonic stem cell，ESC）和诱导性多能干细胞（induced pluripotent stem cell，iPS cell）的相关发现使英国发育生物学家 Gurdon 和日本学者 Yamanaka 同时获得了 2012 年的诺贝尔生理学或医学奖。生物学家发现多能干细胞在培养条件下可以分化成生殖细胞，将此发现与由英国生理学家 Edwards 建立的 2010 年诺贝尔奖获奖成果体外受精技术相结合，使科技工作者获得了在体外产生人类胚胎的途径，许多以往不能进行的科研方向得以进行，当然在实施过程中要考虑伦理学问题。

人类发育的基因调控体系极其复杂，这一复杂体系的研究任务在很大程度上要通过小鼠这一模式动物来实现。本章将在下一节对胚胎着床前期的分子调控机制进行介绍。

13.3　基因与着床前早期胚胎发育

哺乳动物发育的整个过程可分为胚胎发育和胚后发育。以出生为界，分娩前胚胎在母体子宫内的发育为胚胎发育，分娩后，胚胎离开母体至成为一个独立的个体为胚后发育。胚胎发育是一个极其复杂的生命孕育过程，由众多的基因参与调控。

生命的开始以精卵结合的受精作用而启动，一般认为，受精作用的完成标志着新生命的诞生。当然这个时刻仅仅是生命的开始，只有在基因及调节信号系统精细调节下才能完成精准的细胞分化和组织器官形成，并最终形成新生个体。整个生命的形成过程是一个复杂而浩大的过程，因此本节不再一一详述，在此仅对胚胎由受精卵发育成囊胚的过程即着床前（pre-implantation）的早期胚胎发育进行介绍。希望通过对哺乳动物最早期发育基因及其调节系统的了解，对整个生命发展体系有一个初步的认识。

13.3.1　着床前胚胎发育

着床前胚胎发育是指精卵结合形成合子后，该单细胞经过有丝分裂形成囊胚胚体，然后准备向母体子宫表皮植入的发育过程。该过程主要发生于输卵管内，由输卵管壶腹处开始向子宫腔运动。精子进入卵细胞形成合子时，卵子完成第二次减数分裂，经历有丝分裂，经两胞期、四胞期、桑葚期，最后形成囊胚（图 13.2）。

两个重大的生物学问题与着床前胚胎发育有关，第一个问题是哺乳动物胚胎发育过程中的第一次细胞

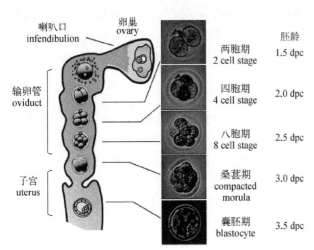

图 13.2　小鼠着床前早期胚胎发育图示(由 Xu M M 绘制)

　　从精卵结合形成合子一直发育到囊胚期的 3.5 天中,胚体均在输卵管中发育生长,当形成囊胚时,胚体进入子宫。八胞期前,胚胎细胞具有全能性,当囊胚形成时,只有内细胞团具有全能性。该发育分化过程是一个有既定基因精细调控的生物学过程。dpc 是指胚胎天数(days postcoitum)

分化。在桑葚期后胚胎细胞紧密结合在一起,随后细胞分化形成具有两种不同细胞类型的囊胚,这两种细胞分别是内细胞团(inner cell mass, ICM)细胞和滋养层(trophectoderm,TE)细胞。对该分化过程基因调控的研究,使得我们对整个细胞分化的遗传学机制有了重要的认识。第二个问题是对人类某些不孕的异常遗传机制的研究。囊胚发育异常导致胚胎着床孕程的失败是一个尚不明确的基因调节的遗传学问题,其分子机制的明确将会为了解不孕机制进而解决相关的人类孕程的早期失败奠定基础。

13.3.2　囊胚的发育形成与基因调节

　　囊胚中的细胞分化过程由基因决定。作为哺乳动物胚胎首次发生的分化,它既要分化出胚胎发育即将进行所需的附件结构,如胚盘和卵黄囊(分别由滋养层细胞和下胚层细胞形成)又要为形成完整的胚体(由上胚层细胞形成)做好准备。在囊胚进入母体子宫前,两个细胞命运决定(cell fate decision)过程决定了三种胚胎细胞谱系的形成。第一个细胞命运决定发生在胚胎发育的第三次细胞有丝分裂,胚体在八到十六胞期向十六到三十二胞期(桑葚期和囊胚期)的胚胎细胞分裂时(图 13.2)。如果细胞发生“顶—底”(apical-basal)极性分裂,即平行于胚胎表面分裂,两个姐妹细胞命运会不同,两个细胞的中轴靠外的细胞会形成 TE 细胞,靠内的细胞会分化成 ICM 细胞;如果细胞发生“肩并肩”(side-side)分裂方式,两个细胞都会发育成 TE 细胞。研究表明,Hippo 信号系统通过调节 TE 特异转录因子 Cdx2 来控制着这个极性分化。极性分裂时,外层细胞的 Hippo 信号通路保持失活状态,Yap/Taz 与 TEAD4 结合停留在细胞核内促进 Cdx2 的高表达;囊胚内部的细胞中的情形则恰恰相反,其 Hippo 信号转导通路高度激活,导致 Yap/Taz 磷酸化并由细胞核进入胞质中,从而使 Cdx2 的表达被抑制。另外,在 ICM 细胞中,多能性特异的转录因子 Oct4 也会抑制 Cdx2 的表达。

　　第二次细胞命运决定发生在 ICM,即上胚层(epiblast)和下胚层(hypoblast)形成。随着发育的进行,上胚层出现进一步的细胞分化,形成胚胎上胚层(embryonic epiblast)和羊膜外胚层(amniotic ectoderm)。其中,胚胎上胚层是新生有机体所有细胞的来源(包括胚胎内胚层、中胚层和外胚层的各种细胞谱系),而羊膜外胚层则会贡献于胚外组织的形成,为胚胎的生长发育提供营养支撑。下胚层细胞是卵黄囊的细胞来源,最终分化形成胚外中胚层细胞。原始内胚层从全能性外胚层细胞中分离分化出来。不同谱系的细胞均可以被其特异性表达的分子标记识别,例如,上胚层细胞高表达多能干细胞特异性转录因子 Nanog、Sox2 和 Oct4。Nanog 和 Oct4 最早表达于八胞期,三十二胞期时一些分化标记,如 Gata6 出现高表达。Sox2 的表达最早在八到十六胞期可以被检测到。值得注意的是,这些因子的表达在随后的发育呈现下调趋势,因而被认为是决定早期胚胎正常发育的核心调控转录因子。

　　实验证明,细胞外基质蛋白(extracellular matrix,ECM)对六十四胞期后,细胞间信号的建立十分必要,同时也是囊胚形成的重要因素之一。E 型黏连蛋白是连接细胞间的重要细胞外基质蛋白,在胚胎发育成大约 64 个细胞时期,该蛋白质的表达介导全能性胚胎细胞之间紧密联系,这对于早期胚胎的第一次细胞分化至关重要。如果将此蛋白质去除,胚胎细胞虽然暂时能存活,但细胞间出现连接异常,从而导致胚胎发育停滞并在数天后死亡。

13.3.3　囊腔的形成与基因调节

　　囊胚是首次出现空腔的胚胎期,该空腔被称为囊胚腔。囊胚的发育分化涉及一系列蛋白质的表达和调节,并且建立一个跨过滋养细胞外胚层的离子梯度。至今为止,已经发现 Na/K-ATP 酶、黏合连接(adherens junction)、紧密连接(tight junction, TJ)和水通道蛋白(aquaporins, AQP)都在此过程中起重要作用。从八到十六胞期起,p38 MARK 代谢调节途径调节这些蛋白质形成相应的结构,并为囊胚的发育分化所必需。Na/K-ATP 酶在建立跨滋养细胞外胚层的离子梯度中起着至关重要的作用。它的两个亚单位发挥不同的功能,α 亚单位 ATPlA 的缺失使得胚胎发育时囊胚不能开始形成,随后胚胎死亡;β 亚单位 ATPlB 的缺失导致胚胎停滞在桑葚期。另外,Na/K-ATP 酶信号系统对紧密连接的建成和功能也必不可少。

囊胚的发育也是一个囊腔中液体积累的过程,储存的囊腔液将是囊胚后期着床于子宫进入着床后发育的重要条件。该进程至少与位于滋养外胚层的两个 AQP 密切相关。其中,AQP9 位于滋养外胚层的顶端靠胚体外,AQP3 则位于滋养外胚层的底部靠囊胚腔内靠积液面。两个蛋白质协同作用将液体由外向内移动,与 Na/K-ATP 酶协同发挥功能建立离子梯度。

13.3.4　胚胎着床后的发育

囊胚胚胎的以上发育过程中是在一个游离的环境中进行的,当它由输卵管进入子宫时已经做好了着床的准备,与此同时子宫也做好了接受胚体的准备。在小鼠中,8~12 个囊胚胚胎与子宫上皮相互作用进入子宫壁定位后开始进行着床后发育,即由最初的直径约 100 μm 大小的胚胎发育成出生时 2.5~3 cm 大小的幼体的复杂体系过程。

在着床后,囊胚胚胎迅速发育,在 24 h 内形成胚外外胚层(extra embryonic ectoderm, ExE)、顶端内胚层(parietal endoderm, PaE)、内脏内胚层(visceral endoderm, VE)的雏形,以及构建着床后发育必需的卵黄囊。顶端内胚层形成卵黄顶端结构对胚胎有保护作用并行使子宫和卵黄腔间的营养输送功能,PaE 的基膜由 PaE 细胞分泌的胶原蛋白(collagen)、层粘连蛋白(laminin)、巢蛋白(entact in)和肌营养不良蛋白(dystroglycan)构成,命名为赖歇特膜(Reichert membrane)。在发育期间,Sox7 的表达诱导了 Gata4 和 Gata6 的活性,从而导致原始内胚层分泌层粘连蛋白-1 和胶原蛋白IV并分离分化为 PaE。

随着囊胚胚体的着床,滋养外胚层与子宫表皮细胞相互作用,极性的滋养外胚层细胞,以及 ICM 细胞的增殖形成胚外外胚层,随后的发育中将会形成绒毛外胚层(chorionic ectoderm),并生成外胎盘锥(ectoplacental cone)的前体细胞(progenitor cell),以供最终形成胚胎所需的胎盘组织。ERK-MAP 激酶调节途径和成纤维细胞生长因子 4(fibroblast growth factor 4, EGF4)调节途径在很大意义上调控 ExE 细胞的功能和繁殖,实验证明 Eomes、Cdx2、Esrrb 和 ERK2 等都为 ExE 所必需,ERK2 的突变会由于胎盘的外胚层源结构发育异常而死亡。哺乳动物胚胎着床后组织发育成个体的细胞分离分化过程在不断地研究中,分子遗传的复杂性也随着更多功能的发育建立而不断被揭示。

13.4　胚胎干细胞与细胞重编程

13.4.1　胚胎干细胞

干细胞(stem cells)是一类具有自我更新能力和分化能力的特殊细胞类型。根据分化能力的大小,干细胞可以被分为全能干细胞、多能干细胞、限制多能干细胞和单能干细胞。全能是指单个细胞分化形成完整有机体的能力,如受精卵;多能是指分化形成成熟有机体所有的细胞类型,但并不能形成完整的新生个体,这是由于胚外组织形成障碍,如胚胎干细胞(embryonic stem cells, ESC)。限制多能干细胞也能够形成多种细胞类型,但是往往局限于某一个组织系统,如造血干细胞。单能干细胞,顾名思义,只能分化形成单一细胞类型,如成肌细胞。

哺乳动物个体自精卵结合形成合子后通过有丝分裂进入卵裂阶段,所形成的桑葚胚在六十四胞期之前的任何一个细胞都具有全能性;也就是说在此期间的任何细胞都可以分化形成有机个体 250 余种细胞中的任何一种细胞类型,通过组织发育构建形成新个体。在小鼠和人类胚胎中,科研人员通过显微操作,在不伤害胚胎发育的前提下进行单个细胞的分离,进而在体外培养体系中建立相应的干细胞系。当胚胎发育到囊胚期时,胚胎首次出现了细胞种类的分化,即外层的 TE 细胞和被包裹在胚胎内部的 ICM 细胞。这两种细胞呈现了不同的生物学特点和细胞命运:TE 细胞贡献于胚外组织,支持胚胎的生长发育;ICM 细胞则呈现了独特的多能性特征,具备分化形成成熟有机体所有细胞的能力。但是 ICM 细胞并不能够单独形成新生个体,因此,在分化能力上并非具有全能性。科研人员将 ICM 细胞取出进行体外培养,所形成的稳定细胞系便是我们所熟知的 ESC。利用体外显微操作和基因打靶技术,科研人员能够定点改变 ESC 的基因,并导致其子代细胞的遗传学改变,这是研究特定基因在发育过程中的功能的一种常规策略。

ESC 的胚胎来源决定了它成为体外探究早期胚胎发育过程及调控机制的最佳细胞模型,相关研究对解决发育异常等人类疾病至关重要。同时,ESC 重要的转基因动物构建细胞载体,在哺乳动物基因工程领域已经得到了广泛的应用。科研人员通过基因操作技术(如基因敲除、基因敲入和基因修饰),将构建好的兴趣基因同源整合到线性质粒,再以电击穿孔的方式导入 ESC 并筛选得到阳性克隆。然后,带有基因修饰的 ESC 被显微注射到囊胚期胚胎,进而整合到 ICM 中,随后转移到假孕母体中发育成转基因动物。此外,由于 ESC 能够形成成熟有机体所有的细胞类型,因此,通过体外定向分化技术诱导 ESC 形成不同的细胞种类,作为临床上组织移植和细胞替代疗法的重要细胞来源。

13.4.2   细胞重编程

不难发现,尽管 ESC 的多能性使得其具备极其诱人的应用前景,但是,其早期胚胎来源所带来的伦理问题一直是该研究领域备受争议的热点。值得庆幸的是,这一问题已经被完美地解决。2006 年,日本京都大学山中伸弥教授研究团队发表重要研究成果,他们利用逆转录病毒将四种转录因子(Oct4、Sox2、Myc 和 Klf4)导入小鼠成纤维细胞中,将终末分化的体细胞重新编程为多能性的类 ESC——诱导多能干细胞。其诞生震动了整个世界,它不仅解决了 ESC 来源所伴随的伦理问题,更为重要的是,诱导多能干细胞使得获取患者特异性多能性细胞成为可能,从而从根本上解决了细胞替代疗法和器官移植的细胞、组织、器官来源问题,同时由于诱导多能干细胞来源于患者本身,因而完美规避了传统异体移植的免疫排斥问题。这一创造性的工作于2012 年被授予诺贝尔生理学或医学奖。截至目前,诱导多能干细胞已经被人们认为是再生医学及新药开发领域最有潜力的细胞技术资源,为多种人类发育异常性及其他功能障碍性疾病的研究和治疗开启了希望!

思 考 题

1. 列举几种用于基因调控研究的模式生物,并指出其科研优势。
2. 简述着床前胚胎发育过程。
3. 何为体细胞的全能性?
4. 简述干细胞的类型及其特点。
5. 简述细胞重编程的原理与意义。

推荐参考书

1. 张红卫,2006.发育生物学.北京:高等教育出版社.
2. 赵寿元,乔守怡,2008.现代遗传学.2 版.北京:高等教育出版社.
3. Gilbert S F, Barresi M J F, 2018. Developmental Biology. 11th Edition. Sunderland: Sinauer Associates, Inc.
4. Krebs J E, Goldstein E S, Kilpatrick S T, 2018. Lewin's Genes XII. Burlington: Jones & Bartlett Learning.

第14章 群体遗传与进化

提 要

生物的进化是以群体为单位的,群体遗传学是研究进化论和物种形成的必要基础。本章在首先介绍群体遗传学几个基本概念的基础上,讨论了 Hardy-Weinberg 定律及其扩展,以及影响群体遗传平衡的一些因素;然后介绍了拉马克、达尔文的进化论、现代综合进化理论,以及分子水平的进化;最后讨论了物种的概念及其形成方式。

群体遗传学(population genetics)是遗传学的一个重要分支学科,是根据孟德尔提出的遗传学基本原理,应用数学和统计学方法研究群体的遗传结构及其在世代间的变化规律。

群体遗传结构的逐代变化构成了进化过程的基础。因此,群体遗传学与生物进化的研究密切相关,可以说,群体遗传学研究的基本目的就是探讨生物进化的机制,弄清生物物种(species)的起源和演变过程。群体遗传学与关于生物进化的研究结合在一起,组成了进化遗传学(evolutionary genetics)。

14.1 群体的遗传平衡

14.1.1 群体遗传学中的几个基本概念

1. 孟德尔式群体和基因库

群体遗传学研究的对象不是个体,而是孟德尔式群体(Mendelian population)。遗传学上的群体是指一群同种个体所组成的集合。在一个大的群体内,个体间进行随机交配(random mating)。在有性生殖的生物中,一种性别的任何一个个体都有同等的机会和另一种性别的个体交配的方式,称为随机交配。在一个群体中,个体间有同等的机会发生交配,该群体属随机交配群体(panmixis population),简称随机群体。几乎所有的动物和异花授粉的植物所形成的群体都属于孟德尔式群体;而自花授粉的植物、自体受精的动物所形成的群体不属于孟德尔式群体,无性繁殖的群体也不是孟德尔式群体。

在一个群体内,不同个体的基因型可能不同,但群体所具有的所有基因是一定的。一个群体中所有个体包含的全部基因称为基因库(gene pool)。孟德尔式群体中的个体共享一个基因库。

一般来说,某个地区同一物种的不同个体间,预期都有基因的自由交流,可以认为该群体是单一的孟德尔式群体。但是,位于同一空间的同一物种的不同个体,也有可能不属于单一的孟德尔式群体,因为某种自然的或人为的限制条件可能妨碍了个体之间基因的自由交流,其结果是各自保持着不同的基因库,这样就产生了同一地区共存着几个孟德尔式群体的状况。因此,有些遗传学教科书上说"最大的孟德尔式群体就是整个物种",这一说法从某种意义上说是不确切的。

群体遗传学中所说的群体,如果不作特别说明,一般是指孟德尔式群体。

2. 群体的遗传结构

任何群体都是由各种基因型组成的,生物个体的表型是基因型与环境条件共同作用的结果。基因型频率(genotype frequency)是指群体中某特定基因型个体的数目,占该群体个体总数目的比率,而基因型决定于基因与基因的分离和组合。基因频率(gene frequency)又称等位基因频率(allele frequency),是指一个群体中某特定基因座位(locus)上某个等位基因数目占该基因座上所有等位基因总数的比例。

生物在繁殖的过程中,每个个体传递给子代的并不是其自身的基因型,而是不同频率的基因。群体中各种基因的频率,以及由不同的交配体制所产生的各种基因型的频率在数量上的分布特征称为群体的遗传结构。描述群体遗传结构最常用的参数是基因型频率和基因频率。

通常,可以通过调查和实验分析来确定群体中各个体的基因型,并由此计算群体的基因型频率。基因型频率决定了等位基因的频率,基因频率可以由基因型频率推算出来。如果某种二倍体生物的常染色体上有一对等位基因 A 和 a,A 对 a 为完全显性,其可能的基因型有三种,即 AA、Aa 和 aa。在一个由 N 个个体组成的群体中,如果 AA、Aa 和 aa 对应的个体数分别为 n_1、n_2 和 n_3,$n_1+n_2+n_3=N$,于是这三种基因型的频率分别为:$AA,D=\dfrac{n_1}{N}$;$Aa,H=\dfrac{n_2}{N}$;$aa,R=\dfrac{n_3}{N}$。

等位基因 A 和 a 的频率分别为

$$A:p=\frac{2n_1+n_2}{2N}=D+\frac{1}{2}H \tag{14-1}$$

$$a:q=\frac{2n_3+n_2}{2N}=R+\frac{1}{2}H \tag{14-2}$$

显然,$D+H+R=1$,$p+q=1$,基因频率和基因型频率为 0~1。

在人类群体中,对苯硫脲(phenylthiocarbamide,PTC)的尝味能力由常染色体上的一对等位基因 T 和 t 决定,T 对 t 为不完全显性。PTC 是一种白色结晶状化合物,因含有硫化酰基而呈苦味。通过品尝不同浓度的 PTC 溶液可以鉴别出个体的基因型,TT 为正常尝味者、味觉杂合体 Tt 的尝味能力较低、tt 为味盲。研究人员抽样调查了中国汉族人群的 1 000 人,三种基因型的分布见表 14.1。

表 14.1 中国汉族人群中 PTC 尝味能力的分布

表型	基因型	人数	基因型频率
尝味者	TT	$n_1=490$	$D=0.49$
味觉杂合体	Tt	$n_2=420$	$H=0.42$
味 盲	tt	$n_3=90$	$R=0.09$
总 计		1 000	1

进而可以计算出等位基因 T 和 t 的频率分别为

$$T:p=D+\frac{1}{2}H=0.49+\frac{1}{2}\times0.42=0.70$$

$$t:q=R+\frac{1}{2}H=0.09+\frac{1}{2}\times0.42=0.30$$

14.1.2 遗传平衡定律——Hardy-Weinberg 定律

1908 年,英国数学家 Hardy 和德国医生 Weinberg 各自独立地发现了群体遗传学中最重要的一个原理,即遗传平衡定律,通常也称 Hardy-Weinberg 定律。其主要内容是在一个充分大的孟德尔式群体中,其个体间进行随机交配,同时,在群体内没有选择、没有突变、没有个体的迁移,也没有遗传漂变的作用,群体中各种基因型的频率逐代保持不变。这样的群体被称为处于随机交配系统下的遗传平衡群体。

假如二倍体生物常染色体上的一对等位基因 A 和 a 的频率分别为 p 和 q,$p+q=1$。在群体中这一对等位基因有三种可能的基因型:AA、Aa、aa,如果这三种基因型的频率能表示为 $D(AA)=p^2$,$H(Aa)=2pq$,$R(aa)=q^2$,则认为这个群体达到了平衡状态,基因频率和基因型频率在世代传递的过程中不再发生变化。接下来,对此进行证明:由于个体间的随机交配,每个个体为下代贡献的配子数目都是相同的,因此两性个体的随机交配可以归结为两性配子的随机结合,各种配子的频率就是基因频率。群体中雌、雄配子的比例及子代各种基因型的频率如表 14.2 所示。

表 14.2　一对等位基因(A 和 a)的遗传平衡

雌配子及其频率	雄配子及其频率	
	$A(p)$	$a(q)$
$A(p)$	$AA(p^2)$	$Aa(pq)$
$a(q)$	$Aa(pq)$	$aa(q^2)$

由表 14.2 可知,子代各种基因型及其频率分别是 $D(AA)=p^2$,$H(Aa)=2pq$,$R(aa)=q^2$。很显然 $p^2+2pq+q^2=1$。基因 A 和 a 的频率分别为

$$p_1=D+\frac{1}{2}H=p^2+\frac{1}{2}\times 2pq=p$$

$$q_1=R+\frac{1}{2}H=q^2+\frac{1}{2}\times 2pq=q$$

可见,基因 A 和 a 的频率没有发生变化。再继续随机交配一代,同样根据表 14.2,会有 $p_2=p_1=p$,$q_2=q_1=q$,三种基因型的频率也仍然分别等于 $p^2(AA)$、$2pq(Aa)$、$q^2(aa)$,即三种基因型的频率不再发生改变,该群体处于遗传平衡状态。

如果在一个群体中三种基因型的频率(D、H 和 R)不等于 p^2、$2pq$ 和 q^2,则认为这个群体没有达到平衡状态。对于未平衡群体,不论起始群体中各基因型的频率是多少,只需通过一个世代的随机交配就能达到 Hardy-Weinberg 平衡。

假设在一个大的随机交配群体中,常染色体上一对等位基因 A 和 a 组成三种基因型,初始群体 F_0 中,其初始频率分别为

基因型	AA	Aa	aa
频率	D_0	H_0	R_0
	0.10	0.20	0.70

可以计算出,初始群体中基因 A 和 a 的频率分别为

$$A:p=D_0+\frac{1}{2}H_0=0.10+\frac{1}{2}\times 0.20=0.20$$

$$a:q=R_0+\frac{1}{2}H_0=0.70+\frac{1}{2}\times 0.20=0.80$$

很显然,$D_0\neq p^2$、$H_0\neq 2pq$、$R_0\neq q^2$,初始群体 F_0 不是一个平衡群体。

若初始群体 F_0 为随机交配群体,形成 F_1 中三种基因型的频率分别为:AA,$D_1=p^2=0.04$;Aa,$H_1=2pq=0.32$;aa,$R_1=q^2=0.64$。

F_1 中基因 A 和 a 的频率保持不变,分别是:A,$p=0.04+\frac{1}{2}\times 0.32=0.20$;$a$,$q=0.64+\frac{1}{2}\times 0.32=0.80$。

若再随机交配一代,在 F_2 中:$D_2=D_1=p^2=0.04$,$H_2=H_1=2pq=0.32$,$R_2=R_1=q^2=0.64$。F_2 中 A 和 a 的频率仍然分别是 0.20 和 0.80,即基因频率世代相传没有发生改变,三种基因型频率从 F_1 往后不再改变。因此,经过一个世代的随机交配之后,上述起始群体就达到了平衡。

综上所述,Hardy-Weinberg 定律的要点有:① 在一个大的随机交配的孟德尔式群体中,若没有其他因素(基因突变、选择、迁移、遗传漂变)的干扰,基因频率世代相传不变。② 无论群体的起始成分如何,经过一个世代的随机交配之后,群体基因型频率的平衡建立在 Hardy-Weinberg 公式之中,即 $[p(A)+q(a)]^2=$

$p^2(AA)+2pq(Aa)+q^2(aa)$，平衡群体的基因型频率决定于它的基因频率。③ 只要随机交配系统得以保持，基因频率和基因型频率保持上述平衡状态不会改变。

前面讨论的遗传平衡群体没有考虑其他因素干扰，是对一个理想群体而言的，这样的群体在自然界原本是不存在的。但这样处理可以把复杂的问题简单化，就像学习气体定律时从理想气体出发，但实际上"理想"气体不存在一样。实际上，自然界许多群体都是大群体，个体间的交配一般是接近随机的，选择、突变、迁移、遗传漂变的作用可以忽略不计，因此 Hardy-Weinberg 定律基本上是普遍适用的。

那么，怎样判断一个群体的基因型是否达到了 Hardy-Weinberg 平衡呢？通常用 χ^2 检验法检验。

例：在我国的某大城市调查了 1 788 人的血型，其中 397 人为 M 型($L^M L^M$)，861 人为 MN 型($L^M L^N$)，530 人为 N 型($L^N L^N$)。问该群体中三种基因型的频率是否达到了遗传平衡？

人类的 MN 血型由一对等位基因 L^M 和 L^N 决定，L^M 和 L^N 表现为共显性，其基因型和表型是一致的。首先依据样本数据计算基因频率为

$$L^M：p=\frac{397\times 2+861}{1\ 788\times 2}=0.462\ 8$$

$$L^N：q=\frac{861+530\times 2}{1\ 788\times 2}=0.537\ 2$$

假设群体已经达到平衡，计算理论上预期的各种基因型频率的人数为

$$L^M L^M：N\times p^2=1\ 788\times 0.462\ 8^2=382.96$$
$$L^M L^N：N\times 2pq=1\ 788\times 2\times 0.462\ 8\times 0.537\ 2=889.05$$
$$L^N L^N：N\times q^2=1\ 788\times 0.537\ 2^2=515.99$$

再计算 χ^2 值为

$$\chi^2=\frac{(397-382.96)^2}{382.96}+\frac{(861-889.05)^2}{889.05}+\frac{(530-515.99)^2}{515.99}=1.77$$

自由度：$df=3-1-1=1$，这里 χ^2 的自由度是 1，而不是 2，因为在这里基因频率是从样本观察数据计算出来的，因此 χ^2 的自由度又减去 1。

查卡方表：$\chi^2_{df=1,0.05}=3.84$，$\chi^2=1.77<3.84$，$P>0.05$[或者利用 EXCEL 函数直接计算 χ^2 分布的右尾概率：$P=$CHIDIST$(1.77,1)=0.183\ 382>0.05$]。

结论：三种血型的频率与平衡状态时的理论频率的差异没有统计学意义，群体中三种基因型的频率处于 Hardy-Weinberg 平衡状态。

14.2　遗传平衡定律的扩展

14.1 主要介绍了二倍体生物常染色体上单一基因座的一对等位基因在群体中的遗传平衡，这是最简单最基本的一种情形。然而在实际中，生物的性状，尤其是与进化有关的性状，大多数都是由多基因决定的，即在每一个基因座上的等位基因往往不止一对，而是有三对或三对以上的复等位基因。另外，还有许多性状由位于性染色体上的基因决定。在这些情况下，群体达到遗传平衡的过程会有所不同，因此有必要对遗传平衡定律进行扩展。

14.2.1　复等位基因的遗传平衡

在二倍体生物的一个群体中，如果常染色体的某个基因座上有 3 个不同的等位基因 A_1、A_2 和 A_3，由于每个个体只能有其中的两个等位基因，则这个群体中共有 6 种不同的基因型。假定 A_1、A_2 和 A_3 的基因频率分别为 p、q 和 r，且 $p+q+r=1$。在完全随机交配的大群体中，携带不同基因的雌、雄配子的比例及随机结合的情况见表 14.3。

表 14.3　携带不同等位基因的雌、雄配子的随机结合

雌配子及其频率	雄配子及其频率		
	$A_1(p)$	$A_2(q)$	$A_3(r)$
$A_1(p)$	$A_1A_1(p^2)$	$A_1A_2(pq)$	$A_1A_3(pr)$
$A_2(q)$	$A_1A_2(pq)$	$A_2A_2(q^2)$	$A_2A_3(qr)$
$A_3(r)$	$A_1A_3(pr)$	$A_2A_3(qr)$	$A_3A_3(r^2)$

如果群体中 6 种基因型频率如下,那么,可以认为遗传平衡已经建立。

$$(A_1+A_2+A_3)^2 = A_1A_1 + A_2A_2 + A_3A_3 + A_1A_2 + A_1A_3 + A_2A_3 \quad (14-3)$$
$$pqrp^2q^2r^22pq2pr2qr$$

平衡状态下的基因频率可以由基因型频率求得

$$A_1: p_1 = p^2 + \frac{1}{2}(2pq+2pr) = p \quad (14-4)$$

$$A_2: q_1 = q^2 + \frac{1}{2}(2pq+2qr) = q \quad (14-5)$$

$$A_3: r_1 = r^2 + \frac{1}{2}(2pr+2qr) = r \quad (14-6)$$

同样,也不难证明,如同一对等位基因的情况一样,在雌性和雄性群体中基因型比例相同的情况下,如果初始群体不处于平衡状态,同样只需要经过一个世代的随机交配,6 种基因型的频率就能达到 Hardy-Weinberg 平衡。

人类的 ABO 血型系统受三个复等位基因 I^A、I^B 和 i 控制,其中 I^A 和 I^B 为共显性等位基因,i 对 I^A、I^B 都呈隐性。令 I^A、I^B 和 i 的频率分别为 p、q 和 r,$p+q+r=1$。同时,令 A、B、AB 和 O 分别为血型 A、B、AB 和 O 的表型频率。群体达到遗传平衡时基因型与表型频率的期望值如表 14.4 所示。

表 14.4　ABO 血型的不同基因型及其在遗传平衡时的期望频率

	A	B	AB	O
基因型	I^AI^A　I^Ai	I^BI^B　I^Bi	I^AI^B	ii
基因型频率	p^2+2pr	q^2+2qr	$2pq$	r^2
表型频率	$A=p^2+2pr$	$B=q^2+2qr$	$AB=2pq$	$O=r^2$

从实际观察得到的血型资料中可以分别计算 p、q 和 r。如果在某地区的人群中,经调查得知四种血型的频率分别为 A、B、AB 和 O,那么 i 基因的频率为 $r=\sqrt{O}$。表 14.4 中:

$$B+O = q^2 + 2qr + r^2 = (q+r)^2 = (1-p)^2 \rightarrow \sqrt{B+O} = 1-p \quad (14-7)$$

因此:

$$p = 1 - \sqrt{B+O} \quad (14-8)$$

同理,可得

$$q = 1 - \sqrt{A+O} \quad (14-9)$$

在理论上,$p+q+r=1$,但在实际资料的估算中,并没有用到全部的数据信息,同时由于抽样误差的存在,调查所得的 $p+q+r$ 通常只能接近于 1。这个误差可以用 Bernstein 推导的公式进行校正。

先计算校正因子为

$$D = 1-(p+q+r) \quad (14-10)$$

基因频率的校正公式分别是

$$\hat{p} = p(1 + D/2) \tag{14-11}$$

$$\hat{q} = q(1 + D/2) \tag{14-12}$$

$$\hat{r} = (r + D/2)(1 + D/2) \tag{14-13}$$

可以计算出经过校正以后基因频率的和为

$$\hat{p} + \hat{q} + \hat{r} = (1 + D/2)(1 - D/2) = 1 - D^2/4 \tag{14-14}$$

可见校正后基因频率的和更接近于1。

对于二倍体生物的任意一个群体,一个基因座上可能有 n 个不同的等位基因,但对于一个个体而言在该基因座上只可能有其中的任意两个等位基因。群体中纯合子的种类有 n 种,杂合子的种类数为 $C_n^2 = n(n-1)/2$。假如二倍体生物的一个基因座上有 n 个复等位基因,即 $A_1, A_2, \cdots, A_n$,基因频率分别为 $p_1, p_2, \cdots, p_n$,$\sum p_i = 1$,则平衡状态下群体中基因型频率和等位基因频率的关系可以表示为

$$(A_1 + A_2 + \cdots + A_n)^2 = A_1 A_1 + A_2 A_2 + \cdots + A_n A_n + A_1 A_2 + A_1 A_3 + \cdots + A_{(n-1)} A_n$$

$$p_1 \quad p_2 \quad \cdots \quad p_n \qquad p_1^2 \qquad p_2^2 \qquad \cdots \qquad p_n^2 \qquad 2p_1 p_2 \quad 2p_1 p_3 \quad \cdots \quad 2p_{(n-1)} p_n$$

$$\tag{14-15}$$

如果起始群体没有处于平衡状态,那么只需要经过一个世代的随机交配,就可以达到基因型频率的平衡。对于存在复等位基因的任意一个群体,同样可以采用 χ^2 检验判断该群体是否处于平衡状态。

14.2.2　性连锁基因的遗传平衡

对于性连锁的基因,基因频率也可以由基因型频率推算出来,但情形比常染色体上的基因复杂得多。以 XY 型性别决定的生物为例,由于雄性的性染色体组成为 XY,而雌性的性染色体组成为 XX,群体中雌性、雄性比为1∶1,因此整个群体中 X 染色体上的基因有 2/3 存在于雌性中,只有 1/3 存在于雄性中。如果一对等位基因 A、a 位于 X 染色体上,假定基因型频率如表14.5所示。

表14.5　X 连锁的两个等位基因的基因型频率

	雌　性			雄　性	
	$X^A X^A$	$X^A X^a$	$X^a X^a$	$X^A Y$	$X^a Y$
频率	P	H	Q	R	S

显然,雌性群体中 A 基因的频率是 $p_f = P + \frac{1}{2}H$,雄性群体中 A 基因的频率是 $p_m = R$,于是整个群体中 A 基因的频率是 $p = \frac{2}{3}p_f + \frac{1}{3}p_m = \frac{1}{3}(2P + H + R)$;同理,整个群体中 a 基因的频率是 $q = \frac{2}{3}q_f + \frac{1}{3}q_m = \frac{1}{3}(2Q + H + S)$。

遗传平衡定律同样也适用于性连锁的基因。在随机交配的条件下,如果 $P = p^2$,$H = 2pq$,$Q = q^2$,$R = p$,$S = q$,则认为该群体达到了遗传平衡。处于平衡状态时,X 连锁基因的频率在雌雄群体中的特点是:① 在雄性群体和雌性群体中基因的频率是相等的,即 $p_m = p_f = p$,$q_m = q_f = q$,$p + q = 1$;② 在雄性群体中基因频率与其相应的基因型频率相等;③ 在雌性群体中三种基因型在平衡状态下的频率分配为 p^2、$2pq$、q^2,类似于常染色体上一对等位基因的三种基因型在平衡时的频率分配。

如果雌雄两性群体中的基因频率不相同,则群体处于不平衡状态。如果群体中的雌雄个体随机交配,群体也能达到平衡,但群体达到平衡的世代和方式不同于常染色体上的基因。基因频率在雌雄两性群体中的差异不能通过一个世代的随机交配而消除,性染色体上的基因的遗传平衡并不能由一个任意的起始群体经过一个世代的随机交配就达到,而是以一种振荡的方式快速地接近。在建立平衡的过程中,雌雄两性群体中

的基因频率随着随机交配世代的增加而交互递减。其理由可从下面的考察中看出来。

XY 型性别决定的生物,雄性只从母亲那儿获得 X 染色体,雄性群体当代基因频率 p_m 等于上一代雌性群体的基因频率 p_f;雌性从双亲各获得一条 X 染色体,雌性群体当代基因频率 p_f 等于亲代雌雄群体基因频率(p_m 和 p_f)的平均值。

使用符号 ' 表示后裔世代,则有

$$p'_m = p_f \tag{14-16}$$

$$p'_f = \frac{1}{2}(p_m + p_f) \tag{14-17}$$

雌雄群体中基因频率的差异为

$$p'_f - p'_m = \frac{1}{2}(p_m + p_f) - p_f = -\frac{1}{2}(p_f - p_m) \tag{14-18}$$

由上式可知,子代雌雄群体中基因频率的差是亲代雌雄群体基因频率差的 1/2,但符号相反。虽然按性别分开讨论时,X 连锁的基因频率在雌雄两性群体中一代一代发生改变,但在整个群体中基因频率是一个常数,并不因世代改变而发生改变。因为 X 连锁的基因在世代传递的过程中仅仅是由一个性别群体转到另一个性别的群体,并不影响 X 染色体总数中的基因频率。一旦雌雄两性群体中 X 染色体连锁的基因频率相等,且等于整个群体中的基因频率,这个群体就达到了平衡。

如果一个起始群体为 $X^A X^A$ 和 $X^a Y$,雌性、雄性比为 1:1,可以计算出整个群体中 A 的频率 $p = 2/3$,雌性群体中 $p = 1$,雄性群体中 $p = 0$。随机交配一代后,雌性群体中 p 降为 0.5,雄性群体中 p 上升为 1;第二代,雌性群体中 p 变为 0.75,雄性群体中 p 变为 0.5。X 染色体连锁基因频率的这种上下波动一直持续到真正达到平衡($p = 2/3$)时为止(图 14.1)。

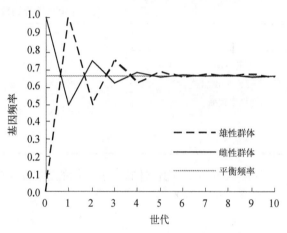

图 14.1   X 连锁基因频率的变化情况

14.3   影响群体遗传平衡的因素

在前面的讨论中已经指出 Hardy-Weinberg 定律是群体遗传学研究的出发点,群体的遗传平衡是相对的、有条件的。交配的随机性是 Hardy-Weinberg 定律的重要前提条件之一,因为群体中基因频率和基因型频率的平衡建立在配子随机结合的基础之上。但在自然界中,许多物种都不是随机交配的,如重要农作物水稻、孟德尔实验中的豌豆等都是自花授粉的植物,对于自花授粉的植物,自交不会导致群体基因频率的变化,但能导致群体基因型频率发生变化。与随机交配下的基因型频率相比较:逐代的自交将使群体中杂合体的比例降低,纯合体的比例逐渐增加,但群体中基因型的频率是不会达到平衡的。

除了交配的非随机性以外,影响群体遗传平衡的因素是多种多样的,当选择、突变、迁移、遗传漂变的作用比较显著时,都会导致种群基因频率的变化,这些因素都是促进生物发生进化的原因。

14.3.1   选择

无论是自然选择(natural selection)还是人工选择(artificial selection),都会改变群体的基因频率。在自然界中,适应性强的基因型(个体)频率必然逐渐上升,相关的基因频率也必然上升;适应性差的基因型,其频率必然逐渐下降。例如,植物的白化基因必然因自然选择而逐渐被淘汰。人工选择是一个定向选择的过程,符合人类要求的性状被保留下来,使其相应的基因型频率增加,基因频率也向着对人类有利的方向改变。

1. 适合度和选择系数

达尔文适合度(Darwinian fitness)和选择系数(selection coefficient)是对选择的效应进行定量研究的两个重要参数。达尔文适合度简称适合度(fitness)或称适应值(adaptive value),是指在一定的环境条件下,某一基因型与最适基因型相比较时,能够存活并留下子裔的相对能力;或者说,是指某一基因型在某种环境中的相对繁殖能力。适合度一般用 W 来表示,通常将群体中产生后代数目最多的基因型定为 $W=1$,而其他基因型的 $W<1$。

选择系数是指对某一基因型的选择强度,一般用 S 表示,它和适合度的关系式为 $S=1-W$,因此,选择系数也可以理解为经选择作用后降低的适合度,它是选择的强度,即选择压(selection pressure)的度量。选择系数实际上应理解为"淘汰系数"(cull coefficient),即特定的环境条件下不利于群体中某一基因型生存和繁殖的相对程度。对于隐性致死基因的纯合子,$W=0$,$S=1-W=1$,即全部被淘汰。

2. 对隐性纯合体不利的选择作用

假设等位基因 A 对 a 为完全显性,选择不利于隐性纯合体,对 aa 基因型的选择系数是 S,$0<S<1$,一代选择后,群体中各种基因型频率的变化见表 14.6。

表 14.6   显性完全且选择对隐性纯合子不利时,基因频率 q 的改变

	AA	Aa	aa	合计
起始频率	p^2	$2pq$	q^2	1
适合度 W	1	1	$1-S$	
选择后频率	p^2	$2pq$	$q^2(1-S)$	$1-Sq^2$
相对频率	$\dfrac{p^2}{1-Sq^2}$	$\dfrac{2pq}{1-Sq^2}$	$\dfrac{q^2(1-S)}{1-Sq^2}$	1

由表 14.6 可知,隐性性状经过一代的选择后,群体中隐性基因 a 的频率变为

$$q_1=\frac{1}{2}\times\frac{2pq}{1-Sq^2}+\frac{q^2(1-S)}{1-Sq^2}=\frac{q(1-Sq)}{1-Sq^2} \tag{14-19}$$

群体中 a 基因频率的改变量为

$$\Delta q=q_1-q=\frac{q(1-Sq)}{1-Sq^2}-q=\frac{-Sq^2(1-q)}{1-Sq^2} \tag{14-20}$$

显然,在式(14-20)中 $\Delta q<0$,$q_1<q$,因此,对隐性纯合体不利的选择,随着世代数增加,隐性基因 a 的频率逐渐减小。相应地,显性基因 A 的频率逐代增加。

当 q 很小,S 也很小时,式(14-20)的分母 $(1-Sq^2)$ 近似于 1,于是 q 的改变量:

$$\Delta q\approx-Sq^2(1-q) \tag{14-21}$$

由式(14-21)可知,当 q 与 S 都很小时,基因 a 的频率每代的改变量非常小,即基因频率的改变非常缓慢。

如果隐性纯合体 aa 完全致死,即 $S=1$,经过一代选择后,a 基因的频率变为

$$q_1=\frac{q_0(1-Sq_0)}{1-Sq_0^2}=\frac{q_0(1-q_0)}{1-q_0^2}=\frac{q_0}{1+q_0} \tag{14-22}$$

隐性性状经过多代选择淘汰之后,各世代群体中 a 基因的频率分别为

$$q_2=\frac{q_1}{1+q_1}=\frac{q_0/(1+q_0)}{1+q_0/(1+q_0)}=\frac{q_0}{1+2q_0} \tag{14-23}$$

⋮

$$q_n = \frac{q_0}{1 + nq_0} \qquad (14-24)$$

假如在 3 个不同的初始群体中,隐性致死基因的频率分别为 0.9、0.5 和 0.1,利用式(14-24),可以计算出在完全淘汰隐性致死纯合体的情况下,各个世代隐性致死基因频率的改变情况(表 14.7)。

表 14.7　完全淘汰隐性纯合体时,不同初始群体 q 值的改变

世代	群体 1		群体 2		群体 3	
	基因型频率 (q^2)	基因频率 (q)	基因型频率 (q^2)	基因频率 (q)	基因型频率 (q^2)	基因频率 (q)
0	0.810	0.900	0.250	0.500	0.010	0.100
1	0.224	0.474	0.111	0.333	0.008	0.091
2	0.103	0.321	0.063	0.250	0.007	0.083
3	0.059	0.243	0.040	0.200	0.006	0.077
4	0.038	0.196	0.028	0.167	0.005	0.071
5	0.027	0.164	0.020	0.143	0.004	0.067
6	0.020	0.141	0.016	0.125	0.004	0.063
10	0.008	0.090	0.007	0.083	0.003	0.050

表 14.7 表明选择的效果也取决于群体中基因的初始频率。致死基因的初始频率 q 值越高,如群体 1,其频率的改变越快,经过一个世代的选择后,q 值即可从起初的 0.900 降到 0.474;q 值越小,如群体 3,q 值改变也越小,经过第一次选择后,q 值仅从 0.100 降为 0.091。这表明,在完全淘汰隐性致死纯合体的情况下,初始群体中隐性致死基因频率越大,选择效果越明显;当隐性致死基因频率变得很小时,其改变量也随之变小,选择淘汰将变得困难。

根据前面推导的计算 q_n 的式(14-24),可以推算出 $q_0 \rightarrow q_n$ 的改变所需要的世代数为

$$n = \frac{1}{q_n} - \frac{1}{q_0} \qquad (14-25)$$

例:植物中的白化基因为致死基因,正常绿苗对白化苗为显性。如果在开始时,白化基因的频率 $q_0 = 0.01$,自然选择和人工选择都会淘汰白苗植株,要使白化基因的频率减少到 1/2 所需要的世代数为

$$n = \frac{1}{q_n} - \frac{1}{q_0} = \frac{1}{0.005} - \frac{1}{0.01} = 100$$

可见,经过 100 个世代的淘汰后,隐性白化基因的频率降为 0.005。

上述分析表明,隐性致死基因很难从群体中清除出去,仅靠表型选择,要从群体中淘汰隐性致死基因是十分困难的。但实际上,大多数隐性性状的适合度并不等于 0,其选择系数 $0 < S < 1$,部分淘汰隐性性状时,基因 a 的频率降低也更加缓慢。选择很难将隐性基因从群体中清除掉。其原因是大多数隐性基因存在于杂合体中,选择对它们没有效果。但是在群体中淘汰显性性状能迅速改变群体的基因频率。例如,在红花品种和白花品种的杂交后代中选留白花植株,只需要 1 个世代就可以淘汰显性的红花基因,使隐性的白花基因频率增加到 1。

对于 $0 < S < 1$ 的情况,从公式 $\Delta q \approx -Sq^2(1-q)$ 出发,应用微积分的原理可以推导出 $q_0 \rightarrow q_n$ 的改变所需要的世代数为

$$n = \frac{1}{S}\left[\frac{1}{q_n} - \frac{1}{q_0} + \ln\frac{q_0(1-q_n)}{q_n(1-q_0)}\right] \qquad (14-26)$$

3. 其他的选择情况

其他类型的选择对基因频率的影响也是非常显著的。经过一代选择后,其他各种选择导致基因 a 频率改变量的计算公式列于表 14.8,请读者参照上述对隐性纯合子不利的情形,自行推导,举一反三。

表 14.8 选择在不同情况下基因频率发生改变的计算公式

选择的类型	适 合 度			基因 a 频率的改变
	AA	Aa	aa	
选择对隐性纯合子不利	1	1	$1-S$	$\Delta q = -Spq^2/(1-Sq^2)$
选择对显性表型不利	$1-S$	$1-S$	1	$\Delta q = Spq^2/(1-S+Sq^2)$
不选择显性基因	1	$1-S/2$	$1-S$	$\Delta q = -Spq/[2(1-Sq)]$
选择对杂合子有利	$1-S_1$	1	$1-S_2$	$\Delta q = pq(S_1p-S_2q)/(1-S_1p^2-S_2q^2)$
选择对杂合子不利	1	$1-S$	1	$\Delta q = Spq(q-p)/(1-2Spq)$
选择是普遍性的	W_{11}	W_{12}	W_{22}	$\Delta q = pq[p(W_{12}-W_{11})+q(W_{22}-W_{12})]/\overline{W}$

注：$\overline{W}$ 为平均适合度，$\overline{W} = p^2W_{11} + 2pqW_{12} + q^2W_{22}$。

14.3.2 突变

突变是绝对的,广义的突变包括染色体结构和数目的变化、基因的点突变,染色体变异不能回复,但基因的点突变时常可以回复。尽管单个基因的突变率都很低,但每一种群每一世代的突变基因数却是很高的,基因突变仍是影响群体基因频率的一种重要力量。

假如某一世代的初始群体中 A 和 a 的频率分别为 p 和 q, $p=1-q$; A 突变为 a 的频率是 u, a 回复突变为 A 的频率是 v,则每一代中有 $(1-q)u$ 的 A 突变为 a,有 qv 的 a 突变为 A。若 $(1-q)u > qv$,群体中 A 基因的频率减小, a 基因频率增加;经过若干世代,如果群体内 A 基因频率持续减小, a 基因频率持续增加,这是由于 A 突变为 a 的正向突变所产生的突变压(mutation pressure)超过了反向的突变压。如果反向突变压更高一些,则有 $(1-q)u < qv$,群体中 A 的频率将增加。如果正、反向突变压相等,群体达到平衡,则有 $(1-q)u = qv$,从而 $\hat{q} = u/(u+v)$, $\hat{p} = v/(u+v)$。

可见在平衡状态下,基因频率与原基因频率无关,仅取决于正、反向突变率 u 和 v 的大小;如果一对等位基因的正反突变频率相等 $(u=v)$,则达到平衡时的基因频率 p 和 q 的值都是 0.5。特定条件下, u 和 v 都是常数,因此,这种平衡是稳定的平衡。不过,基因频率单凭突变率决定的情况是不多见的。仅靠基因突变改变群体遗传结构是非常缓慢的。突变是群体中新的等位基因的直接来源,突变为自然选择和人工选择提供了原始材料。

14.3.3 突变与选择的联合作用

在生物进化的过程中,突变和选择的作用是难以分开的,这两个因素总是同时影响群体的遗传结构。群体中的隐性纯合体在选择的过程中往往被淘汰,可是,突变作用又使新的隐性基因加入到群体中,二者维持着一个平衡,使群体中的隐性基因以一定的频率存在着。

由于突变,群体中每一代有 $(1-q)u$ 的 A 突变为 a;回复突变的作用使 qv 的 a 突变为 A。如果群体中 q 值很小, v 也很小, qv 的值就很小,回复突变的作用可以忽略不计,那么突变使隐性基因 a 频率的增加值为 $\Delta q \approx (1-q)u$。

根据 14.3.1 的计算,选择作用对隐性纯合体不利时,隐性基因 a 的频率每代的减少值为 $\Delta q \approx -Sq^2(1-q)$。

平衡时,突变所产生的隐性基因数应该与选择所淘汰的数目相等,因此:

$$Sq^2(1-q) = (1-q)u \tag{14-27}$$

$$Sq^2 = u \tag{14-28}$$

$$\hat{q} = \sqrt{u/S} \tag{14-29}$$

$\hat{q}$ 值是突变和选择联合作用下群体平衡时 a 基因的频率。根据式(14-27)～式(14-29),先统计群体中 a 基因的频率 q 和选择系数 S,就可以估算基因的突变率。人类许多基因的自发突变率就是据此原理估计的。

例：人类的全色盲是常染色体隐性遗传病,大约 8 万人中有一个是纯合体全色盲。据调查,这种人的平均子女数只有正常人的 1/2,即 $S=0.5$,$q^2=1/80\,000$,代入式(14-28)得全色盲基因的突变率为 $u=Sq^2=0.5\times1/80\,000=6.25\times10^{-6}$。

14.3.4　迁移

在隔离不完全的情况下,个体的迁移(migration)也是影响群体基因频率的一个重要因素。假设在一个大的群体内,每代有一部分个体为新迁入,迁移者现在在群体中的比例(迁入率)为 m,则 $1-m$ 是原来就有的个体比率。令迁入个体某一基因(如 a 基因)的频率是 q_m,原来群体所具同一基因的频率是 q_0,这样,在新的混合群体内基因 a 的频率 q' 将是

$$q'=mq_m+(1-m)q_0=m(q_m-q_0)+q_0 \tag{14-30}$$

个体的一代迁入所引起的基因频率的改变量 Δq 为

$$\Delta q=q'-q_0=m(q_m-q_0) \tag{14-31}$$

迁移改变基因频率取决于两个因素:迁入率和两个群体中基因频率之差。两个群体之间的基因频率差异大,迁入率高,则明显地改变迁入后群体的基因频率;若两群体之间的基因频率无差别,即 $q_m-q_0=0$,则 $\Delta q=0$。

14.3.5　遗传漂变

遗传平衡定律的一个重要前提条件是群体无限大。但实际上,群体的大小总是有限的。在一个小群体内,每代从基因库中抽样得到形成下一代个体的配子时,就会产生较大误差,由抽样误差(sampling error)引起群体基因频率的偶然变化,称为遗传漂变(genetic drift)。遗传漂变没有确定的方向,世代间基因频率的变化是随机的,因此又称为随机遗传漂变(random genetic drift)。遗传漂变是由群体遗传学奠基人之一 Wright 于 20 世纪 30 年代最先提出来的,为了纪念这位群体遗传学研究的先驱者,遗传漂变又称为 Wright 效应(Wright effect)。

对于群体大小为 N 的有限群体,如果初始群体中等位基因 A 和 a 的频率分别为 p 和 q。下代群体可以看成由上代群体产生的无限大配子库$(A,p;a,q)$中,随机取出 $2N$ 个配子随机结合形成的样本。下代有限群体中基因 a 的数目可能为 $0,1,2,\cdots,r,\cdots,2N-1,2N$,共 $2N+1$ 种可能,分布服从二项分布。于是,下代有限群体中等位基因的频率将按二项展开式 $(p+q)^{2N}$ 的形式变化。下代有限群体中等位基因 a 的频率为 $q_1=\dfrac{r}{2N}$ 的概率是 $P(X=r)=C_{2N}^r p^{2N-r}q^r$。

假如有限群体的大小 $N=4$,$p=q=0.5$,那么下一代群体中 a 基因有 9 种可能的情况,其频率分布见表 14.9。

表 14.9　F₁ 群体中 a 基因的分布、频率与发生概率

a 基因数目	a 基因频率	发生概率	a 基因数目	a 基因频率	发生概率
0	0.000	1/256 = 0.004	5	0.625	56/256 = 0.219
1	0.125	8/256 = 0.031	6	0.750	28/256 = 0.109
2	0.250	28/256 = 0.109	7	0.875	8/256 = 0.031
3	0.375	56/256 = 0.219	8	1.000	1/256 = 0.004
4	0.500	70/256 = 0.273			

由表 14.9 可知,F₁ 群体中 a 基因频率与亲代相同的概率仅为 0.273,而与亲代不同的概率是 0.726,可见下一代群体中 a 的频率发生变化的概率很大,遗传漂变现象很显著。另外,下一代群体中 a 基因消失的概率是 0.004,a 被固定的概率也是 0.004。也就是说,a 基因固定或消失,或 a 的频率发生变化都可能以一定的概率发生,遗传漂变是完全随机的。某一特定的基因在小群体中由于遗传漂变一旦消失,除非发生新的突变,不会再在群体中出现。因此遗传漂变的结果是随着世代的推移,小群体中的遗传变异性将逐渐丧失。所以

说,对于小群体而言,遗传漂变是影响群体遗传结构的一个重要因素。

由二项分布的性质可知,对于大小为 N 的有限群体,下一代所有可能的有限群体中等位基因 a 数目平均数与方差分别为 $\mu_r = 2Nq$,$V_r = 2Npq$;等位基因 a 频率分布的平均值和标准差为 $\mu_{q1} = q$,$V_{q1} = pq/(2N)$,标准误为 $S_{q1} = \sqrt{pq/(2N)}$。

例如,在一个大群体中,等位基因 A 和 a 频率为 $p = q = 0.5$。从这个大群体中随机抽取样本组成大小不同的两个小群体:第一个群体大小为 $N_1 = 50$,第二个群体大小为 $N_2 = 5\,000$。

对于群体 1,由于遗传漂变,下一代群体中 a 基因频率变化的标准误为

$$S = \sqrt{pq/(2N)} = \sqrt{(0.5 \times 0.5)/(2 \times 50)} = \pm 0.05$$

对于群体 2,由于遗传漂变,下一代群体中 a 基因频率变化的标准误为

$$S = \sqrt{pq/(2N)} = \sqrt{(0.5 \times 0.5)/(2 \times 5\,000)} = \pm 0.005$$

可见,遗传漂变的强度取决于有限群体的大小:群体越小,a 基因频率的波动范围越大,遗传漂变的强度越大;群体越大,a 基因频率的波动范围越小,遗传漂变的强度越弱。

自然界中存在大量中性突变,即无适应能力差异的突变,选择对于这类中性突变通常不大起作用,遗传漂变对中性基因频率的变化可能起更大的作用。遗传漂变可以用来解释人类种族间的一些差异。美国宾夕法尼亚州一个德裔美国人群的血型提供了一个很好的例子。19 世纪中期,有 27 个家庭从德国迁到美国宾夕法尼亚州定居,由于宗教的原因,他们生活在自己的小圈子里,几乎不同周围的人通婚,从此该群体保持为一个隔离的小群体。到 1950 年,在几个基因座位上都可以在该人群中观察到遗传漂变的作用。例如,A 血型的频率在德国人和美国人中为 0.40~0.45,而在这个社区的德裔美国人群中的频率为 0.6,I^B 基因的频率只有 0.025。MN 血型座位上,L^M 基因的频率在德国人和美国人中都是 0.54,而这个社区的德裔美国人中却是 0.65。人类不同种族所具有的血型频率差异无适应性上的意义,这个德裔美国人群所具有的特殊基因频率,很可能是祖先群体发生遗传漂变并持续影响着每一代的基因频率的结果,因为这个群体的大小一直保持很小。

遗传漂变现象在自然界是普遍存在的。当某一种群中的几个或几十个个体迁移到另一个地区定居下来,与原种群隔离而自行繁衍后代,建立起一个新的群体,结果产生与原种群不同的特殊的基因频率,并对其后裔群体的进化产生重大而持久的影响,这种现象称为奠基者效应(founder effect)。新的特殊的基因频率取决于建立者的基因频率。

瓶颈效应(bottle neck effect)与奠基者效应相似,但瓶颈效应是某群体或物种在恶劣的环境条件下或受到灾难性打击时,只有少数个体存活下来(类似"瓶颈"),其基因频率因此发生改变,结果与奠基者效应相似。种群个体数量随季节变化,数量减少的时期即瓶颈时期。喷洒杀虫剂防治害虫时,害虫大量死亡的时期即是瓶颈时期。瓶颈时期会导致形成新的特殊的基因频率,进而影响生物的进化。

14.4　生物进化学说及其发展

进化论研究生物物种的起源和演变过程。地球上生命的起源和进化是一个漫长的过程:地球发展到一定阶段形成了各种有机物和非细胞形态的生命,然后才发展到原核细胞和真核细胞,并由单细胞生物发展成多细胞生物;复杂的生物是由相对简单一些的生物进化而来的,高等的生物是由相对低级一点的生物进化而来的。生命现象具有四个最基本的特征:生长、生殖、新陈代谢与适应性。

地球上的生物是进化发展的产物,人们已经从形态、解剖、遗传等不同的角度证明生物的进化是一个不争的事实。但生物进化的观点是经过了长期的认识过程才建立起来的。在生物进化思想产生之前,基督教神学占绝对统治地位,物种神创论是神学思想的核心内容:认为世上万物都是上帝创造,且生物物种不会改变。基督教神学思想的影响是非常深刻的。

在拉马克与达尔文提出进化论之前,不少学者已经认识到物种并非一成不变的。例如,法国博物学家 Buffon(1707—1788)是进化论的先驱者之一,他认为物种是可变的,物种变化主要受气候(如温度)、食物数

量和人类驯化等因素的影响,但他没有给出令人信服的证据。对于生物进化的机制问题,自 19 世纪以来,许多科学家提出了各种假说或理论,其中以拉马克和达尔文的学说最具有代表性。

14.4.1　拉马克的进化学说

法国博物学家拉马克(1744~1829)最早提出了"进化论"的概念,他于 1802 年出版了《动物学哲学》一书。拉马克认为生物是进化的,物种是可变的;他提出了用进废退(theory of use and disuse)与获得性状遗传(theory of the inheritance of acquired characters)学说来解释生物进化的机制。其主要内容有:① 生物生长的环境,使它产生某些欲求(need)。② 生物改变旧的器官,或产生新的痕迹器官(rudimentary organ),以适应这些欲求。③ 继续使用这些痕迹器官,使这些器官的体积增大,功能增进,但不用时可以退化或消失。④ 环境引起的性状改变是会遗传的,从而把这些改变了的性状传递给下一代。

长颈鹿是地球上最高的哺乳动物,头颈特别长,但是它像人类和其他哺乳动物一样,也只有 7 个颈椎,只是每个颈椎非常长而已。如果用拉马克的学说来解释长颈鹿的长头颈,是这样的:短头颈的祖先在食物贫乏的环境里,必须伸长头颈才能吃到高树上的叶子,引起性状改变,并会遗传给后代。后代又在相似的环境中,同样需要把头颈伸得更长一些,才能吃更高树上的叶子,又使子代个体的头颈长得长一点。这样一代一代下去,长头颈的遗传特性继续加强,它们的头颈逐步延长,终于进化成现代的长颈鹿。拉马克的学说还能用来解释一些生物进化的现象,如鼹鼠长期生活在地下,眼睛萎缩退化;洞穴中的鱼生活在黑暗中,眼睛没有用处,逐渐退化而盲目;家鸡上圈不会飞;人的盲肠退化等。但是铁匠的儿子胳膊上的肌肉一定发达吗?

拉马克的学说能用来形象地解释一些进化现象,它否定了物种的不变论,有力地促进了进化学说的传播和发展,具有重要的科学价值。

14.4.2　达尔文及其自然选择学说

英国博物学家达尔文(1809~1882)22 岁时随英国皇家海军贝格尔舰环球航行了 5 年(1831~1836 年),其间观察和采集了大量的动、植物标本和化石标本。加拉帕戈斯(Galapagos)群岛距离南美洲厄瓜多尔西海岸 950 km,群岛上的海龟和地雀给他留下了深刻的印象。群岛上海龟数量多,但各个小岛上的海龟各不相同;群岛上有 14 种地雀,分布在不同的小岛上,但它们的体形、颜色,特别是喙和食性各有不同。在南美洲,他深入比较了化石动物和现存动物的相互关系、地理分布和地质史上出现的顺序等问题,发现不同的地区和不同的历史时期有不同的生物,从而认识到了物种的可变性。

1836 年,达尔文回国,之后花了 20 多年时间研究和整理环球航行的资料。1858 年,在他还没有完成《物种起源》一书时,英国的另一位博物学家 Wallace(1823~1913)来函,也提出了和达尔文观点类似的有关进化的见解。于是,达尔文提前和 Wallace 在英国林奈学会的一次会议上各自公布了他们的论文和摘要。1859 年,达尔文出版了《物种起源》(*The Origin of Species*),系统地阐述了他的生物进化理论。他的另两本重要著作是 1868 年出版的《动物和植物在家养条件下的变异》和 1871 年出版的《人类的由来与性选择》。在这些著作中,达尔文进一步补充和完善了进化理论。

概括起来,达尔文的进化理论主要包括五个方面的内容:物种是可变的(基本的进化论);新物种的形成是一个极其缓慢的过程,即进化的发生是逐渐的(渐变论);所有的生物都来自共同的祖先(共祖学说);物种的形成是一个树状分支分化的过程(生物多样性的起源);生物进化的动力和机制是自然选择。

达尔文的自然选择学说是其进化学说的核心内容,其主要观点有以下内容。

1. 变异与遗传

根据观察,达尔文确定自然界中生物普遍存在着变异。生物特性上的变异大小不一,有些变异微小,如绵羊毛的长短、粗细和颜色上的变化等;有些变异较大,如人的多毛,短腿安康羊的出现等。

达尔文认为至少有一部分变异能够传递给子代,这类变异为自然选择提供了丰富的原材料。但达尔文的理论中并没有解决变异产生的原因、变异性状遗传给子代的机制等问题,他部分接受了拉马克的获得性状遗传的观点,还提出了暂定的泛生假说来解释遗传的机制。达尔文的理论的最大弱点是无法解释性状的变异遗传给子代的机制,但这并不影响他的整个学说。

2. 繁殖过剩

达尔文还指出,生物体的繁育潜力一般总是大大超过它们的繁育率。例如,一条鲱鱼约产卵 30 万粒,一株烟草约结种子 36 万粒,而实际上能够发育成为成体的是很小的一部分。大象是繁殖很慢的动物,如果每一雌象一生(30～90 岁)产仔 6 头,每头活到 100 岁,都能繁殖,750 年后,一对大象就会有 190 万头子孙。但是,几万年来,大象的数量从没有增加到那样多。事实上,自然界中各种生物的数量在一定的时期内都保持相对稳定。怎样解释这些现象呢? 达尔文提出了生存竞争和适者生存两个推论。

3. 生存竞争

生物高速繁殖的倾向受到天敌和自然环境等各种因素的制约,只有那些比较健壮,性状跟环境比较适应的个体存活下来,达尔文把这个过程形象地称为生存竞争(struggle for existence)。生存竞争可以发生同一物种的不同个体之间或者不同物种之间,也发生在生物与外界生活环境之间。例如,狼与兔、狼与狼、兔与兔都有事实上的竞争关系。环境中的各种自然因素,如光照、温度、水分、空气、土壤养分等决定着食物的丰盛与否,同样决定着它们的种群能够存活的数量。其中各种生物因素和非生物因素的关系显然是依存或对抗,这些都是生存竞争的表现。

4. 适者生存(适者繁殖)

达尔文认为生存竞争的结果就是适者生存,即具有适应性变异的个体被保留下来,不具有适应性变异的个体被淘汰。但生存下来还不足以把这种适应性传递给子代,更重要的是适者繁殖。适合度高的个体留下较多的后代,适合度较低的个体留下较少的后代,而适合度的差异至少有一部分是由遗传差异决定,这样一代代下去,群体的遗传组成自然而然地趋向更高地适合度。这个过程就是自然选择。但环境条件不能永久保持不变,因此生物的适应性总是相对的。生物体不断地遇到新的环境条件,自然选择不断地使群体的遗传组成发生相应的变化,建立新的适应关系,这就是生物进化中最基本的过程。

地球表面上生物居住的环境是多种多样的,生物适应环境的方式也是多种多样的,因此通过多种多样的自然选择过程,就形成了生物界的众多种类。生物多样性来自环境对变异的适应性选择和长期积累。

桦尺蛾(*Biston betularia*)的工业黑化现象为自然选择提供了一个经典的例子。19 世纪中叶以前,在英国曼彻斯特近郊桦尺蛾的翅膀主要是浅灰色的,偶尔能采集到黑蛾,但黑蛾所占比例是相当低的。生物学家发现,在曼彻斯特近郊采集到的黑色桦尺蛾的比例从 1848 年开始增加,到 1895 年,曼彻斯特附近黑色蛾的比例增加到 95％以上,而在非工业化的地区,灰斑蛾仍占绝对优势。曼彻斯特是较早完成工业化的地区之一,工业化的过程中由于大量燃烧煤,环境污染非常严重。桦尺蛾在工业污染严重的地区,黑色个体的比例逐渐上升,这个趋势被称为工业黑化。1896 年,Tutt 提出用自然选择的原理对这种工业黑化现象进行解释:工业化前曼彻斯特近郊未被污染,很多灰色蛾子停在布满淡色苔藓的树干上,灰色蛾和背景颜色相近,不易被鸟发现,但黑色蛾子容易被鸟发现捕食(图 14.2A)。工业化后,因为黑烟污染了环境,黑色蛾子更易藏身,浅色蛾子易被鸟类捕食,因此黑色蛾子逐渐取代灰色蛾子(图 14.2B)。

20 世纪 50 年代,英国遗传学家 Kettlewell (1907～1979)做了一系列昆虫放飞实验,验证了桦尺蛾发生进化的自然选择过程。Kettlewell 在工业污染严重的地区,放飞了等量的灰色和黑色蛾子,重新诱捕的蛾子中,黑蛾的数量是灰蛾的两

A　　　　　　　　　　B

图 14.2　灰色的桦尺蛾及其黑色的突变型

倍。他认为那些失踪的蛾是被鸟类捕食了,这说明在污染严重的地区,黑蛾的生存机会是灰蛾的两倍。在未被污染的地区进行放飞实验,所得结果相反,即在未被污染的地区,灰蛾的生存机会是黑蛾的两倍。他的实验证明鸟类有选择的捕食是桦尺蛾发生进化的一个重要因素。剑桥大学附近没有环境污染,遗传学教授 Majerus 在自然条件进行观察,证明鸟类的选择性捕食是导致 2001~2007 年剑桥黑蛾比例下降的一个主要因素。

达尔文进化理论中的物种可变论和共祖学说在《物种起源》出版后短短几年内就被人们普遍接受,但是渐变论、成种事件和自然选择学说则经过了长时间的争论,直到 20 世纪 30 年代,进化的综合理论逐渐形成后,才被普遍接受。达尔文进化论是 19 世纪最伟大的科学发现之一,它把生物科学统一在共同的基础上,有力地推动了生物学各分支学科的发展。

14.4.3　达尔文进化学说的发展

19 世纪末,以拉马克和达尔文的理论为基础分别形成了新拉马克学派(neo-Lamarckism)和新达尔文学派(neo-Darwinism)。两学派之间争论的中心问题是生物进化的动力问题。新拉马克学派以英国哲学家、生物学家 Spencer 为代表,拥护获得性状遗传学说,认为进化的动力是环境变化,否定选择在物种形成中的作用。新达尔文学派以德国生物学家 Weismann 为代表,认为选择是新种形成的主导因素,否定获得性状遗传。

1903 年,荷兰学者 de Vries 对普通月见草(*Oenothera lamarckiana*)进行研究后发现:一些新类型是突然产生的,并且只要一代自交就达到遗传稳定。de Vries 据此提出了突变论:认为自然界新种的形成不是长期选择的结果,而是突然出现的。这一观点与达尔文的自然选择学说和拉马克学说均不相符。1909 年,丹麦植物学家 Johannsen 研究了菜豆粒重的遗传后提出了纯系学说:认为选择只能将混合群体中已有变异隔离开来,并没有表现出创造性作用,因此选择可能并不是生物进化的动力。因为纯系内选择无效,由环境引起的变异不可遗传,没有进化意义,所以拉马克的获得性状遗传也是没有根据的。尽管突变论和纯系学说都有一定的实验依据,在遗传学上也提出了一些正确的见解,促进了人们对进化论的研究,但它们对进化机制的解析是不完全正确的。

20 世纪初,孟德尔遗传定律被重新发现,Morgan 在此基础上发展了基因论。基因论不仅能解释自然选择学说与突变论、纯系学说的矛盾,也解决了个体水平进化的遗传变异机制难题,一般认为这一发展是新达尔文主义的继续。遗传学的兴起和迅速发展不仅为生物进化提供了更多的证据,更重要的是,它解释了生物进化的根本原因和历史过程。

生物进化论在 20 世纪的发展主要表现在两个方面:一是在群体遗传学的基础上发展了"综合进化理论";二是在分子遗传学水平上发展了"分子进化的中性理论"。

20 世纪二三十年代是群体遗传学形成的时期。Fisher、Wright 和 Haldane 等遗传学家分别用生物统计学和数学模型的方法,从理论上研究了各种因素对群体遗传平衡的定量影响。他们用群体遗传学的成就来重新阐述自然选择是如何起作用的,逐渐填补了达尔文自然选择学说的一些缺陷。Dobzansky 以果蝇为实验材料,验证了群体遗传学的一些结论。1937 年,Dobzansky 出版了《遗传学和物种起源》,在理论上和实验上统一了自然选择学说和遗传学理论,标志着综合进化理论的创立;1970 年,Dobzansky 出版了《进化过程的遗传学》一书,进一步完善和发展了综合进化理论。综合进化理论也被称为现代达尔文主义,其主要观点包括以下内容。

1. 种群是生物进化的基本单位

现代达尔文主义认为生物进化和物种形成的基本单位不是个体,而是种群。种群内个体的寿命虽然有限,但由于个体间通过自由交配和繁殖而形成一个具有一定遗传结构的、相对恒定的基因库。种群基因频率一旦偏离原有的稳定状态,就很难再重新恢复,进而导致进化。自然选择实质上是定向改变种群的遗传结构,进化就是种群遗传结构的改变。

2. 突变和遗传重组为生物进化提供原材料

可遗传的变异主要来源于突变和遗传重组。广义的突变包括染色体结构和数目的改变、基因突变。突变是随机发生的,突变率很低,但由于突变的多方向性及基因组内突变位点数目众多,种群内存在很大的突变压。突变导致个体的杂合性增加,在有性繁殖中,基因的分离与重组使种群中出现丰富的变异性,为应对环境条件的变化和选择提供丰富的原材料。

3. 自然选择决定生物进化的方向

自然选择是连接物种基因库和环境的纽带,随机产生的变异必然受到自然选择的作用。自然选择的对象是个体和基因型,它自动地调节突变与环境的相互关系,把突变偶然性纳入进化必然性的轨道,产生适应性进化。自然选择决定群体的遗传组成,因而决定生物进化的方向,也是生物进化的动力。

4. 隔离是物种形成的必要条件

隔离是阻止不同群体在自然条件下相互交配的机制。发生了遗传性变异的个体或群体,如果没有与原来的群体隔离开来,随机交配将使突变在群体中可以进行各种组合,一个群体将始终保持一个群体,而不会歧化形成新的亚种或物种。来自同一物种的不同居群,如果形成了某种形式的隔离,居群间不能进行基因交流,群体遗传结构的差异逐渐增大,自然选择必然对不同的居群独立起作用,进而形成不同的亚种,直至发生生殖隔离。新群体(亚种)一旦与原物种产生了生殖隔离,新物种就产生了。因此,隔离是新物种形成的必要条件。

隔离有不同的类型,一般可分为地理隔离(geographic isolation)、生态隔离(ecological isolation)和生殖隔离(reproduction isolation)三种类型。

(1) 地理隔离   是由于某些地理条件的阻碍而造成的隔离。例如,地球上的海洋、岛屿、高山、沙漠等均可能是形成地理隔离的因素。地理隔离使一些群体与原群体隔离开来,阻止了两个群体间个体的交配,而使它们不能进行基因交流。经过变异的积累,就可能形成地理上的亚种,进一步发展形成生殖隔离而成为新物种。所以,地理隔离往往是物种形成的第一步。

(2) 生态隔离   是指种群间由于所要求的食物、环境或其他生态条件差异而形成的隔离。例如,季节隔离(seasonal isolation),由于植物的开花期、动物的交配期发生在不同季节或不同时间而阻止基因交流。例如,菊科莴苣属(Latuca)的 Latuca canadensis 和 Latuca graminifolia,在美国东南部大面积同地生长,都是路边野草,人工杂交可育,但在自然界中,前者夏季开花而后者在早春开花,因而得以保持为两个形态各异的不同的物种。

(3) 生殖隔离   是指生物种群间不能杂交或杂交子代不育的隔离方式,生殖隔离是划分物种的主要依据。它包括受精前的生殖隔离和受精后的生殖隔离两种类型。

受精前的生殖隔离是生殖隔离的初级形式,包括选择交配(或称为心理隔离)、受精隔离等形式。心理隔离指有求偶行为的动物,异性个体间缺乏引诱力,因此不相互交配。受精隔离是指体内受精的动物在交配后,或体外受精动物在释放配子后,或植物在花粉到达柱头以后,在一系列反应中有某种不协调,使雌雄配子不能结合。例如,曼陀罗属(Datura)内,花粉管在异种花柱内生长的速度比在同种花柱内低得多,有时甚至在异种花柱内破裂。

受精后的生殖隔离是生殖隔离的高级形式,这种隔离方式是由于遗传物质的差异形成的,包括两种主要类型:杂种不活、杂种不育。杂种不活是指杂种不能正常发育或不能发育到性成熟的阶段;杂种不育则是指杂种不能生育的现象。例如,马的染色体数 $2n=64$,驴的染色体数 $2n=62$,马与驴杂交的子代——骡子的染色体数为 63。骡子形成生殖细胞时,染色体不能正常联会,导致不规则的分布而不能形成正常的生殖细胞,造成不育。

在地理隔离和生态隔离的基础上,进一步产生生殖隔离特别是遗传隔离,就完成了新物种形成的飞跃过程。

总之,综合进化理论以现代遗传学的成就阐明了变异、重组、选择和隔离等因素在生物进化和物种形成中的作用,提出了生物进化是群体遗传结构的改变等观点,弥补了达尔文学说的不足,是现代进化科学的主流。但是综合进化理论也有不完善的地方,如对于生物体的新结构、新器官的起源,适应性的起源,以及生物的生活习性和生活方式的改变等问题并不能给出很好的解释;也未涉及从分子水平上揭示生物进化的规律。

14.4.4　分子水平的进化

20 世纪 50 年代末,随着蛋白质测序技术的发展,尤其是 1985 年 PCR 技术被发明之后,DNA 测序技术的飞速发展使得大量的分子数据不断涌现,人们已应用这些分子数据研究群体中的遗传变异和生物种系的发生。

分子水平上的研究发现,在生物大分子中蕴藏了丰富的生物进化信息。在不同物种中,相应核酸和蛋白质序列组成存在广泛差异,并且这些差异在生物长期的进化过程中产生,具有相对稳定的遗传特性。根据这类信息可以估测物种间的亲缘关系:物种间的核苷酸或氨基酸序列相似程度越高,其亲缘关系越近,反之亲缘关系越远。

在分子水平上研究生物进化具有以下优点:根据核酸和蛋白质结构上的差异程度,可以从数量上准确估计物种的进化时期和速度;对于结构简单的微生物的进化,只能采用这种方法;可以比较亲缘关系极远类型之间的进化信息。

1. 蛋白质分子中的进化信息

蛋白质的氨基酸顺序决定了它们的空间结构和各种理化性质。分析比较不同物种的某一种蛋白质的氨基酸组成,就可以估计它们之间的亲缘程度和进化速率。蛋白质分子进化速率取决于蛋白质分子中的氨基酸在一定时间内的替换率,其计算公式为

$$K_{aa} = \frac{d_{aa}}{N_{aa}} \div 2T \tag{14-32}$$

式中,K_{aa} 为进化速率;d_{aa} 为两种同源蛋白质中氨基酸的差异数;N_{aa} 为同源蛋白质中氨基酸残基数;T 为两种生物的共同祖先在进化上出现分歧(divergence)时间。

计算公式中要除以 2 是因为该蛋白在两个物种中同一位置的氨基酸残基,都可能替换为相应的另一种氨基酸残基。

以血红蛋白 α 链的进化为例,人、马和鲤鱼的 α 链都包括 141 个氨基酸残基,鲤鱼和马有 66 个氨基酸残基不同,人和马有 18 个氨基酸残基不同。根据古生物学研究,鱼类起源于志留纪,距今 4 亿多年(4×10^8),那么,血红蛋白 α 链从鲤鱼到马的进化速率(单位:氨基酸·年)为

$$K_{aa} = \frac{66}{141} \div (2 \times 4 \times 10^8) = 0.6 \times 10^{-9} \tag{14-33}$$

人和马的共同祖先大约在 8 千万年前开始出现分歧,血红蛋白 α 链从马到人的进化速率(单位:氨基酸·年)为

$$K_{aa} = \frac{18}{141} \div (2 \times 8 \times 10^7) = 0.8 \times 10^{-9} \tag{14-34}$$

用同样的方法计算各种脊椎动物的血红蛋白 α 链的氨基酸替换率,结果都近似于 10^{-9},表明血红蛋白 α 链的分子进化速率在不同生物中几乎是相同的。

用分子进化速率可以推断分子进化钟(molecular evolutionary clock),简称分子钟。对不同物种多种蛋白质分子进化速率的计算结果表明,K_{aa} 值一般都在 10^{-9}。因此,日本学者 Kimura 建议将 10^{-9} 定为生物分子进化钟的速率。

蛋白质分子进化中被深入研究的另一种蛋白质是细胞色素 c。细胞色素 c 是呼吸链的重要成分,广泛分布于现存的生物类群中。细胞色素 c 是一种非常保守的蛋白质,在生物氧化过程中担任电子传递体。很多生物的细胞色素 c 的氨基酸序列都已被测定,细胞色素 c 共有 104 个氨基酸残基。对从酵母菌到人类的 34 种生物细胞色素 c 的氨基酸顺序进行比较,发现超过 1/2 的氨基酸残基在 34 个物种中是共有的,一般称作不变区,而变异区则因物种不同而不同(表 14.10)。

表 14.10　各种生物与人的细胞色素 c 所不同的氨基酸数目

生　物	氨基酸差别	生　物	氨基酸差别	生　物	氨基酸差别
黑猩猩	0	鸡	13	小麦	35
猕猴	1	响尾蛇	14	链孢霉	43
袋鼠	10	金枪鱼	21	酵母菌	44
犬	11	鲨鱼	23		
马	12	天蚕蛾	31		

　　黑猩猩和人的 104 个氨基酸完全一样,猕猴和人只有 1 个氨基酸的差别,人和酵母菌则相差很大,在 104 个氨基酸中共有 44 个不同。这种相似与相异几乎完全取决于分歧时间。

　　从古生物学研究上已经知道各类生物相互分歧的地质年代,如果以横坐标代表任何两类生物发生分歧后经过的时间,纵坐标代表蛋白质中每个氨基酸残基的平均替换率,则所得曲线表示蛋白质的分子进化速率。图 14.3 上的线条都是直线,表明每一种蛋白质的分子进化速率都是恒定的,但是不同蛋白质的进化速率不同。纤维蛋白肽的分子进化速率是比较快的,每百万年可以置换氨基酸残基的 1%;而血红蛋白和细胞色素 c 这两种蛋白质,若要改变氨基酸残基中的 1% 则分别要 580 万年和 2 000 万年。至于真核生物染色体上的组蛋白Ⅳ有 102 个氨基酸残基,它的保守性更大,估计要经过 6 亿年才能改变氨基酸顺序的 1%,变化速率是细胞色素 c 的 1/30。

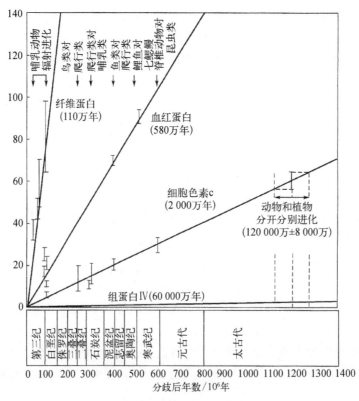

图 14.3　四种蛋白质的进化速率

斜线代表进化速率,改变氨基酸顺序 1% 需要的年数注明在括号内(斜线上的竖线代表标准误)

　　物种中蛋白质的稳定性及易变性也反映了蛋白质间的亲缘关系,如较稳定的组蛋白Ⅳ就显示了所有物种间的某种亲缘关系,也就是这些物种起源的同一性。而极易变化的蛋白质,正好说明了相对少数几种物种的亲缘关系。

2. 核酸分子中的进化信息

一般而言,高等生物遗传信息比低等生物复杂,因此基因组内 DNA 含量较高;而低等生物的基因组 DNA 含量就相对较低(图 14.4)。这是因为生物越高级就需要大量的基因来维持较为复杂的生命活动。例如,λ 噬菌体有 9 个基因,SV40 病毒有 6~10 个基因,而人类近有 2 万个基因。另外,有一些基因只有高等生物才有。例如,编码血红蛋白的基因、免疫球蛋白的基因等。

但是基因组 DNA 含量与生物的进化并不存在必然的对应关系。例如,一种肺鱼比哺乳动物 DNA 含量几乎高近 40 倍,许多两栖类 DNA 的含量也远远超过哺乳动物,玉米 DNA 的含量是哺乳动物的两倍多(表 14.11)。一些结构和发育都十分简单的真核生物,如阿米巴虫却具有极高的 DNA 含量(10^{12} bp)。这可能是因为这些生物的基因组中存在大量高度重复且无功能的 DNA 区段,所以造成 DNA 含量与其进化水平的矛盾。可见单凭 DNA 的含量高还不足以产生复杂的生物,只有基因组中拥有足够数量的具有一定功能的基因才行。

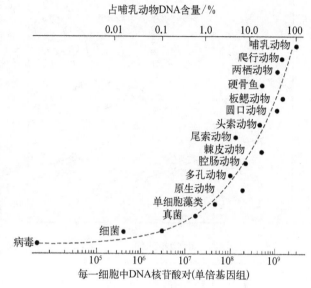

图 14.4　各类生物的每一细胞中 DNA 含量
(仿自 Nei M, 1975)
纵坐标尺度和曲线形状是任意的

表 14.11　各类生物 DNA 的含量

生物	每基因组的核苷酸对	生物	每基因组的核苷酸对
哺乳动物	3.2×10^9	果蝇	0.1×10^9
鸟	1.2×10^9	玉米	7×10^9
蜥蜴	1.9×10^9	链孢霉	4×10^7
蛙	6.2×10^9	大肠杆菌	4×10^6
大多数硬骨鱼	0.9×10^9	T_4 噬菌体	2×10^5
肺鱼	111.7×10^9	λ 噬菌体	1×10^5
棘皮动物	0.8×10^9	φX174	6×10^3

核酸序列中同样也包含了丰富的进化信息。已有研究显示,不同的基因或同一基因中的不同序列,其进化的模式和速率是不同的。特定 DNA 序列的分子进化速率可以通过比较由共同祖先分歧产生的两种不同生物的 DNA 序列来进行估算,从而用分子进化钟来估算其他物种进化的分歧时间。

共同祖先的一种单个的 DNA 序列经过分歧后的独立进化产生两种生物间 DNA 序列的差异,这种差异表现为相应位点核苷酸对的替换、不同长度序列拷贝数的差异或是基因或其他序列发生易位等。应用各种分子生物技术能够检测序列或位点之间的差异。例如,DNA 杂交、RFLP、AFLP、SSLP 和 SNP 等 DNA 标记技术,当然终极的技术是 DNA 测序。通过同功蛋白基因、非蛋白表达基因序列的两两比较或多重比较,并进行差异性分析可以构建分子水平的系统进化树(evolutionary tree)或种系发生树(phylogenetic tree)。种系发生树是指把物种安排在合适的位置,以反映它们来自一个共同的祖先,以及其相互之间的亲缘关系。图 14.5 是基于细胞色素 c 基因的核苷酸变化而构建的系统进化树,从中可以确认哺乳动物是一个相关类群,而鸟类是另一个相关类群,就像通过比较形态学和常识推测的那样。

3. 分子进化的中性理论

分子水平的研究发现群体中存在大量的中性基因变异,这类变异对生物的生存既没有好处,也没有坏处,在选择上是中性的。中性基因的产生有以下几种情况:① 发生在非编码区的非功能性突变;② 同义突变,碱基序列之间存在差异,氨基酸序列不改变;③ 氨基酸序列发生改变,但蛋白质的功能不发生改变,无表

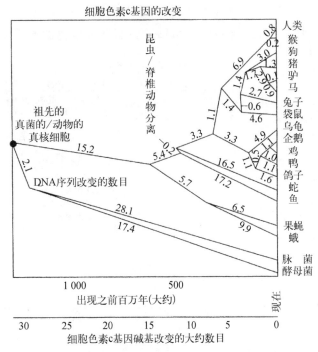

图 14.5 基于细胞色素 c 基因的核苷酸变化构建的系统进化树
数字表示每个分支发生的核苷酸改变的平均数目

型选择意义。如同工酶,又如不同生物的细胞色素 c 的氨基酸残基有些不同,但它们的生理功能却是相同的。人的血红蛋白链中,任意一个氨基酸发生替换都将产生一种异常的血红蛋白分子,可是这些异常的血红蛋白分子,只有一部分会改变同氧分子结合的能力,使人患病;另一部分突变则对血红蛋白的生理功能并无不良影响,这样的突变显然在选择上也是中性的。

分子水平上的研究表明,生物 DNA 水平上的进化速率远远高于形态上的进化速率,中性基因的进化速率高于功能上重要基因的进化速率。而根据自然选择学说,具有适应性意义的基因,在自然选择的作用下进化速率应该比中性基因快;存在于物种间分子水平上的差异也更大。许多研究还揭示,在生物物种内广泛存在着丰富的蛋白质和酶的多态性变异,这些多态性并无可见的表型效应,但这种遗传多态性比以前假定的也要高很多。很显然,自然选择理论不能对此予以解释。此外,前文已述及,不同蛋白质的分子进化速率不相同,但同一种蛋白质的分子进化速率都是恒定的,这种恒定性不可能由自然选择所引起,因为自然选择学说认为氨基酸的替换速率随着选择压的改变而改变。

1968 年,Kimura 基于分子水平的进化研究成果提出了中性突变-随机漂移理论(neutral mutation-random drift theory),简称分子进化的中性理论。

中性学说认为,进化中大多数氨基酸和核苷酸在物种间的变化是在连续的突变压作用之下,由选择上呈中性或近中性的突变经随机固定所造成的。

在进化过程中单位时间(年或世代)内,令中性等位基因的替换率为 k。在有 N 个二倍体的随机交配群体内,$k = 2Nux$。这里 u 是单位时间(与 k 同一时间单位)内每个配子的突变率,x 是一个中性等位基因最后被固定的概率。

由于 N 个个体的群体在每个常染色体基因座上有 $2N$ 个等位基因,如果等位基因是中性的,所有基因固定下来的概率都相等,则 $x = \dfrac{1}{2N}$,以 x 值代入 $k = 2Nux$,则会有 $k = 2Nu \dfrac{1}{2N} = u$。

由此证明了中性等位基因的替换率直接等于它们的突变率,它与种群大小、物种的生殖力和寿命等参数都没有关系,也不受环境因素的影响。这意味着,如果突变率保持恒定,则分子进化速率也将保持恒定;还意味着,分子进化是随机发生的,而不是选择的结果。

中性学说指出,群体中蛋白质的遗传多态性代表了基因替换过程中的一个时期,而且大多数多态等位基因在选择上是呈中性的,因而是突变和随机漂变之间的平衡来维持的。换言之,变化的突变型替换和分子的多态现象不是两个独立的现象,而是同一现象的两个方面。按照这一理论,突变与遗传漂变效应平衡,则每个基因座的杂合性的期望值是 $\dfrac{4Neu}{4Neu+1}$,其中 Ne 是有效群体大小。

综上所述,中性学说认为,选择上呈中性或近中性的突变等位基因在群体中的频率逐代变化起因于随机的遗传漂变,而不是由自然选择作用于有利突变引起的。该学说并不否认自然选择在决定适应性进化过程中的作用。但认为进化中的 DNA 变化只有一小部分是适应性的,而大量不在表型上表现出来的分子替换对有机体的生存和生殖并不重要,只是随物种随机漂变着。中性学说的本质并不是强调分子的突变型是严格意义上的选择中性,而在于它们的命运在很大程度上是由随机的遗传漂变所决定的。换言之,在分子进化的过程中,选择作用是如此微不足道,以致突变压和随机漂变起着主导的作用。

目前,中性学说的准确性和适用范围仍有争议。一般认为,中性学说能更好地解释分子水平上生物大分子的进化,而表型水平上 DNA 和蛋白质的进化无可争议地受到自然选择的作用。因此,可以认为中性学说是在现代分子生物学发展的基础上,对自然选择学说的补充和发展。

14.5　物种的形成

物种(species)是生物分类的基本单位,是具有一定的形态结构和生理特征,分布在一定区域内的生物类群,也是生物繁殖和进化的基本单元。界定物种的主要标准是是否存在生殖隔离,雌雄个体能否相互交配并产生可育的后代。这一标准最初是由 Linné 确立的。同种的个体间可以交配产生后代,进行基因交流从而消除群体间的遗传结构差异;不同物种的个体则不能交配或交配后不能产生有生殖力的后代,因此不能进行基因交流。例如,马和驴虽然能够杂交产生骡子,但骡子不能生育,因此马和驴各自属于不同的物种。

每个物种都具有相当稳定的遗传特性,同时,物种也处于不断的发展变化之中。新种的形成和发展则有赖于可遗传的变异,新种的形成是一种由量变到质变的过程。生物进化研究的中心问题,就是物种如何形成的问题。物种的形成可以概括为渐变式物种形成(gradual speciation)和爆发式物种形成(sudden speciation)两种不同的方式。

14.5.1　渐变式物种形成

渐变式是地球历史上物种形成的主要方式,也是达尔文自然选择学说所描述的新物种形成的方式,因此又称为达尔文式进化。渐变式是指在很长的时间内旧物种通过突变、选择等过程,首先形成若干地理族或亚种,小的变异逐渐积累,然后发展出生殖隔离的机制,逐渐演变形成新的物种。渐变式又可以分为继承式和分化式。

继承式物种形成(successional speciation):一个物种在突变、选择等因素的作用下,导致群体的遗传结构改变,经过一系列中间类型过渡为新物种,如马的进化。

分化式物种形成(differentiated speciation):是指一个物种在变异累积和隔离(地理隔离与生态隔离)共同作用下,先形成两个或两个以上的地理亚种或生态亚种;亚种间遗传结构进一步分化形成生殖隔离,从而分化形成两个或两个以上的新物种。例如,15 世纪初期,有人在非洲西北角的一个岛上放了一窝欧洲野兔。岛上由于没有野兔的天敌,它们繁殖速度非常快。到了 19 世纪,岛上的野兔和欧洲兔有了显著的变异,其体形只有欧洲野兔的一半大小,毛色、生活习性也有了很大差别,而且与欧洲野兔产生了生殖隔离,彼此杂交不育,表明已经分化成两个不同的兔种。

14.5.2　爆发式物种形成

地球上的有些物种可能是在较短的时间内以爆发式(飞跃式)的方式形成的,它可能起源于遗传物质在短时间内发生的较大变化,在自然选择的作用下快速导致新物种的形成,并且没有经过亚种的阶段。

物种的分化可能是通过染色体的畸变形成的。谈家桢研究过的两个果蝇种 *Drosophila pseudoobscura* 和 *Drosophila miranda*,二者可以杂交,但产生的杂种不育。细胞学研究发现,虽然二者染色体数目都是 $2n=8$,染色体内部结构有许多部分彼此相似,但有许多部分发生了倒位和易位。植物中也存在染色体畸变导致物种分化的现象。例如,百合科中的头巾百合和竹叶百合都有 12 个连锁群($2n=24$),两个种之间的分化是由 6 个染色体(M1、M2、S1、S2、S3、S4)发生臂内倒位形成的,两个种的 S5、S6、S7、S8、S9、S10 染色体仍相同。

染色体加倍也可能导致物种的快速形成。自然界中染色体的多倍化常见于植物,多倍化有两种方式:同源多倍化和异源多倍化。马铃薯的普通栽培种是其野生二倍体种经过染色体加倍后变成的同源四倍体,马铃薯的栽培种很难与原始的二倍体种杂交,于是成为一个新种。

　　异源多倍化在被子植物的形成过程中具有重要的作用。两个近缘物种杂交,杂交子代不育,但通过杂交子代的染色体加倍,成为异源多倍体后,即形成一个新物种。如第 8 章所介绍的,普通小麦起源于三个不同的野生种,逐步地通过远缘杂交和染色体数加倍,形成异源六倍体物种。科学家已人工合成了与普通小麦相似的新种,新种能与普通小麦杂交并产生可育的后代,这为爆发式物种形成提供了实验证据。

　　采用远缘杂交和细胞遗传学分析方法,遗传学家还证明了棉花、烟草和芸薹属的许多复合种,都是由基本的二倍体种经过杂交和染色体加倍形成的异源多倍体物种。

　　棉属($Gossypium$)主要的栽培物种有 4 个,中棉(亚洲棉 $G.\ arboreum$)和草棉(非洲棉 $G.\ herbacum$)是旧世界栽培种,为二倍体,染色体组为 AA,$2n=2x=26$;陆地棉($G.\ hirsutum$)和海岛棉($G.\ barbadense$)是新世界栽培种,为四倍体,染色体组为 $AADD$,$2n=4x=52$。目前我国栽培的棉花诸品种都属于陆地棉这个物种,原产于中南美洲。陆地棉与草棉杂交,F_1 为三倍体(AAD),减数分裂时形成 13 个二价体(AA)和 13 个单价体(D)。将草棉与美洲野棉($G.\ raimondii$,染色体组为 DD,$2n=2x=26$)杂交,F_1(染色体组为 AD)高度不育,但 F_1 的染色体人工加倍后形成的双二倍体,即高度可育,并且与草棉和美洲野棉均有高度的生殖隔离,已成为一个新种。这个新种外形与陆地棉相似,二者杂交高度可育。从而可以推知,陆地棉很可能是由传入美洲的草棉与美洲野棉杂交,在自然界产生染色体加倍而成的异源四倍体。原产于非洲的草棉(A 染色体组)怎样经过海洋迁移传入美洲与美洲野棉的 D 染色体组相遇,则有种子或根茎海洋漂流、人类携带及大陆漂移等学说,至今无定论。

　　人工合成自然界原本不存在的新物种,为爆发式物种形成提供了实验根据。一个有名的例子是苏联的 Kapchenko 人工合成的"萝卜甘蓝"($Raphanobrassica$)(图 14.6)。萝卜($Raphanus\ sativa$,$2n=18$)和甘蓝($Brassica\ oleracea$,$2n=18$)在十字花科中分属两个不同的属,萝卜和甘蓝的染色体之间没有同源染色体。它们杂交的 F_1 在减数分裂时形成 18 个不配对的单价体,配子完全不育,F_1 经染色体加倍后,成为异源四倍体,即成为完全可育的萝卜甘蓝,不仅创造了一个新的物种,而且成为一个新的属。$Raphanobrassica$ 既是种名,又是属名。萝卜甘蓝的叶似萝卜,根似甘蓝,不宜作蔬菜,但植株高大,可作饲料。当然经济意义并不很大,但在生物学的物种形成基础研究上却有重要意义。第 8 章介绍的我国遗传学家鲍文奎培育的异源八倍体小黑麦($Triticale$)也是一个人工合成的新物种。

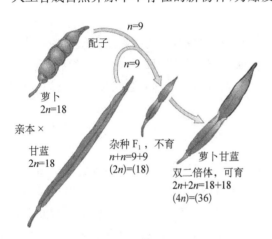

图 14.6　人工合成的新物种萝卜甘蓝
(引自 http://www.mun.ca/biology/scarr/Raphanobrassica3.gif)

思 考 题

1. 人类的会卷舌对不会卷舌是完全显性。某人群中会卷舌者的比例是 64%,该人群中会卷舌基因(A)和不会卷舌基因(a)的频率分别是多少? 一个会卷舌者与一个不会卷舌者结婚,得到一个会卷舌孩子的概率是多少?

2. 两个小鼠的毛色纯系,一为黑毛,另一为白毛,分别由一对等位基因 B 和 b 控制,它们杂交的 F_1 能否达到 Hardy-Weinberg 平衡? 为什么? 如果不能达到平衡,什么交配方式才能导致交配一代达到平衡?

3. 人类的一个群体中血型基因 i、I^A、I^B 的比例为 6∶3∶1,若随机婚配,则血型 A、B、O 和 AB 型的比例是多少?

4. 人类中,大约 12 个男性中有 1 个红绿色盲,问: 在女人中色盲比例是多少? 整个人群中色盲女人比例为多少?

5. 当选择对杂合子不利时,试对选择导致基因频率的改变进行数学推导。

6. 当隐性纯合体完全致死时,在群体中该隐性致死等位基因的最高频率是多少? 当该致死等位基因频率达到最高值时,群体的基因型组成是什么? 这时如果群体再随机交配一代后,该隐性致死基因的频率是多少?

7. 影响群体遗传平衡的因素有哪些?

8. 拉马克和达尔文对于生物进化有什么不同看法? 他们的进化理论还有哪些不合理性?

9. 生殖隔离的机制有哪几种? 生殖隔离在物种形成过程中的作用是什么?

10. 请设计一个实验,区别细菌耐药性的提高是选择的结果,还是药物引起的后天获得性状(耐药性)的结果?

推 荐 参 考 书

1. 戴灼华,王亚馥,2016.遗传学.3 版.北京:高等教育出版社.

2. 刘祖洞,乔守怡,吴燕华,等,2013.遗传学.3 版.北京:高等教育出版社.

3. 恩斯特·迈尔,2012.进化是什么.2 版.田洺,译.上海:上海科学技术出版社.

4. Griffiths A J F, Doebley J, Peichel C, et al. , 2019. Introduction to Genetic Analysis. 12th Edition. New York: Macmillan Higher Education.

5. Klug W S, Cummings M R, Spencer C A, et al. , 2017. Essentials of Genetics.9th Edition. Essex: Pearson Education Limited.

遗传学大事年表

遗传学是生命科学中发展最快的学科之一,并一直推动着生命科学向前发展。下面将 160 多年来在遗传学的建立和发展过程中具有重大(或较大)知识创新的大事按年代列出,制成此年表,供学生和科学工作者认识参考。

1856 Mendel 开始进行豌豆杂交实验。

1865 Mendel 在布隆自然科学协会 2 月 8 日和 3 月 8 日的学术例会上相继报告他的豌豆杂交实验结果。

1866 Mendel 在布隆自然科学协会会刊第 4 卷上发表他的论文《植物杂交实验》。

1871 F. Miescher 发现核酸。

1883 A. Weismann 指出动物体细胞与生殖细胞的区别,并强调只有生殖细胞才传递给下一代。

1888 W. Waldeyer 提出"染色体"这一术语,用来指 W. Roux 于 1883 年报道的细胞核内能染色的丝状体,还曾同时猜测这些丝状体是遗传因子的载体。

1889 F. Galton 发表《自然的遗传》,其中叙述了数量性状的定量测量,并由此开创了生物数学和变异的统计研究。

1900 荷兰的 H. de Vries、德国的 C.Correns 和奥地利的 E. Tschermak 重新发现孟德尔定律,W. Bateson 在英国皇家学会的一次致辞中也特别强调了 Mendel 的重大贡献,1900 年被认为是遗传学的诞生之年。

1901 H.de Vrits 提出"突变"的概念和术语。

1902 T. Boveri 与 W. S. Sutton 提出染色体在细胞分裂中的行为与 Mendel 的遗传因子平行,提出了一个有科学依据的染色体是遗传因子载体的假说。

1906 W. Bateson 与 R. C. Punnett 在甜豌豆中发现连锁遗传现象。

1908 英国医生 G. H. Hardy 和德国数学家 W. Weinberg 各自独立提出群体中遗传因子频率的平衡法则,开创了群体遗传学的研究。

1909 W. Johannsen 提出"基因"(gene)的术语以取代 Mendel 的概念不精确的"遗传因子",并明确提出"基因型"(genotype)与"表现型"(phenotype)概念的区分。

C. Correns 和 E. Bauer 发现某些植物叶绿体缺失的"非孟德尔遗传",成为细胞质遗传的先导。

H. Nilsson-Ehle 提出多因子假说来解释小麦种皮颜色的数量遗传。

1910 T. H. Morgan 发现白眼果蝇,并以之作为实验材料,开创了果蝇遗传学的研究。

1911 Morgan 提出果蝇的白眼、黄身和小翅基因连锁于 X 染色体上。

1912 Morgan 发现雄果蝇中不发生交换,还发现一个性连锁的致死基因。

1913 日本家蚕遗传学家 Y. Tanaka 发现雌性家蚕中不发生交换。

Morgan 的学生 A. H. Stutervant 在果蝇遗传中为连锁概念提供了实验基础,并绘制出一个连锁图。

1918 H. J. Muller 在果蝇中发现平衡致死现象。

1919 Morgan 指出果蝇的基因连锁群数目与单倍染色体的数目一致。

1924 A. E. Boycott 和 C. Diver 报道锥实螺螺壳表现"延迟"的孟德尔遗传,A. H. Stutevant 指出锥实螺螺壳的旋向由卵细胞质决定,因而是由母体的基因型所控制的,这是遗传学中发现的首例"母体影响"。

1925 Bridges 完成三倍体果蝇的非整倍体子代分析,指出果蝇的性别与性染色体和常染色体的比例有关。

Stutevant 分析了果蝇"棒眼"的遗传,认为是由基因重复所致,还发现了基因的位置效应。

F. Bernstein 指出人类的 A、B、O 血型由一个等位基因系列所控制。

1927 G. D. Karpechenko 制造出一个异源四倍体的杂种"萝卜甘蓝"。Muller 用 X 射线人工诱变果蝇成功。

1928 I. J. Stadler 用 X 射线诱变玉米并证明射线的剂量与诱变频率成正比。

1935 J. B. S. Haldane 首次计算人类基因的自发突变率。

Bridges 发表果蝇的唾腺染色体图。

1936 C. Stein 在果蝇中发现体细胞交换。

1938 B. McClintock 发现玉米染色体的"桥—断裂—融合—桥"循环。

1941 G. W. Beadle 和 E. L. Tatum 发表链孢霉生化遗传学的经典论文并提出"一个基因一种酶"的假说。

C. Auerbach 与 J. M. Robson 发现芥子气能诱发果蝇突变,开创了化学药物人工诱变的研究,由于在二战中有毒气体的研究属保密内容,该结果推迟至 1946 年才发表。

K. Mather 提出"多基因"(polygene)的术语,并描述了许多生物的多基因性状。

S. E. Luria 和 M. Delbruck 确证细菌具有自发突变,开创了细菌遗传学的研究领域。

1944 O. T. Avery 等证明 DNA 是肺炎链球菌的遗传转化因子,表明 DNA 是遗传的化学基础而不是蛋白质。

1946 M. Delbruck,W. T. Bailey 和 A. D. Hershey 证明噬菌体的遗传重组。

J. Lederberg 和 E. L. Tatum 证明细菌的遗传重组。

1950 B. McClintock 发现玉米的 Ac - Ds 转座因子系统。

1952 N. D. Zinder 和 J. Lederberg 发现鼠沙门菌的转导现象。

A. D. Hershey 和 M. Chase 证明噬菌体入侵宿主细胞的是 DNA,蛋白质外壳则留在细胞外,这是 DNA 作为遗传物质的又一直接证据。

1953　J. D. Watson 和 F. H. C. Crick 提出有名的 DNA 双螺旋结构模型。

C. C. Lindegren 在酵母中发现基因转换现象。

1955　S. Benzer 研测 E.coli T₄噬菌体 rⅡ基因区的精细结构,并提出顺反子、重组子、突变子等概念和术语,后两者是亚基因结构,表明基因是可分的。

1956　F. Jacob 和 E. L. Wollman 证明细菌交配时 DNA 片段从供体进入受体。

A. Gierer,G. Schramm 和 H. Fraenkel-Conrat 分别独立证明 RNA 是烟草花叶病毒感染的遗传的化学物质,而不是蛋白质。

1957　J. H. Taylor 等应用放射性标记的胸腺嘧啶与放射自显影技术,证明蚕豆染色体的半保留复制。F. H. C. Crick 提出遗传信息流的"中心法则"。

1958　F. Jacob 和 E. L. Wollman 证明 E.coli 不同 Hfr 品系中不同的基因连锁群实际上是同一个环状连锁群。

F. C. Steward 等从野生胡萝卜的单个细胞培养出完整植株,并认为多细胞生物的每个细胞都具有发育上的"全能性"。

1959　M. Chevremont 等证明线粒体中存在 DNA。

E. Freese 指出突变是 DNA 分子中单对碱基的改变,并提出"转换""颠换"等术语。

1961　F. Jacob 和 J. Monod 发表"蛋白质合成的遗传调节机制"的经典论文,提出有名的操纵子学说。

四个研究小组独立发现哺乳动物雌性细胞中有一条 X 染色体失活,因而雌性细胞是"X"染色体的嵌合体。

S. Benzer 发现 T₄噬菌体的 rⅡ基因区中有两个自发突变率特别高的位点,提出"突变热点"概念。

F. H. C. Crick 用吖啶黄引起的移码突变证明遗传密码子是三联体。

A. Wacker 等发现紫外线诱发 DNA 分子中胸腺嘧啶二聚体的形成。

1962　H. Ris 和 W. Plaut 应用电镜技术发现叶绿体含有 DNA。

1966　M. M. K. Nass 证明线粒体 DNA 是一个环状分子。

M. Waring 和 R. J. Britten 证明脊椎动物的 DNA 中含有重复顺序。

1968　M. Kimura 提出分子进化的中性基因学说。

D. Y. Thomas 和 D. Wilkie 发现酵母线粒体基因的重组。

1970　R. Sager 和 Z. Ramanis 绘制第一个细胞质基因连锁图,它包含衣藻叶绿体染色体的 8 个基因。

1971　R. J. Konopka 和 S. Benzer 发现果蝇中的生物钟基因。

1972　C. H. Pigott 和 N. G. Carr 发现蓝绿细菌(cyanobacteria)的核糖体 RNA 能与眼虫叶绿体的 RNA 进行分子杂交,这一遗传同源性对真核生物叶绿体的内共生起源说提供了有力支持。

D. A. Jackson、R. H. Symons 和 P. Berg 实现 SV40 病毒与 λ 噬菌体 DNA 分子的体外拼接,开启了基因工程的先声。

P. S. Carlson 等应用细胞融合的方法获得植物的种间杂种。

1973　P. Debergh 和 C. Nitsh 直接从马铃薯的小孢子中成功地培育出单倍体植株。

W. Fiers 等首次完成一个编码蛋白的基因(MS2 噬菌体的外壳蛋白基因) DNA 的测序。

1974　I. Zaenen 等发现引起植物冠瘿瘤的农杆菌中存在诱导植物肿瘤的 Ti 质粒。

K. M. Murray 和 N. N. Murray 改造 λ 噬菌体作克隆载体。

R. W. Hedges 和 A. E. Jacob 在 E.coli 中发现转座子。

1975　G. Kohler 和 C. Milstein 发明单克隆抗体技术。

F. Sanger 和 A. P. Coulson 应用"加减法"进行 DNA 测序。

1977　S. M. Tilghman 等用 λ 噬菌体作载体首次克隆了一个编码蛋白质的基因(鼠 β 珠蛋白基因)。

F. Sanger 等完成 ΦX174 噬菌体 DNA 的全部测序。

W. Gilbert 用基因工程方法使 E.coli 合成了胰岛素和干扰素,这是基因工程的首次成功。

R. J. Roberts 和 P. A. Sharp 分别领导的两个研究小组(前一小组中有一位中国台湾的女科学家周芷 L. T. Chow 曾做出重要贡献)发现断裂基因。

J. Collings 和 B. Holm 制备出柯斯质粒(cosmid)作为基因载体,可以克隆大片段 DNA。

1978　R. M. Schwartz 和 M. O. Dayhoff 分析了原核、真核、线粒体和叶绿体核酸和蛋白质的大量数据后,根据电脑绘出进化树,指出线粒体和叶绿体作为内共生体进入原始真核生物细胞的时间分别是 20 亿和 10 亿年前。

W. Gilbert 提出术语内含子和外显子。

T. Maniatis 等制备基因文库,并用探针杂交法从中分离基因。

C. Coulondre 等报道 E.coli 突变热点的 DNA 中含有 5-甲基胞嘧啶。V. B. Reddy 等完成 SV-40 病毒 RNA 的测序。

1979　J. G. Sutcliffe 完成克隆载体 pBR322 的 4 362 个核苷酸对的全测序。

B. G. Barrel 等报道人的线粒体遗传密码与通用密码有所差别。

J. R. Cameron 等发现酵母菌的转座子。

1980　J. W. Gordon 等首次获得转基因鼠。

D. Botstein 等报道用限制性内切酶片段多态性来构造人类基因组连锁图的方法。

1981 S. Anderson，B. G. Barrell 和 F. Sanger 等完成人类线粒体基因组的全测序与遗传结构分析。

1984 W. McGinnis 等测定果蝇与小鼠中同源基因的同源框序列，果蝇与小鼠中同源框核苷酸序列的高度相似，提示该 DNA 序列在动物发育中起着重要作用。

T. A. Bargiello 和 M. W. Young 首次克隆出生物钟基因。

1985 A. J. Jeffries 等发明 DNA 指纹技术。

R. K. Saiki 和 K. B. Mullis 等报道发明 PCR 技术，并应用此技术在体外对 β2 珠蛋白基因的一个特定片段进行了酶促扩增。

1987 D. T. Burke 等提出一种用酵母人工染色体克隆大片段外源 DNA 的方法。

R. E. Dewey 发现玉米的雄性不育是由于线粒体基因编码的一种蛋白质作用。

1990 W. F. Anderson 首次对人类遗传病进行基因治疗成功。患者为一名患腺苷脱氨酶缺陷的 4 岁女孩，从她体内取得淋巴细胞并进行体外培养，然后将培养物与一个反转录病毒载体携带的正常基因一起保温。再将这样的转化细胞注入患者体内，这些细胞在患者体内能进行繁殖并使患者痊愈。

1992 G. G. Oliver 为首的欧洲 35 个实验室的 146 名研究人员公布了一条真核生物染色体(酵母染色体)的全部 DNA 测序，长度为 315 357 对核苷酸。

R. M. Story 等测定了 RecA(重组蛋白)的三维结构。RecA 在基因交换中起着关键作用。

1994 B. Dujon 为首的 29 个欧洲实验室的 107 名研究人员公布了酵母 11 号染色体的 DNA 测序，该染色体长度为 666 448 对核苷酸，占酵母整个基因组的 5%，其中 7 个基因具有内含子，并有 43 个重叠基因。

T. Tully 等分离出果蝇的控制记忆形成的基因。

Y. Zhang 等克隆出"肥胖基因"(obese)，其表达产生可能是一种分泌蛋白，它控制脂肪贮存体的大小。

G. F. Joyce 发现酶性 DNA(deoxyribozyme)。

1995 王身立、禹宽平等发现非特异性 DNA 的酯酶活性。

R. D. Fleischmann 领导的一个 38 人的研究小组完成流感嗜血杆菌 DNA 的全测序。

C. M. Fraser 领导的一个 27 人小组完成支原体 *Mycoplasma genitalium* 的 DNA 全测序。

1997 英国罗斯林研究所的 I. Wilmut 等宣布用体细胞克隆绵羊成功。随后，又有人报道克隆乳牛与克隆鼠成功。

1998 中国科学家肖武汉宣布测序出 39 种淡水鱼的线粒体基因序列。

瑞典科学家宣布完成斑疹伤寒菌基因组 DNA 的全测序。

日本和美国科学家分别克隆肉用牛成功。

国际人类基因组计划联合研究小组破译出人类 22 号染色体的遗传密码。

1999 中国科学家克隆山羊成功。

中国科学家卢光琇克隆人类胚胎发育至桑葚期。

2000 "人类基因组计划"完成人的 DNA 全测序工作框架图。在本年度宣布完成基因组 DNA 全测序(或工作框架图)的生物有果蝇、水稻、拟南芥、柑橘黄叶病菌、脑膜炎球菌、霍乱弧菌、痢疾杆菌、一种嗜酸性原始细菌(*Thermoplasma acidophilum*)及戊肝病毒等。

英国科学家报道克隆猪成功。

瑞典科学家 A. Carlsson、美国科学家 P. Greengard 和 E. R. Kandel 因"发现神经系统中的信号传导现象"而获得诺贝尔生理学或医学奖。

袁隆平获 2000 年度中国国家最高科学技术奖，以表彰他在杂交水稻研究领域的开创性工作和为我国粮食生产和农业科学发展做出了杰出贡献。

2001 美国科学家 L. H. Hartwell、英国科学家 T. Hunt 和 P. M. Nurse 因"发现细胞周期中关键性的调节因子"而获得诺贝尔生理学或医学奖。

2002 诺贝尔生理学或医学奖授予给英国科学家 S. Brenner 和 J. E. Sulston、美国科学家 H. R. Horvitz，以表彰他们在器官发育及程序性细胞死亡的基因调控方面所做出的贡献。

水稻、小鼠、疟原虫和按蚊基因组测序完成。

2003 世界上第一只克隆羊"多莉"死亡。

4 月 14 日人类基因组计划宣布：人类基因组序列图绘制成功，人类基因组计划的所有目标均实现。

2006 美国科学家 A. Z. Fire 和 C. C. Mello 因"发现 RNA 干涉现象及其技术"而获得诺贝尔生理学或医学奖。

李振声获 2006 年度中国国家最高科技奖，以表彰他在小麦染色体工程育种方面所作出的突出成绩。

2007 诺贝尔生理学或医学奖授予美国科学家 M. R. Capecchi 和 O. Smithies、英国科学家 M. J. Evans，以表彰他们在胚胎干细胞研究和小鼠中建立了"基因敲除"技术。

分别来自日本和美国的两个研究组通过独立研究，首次利用人体表皮细胞制造出了类胚胎干细胞——诱导性胚胎干细胞(iPS)。

2008 德国科学家 H. Hausen 因"发现人类乳突瘤病毒能诱发宫颈癌"；法国科学家 F. Barré-Sinoussi 和 L. Montagnier 因"发现艾滋病病毒"而获得诺贝尔生理学或医学奖。

2009 三位美国科学家 E. H. Blackburn、C. W. Greider 和 J. W. Szostak 因"揭示染色体是如何被端粒和端粒酶保护的"而获得诺贝尔生理学或医学奖。

美国科学家 Venkatraman Ramakrishnan 和 Thomas A. Steitz 及以色列科学家 Ada E. Yonath 因"对核糖体结构和功能的研究"而获得诺贝尔化学奖。

2010 英国科学家 Robert Edwards 因"发展体外授精疗法"而获得诺贝尔生理学或医学奖。

2012 英国科学家 John B. Gurdon 和日本科学家 Shinya Yamanaka 获得了诺贝尔生理学或医学奖,获奖理由为"发现成熟细胞可被重编程变为多能性"。

美国科学家 Robert J. Lefkowitz 和 Brian K. Kobilka 因"G 蛋白偶联受体研究"而获得诺贝尔化学奖。

2014 美国 Scripps 研究所 F. Romesberg 领导的团队设计制造了 *E.coli* DNA 的 X 和 Y 两个碱基,为自然界 G、T、C 和 A 四个碱基添加了新成员。

2015 中国科学家屠呦呦因"有关疟疾新疗法的发现"获诺贝尔生理学或医学奖。

瑞典科学家 T. Lindahl、美国科学家 P. Modrich 和土耳其科学家 A. Sancar 因"DNA 修复的机制研究"获诺贝尔化学奖。

2016 美国一个团队宣布,世界首个细胞核移植"三父母"婴儿已在 4 月诞生,手术是在未限制"三父母"技术的墨西哥展开。12 月,英国人工授精与胚胎学管理局也发布声明说,经过审慎评估,该局已正式认可了这项技术。

2017 美国科学家 J. C. Hall、M. Rosbash 和 M. W. Young 因"发现了调控昼夜节律的分子机制"而获得诺贝尔生理学或医学奖。

2018 中国科学院上海生命科学研究院植物生理生态研究所覃重军团队与国内多家机构合作,将真核生物酿酒酵母天然的 16 条染色体人工合成为有功能的单条巨大染色体。研究成果在线发表于英国《自然》杂志。同一天《自然》发表的另一篇报告中,美国纽约大学兰贡医疗中心等机构的研究人员也合并了酿酒酵母菌株染色体,不过最终创造的细胞中染色体有 2 条。

两只体细胞克隆猴"中中"和"华华"在中国诞生,这是自 1996 年第一只体细胞克隆绵羊"多莉"诞生以来,首次通过体细胞克隆技术诞生的灵长类动物。这项由中国科学家独立完成的成果,被誉为"世界生命科学领域的里程碑式突破"。

2020 中国科学家 1 月向世界公布了新型冠状病毒的基因组,为全世界科学家寻找应对和治愈新型冠状病毒肺炎奠定了基础,研制新型冠状病毒疫苗的工作也拉开了序幕!

法国科学家 E. Charpentier 和美国科学家 J. A. Doudna 因"开发出一种基因组编辑方法"而获得诺贝尔化学奖。

2021 李家洋团队首次证实异源四倍体野生稻快速从头驯化新策略。

美国科学家 D. Julies 和 A. Patapoutian 因"发现温度和触角的受体"而获得诺贝尔生理学或医学奖。

参 考 文 献

陈捷,2009.农业生物蛋白质组学.北京:科学出版社.

陈竺,2015.医学遗传学.3 版.北京:人民卫生出版社.

戴灼华,王亚馥,2016.遗传学.3 版.北京:高等教育出版社.

丁明孝,王喜忠,张传茂,等,2020.细胞生物学.5 版.北京:高等教育出版社.

段朝军,李萃,唐发清,2010.分子生物学与蛋白质组学实验技术.长沙:中南大学出版社.

恩斯特·迈尔,2012.进化是什么.2 版.田洺,译.上海:上海科学技术出版社.

桂建芳,易梅生,2002.发育生物学.北京:科学出版社.

郭平仲,1987.数量遗传分析.北京:北京师范学院出版社.

何华勤,2011.简明蛋白质组学.北京:中国林业出版社.

贺竹梅,2017.现代遗传学教程:从基因到表型的剖析.3 版.北京:高等教育出版社.

李璞,2004.医学遗传学.2 版.北京:中国协和医科大学出版社.

刘祖洞,乔守怡,吴燕华,等,2013.遗传学.3 版.北京:高等教育出版社.

沈萍,陈向东,2016. 微生物学. 8 版. 北京:高等教育出版社.

盛志廉,陈瑶生,1999.数量遗传学.北京:科学出版社.

宋运淳,余先觉,1989.普通遗传学.武汉:武汉大学出版社.

孙祎振,郭蓓,于同泉,等,2011.数量遗传学.北京:中国农业科学技术出版社.

王亚馥,粟翼玟.袁妙葆,等,1990. 遗传学.兰州:兰州大学出版社.

徐晋麟,徐沁,陈淳,2011.现代遗传学原理.3 版.北京:科学出版社.

薛京伦,2006.表观遗传学:原理、技术与实践.上海:上海科学技术出版社.

薛开先,2011.肿瘤表遗传学.北京:科学出版社.

阎隆飞,张玉麟,2001.分子生物学.2 版.北京:中国农业大学出版社.

杨金水,2007.基因组学.2 版.北京:高等教育出版社.

赵寿元,乔守怡,2008.现代遗传学.2 版.北京:高等教育出版社.

浙江农业大学,1986. 遗传学. 2 版. 北京:农业出版社.

中泽信午,1985.孟德尔的生涯及业绩.庚镇城,译.北京:科学出版社.

Passarge E,1988.遗传学与医学遗传学彩色图解.朱冠山,缪为民,阮监,译.北京:中国医药科技出版社.

Allis C D, Caparros M L, Jenuwein T, et al., 2015. Epigenetics. 2nd Edition. New York: Cold Spring Harbor Laboratory Press.

Ayala F J, Kiger J A, 1984. Modern Genetics. 2nd Edition. London: Benjamin/Cummings publishing Company, Inc.

Bhaumik S R, Smith E, Shilatifard A, 2007. Covalent Modifications of Histones During Development and Disease Pathogenesis. Nature Structural & Molecular Biology. 14(11): 1008-1016.

Brown T A, 2018. Genomes 4. New York: Garland Science.

Campbell A M, Heyer L J, 2006. Discovering Genomics, Proteomics and Bioinformatics. 2nd Edition. New York: Cold Spring Harbor Laboratory Press and Benjamin Cummings.

Carlson E A, Carlson C, Phillips B, 2013. The 7 Sexes-Biology of Sex Determination. Bloomington: Indiana University Press.

Cath E, Oliver P, 2017. Introducing Epigenetics: A Graphic Guide. Icon Books Ltd.

Clark D P, Pazdernik N J, McGehee M R. 2019. Molecular Biology. 3rd Edition. Philadelphia: Elsevier Inc.

GilbertS F, Barresi M J F, 2018. Developmental Biology. 11th Edition. Sunderland: Sinauer Associates, Inc.

Goodenough U, 1984. Genetics. Philadelphia: Saunders College Publishing.

Griffiths A J F, Doebley J, Peichel C, et al., 2019. Introduction to Genetic Analysis. 12th Edition. New York: Macmillan Higher Education.

Hartl D L, Jones E W, 2009. Genetics: Analysis of Genes and Genomes. 7th Edition. Boston: Jones & Bartlett Learning.

Hartl D L, 2020. Essential Genetics and Genomics. 7th Edition. Burlington: Jones & Bartlett Learning.

Hartwell L H, Goldberg M L, Fischer J A, et al.,2018. Genetics: From Genes to Genomes. 6th Edition. New York: McGraw-Hill Education.

Jaillon O, Aury J M, Brunet F, et al., 2004. Genome duplication in the teleost fish *Tetraodon nigroviridis* reveals the early vertebrate proto-karyotype. Nature,431(7011): 946-957.

Kelly G F, 2010. Sexuality Today: The Human Perspective. 7th Edition. Boston: McGraw-Hill Education.

Klug W S, Cummings M R, 2002. Essentials of Genetics, 4th Edition. New York: Pearson Prentice Hall.

Klug W S, Cummings M R, Spencer C A, et al., 2017. Essentials of Genetics. 9th Edition. Essex: Pearson Education Limited.

Krebs J E, Goldstein E S, Kilpatrick S T, 2018. Lewin's Genes XII. Burlington: Jones & Bartlett Learning.

Lucchesi J C,2019. Epigenetics, Nuclear Organization & Gene Function. Oxford: Oxford University Press.

Malkoff C，2016. Exploring Genomics，Proteomics and Bioinformatics. New York：Syrawood Publishing House.

Nei M，1975. Molecular Population Genetics and Evolution. Amsterdam and New York：North-Holland Publishing Company.

Pevsner J，2015. Bioinformatics and Functional Genomics. 3rd Edition. New York：John Wiley & Sons，Inc.

Picard M，Wallace D C，Burelle Y，2016. The Rise of Mitochondria in Medicine. Mitochondrion，30：105−116.

Riles L，Dutchik J E，Baktha A. et al.，1993. Physical Maps of the Six Smallest Chromosomes of *Saccharomyces Cerevisiae* at A Resolution of 2.6 Kilobase Pairs. Genetics，134(1)：81−150.

Russell P J，1997. Genetics. 7th Edition. New York：Benjamin-Cummings Publishing Company，Inc.

Russell P J，2013. IGenetics：A Molecular Approach. 3rd Edition. Essex：Pearson Education Limited.

Samuelsson T，2012. Genomics and Bioinformatics. Cambridge：Cambridge University Press.

Snustad P，Simmons M J，2015. Principles of Genetics. 7th Edition. New York：John Wiley & Sons，Inc.